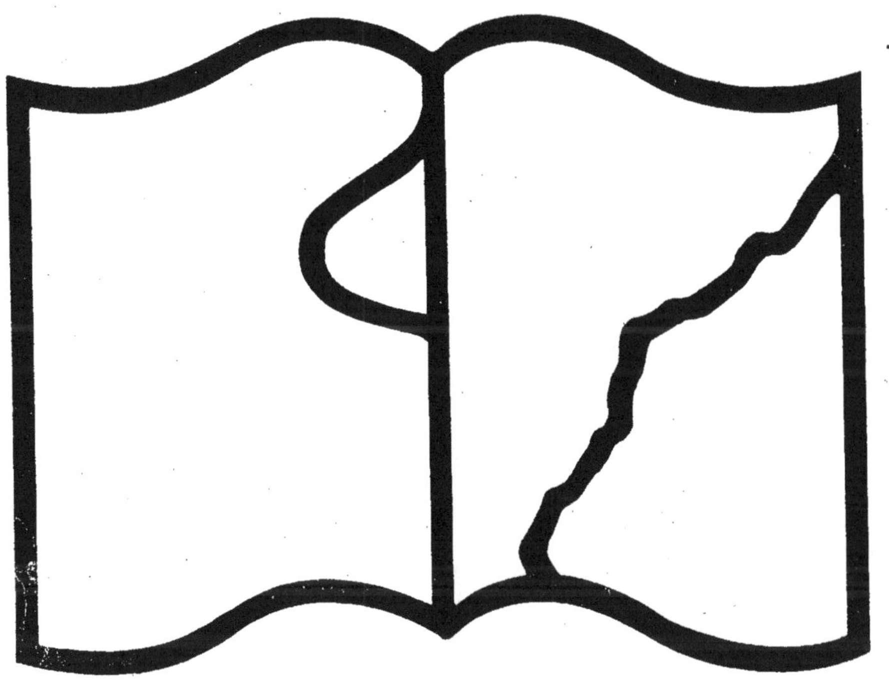

Texte détérioré — reliure défectueuse

NF Z 43-120-11

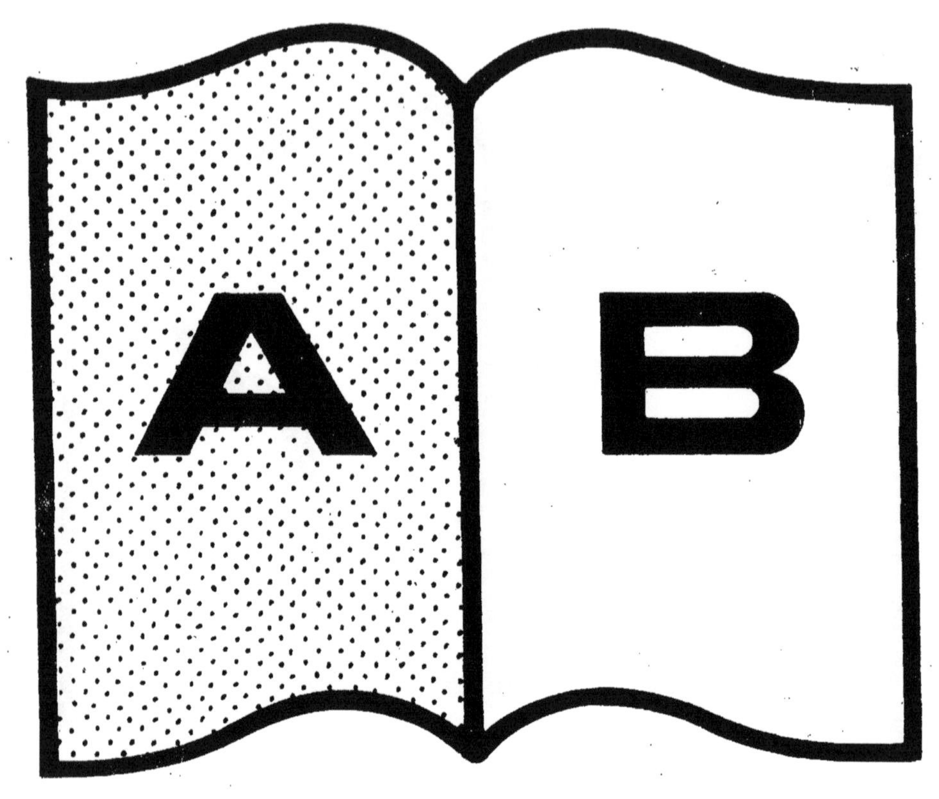
A
B

GUIDES JOANNE

FRANCE

RÉSEAU DE L'OUEST

NORMANDIE — BRETAGNE
MAINE ET PERCHE

HACHETTE & Cie

Prix : 3 francs

GUIDE DU VOYAGEUR

EN FRANCE

Guides Joanne

La collection des **Guides Joanne**, d'une réputation universelle, constitue une bibliothèque indispensable au Voyageur et au Touriste.

Rédigés d'après un plan particulièrement pratique, ils renferment les renseignements les plus complets sur les moyens de transport, les hôtels, la manière de visiter les villes, etc. Leur compétence est reconnue pour tout ce qui touche l'art, l'archéologie, l'histoire et la géographie.

Les deux cartes ci-contre donnent l'état actuel de la collection.

Autres Guides de la Collection

Outre les Guides qui figurent sur ces deux cartes ci-contre, la collection comprend encore :

1° *De Paris à Constantinople*. . . . . **15** fr.
2° *Athènes et ses environs*. . . . . **12** fr.
3° *Grèce continentale et îles*. . . . . **20** fr.
4° *Egypte*. . . . . **20** fr.

Géographies départementales de la France et de l'Algérie.

La collection comprend 88 vol. in-16, cart.
Chaque département est vendu séparément. . . . . **1** fr. »
Le Départ. de la Seine. **1** fr.**50**
L'Algérie. **1** fr.**50**

Nouvelle carte de France au 100.000e

Dressée par le service vicinal par ordre du ministère de l'Intérieur, complète en 587 feuilles.
Chaque feuille se vend isolément. **0** fr.**80**
Pliée et cartonnée. **1** fr.**05**

650-05. — Coulommiers. Imp. Paul BRODARD. — 7-05.

COLLECTION DES GUIDES-JOANNE

GUIDE DU VOYAGEUR
EN FRANCE

PAR

RICHARD

RÉSEAU DE L'OUEST

3 CARTES ET 35 PLANS

PARIS
LIBRAIRIE HACHETTE ET Cie
79, BOULEVARD SAINT-GERMAIN, 79

1905

Toutes les mentions et recommandations contenues dans le text des Guides-Joanne sont entièrement gratuites.

INDEX ALPHABÉTIQUE

CONTENANT

LES

RENSEIGNEMENTS PRATIQUES

N. B. — Les renseignements pratiques, c'est-à-dire les *hôtels*, classés (autant que possible) par ordre d'importance avec indication des prix de table d'hôte et de pension, les *restaurants* et *cafés*, les *voitures*, les *tramways*, les *tarifs des guides*, etc., en un mot tout ce qui a rapport à la vie matérielle et à la locomotion, se trouvent réunis dans l'Index alphabétique, au nom de chaque localité à laquelle ils se rapportent. Cette disposition nous permet de corriger ces renseignements sujets à des changements, et de réimprimer l'Index alphabétique plusieurs fois dans le cours d'une édition. Nous prions instamment MM. les touristes de nous adresser toutes les corrections et observations nous permettant de tenir à jour cette partie si importante du Guide.

Ce signe *, placé dans le texte des Routes, à la suite du nom d'une localité, indique qu'il se trouve à l'Index alphabétique des renseignements pratiques à consulter.

Ce signe *, placé dans l'Index alphabétique, à la suite d'un nom d'hôtel et lorsque les hôtels ne sont pas classés en hôtels de 1er ordre, de 2e ordre, etc., indique que les prix sont de première classe.

A

ALENÇON, 74.

Omnibus : — 40 c. le jour, 60 c. la nuit, sans bagages; avec bagages, 50 c. et 70 c.

Hôtels : — *du Grand-Cerf* (10 fr. 50 par j.), rue Saint-Blaise, 13 ; — *de France* (omn. 50 c. ; 8 fr. par j.), rues

BREST, 45.

Buvette : — à la gare.

Omnibus : — 50 c. avec 30 kilog. de bagages.

Trams électriques : — du Petit-Paris à la porte du Conquet; — de la porte du Conquet à Saint-Pierre-Quilbignon; — du port de commerce à Lambézellec; — de l'arsenal à Saint-Marc; prix unique 10 c., avec corresp. 15 c.

Hôtels : — *Continental* *, place de la Tour-d'Auvergne; — *de France*, rue de la Mairie, 1; — *Moderne*, place des Portes; — *des Messageries*, rue d'Algésiras, 4.

Restaurants : — *des Colonies*, rue d'Aiguillon, 38; — aux hôt.

Cafés : — *de la Marine*, *du Commerce*, rue d'Aiguillon; — *Grand-Café*, rue de Siam, 17; — *de la Tour-Eiffel*, rue de Siam, 90; — *de Paris*, rue d'Aiguillon, 40.

Poste, télégraphe et téléphone : — place du Champ-de-Bataille, à l'angle des rues d'Aiguillon et du Château.

Bains : — *Langelier*, rue du Château, 15; — Bains de mer *Kermor-Casino* (café-rest.), au port du Commerce; — à l'*anse de Saint-Marc* (cabines), à 3 kil. E.

Voitures de place : — à 2 places, la course 1 fr. 25, l'heure 1 fr. 75; hors de la ville, 2 fr. 50; à 4 places, la course 2 fr., l'heure 2 fr. 50; hors de la ville, 3 fr. 50.

Bateaux à vapeur (bureau de remorquage, au port du Commerce) : — pour *Plougastel* et *Kerhuon*, le dimanche à 10 h. et 1 h. 30; 60 c. aller et retour; — *Port-Launay* (*Châteaulin*), 2 ou 3 fois la semaine, en 5 h., 2 fr., par la rivière de Châteaulin; — *le Fret* (*Morgat*, *Crozon*), t. l. j. 7 h. mat. et 4 h. s., en 50 min., 90 c.; — pour *Douarnenez*, *le Conquet*, *le Havre*, *Bordeaux*, etc.

BRETEUIL (Eure), 82. — Hôt. *du Paradis et du Commerce*.
BRETONCELLES, 7.
BRETTEVILLE-NORREY, 102.
BRETTEVILLE-SUR-LAIZE, 102.
BREUIL-BLANGY [Le], 106.
BREUILPONT, 142.
BREZOLLES, 81.
BRICQUEBEC, 90. — Omnibus : 30 c., avec bagages 50 c. — Hôt. : *du Vieux-Château* (6 fr. 50 par j.; pens. 80 à 120 fr. par mois; voit.), dans le château; *des Voyageurs* (5 fr. par j.).
BRIGNOGAN, 45. — Hôt. : *des Baigneurs* (pens. 5 à 6 fr.); *de la Grand'Maison*. — Bains de mer.
BRIONNE, 93. — Omn. 25 c. — Hôt. : *de France*; *du Havre* (7 fr. par j.).
BRIOUZE, 84. — Hôt. *de la Poste*.
BROCÉLIANDE, 35.
BROGLIE, 83. — Hôt. : *de la Poste* (7 fr. par j.); *du Lion-d'Or*.
BROHINIÈRE [La], 36.
BROONS, 36.
BRUCOURT, 120.
BRUNEVAL, 155. — Hôt. *Martin*. — Maisons à louer. — Bains de mer.
BRUZ, 35.
BUEIL, 91.
BUHULIEN, 42.
BULAT-PESTIVIEN, 40.
BURES, 101.
BURES-LONDINIÈRES, 162.
BUZAY, 27.

C

CABOURG, 120. — Omnibus : 50 c. le j., avec bagages 1 fr. — Hôt. : *Grand-Hôtel* * (chambres depuis 4 fr.; déjeuner 4 fr., dîner 5 fr.); *des Ducs-de-Normandie*; *du Casino* (dep. 11 fr. par j.); *du Nord* (8 à 10 fr. par j.); *des Deux-Mondes* (dep. 9 fr. par j.); *de la Poste*. — Café : *Glacier du Grand-Hôtel*. — Poste et télégraphe : de 7 h. du mat. à 9 h. du s. pendant la saison des bains, de 7 h. à midi et de 2 h. à 7 h. le reste de l'année; les dim. et fêtes de 7 h. à 10 h. et de 3 h. à 6 h. — Casino. — Bains de mer. — Bains chauds à côté du Grand-Hôtel.

CAEN, 97.

Buffet : — à la gare de Caen-Ouest et à celle de Caen-Saint-Martin.

Omnibus : — de la gare aux hôtels, 30 c. le j. et 50 c. la nuit, 50 c. et 70 c. avec bagages.

Tramways électriques (1re cl. 15 c., 2e cl. 10 c.; 5 c. par changement de ligne aux sections avec corresp.; dép. toutes les 10 min.) : — *de la gare de l'Ouest à la gare Saint-Martin; octroi de Falaise à la place de l'Ancienne-Boucherie; du cimetière de Vaucelles à la Maladrerie; du pont de Courtonne à Venoix*.

Hôtels : — *d'Angleterre* * (dep. 12 fr. par j.), rue Saint-Jean, 77-81; — *Moderne et de Londres* * (9 fr. par j.), boul. St-Pierre; — *de la Place-Royale* *, place de la République, 1; — *d'Espagne et des Négociants*, rue Saint-Jean, 73; — *de France*, avenue de la Gare; — *de Normandie*, rue Saint-Pierre, 25; — *de la Marine*, rue de la Marine; — *du Calvados*, rue Neuve-du-Port; — *du Centre et de la Victoire* (dep. 8 fr. par j.), place du Marché-au-Bois.

Restaurants : — *Chandivert*, place du Marché-au-Bois, 13; — *Bazin* (re-

CHATEAUBOURG, 32.

CHATEAUBRIANT, 25. — Omnibus : 30 c. le jour, 50 c. la nuit; avec plus de 30 kilog. de bagages, 50 c. et 80 c. — Hôt. : *de la Poste*; *du Commerce.*

CHATEAU-GAILLARD [Le], 128.

CHATEAUGIRON, 35.

CHATEAU-GONTIER, 17. — Omnibus : 30 c. le j., 50 c. la nuit sans bagages; avec plus de 30 kilog. de bagages, 50 c. et 70 c. — Hôt. : *de l'Europe*; *du Dauphin.*

CHATEAULIN, 60. — Omnibus : 50 c. — Hôt. : *de la Grand'Maison* (7 fr. par j.); *à la Descente des Voyageurs.* — Voit. publ. pour *Crozon* (3 fr. 50) et *Camaret* (4 fr.).

CHATEAUNEUF (Eure-et-Loir), 6.

CHATEAUNEUF (Ille-et-Vilaine), 64.

CHATEAUNEUF-DU-FAOU, 61.

CHATEAUNEUF-SUR-SARTHE, 12. — Omnibus : de la station 40 c., 50 c. avec bagages. — Hôt. : *de la Boule-d'Or; du Pélican.*

CHATELAUDREN, 39. — Hôt. *de France.*

CHATOU, 168.

CHAUMONT-EN-VEXIN, 161. — Omn. 30 c. — Hôt. *du Grand-Saint-Nicolas.*

CHAUSEY [Iles], 88. — Bateau à vapeur pour *Granville.* — Hôt.

CHAZÉ-HENRY, 25.

CHAZÉ-SUR-ARGOS, 17.

CHEF-DU-PONT, 108.

CHEMAZÉ, 17.

CHEMOULIN [Pointe de], 28.

CHERBOURG, 109.

Omnibus : — à la gare; le jour 45 c., la nuit 55 c.; avec bagages 65 c. et 75 c.

Tramway. — Réseau urbain : *du Hameau Vivier* (*la Fonderie*) *à Equeurdreville* ; service toutes les quinze min. env. — Réseau suburbain : *Tourlaville, Cherbourg, Equeurdreville, Querqueville* : corresp. pour la ville avec la compagnie de l'Ouest. — Départ à heures fixes pour *Tourlaville, Hainneville, Querqueville* et *vice versa.* Station centrale place du Château; prix, 5 c. à 15 c.

Hôtels : — *du Casino et des Bains-de-Mer* ou *Palace Hôtel du Casino* (ouvert du 1er juin au 1er octobre; pens. 12 à 15 fr. par j.), sur la plage, près de la jetée E.; — *de l'Amirauté et de l'Europe*, quai Alexandre-III, 16; — *de Paris*, quai Alexandre-III, 10; — *de France et du Commerce*, rue du Bassin, 41; — *de l'Etoile* (7 fr. par j.), rue Gambetta, 5 et 7; — *de l'Aigle et d'Angleterre*, place Bricqueville; — *du Louvre et de la Marine*, rue de la Paix, 28-30; — *du Nord et de la Paix*, rue de la Paix, 32; — *des Négociants et de l'Agriculture*, rue de la Fontaine, 37 *bis*.

Cafés : — *du Théâtre; — de l'Amirauté; — de l'Europe; — Continental*; — *du Grand-Balcon; — du Louvre et de la Marine.*

Poste, télégraphe et téléphone : — rue de la Fontaine, 54.

Etablissement de bains de mer et casino : — entrée aux salons, jardin et terrasse, 50 c. Abonnement : 1 pers. 25 fr., 2 pers. 35 fr., 3 pers. 45 fr., 4 pers. 50 fr. Bain froid, 75 c. (avec linge et costume). Bain chaud, 1 fr.

Loueurs de voitures : — *Faisant*, rue de l'Ancien-Quai, 10; — *Lepetit*, rue de la Bucaille, 10.

Bateaux de promenade : — pour la digue, 1 pers., 6 fr., plusieurs pers., 2 fr. par pers. en moyenne; prix à débattre. Se renseigner dans les hôtels sur les patrons des embarcations recommandées.

CHESNAY-HAGUEST [Château du], 127.

CHÈZE [La], 38.

CINGLAIS [Forêt de], 102.

CITÉ DE LIMES, 164.

CLAMART, 166.

CLÈRES, 160.

CLERMONT [Abbaye de], 32.

CLINCHAMPS, 102.

COËTFREC, 42.

COËVRONS [Chaîne des], 30.

COIGNY [Château de], 107.

COLLEVILLE-SAINTE-HÉLÈNE, 153.

COMBOURG, 64. — Omnibus : 30 c.; avec bagage, 50 c. — Hôt. *Gentil.*

COMPER [Etang de], 35.

CONCARNEAU, 58. — Hôt. : *des Voyageurs* (pension, 6 à 10 fr. par j.); *Grand-Hôtel* (café); *de France; du Commerce; de Bretagne.* — Bateaux

D

matin à 9 h. du soir; le dim., fermé à 4 h. — Bains de mer : cabine 60 c. à 2 fr., costume, 50 c., guide 50 c., peignoir 25 c.

DÉLIVRANDE [La], 102. — Hôt. : *Notre-Dame* (6 fr. 50 par j.); *de la Basilique*. — Pension pour les dames seules au couvent de la Vierge-Fidèle (jardin).

DEMOISELLE DE FONTENAILLES [La], 96.

DENNEVILLE, 107.

DERVAL, 25.

DÉSERT (Le), 120.

DIÉLETTE, 112. — Aub. *Ribot* (pens. 5 fr. par j.).

DIEPPE, 163.

Buffet : — à la gare maritime.

Omnibus (bureau, rue d'Ecosse, 37) : — de la gare aux hôtels ou à domicile, 30 c. le jour, 50 c. la nuit, sans bagages; 60 c. et 80 c. avec bagages.

Hôtels : — *Royal* *, *des Bains et Métropole* * (téléphone), *du Rhin et de Newhaven* *, *des Etrangers*, *Français* ou *Regina-Palace* *, tous situés sur la plage (rue Aguado); — *du Soleil-d'Or*, rue Gambetta, 4; — *de la Paix*, place du Puits-Salé; — *du Géant* (6 fr. 50 par j.), rue du Chêne-Percé, 9; — *de Paris*, place Camille Saint-Saens; — *des Familles*; — *du Commerce*; — *de Normandie*; — *du Chariot-d'Or*; — *du XIXe Siècle*; — *du Grand-Cerf*; — *du Globe*, *Nord et Victoria*; — *de la Gare*; etc.

Restaurants : — aux hôtels; — *du Faisan doré*, Grande-Rue, 74; — *du XIXe Siècle*, rue de la Halle-aux-Blés, 2, et rue Gosselin, 2; — *Saunier-Lefebvre*, arcades de la Bourse, 11.

Cafés : — *au Casino*; — *Suisse*; — *de Rouen*; — *des Tribunaux*; — *du XIXe Siècle*, etc.

Appartements meublés : — on peut en louer dans la plus grande partie des maisons pendant la saison des bains.

Casino et bains de mer. — Entrée au casino : de 6 h. du matin à midi, 50 c.; de midi à 6 h. du soir, 1 fr.; de 6 h. du soir à la fermeture, 3 fr.; la journée entière, 3 fr. — Abonnement au casino : 7 j. 12 fr., 15 j. 20 fr., 1 mois 35 fr., saison 60 fr.; réduction suivant le nombre de pers. d'une même famille. — Bain de mer, avec tente, guide et bain de pieds chaud, 1 fr. 25. — Bains chauds (place de la Comédie), 1 fr. 75 et (eau de mer) 2 fr. 25. — Hydrothérapie (aux Bains chauds) : douche 2 fr., avec massage 3 fr.

Poste, télégraphe et téléphone : — rue des Tribunaux, à la gare et à l'établissement des bains.

Voitures de place : — de 6 h. à minuit, la course, 1 ou 2 pers., 1 fr. 25; 3 ou 4 pers., 1 fr. 50; l'heure, 1 fr. 75 ou 2 fr.; chaque quart d'heure en sus, 50 c. La nuit les prix sont doublés.

Loueurs de voitures : — *Michel*, quai de Lille, 18; — *Henrion*, rue Saint-Remi; — *Blossier*, rue d'Ecosse, 37; — *Beuvin*, rue Desmarets.

DINAN, 62. — Omnibus : 40 c.; avec bagages 50 c., la nuit 60 c. — Voit. pour le bateau de Saint-Malo (1 fr.). — Hôt. : *de Bretagne*; *de la Poste*; *d'Angleterre*; *de Notre-Dame*. — Restaurant *Marguerite*, place Du-Guesclin. — Cafés : *de la Poste*; *Continental*; *de Bretagne*; *Grand-Café*. — Poste et télégraphe : rue du Château, 11. — Bateaux à vapeur t. l. j. en été pour *Saint-Malo* et *Dinard* : 2 fr. 50, 1 fr. 50; aller et ret. 3 fr. 50 et 2 fr.

DINANT [Château de], 47.

DINARD, 67. — Omnibus à la gare, 30 c., 50 c. avec bagages. — Hôt. : *Grand-Hôtel-Royal* *; *du Casino* *; *Grand-Hôtel de Dinard* *; *de la Plage*; *des Bains*; *de Provence et d'Angleterre*; *de la Vallée*. — Cafés : *des Messageries*; *de la Plage* (concert); de l'hôt. *de la Vallée*. — Café-restaurant *de la Rotonde*, sous le casino. — *Casino* (entrée, 2 fr.; abonnement : 8 j. 17 fr., 15 j. 25 fr., 1 mois 35 fr., saison 55 fr.; réduction suivant le nombre de pers. de la même famille) et établissement de bains de mer (bain 1 fr., bain chaud 1 fr. 25,

E

*Maubert-Hauville**, près du Casino; *de Normandie*, place du Marché; *de la Plage*, près du Casino; *des Deux-Augustins*. — Maisons et appartements meublés. — Poste, télégraphe et téléphone, route du Havre, 27. — Bains de mer : 90 c. (costume, 30 c.). — *Casino* : entrée 50 c.; pour la journée jusqu'à 6 h., 1 fr.; abonnement, 7 j. 12 fr., 15 j. 23 fr., 1 mois 40 fr., la saison 60 fr.; réduction proportionnelle suivant le nombre de pers. de la même famille. — Automobiles publiques pour *Fécamp* (2 fr., 3 fr. 50 aller et ret.) et *le Havre* (3 fr., 5 fr. 50 aller et ret.).

ETRETAT [Falaises d'], 154.

ETRICHÉ-CHATEAUNEUF, 12.

ÉVREUX, 91.

Buffet : — à la gare.

Omnibus : — à la gare, le jour 30 c., la nuit 40 c.; avec bagages 50 c. et 60 c.

Hôtels : — *Moderne*; — *du Cheval-Blanc*; — *du Grand-Cerf* (8 fr. par j.); — *du Rocher-de-Cancale* (7 fr. 50 par j., vin compris); — *de la Biche*.

Poste et télégraphe : — rue du Meilet.

EVRON, 30. — Hôt. : *Lemoine*; *du Commerce*. — Voit. publ. pour *Sainte-Suzanne*.

EZERT ANDT, 142.

F

FALAISE, 114. — Omnibus, 30 c. le j., 40 c. la nuit. — Hôt. : *du Grand-Cerf* (8 fr. 50 par j.); *de la Croix-Verte*; *de Normandie*.

FAOUET [Le], 57. — Hôt. : *de la Croix-d'Or*; *du Lion-d'Or*.

FÉCAMP, 155. — Omnibus des hôtels. — Omnibus : du chemin de fer pour la ville, 25 c.; avec bagages, 35 c. — Hôt. : *des Bains** et *de Londres*, *villa Gabriel* (appartements meublés), *de la Plage*, *d'Angleterre*, tous près de la mer; *du Chariot-d'Or* et *de la Place*, place Thiers; *Canchy*, place Thiers; *de la Gare*, quai Bérigny; *du Café Anglais*, avenue Gambetta; *du Grand-Cerf*, rue des Forts, 10; *de l'Agriculture et du Commerce*, près du Marché; *du Chemin-de-Fer*, quai Bérigny, 29; *de la Gare*, quai Bérigny. — Poste et télégraphe, avenue Gambetta, 7; en été, boîte à l'établissement des bains. — *Casino* (25 c.; 50 c. l'après-midi; abonnement : 8 j. 11 fr., 15 j. 18 fr., 1 mois 34 fr., saison 45 fr.) et établissement de bains de mer (bain froid 1 fr. 10, bain chaud 1 fr. 50). —Automobiles publiques pour *Étretat* (2 fr., 3 fr. 50 aller et ret.), par *Yport* (75 c.).

FÉCAMP [Falaises de], 141.

FEINGS, 74.

FERTÉ-BERNARD [La], 8. — Hôt. : *du Chapeau-Rouge*; *Saint-Jean*.

FERTÉ-FRÊNEL [La], 83.

FERTÉ-MACÉ [La], 77. — Hôt. : *du Cheval-Noir*; *du Petit-Turc*.

FERTÉ-VIDAME [La], 7. — Hôt. *Saint-Jean* ou *des Jouis*.

FERTOIS [Pays], 8.

FEUILLÉE [La], 45.

FIERVILLE-LES-PARCS, 115.

FLAMANVILLE, 111.

FLERS, 84. — Buffet. — Omnibus : le jour 30 c., la nuit 50 c.; avec bagages 60 c. et 70 c. — Hôt. : *du Gros-Chêne*; *de l'Ouest*. — Poste et télégraphe, rue des Rivières.

FLEURY-SUR-ANDELLE, 128. — Hôt. : *de l'Union*; *du Vexin*; *de Rouen*.

FOLGOET [Le], 44.

FOLLETIÈRE [La], 96.

FOLLIGNY, 86. — Buffet.

FONTAINE-HENRI, 102.

FONTENAY (Manche), 108.

FONTENAY-LE-MARMION, 102.

FOREST [La], 45. — Hôt. *du Cheval Indompté*.

FORGES [Les], 18.

FORGES-LES-EAUX, 162. — Omnibus : 30 c., jusqu'à l'établissement 50 c.; avec bagages, 80 c.; omnibus pour *Serqueux*. — Hôt. : *du Parc**; *Continental* (10 fr. par j.); *du Mouton-d'Or*; *du Lion-d'Or*; *Saint-Denis*.

FORMERIE, 139.

G

GRANVILLE, 86.

Omnibus : — de la gare à la ville basse, le jour 40 c., la nuit 50 c.; avec bagages, 50 c. et 60 c.; — à la ville haute, le jour 50 c., la nuit 60 c., avec bagages 60 c. et 70 c.

Hôtels : — *du Nord et des Trois-Couronnes**, rue Lecampion; — *Grand-Hôtel**; — *Houllegate;* — *de Paris* (7 fr. 50 par j.); — *des Bains;* — *de France.*

Cafés : — *de la Ville, Houssin*, de l'hôt. *du Nord, du Commerce*, tous rue Lecampion.

Casino : — sur la plage (café-restaurant), entrée 1 fr., saison 30 fr., par famille 40 fr.

Poste et télégraphe : — rue Lecampion, 9.

Loueurs de voitures : — *Lequeux*, rue Couraye; — *Videcoq*, route de Coutances; — *Pichard*, rue Saintonge, etc.

Voitures publiques : — pour *Saint-Pair* (50 c.).

Bateaux à vapeur : — pour *Chausey, Jersey;* — *Southampton* et *Londres.*

H

HAVRE [Le], 148.

Buffet-Bar : — à la gare.

Omnibus : — de la gare aux hôtels et de la place Gambetta, 23 (bureau), à la gare, 40 c. le j., 50 c. la nuit (bagages en sus). Des voitures stationnent à la gare, à l'arrivée de tous les trains.

Hôtels : — *Frascati* *, rue du Perrey, 1, sur le bord de la mer; — *Continental* *, quai des Etats-Unis; — *Tortoni*, place Gambetta, 1-5; — *de Bordeaux*, place Gambetta, 17; — *de Normandie*, rue de Paris, 106-108; — *d'Angleterre*, rue de Paris, 124 et 126; — *de l'Amirauté*, Grand-Quai, 43; — *de Rouen*, rue de Paris, 80-82; — *des Armes-de-la-Ville*, rue d'Estimauville, 27-29; — *du Plat-d'Argent*, place Richelieu et rue de Berri, 44-46; — *des Indes et Victoria*, Grand-Quai, 65; — *de l'Aigle-d'Or*, rue de Paris, 32-34; — *de Dieppe*, rue de Paris, 76; — *de Londres et de Trouville*, Grand-Quai, 81, etc.

Restaurants : — *Tortoni*, place Gambetta; — *du Plat-d'Argent*, près de la place Richelieu; — *de la Brasserie Nationale*, rue de Paris; — *de l'Aigle-d'Or*, rue de Paris, 32, etc.

Cafés : — *Tortoni*, *Français*, *des Fleurs*, *Régis*, *Prader*, place Gambetta; — *Frascati*, en face des bains (musique militaire le mardi et le vendredi); — *Guillaume-Tell*, place de l'Hôtel-de-Ville; — de *Versailles*, rue de Paris. — Café-concert : *Folies-Bergère*, rue Frédérick-Lemaître.

Bains de mer et Casinos. — Bains de mer (bain froid, 1 fr. 40) : *Frascati*, *Decker*, rue du Perrey. — *Casinos* : *Frascati* (entrée, 1 fr.), rue du Perrey, 1; *Marie-Christine*, à Sainte-Adresse et boulevard Maritime.

Poste : — boulevard de Strasbourg, 108.

Télégraphe : — boulevard de Strasbourg, 160.

Téléphone : — boulevard de Strasbourg, 60.

Bains chauds : — *Frascati* (hôtel *Frascati*); — *Decker*, rue du Perrey, 81; — *d'Ingouville*, rue Ernest-Renan, 6; — *Notre-Dame*, rue de Paris, 22, et rue Saint-Julien, 11; — *Saint-François*, rue du Grand-Croissant, 3.

Voitures de place : — (pour la ville, dans tout le rayon d'octroi) de 6 h. du matin à minuit, la course 1 fr. 25, l'heure 2 fr.; de minuit à 6 h. du matin, la course 2 fr., l'heure, 3 fr. Pour la Côte (en dehors de l'octroi), de 6 h. du matin à minuit, la course 1 fr. 75, l'heure 2 fr. 25; de minuit à 6 h. du matin, la course 2 fr. 50, l'heure 3 fr. — Bagages : 15 kilog., 20 c.; 30 kilog., 30 c.; 50 kilog., 50 c.

Service de banlieue. — Si la voit.

LAVAL, 30.

Buffet : — à la gare.

Omnibus : — spéciaux des hôtels.

Tram-omnibus : — de la gare à Notre-Dame, 20 c.

Hôtels : — *de Paris, de l'Ouest*, rue de la Paix; — *de la Tête-Noire* (5 fr. 50 par j.), rue du Pont-de-Mayenne; — *du Grand-Dauphin*, carrefour aux Toiles.

Cafés : — *de l'Ouest, de Sarthe*, rue de la Paix; — *de l'Univers;* — *des Arts*, place de l'Hôtel-de-Ville; — *du Théâtre.*

Poste, télégraphe et téléphone : — rue et place de l'Hôtel-de-Ville, 2.

Voitures de place : — à 1 ch., le jour, la course 1 fr., l'heure 2 fr.; la nuit, 2 fr. et 3 fr.; à 2 chev., course 2 fr., l'heure 3 fr.; la nuit, 3 fr. et 4 fr. — Bagages : 20 c. par colis.

LORIENT, 55.

Buffet : — à la gare.
Omnibus : — à la gare, 50 c.
Trams électriques partant de la place Bisson toutes les 10 min. — Réseau urbain, dép. toutes les 10 min.; prix 10 c., d'octroi en octroi. — Réseau suburbain: *Plœmeur, la Perrière*, toutes les 1/2 h.; *Hennebont*, t. l. h.; 45 c.; *Keriado* (desservant la gare).
Hôtels: — *de France*, place d'Alsace-Lorraine; — *de Bretagne* (bains), rue Victor-Massé; — *de l'Europe* (7 fr. par j.); — *du Cygne*.
Restaurants : — *Américain*, place d'Alsace-Lorraine; — *de Paris*, rue Molière, près du théâtre.
Cafés : — *Grand-Café, Continental*, place d'Alsace-Lorraine; — *Louis XIV*, *de l'Univers*, rue de la Comédie.
Poste et télégraphe : — cours des Quais, à l'angle de la rue Molière.
Bateaux à vapeur : — pour *Belle-Ile*, sam. soir; 4 fr. et 3 fr.; aller et ret. 6 fr. et 4 fr.; — *l'île de Groix*, t. l. j., 60 c., 1 fr. aller et ret.; — *Port-Louis*, d'heure en heure de 6 h. à 10 h. mat., et ensuite t. l. 1/2 h.; 25 c. et 20 c.; — *Larmor*, 40 c. et 30 c. (60 c. et 50 c., aller et ret.); — *Pen-Mané*, 10 c.

LOUDÉAC, 38. — Hôt. : *de Bretagne* (6 fr. par j.); *de France*.
LOUÉ, 12.
LOUET [Ile], 43.
LOUISFERT, 26.
LOUPE [La], 6.
LOUVECIENNES, 169.
LOUVERNÉ, 30.
LOUVIERS, 142. — Omnibus, 25 c.; avec bagages, 50 c. — Hôt. : *du Mouton-d'Argent*, rue Grande, 59; *du Grand-Cerf*.
LOUVIGNÉ-DU-DÉSERT, 70.
LUCERNE-D'OUTREMER [La], 73.
LUC-SUR-MER, 102. — Omn. à la gare. — Hôt. : *des Familles* (Bertrand), sur la plage; *Belle-Plage*; *du Petit-Enfer*; *du Soleil-Levant*. — Villas et maisons meublées. — Café-restaurant *Godard*. — Casino (bains de varech; hydrothérapie maritime).
LYONS-LA-FORÊT, 128. — Hôt. *de la Licorne* ou *Lieubray* (voit. de louage).

M

MAËL-CARHAIX, 40.
MAGNY, 161. — Hôt. : *de la Gare; du Grand-Cerf*.
MAINTENON, 2. — Hôt. *Saint-Pierre*.
MAISON-BRULÉE [La], 93. — Restaurant *Chauvel*.
MAISONS, 106.
MAISONS-LAFFITTE, 125.
MAITRE-ECOLE [La], 12.
MALANSAC, 50.
MALAUNAY, 144.
MALESTROIT, 50.
MALICORNE, 11.
MALMAISON [La], 169.
MAMERS, 8. — Omnibus, 30 c.; 50 c. avec bagages. — Hôt. : *d'Espagne; du Commerce et des Trois-Lions; du Cygne*.
MANÉ-ER-H'ROECK, 54.
MANÉ-LUD [Dolmen du], 53.
MANÉ-RUTUAL [Le], 53.
MANNEVILLE, 159.
MANOIR [Le], 120.

MANS [Le], 9.

Buffet : — à la gare.
Omnibus : — de la gare à la place de la République, le jour 30 c.; avec 30 kilog. de bagages 50 c.; la nuit 50 c.; avec 30 kilog. de bagages 75 c.
Omnibus de famille : — la course, service de jour, jusqu'à 4 places, 1 fr. 50, de nuit, 2 fr.; au-dessus de 4 voyageurs, 50 c. par place. Bagages, 1 colis, 20 c., au-dessus de 9 colis, 1 fr.
Trams électriques : — 1° de la gare aux Maillets par la place de la République; — 2° de l'hôpital au monument de Pontlieue, par la place de la République; — 3° de l'octroi de la route de Paris au Grand-Cimetière. Prix 10 c. sur tout le parcours d'une même ligne; 15 c. avec corresp.
Hôtels : — *du Dauphin*, place de la République; — *Grand-Hôtel* (bains

O

P

Q

Omnibus : — 50 c. avec bagages.

Hôtels : — *de l'Epée**, *du Parc*, tous deux rue du Parc (quai de l'Odet); — *de France.*

Cafés : — *de Bretagne*, rue du

Parc, 18; — de l'hôt. *de l'Epée*; — *de France*, rue Toul-al-Laër.

Poste et télégraphe : — quai du Steir.

Bateaux à voiles (8 à 12 fr. par j.) : — chez *Camus*, faubourg de Locmaria.

R

RENNES, 33.

Buffet : — à la gare.

Omnibus : — spéciaux aux hôtels, 75 c.

Hôtels : — *Moderne* *, quai Lamennais, 17; — *Grand-Hôtel* (restaurant), rue de la Monnaie, 17; — *de France* (restaurant), rue de la Monnaie, 6; — *Continental*, rue d'Orléans, 1; — *Le Moine*, rue Lanjuinais, 4; — *de Bretagne*, en face de la gare; — *de Paris* (6 fr. par j.), rue Vasselot, 16; — *des Voyageurs* (5 fr. par j.), avenue de la Gare.

Restaurants : — *Gaze*, rue Beaumanoir; — *de la Place*, place du Palais; — de l'hôt. *Moderne*; — du *Grand-Hôtel*; — des hôt. *de France* et *Continental*.

Cafés : — *de France*, rue de la Monnaie; — *Continental*, rue d'Orléans; — *du Palais*, quai Duguay-Trouin; — *de la Comédie*, *Glacier*, galeries du théâtre; — *de la Paix*, rue de Nemours.

Poste et télégraphe : — rue de Nemours (entrée sur le quai).

Bains : — boulevard de la Liberté, 38; — *Raulin* (bains Saint-Georges), rue Gambetta.

Voitures de place : — de 6 h. du matin à minuit, la course 1 fr. 25, la 1re heure 1 fr. 75, les heures suivantes 1 fr. 50; de minuit à 6 h. du matin, la course 1 fr. 50, l'heure 2 fr. 50. — *Voitures de remise* : la course 2 fr., l'heure 2 fr. 50; la nuit, 2 fr. 50 et 3 fr.

SAINT-AUBIN-SUR-SCIE, 144 et 160.
SAINT-AVÉ, 52.
SAINTE-BARBE, 53.
SAINT-BRIAC, 68. — Hôt. : *des Panoramas* (6 à 8 fr. par j.); *du Centre* (6 fr. par j.). — Villas meublées. — Bains de mer. — Tram pour *Saint-Lunaire* et *Dinard* (1 fr. 15 et 75 c., 1 fr. 50 et 1 fr. 25 aller et ret.).
SAINT-BRICE-EN-COGLÈS, 70.
SAINT-BRIEUC, 37. — Buffet. — Omnibus, 30 c.; avec 30 kilog. de bagages, 50 c. — Hôt. : *d'Angleterre; de France* (7 fr. 50 par j.); *de la Croix-Blanche; Moderne; de la Croix-Rouge.* — Cafés : *Jouhaux; du Champ-de-Mars; de l'Univers; du Commerce; Du Guesclin.* — Poste et télégraphe, rue des Pavés-Neufs.
SAINT-CALAIS, 8. — Hôt. : *de France; d'Angleterre; du Commerce.*
SAINT-CARADEC, 40.
SAINT-CAST, 61. — Hôt. : *de la Plage et de la Garde Saint-Cast; Charles* ou *Bellevue.* — Voit. publ. pour *Plancoët*, 2 fr.
SAINT-CÉNERI-LE-GÉREI, 76.
SAINT-CLOUD, 165. — Hôt. : *du Pavillon du Château; de la Tête-Noire.* — Restaurants : *de la Tête-Noire; du Château; Lajoumard*, etc. — Voit., avenue du Palais : l'heure, à 1 chev., 3 fr.; à 2 chev., 5 fr. — Tramway pour *Paris* (Louvre), 50 c. et 35 c. — Bat. à vap. : 20 c. en sem., 40 c. le dim.
SAINT-COULOMB, 67.
SAINT-CYR, 1.
SAINT-DENIS-SUR-SARTHON, 76.
SAINT-DIGNEFORT, 152.
SAINT-EFFLAM, 42. — Hôt. *du Héron.*
SAINT-ENOGAT, 68. — Hôt. : *des Villas de la Mer* (dep. 6 fr. par j.); *des Etrangers; Keravor; Villas Victoria* et *Michel* (pensions de famille). — Nombreuses maisons meublées. — Bains de mer.
SAINT-ETIENNE-DE-MONTLUC, 27.
SAINT-ETIENNE-DU-ROUVRAY, 129.
SAINT-FIACRE, 57.
SAINT-FLORENT-LE-VIEIL, 18.
SAINT-GEORGES-MOTEL, 144.
SAINT-GEORGES-SUR-LOIRE, 18.
SAINT-GERMAIN [Forêt de], 155.
SAINT-GERMAIN-EN-COGLÈS, 70.
SAINT-GERMAIN-EN-LAYE, 170. — Hôt. : *du Pavillon Henri IV**, rue Thiers, 13; *du Pavillon Louis XIV et Continental-Hôtel**, rue d'Alsace; *du Prince-de-Galles*, rue de la Paroisse; *Colbert*, rue de la Surintendance; *du Débarcadère*, à côté de la gare; *de l'Aigle-d'Or*, rue du Vieil-Abreuvoir; *du Grand-Cerf*, rue de Poissy; *de la Grande-Ceinture*, rue Pereire; *de l'Ange-Gardien*, rue de Paris; etc. — Voitures de place (place de l'Eglise) : la course dans la ville, 1 fr. 50; l'heure, dans la ville et les faubourgs, en sem., 2 fr. et 2 fr. 50; les dim. et fêtes, 3 fr. — Tramway pour *Poissy.*
SAINT-GERMAIN-LA-TRUITE, 142.
SAINT-GERMAIN-SAINT-REMY, 81.
SAINT-GERMAIN-SUR-ILLE, 64.
SAINT-GILDAS-DE-RHUIS, 52. — Pens. (5 fr. par j.) chez les religieuses.
SAINT-GILDAS-DES-BOIS, 49.
SAINT-GUEN, 40.
SAINT-HERBOT [Chapelle de], 44.
SAINT-HILAIRE-DU-HARCOUET, 78. — Hôt. : *de France et de la Croix-Blanche; de la Poste* (7 fr. 75 par j.).
SAINT-ILAN, 38.
SAINT-JACUT-DE-LA-MER, 61. — Hôt. : *des Bains; des Voyageurs.*
SAINT-JAMES, 80.
SAINT-JEAN-DU-DOIGT, 42. — Hôt. *Saint-Jean* (pension, 4 fr. 50 par j.).
SAINT-JEAN-LE-THOMAS, 80. — Hôt. *Touche.*
SAINT-JEAN-SUR-ERVE, 31.
SAINT-JOUIN, 154. — Hôt. *de Paris* (confitures aux pommes).
SAINT-JULIEN, 38.
SAINT-JULIEN-DE-VOUVANTES, 25.
SAINT-JUST, 25.
SAINT-LAURENT, 38.
SAINT-LAURENT-DU-POULDOUR, 42.
SAINT-LAURENT-SUR-MER ou PLAGE D'OR, 106. — Hôt.-aub. *Lesage.* — Chalets à louer.
SAINT-LÉGER-EN-YVELINES, 2.

SAINT-LO, 106.

Omnibus : — 30 c.; avec bagages, 50 c.; la nuit, 50 c. et 75 c.

Hôtels : — *de l'Univers*, rue Bourg-buisson, 15; — *de Normandie*, rue du

Saint-Michel-en-Grève, 42. — Hôt. : du Lion-d'Or; de Pen-an-Guer; de la Vieille-Côte; de la Plage.
Saint-Nazaire, 28. — Buffet. — Omnibus à la gare, 50 c. avec 30 kilog. de bagages. — Hôt. : Grand-Hôtel*; des Messageries; de Bretagne; des Etrangers. — Cafés : de l'Univers; Grand-Café. — Poste, télégraphe et téléphone, rue de l'Amiral-Courbet. — Bateaux à vapeur pour Mindin, Nantes et Paimbœuf.
Saint-Nicolas-de-Pierrepont, 90.
Saint-Nicolas-de-Redon, 49
Saint-Nicolas-des-Eaux; 54.
Saint-Nom-la-Bretèche, 169.
Saint-Ouen [Château de], 17.
Saint-Pair, 86. — Hôt. : des Bains; de France; du Nouveau-Saint-Pair; Saint-Pair; du Commerce; maison de famille Masselin. — Maisons meublées. — Voit. de louage : Beaumont, hôt. du Commerce; Arène Pinson. — Bains de mer chauds et froids. — Omnibus pour Granville (50 c., 1 fr. avec bagages); voit. d'excursion pour le Mont-Saint-Michel (5 fr. aller et ret.).
Saint-Pierre, 54.
Saint-Pierre-de-Mailloc, 96.
Saint-Pierre-du-Mont, 106.
Saint-Pierre-du-Vauvray, 127.
Saint-Pierre-Eglise, 111.
Saint-Pierre-en-Port, 156. — Hôt. des Terrasses et de la Plage. — Maisons meublées depuis 150 fr. par mois. — Casino. — Bain de mer, 30 c.
Saint Pierre la Cour, 32.
Saint-Pierre-les-Elbeuf, 140.
Saint-Pierre-sur-Dives, 113. — Hôt. : du Dauphin; de France.
Saint-Pol-de-Léon, 43. — Hôt. : de France (pens. 5 fr. 50 par j., pour 8 j. au moins); du Cheval-Blanc.
Saint-Quay, 39. — Hôt. : de la Plage; Heurtel. — Chambres et pension chez les religieuses.
Saint-Remy (Calvados), 103.
Saint-Remy-du-Plain, 30.
Saint-Renan, 49.
Saint-Romain-de-Colbosc, 146.
Saint-Sauveur-Lendelin, 90.
Saint-Sauveur-le-Vicomte, 90. — Hôt. : de la Victoire; des Voyageurs.
Saint-Senier-de-Beuvron, 80.
Saint-Servan, 65. — Hôt. : Bellevue; de l'Union; du Pélican. — Cafés : de la Paix; Bellevue. — Bains de mer dans l'anse des Fours-à-Chaux et aux Bas-Sablons (bains de mer chauds; bains sulfureux). — Pour les voit. et le pont roulant, V. Saint-Malo. — Tramways à vapeur pour Saint-Malo, Paramé et Cancale (par la gare). — Omnibus pour la gare de Saint-Malo : le jour 50 c., la nuit 75 c.; 75 c. et 1 fr. avec 30 kilog. de bagages. — Bateau à vapeur pour Dinard, toutes les heures, à l'heure précise (excepté à midi).
Saint-Sever (Calvados), 85. — Hôt. des Voyageurs.
Saint-Suliac, 63. — Hôt. des Bains.
Saint-Sulpice-sur-Risle, 82.
Saint-Thégonnec, 44. — Hôt. du Commerce.
Saint-Tugean, 60.
Saint-Vaast-Bosville, 158.
Saint-Vaast-la-Hougue, 108. — Hôt : de France; de Normandie.
Saint-Valery-en-Caux, 158. — Omnibus : 30 c. le jour, 40 c. la nuit; avec bagages 40 c. et 50 c. — Hôt. : de la Paix; de la Plage et du Casino; des Bains; de Paris; de l'Aigle-d'Or; de la Providence; de l'Harmonie; de la Gare. — Appartements à louer. — Poste et télégraphe, rue Nationale. — Casino : entrée, 75 c.; à partir de 6 h. soir, 1 fr.; la journée, 1 fr. 25; abonnement : 8 j. 7 fr., 15 j. 13 fr., 1 mois 22 fr., saison 35 fr.; réduction proportionnelle suivant le nombre de pers. de la même famille. — Bain de mer avec cabine et bain de pieds sans linge 50 c.; bain chaud 1 fr. 60; douche 1 fr. 25.
Saint-Victor-l'Abbaye, 160.
Saint-Vincent-des-Landes, 26.
Saint-Wandrille, 145.
Sainte-Adresse, 151. — Tramway (V. le Havre). — Hôt. des Phares. — Restaurants : du Jardin-d'Hiver; des Phares. — Casino Marie-Christine. — Etablissement de bains de mer Buillet : bain froid 50 c., guide-baigneur 50 c., bain chaud 1 fr. 50. — Bains de la Falaise.
Sainte-Anne (Finistère), 48. — Plage avec cabines de bains. — Restaurants : de la Plage; Bergot.

T

TROUVILLE, 116.

Buffet : — à la gare.

Omnibus : — de la gare à domicile, le jour 50 c.; avec 30 kilog. de bagages, 70 c.; la nuit 70 c. et 90 c.

Hôtels : — *des Roches-Noires**, *de Paris**, *Excelsior*, sur la plage; — *d'Angleterre*, rue de la Plage; — *du Bras-d'Or*, rue des Bains; — *du Chalet*, rue d'Orléans (belle situation); — *de Tivoli* (très bon; ouvert toute l'année), rues des Bains et de la Mer; — *Beau-séjour*, quai Vallée; — *de la Plage*, place de l'Hôtel-de-Ville; — *du Louvre*, rue de la Mer; — *Meurice*, rue Carnot; — *d'Orléans*, rue d'Orléans; — *de France*, quai Joinville; — *Touring-Hôtel*, route d'Honfleur, aux Roches-Noires; — *de Bourgogne*, place de l'Hôtel-de-Ville; — *des Bains*, rue des Bains, 6.

Villas, maisons et appartements meublés. — Le prix minimum d'une petite maison dans l'intérieur de la ville, sans vue et sans jardin, est de 500 à 600 fr. pour la saison; le prix moyen d'une petite villa avec jardin atteint au moins 1,200 fr.; les grandes villas se louent de 2,000 à 4,000 et 5,000 fr. Pour le mois d'août seul le prix est à peu près aussi élevé que pour la saison entière. En septembre seulement les prix tombent considérablement.

Restaurants : — *du Casino*; — *de la Plage*; — *Café Gondrée*; — *du Chalet des Roches-Noires*, derrière l'hôt. du même nom; — de l'hôt. de Bourgogne, place de l'Hôtel-de-Ville; — *Tortoni*, quai Tostain; — *Driget*, rue des Bains.

Cafés : — *de la Plage*; — *Deschamps*; — *Tortoni*; — *Gondrée*; — *du Helder*; — *London-Bar*.

Poste et télégraphe : — rue Pellerin, 7.

Salon (casino). — Entrée pour un jour ordinaire, du 1er au 13 juillet, 1 fr.; du 14 juillet au 15 sept., 3 fr.; du 16 au 30 sept., 2 fr. — Pour les abonnements, s'adresser à l'administration.

Bains de mer : — deux établissements, l'établissement municipal et celui des Roches-Noires. — Cabine de luxe avec bain de pieds, 3 fr.; cabine à flot, *id.*, 1 fr. 50; cabine ordinaire, *id.*, 75 c.

Établissement hydrothérapique : — place de la Cahotte.

Loueurs de voitures et de chevaux : — *Tronsson*, rue des Bains; — *Delaporte*, rue de la Cavée; — *Volard*, rue Thiers; — *Joly*, rue du Bac, à Deauville.

Voitures de place (à la gare et place de l'Hôtel-de-Ville) : — de 5 h. du matin à minuit et demi : voit. à 1 chev., sans bagages, la course, 1 fr. 50; avec bagages, 2 fr.; à 2 chev., 2 fr. et 2 fr. 50. — Pour la banlieue, on traite de gré à gré.

Bateaux : — pour *le Havre* (plusieurs dép. par j.); trajet en 35 à 50 min.; 3 fr., 1 fr. 60, 85 c.; — *Londres*, 35 fr. (1re cl.) et 28 fr. 65 (2e cl.).

U

V

des Bains. — Villas à louer. — Bains de mer : 40 c., guide 40 c., costume 50 c., peignoir 25 c. ; bain chaud 1 fr. 80. — Casino : entrée, 30 c. le jour, 50 c. le soir ; abonnement : 8 j. 4 fr., 15 j. 7 fr. 50, 1 mois 15 fr., saison 20 fr. — Voit. publ. pour *Cany* (1 fr. 25 ; du 1er juill. au 30 sept.).

VEYS [Baie des], 107.

VICOMTÉ [Pointe de la], 68.

VIERVILLE-SUR-MER, 106.

VIEUX-BEUZEVAL [Le], 120.

VIEUX-MARCHÉ, 41.

VIEUX-PORT, 148.

VILLEBON [Château de], 6.

VILLE-D'AVRAY, 150?

VILLEDIEU, 86. — Omnibus : 30 c., la nuit 50 c. ; avec 30 kilog. de bagages, 50 c. et 70 c. — Hôt. : *du Louvre* (voit. de louage : 10 fr. pour Hambye) ; *Bochin*.

VILLEQUIER, 145.

VILLERS-BOCAGE, 101.

VILLERS-CANIVET, 102.

VILLERS-SUR-MER, 118.

Omnibus : — de la gare aux hôtels et à domicile, 50 c. le jour, 60 la nuit ; avec 30 kilog. de bagages, 70 c. et 80 c.

Hôtels : — *des Herbages et Beau-Rivage* ; — *du Casino* ; — *de Paris et de la Plage* ; — *de France*, etc. Dans ces hôtels, les prix des repas et des chambres sont presque les mêmes : chambres depuis 3 fr. ; déjeuner 3 fr., dîner 4 fr. ; pens., pendant les mois de juillet et de septembre, depuis 8 fr. par j., tout compris (deux repas, chambre et service) ; au mois d'août, depuis 10 fr.

Maisons et appartements meublés. — Une maison avec jardin, composée de 4 à 5 chambres, peut se louer, en mai, 200 à 300 fr. ; en juin et en juillet, 300 à 500 fr., pour le mois d'août, 800 à 1,200 fr., et pour la saison entière 1,200 à 1,500 fr. — Une petite maison composée de 3 pièces se loue à raison de 500 à 600 fr. pour la saison.

Restaurants : — dans les hôtels.

Cafés : — café-glacier de l'hôtel *des Herbages* ; — *de Paris* ; — *de France*.

Poste et télégraphe : — rue de Strasbourg ; ouverts de 7 h. à 1 h. et de 3 h. à 7 h.

Bains de mer : — 1 fr. 50.

Bains chauds et hydrothérapie : — rue de l'Eglise.

Voitures, chevaux et ânes : — *Crison* ; — *Lorme* ; — *Laporte*.

VILLERVILLE, 117. — Hôt. : *de Paris* ; *Continental* ; *des Parisiens* ; *des Bains* ; *de la Plage et de la Mer*. — Bains de mer : bain chaud 2 fr., cabine avec bain de pieds 60 c., costume 40 c., peignoir, 25 c. — Casino.

VILLE-ÈS-MARTIN, 28.

VILLIERS-NÉAUFLE, 80.

VIMOUTIERS, 83. — Hôt. *du Soleil-d'Or*.

VIRANDEVILLE, 111.

VIRE, 85. — Buffet. — Omnibus : le jour 40 c., la nuit 50 c. ; avec bagages jusqu'à 30 kilog., 60 c. et 70 c. — Hôt. : *Saint-Pierre* ; *du Cheval-Blanc*. — Poste et télégraphe : rue d'Aigneaux, près du champ de foire.

VITRÉ, 32. — Hôt. : *des Voyageurs* (7 fr. par j.) ; *de France* (7 fr. 50 par j.), tous deux près de la gare. — Poste et télégraphe, à l'hôtel de ville.

VITTEFLEUR, 158.

VIVOIN, 115.

Y

YAINVILLE-JUMIÈGES, 145.

YFFINIAC, 37.

YPORT, 155. — Hôt. : *du Casino* ; *Loisel-Tougard* ; *Georges Tougard* ; *de la Plage* ; *Drebac* ; *des Bains*. — Appartements à louer. — Casino (entrée 25 c. ; enfants 15 c.) et bains de mer (bain froid 1 fr. 25). — Omnibus pour la gare de *Froberville*, 40 c. ; automobiles publ. pour *Fécamp* (75 c.) et *Etretat*.

YVETOT, 146. — Omnibus : 20 c. le jour, 30 c. la nuit ; avec bagages, 60 c. — Hôt : *des Victoires* ; *de la Ville-du-Havre* ; *de l'Aigle-d'Or* ; *du Chemin-de-Fer*. — Poste et télégraphe, rue du Calvaire.

YVRÉ-L'ÉVÊQUE, 9.

TABLE MÉTHODIQUE

CARTES ET PLANS

CARTES

PLANS

ABRÉVIATIONS

alt., altit.....	altitude.	k............	kilomètres.
arr.; arrond..	arrondissement.	kilog.	kilogrammes.
aub.	auberge.	larg.........	largeur.
auj...........	aujourd'hui.	long.........	longueur.
b.............	bourg.	m...........	mètre.
c., cent.......	centimes, centimètres.	millim.......	millimètres.
ch.-l. de c....	chef-lieu de canton.	min.	minutes.
com., comm..	commune.	N...........	nord.
corr., corresp.	correspondance.	O.	ouest.
déj...........	déjeuner.	quint. mét...	quintaux métriques.
dép., départ..	département.	R...........	route.
dr............	droite.	S.	sud.
E.	est.	s............	siècle.
env.	environ.	St...........	Saint.
fr............	franc.	serv.........	service.
g.	gauche	t. l. j........	tous les jours.
h.............	heure.	t. ou tonn...	tonneaux.
hab.	habitants.	V.	ville.
ham..........	hameau.	v............	village.
haut..........	hauteur.	V.	voir.
hect..........	hectares.	V. et Enf. J.	Vierge et Enfant Jésus
hectol........	hectolitres.	voit.	voitures.
hôt...........	hôtel.	vol..........	volumes.
j..............	jour.		

N. B. — A défaut d'indication contraire, les hauteurs sont évaluées au-dessus du niveau de la mer.

INTRODUCTION

La partie du Guide en France consacrée au Réseau de l'Ouest comprend la description de la *Bretagne* et de la *Normandie*. Si ces deux régions sont fort dissemblables par l'aspect général, la nature du sol, la population, le style des monuments, la disposition des habitations et des villages, pour le touriste elles forment un ensemble. Il est rare, en effet, que l'on ne combine pas un voyage en Bretagne avec une excursion en Normandie, soit que l'on utilise les billets circulaires délivrés à cette intention par la Cie des Chemins de fer de l'Ouest, soit que l'on voyage à bicyclette ou en automobile. La Bretagne est plus fréquentée par les touristes effectuant un voyage de durée; en Normandie on se rend plutôt directement dans une ville, à un site, à un « bain de mer ». Cette différence est due à plusieurs causes. Dans son ensemble, la Bretagne offre plus d'originalité; une grande partie de la population a conservé sa langue antique, ses mœurs, ses superstitions; en maints endroits on peut encore admirer les broderies merveilleuses des costumes bretons; si l'intérieur du pays offre en général la monotonie de landes boisées de chênes, on rencontre avec étonnement à côté d'espaces désolés comme les monts d'Arrée, des sites arcadiens d'un charme enchanteur. Le littoral est plus découpé, la mer et les récits légendaires plus terribles. Si la Bretagne n'a point les grands édifices religieux de son opulente voisine, elle rachète cette infériorité par la multiplicité de ses chapelles où la foi a ouvragé le granit avec une persévérance admirable et conservé avec un soin pieux les œuvres d'art des siècles passés, les boiseries, les pièces d'orfèvrerie, auxquelles la Bretagne doit de posséder des artistes formant encore de nos jours une véritable école de sculpture. Ce n'est point une des moindres surprises d'un voyage en Bretagne que de découvrir, pour ainsi dire, un tel goût, une telle délicatesse, parmi un peuple dont la rudesse archaïque s'harmonise avec le sol qui le fait vivre péniblement. Ces chapelles sont fort nombreuses parce que les agglomérations populeuses sont rares comparativement à la masse de hameaux disséminés sur le territoire des communes généralement très étendues. Et puis, il faut le reconnaître, pour le plus grand nombre, pour les touristes voyageant en famille, la question d'économie s'impose; la Bretagne est moins chère que la Normandie. Sauf dans quelques stations balnéaires, les hôtels ne sont pas plus coûteux que dans le centre de la France. Au cœur de la Bretagne, dans ces petits bourgs de l'intérieur semblant endormis depuis des siècles sans souci du « nouveau », les traditions de « cuisine bourgeoise » saine et ignorante des « procédés » se perpétuent intactes et intangibles.

Du reste ce dernier avantage est commun à la Normandie, le pays plantureux et gastronomique par excellence. Autant la Bretagne est peu fortunée, sédentaire dans la civilisation, autant la Normandie est riche de ses pâturages, de son bétail, de sa race chevaline et de tous les produits de l'industrie agricole, beurre, œufs, légumes, fruits, élément d'un important commerce d'exportation. Les marchés, les foires, où se produit une véritable « explosion » de victuailles, ne sont pas une des moindres curiosités d'un voyage en Normandie, en permettant, en outre, d'observer les mœurs, les « finesses » du paysan normand, corpulent, sanguin, communicatif autant que le Breton est calme et réfléchi ou résigné. Le Normand possède essentiellement la faculté d'assimilation, à laquelle il doit de n'être étranger à aucun progrès. Ses établissements industriels sont parmi les plus beaux que l'on puisse voir et ses principaux ports se distinguent par leur aménagement comme par le perfectionnement de leur outillage.

L'esprit normand est en outre créateur. L'architecture religieuse lui doit un style particulier qui a couvert la région d'édifices admirables et importé en Angleterre les beautés de l'art français. Dans plusieurs cités le culte des arts et des lettres est fort en honneur, et la ville de Caen, le centre intellectuel de la région, est quelquefois appelée « l'Athènes normande », qualification assez méritée qu'elle doit à ses établissements universitaires, à ses sociétés savantes dont un des anciens membres, Arcisse de Caumont, a été le véritable créateur de l'archéologie du moyen âge.

En adoptant le programme suivant, on verra les principales curiosités de la **Bretagne**.

Partie S. — *Chartres* et sa cathédrale; *la Ferté-Bernard* et sa gracieuse église; la vaste ville du *Mans*, avec son intéressante cathédrale et ses curieuses demeures du moyen âge; *Sablé* et « les Saints » de *Solesmes; Angers*, la vieille ville des Plantagenet et l'aristocratique cité moderne; *Nantes*, la grande métropole commerciale du bassin de la Loire; *Chateaubriant*, avec son château où l'aspect rude du moyen âge se marie à l'architecture gracieuse de la Renaissance; *Saint-Nazaire*, le port rival de Nantes; la curieuse ville fortifiée de *Guérande*, dominant la presqu'île du *Croisic* et ses marais salants.

Ploërmel, d'où l'on va visiter « Mi-Voie », qui vit le combat des Trente, et le château de *Josselin; Vannes*, peu éloigné du château de *Sucinio*, de la presqu'île de Rhuis et de l'ancienne abbaye de *Saint-Gildas; Auray*, où se perpétue le souvenir lugubre de l'épopée Vendéenne; le pèlerinage fameux de *Sainte-Anne-d'Auray;* les célèbres monuments mégalithiques de *Plouharnel*, *Carnac* et *Locmariaquer*, ainsi que la presqu'île de *Quiberon*, port d'où part le bateau de *Belle-Ile; Hennebont*, la ville forte illustrée par Jeanne de Montfort; le grand port militaire de *Lorient* en face de la petite ville morte de *Port-Louis*; *Quimperlé*, la ville fleurie, d'où l'on excursionne à l'étrange chapelle de Sainte-Barbe du *Faouet* et à *Pont-Aven*, l'Arcadie des peintres; *Concarneau*, sa « Ville Close » et son aquarium; *Quimper*, à la belle cathédrale; *Pont-l'Abbé* et les parages dangereux de *Penmarc'h*; la baie superbe de *Douarnenez* et la *Pointe du Raz* perpétuellement assiégée par les vagues furieuses de l'Enfer de Plogoff et de la baie des Trépassés; la presqu'île de *Crozon*, les grottes de *Morgat* et le *cap* désolé *de la Chèvre;* le cloître de *Daoulas*.

Partie N. — Le castellum de *Jublains*, unique en France; la gracieuse *Laval; Vitré* et *Fougères*, où l'on se trouve en plein moyen âge; *le Mont-Saint-Michel*, une des principales curiosités de l'Europe; *Rennes*, la grave cité parlementaire; *Dol* et sa cathédrale; *Saint-Malo*, l'ancienne cité des hardis corsaires, aujourd'hui la métropole de la grande pêche; *Cancale*, qui doit à ses huîtres une renommée universelle; *Dinard*, la station cosmopolite; le *cap Fréhel*, l'un des points les plus beaux du littoral breton; la pittoresque *Dinan*, d'où partent des bateaux faisant la belle descente de la Rance; *Saint-Brieuc* et sa cathédrale; la charmante station balnéaire de *Saint-Quay; Guingamp*, au pèlerinage renommé; *Paimpol*, patrie des audacieux pêcheurs, en face des rochers rougeâtres de l'île *Bréhat; Tréguier*, cité austère, ayant gardé sa physionomie de ville épiscopale; *Lannion*, excellent point de départ pour de nombreuses excursions, notamment aux châteaux de la vallée du Léguer, à *Perros-Guirec*, à *Ploumana'ch* et *Trégastel*, où une multiplicité étrange d'énormes blocs de rochers jonchent les grèves; *Morlaix* et son viaduc monumental; le gracieux village de *Saint-Jean-du-Doigt*, illustré par son « Pardon »; *Saint-Pol-de-Léon*, aux clochers à jour; *Huelgoat* et *Saint-Herbot*, parmi les sites classiques de l'Armorique; les curieux sanctuaires de *Saint-Thégonnec* et de *Guimiliau*; le château de *Kerjean*, le Versailles de la Bretagne; le pèlerinage du *Folgoët*; les bains de mer de *Brignogan; Landerneau*, d'où l'on doit aller en voit. à Huelgoat par les monts d'Arrée si l'on veut avoir une idée de la désolation de la région élevée de la Bretagne; le calvaire fameux de *Plougastel-Daoulas*; le port militaire de *Brest; Ouessant*, l'île des naufragés.

La **Normandie** est surtout fréquentée par les baigneurs, disséminés sur toute la côte pendant la saison estivale dans les gracieuses stations formant une suite presque ininterrompue du Tréport à Arromanches. Cette dernière localité pourrait servir de démarcation pour la division du pays en deux parties : à l'E., le côté « parisien »; à l'O., le côté « touriste », car d'Arromanches à la baie du Mont-Saint-Michel, les « bains » très fréquentés sont une exception. En se conformant à cet « ordre topographique », on peut indiquer ainsi les beautés de la région normande, pittoresques et artistiques confondues.

Mantes et sa cathédrale, prototype de Notre-Dame de Paris; *la Roche-Guyon*, son pont suspendu et son château adossé aux falaises; *les Andelys*, pour ainsi dire réfugiés au fond d'une boucle de la Seine au pied du Château-Gaillard; *Pont-de-l'Arche*, qu'avoisine l'abbaye de *Bon-Port*, fondée par Richard-Cœur-de-Lion; *Rouen*, la grande cité du nord-ouest de la France et l'une des villes les plus curieuses de l'Europe, d'où l'on peut aller, en admirant l'une des parties les plus belles de la vallée de la Seine, visiter le musée Cornélien de *Petit-Couronne*, les importants centres industriels d'*Elbeuf* et de *Louviers*; l'ancienne église abbatiale de *Saint-Martin-de-Boscherville*; les ruines grandioses de *Jumièges* et de *Saint-Wandrille*, enveloppées d'une végétation luxuriante; *Caudebec* et son clocher que peuvent admirer les nombreux curieux attirés aux marées d'équinoxe par le phénomène de « la Barre »; le *chêne* phénoménal *d'Allouville*, voisin de la capitale légendaire du roi d'*Yvetot; Bolbec*, la ville du tissage; *Lillebonne*, l'antique cité gallo-romaine; *Tancarville*, dont le château historique commande l'estuaire de la Seine; *le Havre*, un des grands ports de la France, signalé du côté du large par les phares du *cap de la Hève* et relié par des services de bateaux au pittoresque port de *Honfleur*.

Étretat, le bain mondain, aux falaises ajourées; *Fécamp* et on ancienne abbaye, étranglées dans un couloir de la côte; *les etites-Dalles, Veulettes, Veules*, gracieux petits refuges intimes; *aint-Valery-en-Caux*, havre déshérité dans une échancrure du ttoral.

Gisors, dont la forteresse jadis redoutable marie d'une façon aptivante ses ruines à de charmants ombrages; *Lyons*, délicieuse etraite au sein d'une forêt remarquable par ses arbres sécuaires; *Forges-les-Eaux*, dans un fond boisé; *Dieppe*, la grande ité balnéaire d'où l'on va visiter le château d'*Arques* illustré ar les Ligueurs, l'abbaye mélancolique de *Valmont*, le *phare l'Ailly* en passant par *Pourville, Varangeville* dans une sorte de arc naturel, le *manoir* du célèbre armateur *Ango*, le « Jacques Cœur » du XVIe s.

Evreux et sa cathédrale; *Conches*, dont l'église conserve des itraux précieux; *Beaumont-le-Roger* et ses ruines imposantes; *isieux*, l'une des villes normandes qui ont le mieux gardé leur spect de jadis; *Trouville-Deauville*, les villes jumelles et si dissemblables; puis la côte charmante émaillée des cottages pimpants de *Villers, Houlgate-Beuzeval*, de *Cabourg*, derrière lequel lort la petite cité de *Dives*, illustrée par Guillaume le Conquérant; *Caen*, la grande cité-sœur de la capitale normande; *Falaise*, dont les annales guerrières sont mêlées aux prouesses amoureuses de Robert le Magnifique.

Ouistreham, à l'église de style roman classique, et sa plage de *Riva-Bella*, reliée par un chemin de fer aux stations balnéaires de *Lion, Luc, Langrune, Saint-Aubin, Bernières, Courseulles*, formant dans leur ensemble les bains de la « côte de Caen », reliés aussi à cette ville par l'embranchement desservant le sanctuaire vénéré de *la Délivrande*.

Bayeux, où l'on s'arrête pour voir la « Tapisserie de la Reine Mathilde » et l'une des plus belles cathédrales de la France, avant d'excursionner aux « bains » d'*Asnelles* et d'*Arromanches*; *Isigny*, célèbre par son beurre, et *Grandcamp*, au peuple original de pêcheurs; *Carentan*, remarquable par l'entrée magistrale de son port maritime; *Carteret*, à l'imposant cap falaisique; *Valognes*, la « petite cour » du Grand Siècle; *Saint-Vaast* et sa rade fameuse de *la Hougue*, le port de *Barfleur* et le *phare* de *Gatteville*; le port militaire et la digue de *Cherbourg*; le donjon de *Bricquebec* sur sa grande motte féodale; l'église romane et la lande infinie de *Lessay*; la basilique grandiose de *Coutances*.

La Trappe somptueuse de *Soligni*, maison-mère de l'ordre.

La chapelle de *Dreux*, nécropole d'une famille royale; le château d'*Anet*, souvenir gracieux de l'époque de la Renaissance; le célèbre *haras* national *du Pin*; la petite cité monacale de *Sées*; *Vire*, dont le nom est associé à l'histoire de la littérature; *Mortain*, dont la montagne et les rochers forment un des sites les plus originaux de la Normandie; *Villedieu*, connu par sa chaudronnerie artistique et d'où l'on va visiter les ruines imposantes de l'abbaye d'*Hambye*; *Granville*, dont le « Roc » domine l'archipel étrange des *îles Chausey*; la montagne d'*Avranches*, d'où l'on pourrait revenir à Granville par une superbe route en corniche passant à Saint-Jean-le-Thomas et à Carolles; *Bagnoles-les-Eaux*, au sein d'énormes rochers de grès rappelant certains paysages des Vosges; *Domfront*, au panorama exceptionnel.

Saint-Cloud, *Sèvres*, *Meudon*, *Versailles*, *Rueil*, *la Malmaison*, *Saint-Germain*, n'appartenant pas à la Normandie mais desservis par la Cie des Chemins de fer de l'Ouest, sont trop connus pour être désignés au choix des promeneurs, qui les visitent, du reste, dans les mêmes conditions que les sites et les localités compris dans le périmètre des « Environs de Paris ».

RENSEIGNEMENTS GÉNÉRAUX

Chemins de fer de l'Ouest.

Administration centrale à Paris : rue de Rome, 20.

Lignes de Normandie. — Gare, à Paris, rue Saint-Lazare, près de la rue d'Amsterdam, et gare de Paris-Invalides, esplanade des Invalides. — Paris à Rouen, au Havre, à Dieppe, à Fécamp, Bolbec, Montivilliers, Saint-Valery-en-Caux et Cany, Duclair, au Tréport, à Falaise, Laigle par Conches, Caen et les bains de mer de la côte de Caen, Cherbourg, Saint-Lô, Trouville, Honfleur, Serquigny, Elbeuf, etc.

Lignes de Bretagne. — Gare à Paris, boulevard Montparnasse, n° 66, et gare de Paris-Invalides. — Paris au Mans, à Rennes, Brest, Angers, Nantes, Saint-Nazaire, la Roche-sur-Yon, Saint-Malo, Lorient, Quimper, Châteaulin, Pontivy, Dreux, Laigle, Argentan, Vire, Granville, Alençon, Bagnoles, etc.

Bureaux de renseignements de la gare Saint-Lazare. — Le bureau spécialement consacré à la délivrance des cartes d'abonnement, des billets d'excursion à itinéraires facultatifs et des billets de famille, est installé dans la grande galerie (partie supérieure) de la gare de Paris (Saint-Lazare), à proximité de l'escalier de la cour de Rome. Ce bureau fournit en outre au public les renseignements dont il peut avoir besoin et délivre des billets d'aller et retour individuels dits de « bains de mer » et des billets d'excursion à itinéraires fixes.

Le bureau de renseignements situé dans la galerie du rez-de-chaussée fonctionne comme bureau auxiliaire de renseignements et délivre : 1° les billets du service anglais; 2° les billets de correspondance par terre (grandes lignes); 3° les billets de perceptions supplémentaires (abonnés); 4° les billets d'excursion à itinéraires fixes.

Omnibus de famille. — Prix de la course, bagages (30 kilogr. par voyageur) compris :

		4 à 6 pl.	18 à 22 pl.
De 6 h. du matin à minuit		5 fr.	12 fr.
De minuit à 6 h. du matin		6	15
Surtaxe pour arrêt en route	entraînant un détour	2 fr. 50	3
	sur l'itinéraire	1 fr.	

Ces voitures peuvent être retenues à l'avance, pour l'arrivée, par dépêches adressées aux chefs des gares; pour le départ, les commandes doivent être faites au moins 12 h. à l'avance et adressées à M. le chef du dépôt de cavalerie de la gare Saint-Lazare, rue de Rome, 86.

Voitures spéciales à 4 pl. chargeant à la gare Saint-Lazare (pour l'arrivée à la gare Montparnasse, ces voit. doivent être commandées à l'avance). — *Tarif* dans l'intérieur de Paris, de 6 h. matin en été et de 7 h. en hiver à minuit 30 : voitures non retenues à l'avance, la course 2 fr., l'h. 2 fr. 50; de minuit 30 à 6 h. du matin en été et à 7 h. en hiver, la course 2 fr. 50, l'heure 2 fr. 75; — voit. retenues à l'avance, le jour 3 fr. 50 (4 fr. 50 pour les voit. à destination des gares de Lyon ou d'Orléans); la nuit 4 fr. 50. — *Bagages*, 1 colis 25 c., 2 colis 50 c., 3 et plus 75 c.

Buffets : — à Achères, Angers, Argentan, Auray, Bréauté-Beuzeville, Brest, Caen, Chartres, Conches, Coutances, Dieppe, Dol, Domfront, Elbeuf-Saint-Aubin, Évreux, Flers, Folligny, Gisors, Glos-Montfort, le Havre, Laigle, Landerneau, Laval, Lisieux, Lison, la Loupe, Louviers, Malaunay, le Mans, Mantes (embranchement), Mézidon, Morlaix, Nogent-le-Rotrou, Oissel, Paris-Montparnasse, Paris Saint-Lazare, Rennes, Rouen (rive dr. et rive g.), Saint-Brieuc, Sainte-Gauburge, Serqueux, Serquigny, Surdon, Trouville, Vire. Les voyageurs trouveront, dans les principaux buffets de la Compagnie, des *Paniers à provisions* (3 fr. ou 3 fr. 50).

Wagons-restaurants. — Un wagon-restaurant (déj. 4 fr., dîn. 6 fr. sans vin) de la Compagnie internationale des Wagons-lits circule ordinairement : — 1° Entre Paris-Lyon, Paris-Saint-Lazare et Dieppe, dans les trains de jour du service Paris-Londres, partant de Paris-St-Lazare à 10 h. 20 matin et de Dieppe à 3 h. 30 soir; — 2° Entre Paris-St-Lazare et le Havre, aux trains 111 partant de Paris à 8 h. 30 matin et 136 partant du Havre à 6 h. 55 soir; — 3° Entre Paris-St-Lazare et Trouville, aux trains 323, 357 et 355, partant de Paris à 9 h. 45 matin, 5 h. 9 soir et 6 h. 25 soir, et 352, 354 et 324 partant de Trouville à 7 h. 45 matin, 8 h. 32 matin et 3 h. 20 soir; — 4° Entre Paris-St-Lazare et Cherbourg, aux trains 315 partant de Paris à 8 h. 3 matin et 338 partant de Cherbourg à 4 h. 35 soir; — 5° Entre Paris-Montparnasse et Le Mans, aux trains 597 et 513 partant de Paris à 10 h. 30 matin et 5 h. 30 soir et 512 et 518 partant du Mans à 8 h. 30 matin et 7 h. 17 soir; — 6° Entre Paris-Montparnasse et Laval, aux trains 505 partant de Paris à 9 h. matin et 518, 558 partant de Laval à 5 h. 4 soir; — 7° Entre Paris-St-Lazare et Le Mans, aux trains 709 partant de Paris à 11 h. 35 matin et 708 partant du Mans à 11 h. 57 matin; — 8° Entre Paris-St-Lazare et Argentan, au train 777, partant de Paris à 5 h. 45 soir; entre Laigle et Granville, au train 457 partant de Laigle à 11 h. 9 matin et entre Granville et Paris-St-Lazare, au train 778 partant de Granville à 4 h. soir; — 9° Entre Paris et Granville au train 475 lorsque ce train a lieu.

Service des bagages à domicile, au départ et à l'arrivée des gares Saint-Lazare et Montparnasse. — Un service spécial pour l'enlèvement et le transport des bagages à domicile, est organisé, d'accord avec la Compagnie, par la Société des « Voyages Duchemin ». — COMMANDES. 1° *Au départ :* 24 h. à l'avance aux « Voyages Duchemin », 20, rue de Grammont;

la gare Saint-Lazare : au bureau des renseignements (galerie du rez-de-chaussée); au bureau spécial des « Voyages Duchemin » à l'arrivée des trains de grandes lignes. — 2° *A l'arrivée* aux gares St-Lazare et Montparnasse au bureau spécial des « Voyages Duchemin » à l'arrivée des trains de grandes lignes. Le tarif est fixé à 3 fr. les 100 kilog. (minimum 2 fr. 50) comprenant la descente et le chargement des bagages au domicile, le transport à la gare, la manutention du pesage.

Billets de Bains de Mer et Eaux Thermales. — Des billets d'aller et retour à prix réduits sont délivrés jusqu'au 31 oct. de Paris aux gares suivantes :

1° *Billets valables pendant 4 jours* (non compris les dimanches et jours de fêtes) : — DIEPPE, Pourville, Puys, Berneval, 1re cl. 26 fr., 2e cl. 17 fr. 50; PETIT-APPEVILLE (halte), Pourville, 26 fr. 50, 18 fr.; OUVILLE-LA-RIVIÈRE, Quiberville, 28 fr. 50, 19 fr.; TOUFFREVILLE-CRIEL, 29 fr., 19 fr. 50; EU, Bois-de-Cise, Ault, Onival, 29 fr., 19 fr. 50; LE TRÉPORT-MERS, 29 fr. 50, 20 fr.; SAINT-VALERY-EN-CAUX, Veules, 29 fr., 19 fr. 50; CANY, Veulettes, les Petites-Dalles, les Grandes-Dalles, 29 fr., 19 fr. 50; FÉCAMP, Grainval, Saint-Pierre-en-Port, 30 fr., 21 fr. 50; FROBERVILLE-YPORT, 30 fr., 21 fr. 50; LES LOGES-VAUCOTTES-SUR-MER, Vattetot-sur-Mer, 30 fr., 22 fr.; ETRETAT, Bruneval, 30 fr., 22 fr.; LE HAVRE, Sainte-Adresse, Bruneval, 30 fr., 22 fr.; CAEN, 30 fr., 22 fr.; HONFLEUR (*via* Lisieux), 30 fr., 22 fr.; TROUVILLE-DEAUVILLE (*via* Lisieux), Villerville, 30 fr., 21 fr. 50; BLONVILLE (halte; *via* Lisieux), 30 fr., 21 fr. 50; VILLERS-SUR-MER (*via* Lisieux), 30 fr., 22 fr.; BEUZEVAL-HOULGATE (*via* Lisieux-Pont-l'Evêque ou *via* Mézidon), 33 fr., 23 fr.; DIVES-CABOURG (*via* Lisieux-Pont-l'Evêque ou *via* Mézidon), le Home-Varaville, 33 fr., 23 fr.; LUC, Lion-sur-Mer, LANGRUNE, SAINT-AUBIN, 34 fr., 25 fr. (ces prix comprennent le parcours total en chemin de fer); BERNIÈRES, COURSEULLES, Ver-sur-Mer, 35 fr., 26 fr. (*id.*); BAYEUX, Arromanches, Port-en-Bessin, Saint-Laurent-sur-Mer, Asnelles, 36 fr., 26 fr.; ISIGNY-SUR-MER, Grandcamp-les-Bains, 40 fr., 30 fr.; MONTEBOURG, Quinéville, Saint-Vaast-la-Hougue, Barfleur, 45 fr., 32 fr. 50 (parcours par le ch. de fer départemental de Montebourg et Valognes à Barfleur non compris dans le prix du billet), VALOGNES, 45 fr., 33 fr. 50 (*id.*); CHERBOURG, 50 fr., 36 fr.; COUTANCES, Agon, Coutainville, Régneville, 45 fr., 33 fr. 50; DENNEVILLE (halte), 50 fr., 33 fr. 50; PORTBAIL, 50 fr., 34 fr.; BARNEVILLE (halte), 50 fr., 34 fr.; CARTERET, 50 fr., 35 fr.; GRANVILLE, Donville, Saint-Pair, Bouillon-Jullouville, 45 fr., 32 fr.; MONTVIRON-SARTILLY, Carolles, Saint-Jean-le-Thomas, 45 fr., 31 fr. 50; FORGES-LES-EAUX (Seine-Inf.), ligne de Dieppe par Gournay, 18 fr., 12 fr.; BAGNOLES-TESSÉ-LA-MADELEINE, par Briouze, 36 fr., 24 fr.

2° *Billets valables pendant 10 jours* (non compris le jour de la délivrance), *délivrés à une date quelconque.* — DIEPPE, Pourville, Puys, Berneval, 1re cl. 30 fr. 10, 2e cl. 20 fr. 30; PETIT-APPEVILLE (halte), Pourville, 30 fr. 80, 20 fr. 80; OUVILLE-LA-RIVIÈRE, Quiberville, 32 fr. 80, 22 fr. 15; TOUFFREVILLE-CRIEL, 34 fr. 10, 22 fr. 95; EU, Bois-de-Cise, Ault, Onival, 35 fr. 85, 24 fr. 15; LE TRÉPORT-MERS, 35 fr. 85, 24 fr. 15; SAINT-VALERY-EN-CAUX, Veules, 35 fr. 85, 24 fr. 15; CANY, Veulettes, les Petites-Dalles, les Grandes-Dalles, 35 fr. 30, 23 fr. 85; FÉCAMP, Grainval, Saint-Pierre-en-Port, 35 fr. 85, 24 fr. 15; FROBERVILLE-YPORT, 35 fr. 85, 24 fr. 15; LES

LOGES-VAUCOTTES-SUR-MER, Vattetot-sur-Mer, 35 fr. 85, 24 fr. 15; ETRETAT, Bruneval, 36 fr. 05, 24 fr. 35; LE HAVRE, Sainte-Adresse, Bruneval, 35 fr. 85, 24 fr. 15; CAEN, 37 fr. 45, 25 fr. 25; HONFLEUR (*via* Lisieux), 36 fr. 55, 24 fr. 65; TROUVILLE-DEAUVILLE (*via* Lisieux), Villerville, 35 fr. 85, 24 fr. 15; BLONVILLE (halte; *via* Lisieux), 35 fr. 85, 24 fr. 15; VILLERS-SUR-MER (*via* Lisieux), 35 fr. 90, 24 fr. 20; BEUZEVAL-HOULGATE (*via* Lisieux-Pont-l'Evêque ou *via* Mézidon), 37 fr. 30, 25 fr. 20; DIVES-CABOURG (*via* Lisieux-Pont-l'Evêque ou *via* Mézidon), le Home-Varaville, 37 fr. 80, 25 fr. 50; LUC, Lion-sur-Mer, LANGRUNE, SAINT-AUBIN, 41 fr. 45, 28 fr. 25 (ces prix comprennent le parcours total en chemin de fer); BERNIÈRES, COURSEULLES, Ver-sur-Mer, 42 fr. 45, 29 fr. 25 (*id.*); BAYEUX, Arromanches, Port-en-Bessin, Saint-Laurent-sur-Mer, Asnelles, 42 fr. 20, 28 fr. 50; ISIGNY-SUR-MER, Grandcamp-les-Bains, 48 fr. 45, 32 fr. 70; MONTEBOURG, Quinéville, Saint-Vaast-la-Hougue, Barfleur, 52 fr. 50, 35 fr. 50 (parcours par le ch. de fer départemental de Montebourg et Valognes à Barfleur non compris dans le prix du billet); VALOGNES, 53 fr. 75, 36 fr. 35; COUTANCES, Agon, Coutainville, Régneville, 53 fr. 50, 36 fr. 10; DENNEVILLE (halte), 53 fr. 95, 36 fr. 40; PORTBAIL, 54 fr. 60, 36 fr. 80; BARNEVILLE (halte), 55 fr. 50, 37 fr. 45; GRANVILLE, Donville, Saint-Pair, Bouillon-Jullouville, 51 fr. 45, 34 fr. 70; MONTVIRON-SARTILLY, Carolles, Saint-Jean-le-Thomas, 50 fr. 45, 34 fr. 10; BAGNOLES-TESSÉ-LA-MADELEINE, par Briouze 38 fr. 90, 26 fr. 25.

3° *Billets valables pendant* 33 *jours* (non compris le jour de la délivrance), *délivrés à une date quelconque* : — BAYEUX, Arromanches, Port-en-Bessin, Saint-Laurent-sur-Mer, Asnelles, ISIGNY-SUR-MER, Grandcamp-les-Bains, 1re cl. 56 fr., 2e cl. 37 fr. 80; MONTEBOURG, Quinéville, Saint-Vaast-la-Hougue, Barfleur, 56 fr., 37 fr. 80 (parcours par le ch. de fer départemental de Montebourg et Valognes à Barfleur non compris dans le prix du billet): VALOGNES, 1re cl. 56 fr., 2e cl. 37 fr. 80, 3e cl. 33 fr. (*id.*); CHERBOURG, COUTANCES, Agon, Coutainville, Régneville, DENNEVILLE (halte), PORTBAIL, BARNEVILLE (halte), CARTERET, 56 fr., 37 fr. 80, 33 fr.; GRANVILLE, Donville, Saint-Pair, Bouillon-Jullouville, MONTVIRON-SARTILLY, Carolles, Saint-Jean-le-Thomas, 56 fr., 37 fr. 80; LA GOUESNIÈRE-CANCALE, SAINT-MALO-SAINT-SERVAN, Paramé, Rothéneuf, DINARD, Saint-Enogat, Saint-Lunaire, Saint-Briac, Lancieux, PLANCOËT, la Garde-Saint-Cast, Saint-Jacut-de-la-Mer, 56 fr., 37 fr. 80, 33 fr.; LAMBALLE, Pléneuf, le Val-André, Erquy, 57 fr. 50, 38 fr. 85, 33 fr.; SAINT-BRIEUC, Binic, Etables, Portrieux, Saint-Quay, 60 fr. 20, 40 fr. 65, 33 fr.; PLOUNÉRIN, Saint-Efflam, Plestin-les-Grèves, 68 fr. 95, 46 fr. 55, 33 fr.; LANNION, Perros-Guirec, Trégastel-les-Grèves, 70 fr., 47 fr. 25, 33 fr.; MORLAIX, Saint-Jean-du-Doigt, Plougasnou-Primel, 72 fr. 15, 48 fr. 70, 33 fr.; LANDERNEAU, Brignogan, 77 fr. 55, 52 fr. 35, 34 fr. 15; BREST, 80 fr. 10, 54 fr. 05, 35 fr. 20; PAIMPOL, 69 fr. 20, 46 fr. 70, 33 fr.; SAINT-POL-DE-LÉON, 75 fr., 50 fr. 60, 33 fr.; ROSCOFF, Ile de Batz, 75 fr. 95, 51 fr. 25, 33 fr. 40; SAINT-NAZAIRE, 59 fr. 70, 40 fr. 30, 30 fr. 65.

Les prix indiqués ci-dessus ne comprennent pas les parcours effectués par service de correspondance. — La durée des billets de 33 j. peut être prolongée une ou deux fois de 30 j. moyennant le paiement, pour chacune de ces périodes, d'un supplément égal à 10 pour 100 du prix du billet. La demande de prolongation doit être faite et le supplément payé, soit à la gare de départ, soit à la gare destinataire, avant l'expiration de la période pour laquelle la prolongation est demandée. — Les titulaires des billets de 33 j. ont la faculté de s'arrêter pendant 48 h. au plus, dans l'un seulement des sens du voyage, à une station à leur choix de l'itinéraire choisi. — Il n'est délivré de demi-billets pour les enfants de 3 à 7 ans que lorsqu'ils voyagent au nombre de deux au moins.

Les billets de bains de mer sont délivrés à Paris, aux gares Saint-Lazare et Montparnasse, aux bureaux de ville de la Compagnie et aux agences de voyages ;

BUREAUX DE VILLE : — rue du Perche, 9; — rue Palestro, 7; — place Saint-André-des-Arts, 9, et rue Hautefeuille, 2; — place de la Bastille (ch. de fer de Vincennes); — rue du Bouloi, 17; — rue du Quatre-Septembre, 10; — rue Sainte-Anne, 4, 6 et 8, et rue Molière, 7; — rue de l'Echiquier, 27.

Pour les agences, V. ci-dessous.

Voyages circulaires ou d'excursions. — 1° VOYAGES A ITINÉRAIRES FIXES. Les itinéraires suivants sont indiqués par la Compagnie de l'Ouest aux voyageurs munis de billets circulaires à prix réduits valables pendant un mois (non compris le jour du départ; arrêt facultatif à toutes les gares intermédiaires).

1er *itinéraire* (1re cl. 50 fr., 2e cl. 40 fr.). — Paris (Saint-Lazare), les Andelys, Louviers, Rouen, le Havre par ch. de fer ou Rouen, le Havre par bateau, Fécamp, Étretat, Cany, Saint-Valery-en-Caux, Dieppe, le Tréport, Arques, Gisors, Paris.

2e *itinéraire* (1re cl. 50 fr., 2e cl. 40 fr.). — Paris, les Andelys, Louviers, Rouen, Dieppe, Rouen, Cany, Saint-Valery, Fécamp, Étretat, le Havre, Honfleur ou Trouville, Villers-sur-Mer, Beuzeval (Houlgate), Dives-Cabourg, Caen, Évreux, Paris.

3e *itinéraire* (1re cl. 70 fr., 2e cl. 55 fr.). — Paris, les Andelys, Louviers, Rouen, Dieppe, Rouen, Cany, Saint-Valery, Fécamp, Étretat, le Havre, Honfleur ou Trouville, Villers-sur-Mer, Beuzeval (Houlgate), Dives-Cabourg, Caen, Isigny, Cherbourg, Évreux, Paris.

4e *itinéraire* (1re cl. 80 fr., 2e cl. 60 fr.). — Paris (Montparnasse), Dreux, Briouze, Bagnoles, Granville, Avranches, Pontorson, Mont-Saint-Michel, Saint-Malo-Saint-Servan (Paramé), Dinard, Dinan (Lamballe ou Saint-Brieuc [1]), Rennes, Vitré, Fougères, le Mans, Chartres, Paris.

5e *itinéraire* (1re cl. 90 fr., 2e cl. 70 fr.). — Paris (Saint-Lazare), Évreux, Caen, Isigny, Cherbourg, Saint-Lô (ou Carteret), Granville, Pontorson, Mont-Saint-Michel, Saint-Malo-Saint-Servan (Paramé), Dinard, Dinan (Lamballe ou Saint-Brieuc [1]), Rennes, Vitré, Fougères, le Mans, Chartres, Paris.

6e *itinéraire* (1re cl. 90 fr., 2e cl. 70 fr.). — Paris (Saint-Lazare), les Andelys, Louviers, Rouen, Dieppe, Rouen, Cany, Saint-Valery, Fécamp, Étretat, le Havre, Honfleur ou Trouville, Villers-sur-Mer, Beuzeval (Houl-

---

1. Supplément pour Lamballe, 1re cl. 3 fr. 05, 2e cl. 2 fr. 05; pour Saint-Brieuc, 6 fr. 45 et 4 fr. 35.

gate), Dives-Cabourg, Caen, Isigny, Cherbourg, Saint-Lô (ou Carteret), Granville, Bagnoles, Briouze, Dreux, Paris.

7e *itinéraire* (1re cl. 105 fr., 2e cl. 90 fr.). — Paris, les Andelys, Louviers, Rouen, Dieppe, Rouen, Cany, Saint-Valery, Fécamp, Étretat, le Havre, Honfleur ou Trouville, Villers-sur-Mer, Beuzeval (Houlgate), Dives-Cabourg, Caen, Isigny, Cherbourg, Saint-Lô (ou Carteret), Granville, Pontorson (Mont-Saint-Michel), Saint-Malo-Saint-Servan (Paramé), Dinard, Dinan (Lamballe ou Saint-Brieuc), Rennes, Vitré, Fougères, le Mans, Chartres, Paris.

8e *itinéraire* (1re cl. 105 fr., 2e cl. 90 fr.). — Paris (Montparnasse), Dreux, Briouze, Bagnoles, Granville, Avranches, Pontorson (Mont-Saint-Michel), Saint-Malo-Saint-Servan (Paramé), Dinard, Dinan, Saint-Brieuc, Paimpol, Lannion, Morlaix, Carhaix, Roscoff, Brest, Rennes, Vitré, Fougères, le Mans, Chartres, Paris.

9e *itinéraire* (1re cl. 115 fr., 2e cl. 100 fr.). — Paris (Saint-Lazare), Évreux, Caen, Isigny, Cherbourg, Saint-Lô (ou Carteret), Granville, Pontorson (Mont-Saint-Michel), Saint-Malo-Saint-Servan (Paramé), Dinard, Dinan, Saint-Brieuc, Paimpol, Lannion, Morlaix, Carhaix, Roscoff, Brest, Rennes, Vitré, Fougères, le Mans, Chartres, Paris.

10e *itinéraire* (1re cl. 96 fr., 2e cl. 71 fr.). — Paris, Dreux, Briouze, Bagnoles, Granville, Jersey (Saint-Hélier), Saint-Malo-Saint-Servan, Paramé, Pontorson, Mont-Saint-Michel, Saint-Malo-Saint-Servan, Dinard, Dinan, Saint-Brieuc, Rennes, Vitré, Fougères, le Mans, Chartres, Paris.

11e *itinéraire* (1re cl. 65 fr., 2e cl. 50 fr.), commun aux réseaux de l'Ouest et d'Orléans. — Rennes, Saint-Malo, Saint-Servan, Dinard, Saint-Brieuc, Guingamp, Lannion, Morlaix, Roscoff, Brest, Quimper, Douarnenez, Pont-l'Abbé, Concarneau, Lorient, Auray, Quiberon, Vannes, Savenay, le Croisic, Guérande, Saint-Nazaire, Pontchâteau, Redon, Rennes.

2o VOYAGES A ITINÉRAIRES TRACÉS D'AVANCE AU GRÉ DES VOYAGEURS. — Il est délivré toute l'année des billets (individuels et collectifs) à prix réduits de 1re, 2e ou 3e cl. pour les voyages d'excursion sur les réseaux de l'Est, de l'État, du Midi, du Nord, d'Orléans, de l'Ouest et de Paris-Lyon-Méditerranée avec itinéraires tracés d'avance au gré des voyageurs. Ces itinéraires peuvent comprendre non seulement des circuits entièrement fermés dont chaque portion ne doit être parcourue qu'une fois, mais encore des lignes ou portions de lignes à parcourir successivement dans les deux sens, sans qu'une même ligne ou portion de ligne puisse y figurer plus de deux fois (une fois dans chaque sens ou deux fois dans le même sens). Le minimum de parcours d'un voyage d'excursion est de 300 kil. Pour les conditions dans lesquelles sont délivrés les billets, *V.* les Indicateurs des chemins de fer.

Billets d'aller et retour, billets de famille, cartes d'abonnements. — 1o BILLETS D'ALLER ET RETOUR. — Des billets d'aller et retour de toutes classes avec réduction de 25 p. 100 en 1re cl. et de 20 p. 100 en 2e cl. sont délivrés de toutes les gares du réseau de l'Ouest pour Paris et réciproquement. La durée de validité de ces billets est fixée ainsi qu'il suit :

jusqu'à 30 k. incl.	1 jour.	Ces délais ne comprennent pas les dimanches et jours de fête ; la durée de validité des billets est augmentée en conséquence.
De 31 à 125 —	2 —	
De 126 à 250 —	3 —	
De 251 à 400 —	4 —	
De 401 à 500 —	5 —	
De 501 à 600 —	6 —	
Au-dessus de 600 —	7 —	

2° Billets de famille. — Billets d'aller et retour de 1re et 2e classes valables pendant 33 jours, non compris le jour de la délivrance, pour les familles d'au moins 4 personnes payant place entière et voyageant ensemble (deux enfants de 3 à 7 ans, payant demi-place, comptent pour une personne). Ces billets comportent une réduction de 40 p. 100 sur les prix du tarif général, sans toutefois que les prix à percevoir puissent être inférieurs aux prix pleins du tarif général applicables à un parcours de 250 kil. aller et retour, soit 500 kil.

La durée des billets de famille peut être prolongée une ou deux fois pour 30 jours, moyennant le payement pour chacune de ces périodes d'un supplément égal à 10 p. 100 du prix du billet de famille.

3° Abonnements dits « de bains de mer et d'eaux thermales » mensuels et trimestriels (du 1er mai au 31 octobre), comportant une réduction de 40 p. 100 sur les prix des abonnements ordinaires de même durée. — Ces cartes d'abonnement sont délivrées par les gares de Paris (Saint-Lazare et Montparnasse) à toute personne qui prend 3 billets au moins pour des membres de sa famille, ou domestiques, allant séjourner sous le même toit, dans une des stations balnéaires ou thermales indiquées ci-dessus. Toutefois l'obligation de prendre 3 billets n'est pas exigée pour les abonnements souscrits seulement pour des parcours reliant *directement* deux stations balnéaires ou thermales. Les cartes délivrées entre deux stations balnéaires ou thermales ne sont valables en aucun cas que jusqu'au 15 nov. inclusivement. La demande des billets et de la carte d'abonnement doit être adressée à la gare de départ au moins cinq jours à l'avance.

Excursions organisées avec le concours d'Agences de voyages. — Il est organisé à certaines époques de l'année, au départ de Paris, sur Rouen, le Havre, Dieppe, Saint-Malo, le Mont-Saint-Michel, Jersey, Granville, etc., des excursions à prix très réduits comprenant, indépendamment du parcours en chemin de fer, aller et retour, les repas et le séjour, dans les principaux hôtels des villes parcourues, la visite des monuments et musées, les places, lorsqu'il y a lieu, dans les voitures ou bateaux pour les promenades et excursions, enfin les soins des guides-conducteurs des Agences de voyages. S'adresser aux

Agences de voyages : — *Lubin*, boulevard Haussmann, 36 ; — *Voyages Universels*, rue Auber, 10 (bureau de vente), et rue du Faubourg-Montmartre, 17 (direction) ; *Voyages Duchemin*, rue de Grammont, 20 ; — *Grands Voyages, Le Bourgeois et Cie*, rue du Helder, 1 ; — *Voyages Modernes*, rue de l'Échelle, 1 ; — *Voyages Pratiques*, rue de Rome, 9 ; — *Cook et fils*, place de l'Opéra, 1, et au Grand-Hôtel, bd des Capucines.

Excursions au Mont-Saint-Michel par Pontorson : — billets d'aller et retour à prix réduits valables de 3 à 6 j., de la plupart des stations du réseau. De Paris, 47 fr. 70, 36 fr. 30, 27 fr. 25.

Pèlerinage de Sainte-Anne-d'Auray. — Billets d'aller et retour à prix réduits délivrés du 1er mai au 15 août : 1° à toutes les gares et stations appartenant à la ligne du Mans à Saint-Malo, par Sillé-le-Guillaume, la Chapelle-Anthenaise, Mayenne, Fougères et Pontorson ; 2° à toutes les gares et stations des sections situées à l'O. et au S. de la ligne précédente ; 3° aux gares d'Alençon, de Sées et d'Avranches. Ces billets comportent une réduction de 40 0/0 en 1re cl., 35 0/0 en 2e cl., 30 0/0 en 3e cl., sur les prix doublés des billets simples à place entière.

Retour des bains de mer. — A la fin de la saison balnéaire, la Cie de l'Ouest organise des trains de retour spéciaux. Sans compter la rapidité du transport et l'exclusion de tout service de route, toujours gênant pour les voyageurs, l'arrivée à Paris (Saint-Lazare) a lieu dans une période de calme qui permet à cette gare de consacrer toutes ses forces au service de ces trains, et d'opérer le déchargement et la livraison des colis dans des conditions de rapidité beaucoup plus grandes que lorsqu'elle a à faire face, dans la soirée, aux exigences d'un service multiple lors de l'arrivée presque simultanée d'un grand nombre de trains express affluant, avec une masse de bagages, de tous les points du littoral.

AVIS AUX TOURISTES

Les renseignements pratiques, relatifs aux hôtels, guides, voitures, tarifs de bains, etc., se trouvent réunis à la fin de chaque volume. Ces renseignements, qui varient quelquefois pendant une saison, seront réimprimés dès que la correction en sera devenue nécessaire. MM. les touristes devront donc les chercher, quand ils en auront besoin, non dans le texte même du Guide, mais dans l'*Index alphabétique*, en tête du volume.

Les mots imprimés en **grasses** dans la description des villes indiquent les principales curiosités.

Ce signe ★, placé à la suite du nom d'une localité quelconque dans le corps du volume, indique qu'il se trouve à l'Index alphabétique des renseignements pratiques à consulter.

FRANCE

RÉSEAU DE L'OUEST

GARES A PARIS : BOULEVARD MONTPARNASSE, 66, ET RUE SAINT-LAZARE, PRÈS DE LA RUE D'AMSTERDAM

ROUTE 1

DE PARIS A ANGERS

PAR CHARTRES ET LE MANS

308 k. — Ch. de fer, en 4 h. 50 à 11 h. 30. — Voit. de 1re ou de 2e cl. à couloir aux rapide et express; wagon-restaurant au rapide de midi, ainsi qu'aux express de 11 h. 30 matin et 4 h. 55 soir. — 34 fr. 50; 23 fr. 30; 15 fr. 20.

17 k. de Paris à Versailles (R. 28). — Au delà d'un tunnel, belle vue à dr. sur le château et le parc de Versailles; du même côté, *gare de triage des Matelots*, d'où se détache le ch. de fer de Grande-Ceinture.

22 k. *Saint-Cyr* : *école spéciale militaire* (on ne visite qu'avec l'autorisation du ministre de la guerre) dans une anc. maison d'éducation fondée par Mme de Maintenon, qui est inhumée dans la chapelle (tableaux de Jouvenet, Vien, Lagrenée). L'école de Saint-Cyr donne à l'armée env. 400 officiers chaque année. — A dr., ligne de Dreux et Granville (R. 11).

28 k. *Trappes*, au S.-O. de l'étang de *Saint-Quentin*.

[A 4 k. S., restes de l'abbaye de *Port-Royal des Champs*, qui occupe une si grande place dans l'histoire religieuse, philosophique et littéraire du XVIIe s. Pour visiter les ruines de l'Abbaye et l'Oratoire-musée, s'adresser au gardien, dont la maison est séparée du chemin par une grille (le gardien peut fournir des provisions et même servir un modeste repas; on peut aussi déjeuner dans un petit établissement situé au lieu dit « le Pavé de Saint-Lambert », sur la route de Dampierre). De l'ancienne abbaye il ne reste que le colombier, les fondations des bâtiments d'habitation sur lesquels a été en partie bâtie une ferme, le bas des murs de la chapelle, près de laquelle un oratoire gothique moderne renferme un musée (verrières par Champigneulles, statue de la Vierge; objets, ouvrages et portraits relatifs à Port-Royal).]

33 k. *La Verrière* (château ayant appartenu au comte de La Valette, que le dévouement de sa femme a rendu célèbre). — 35 k. *Coignières*. — 38 k. *Les Essarts-le-Roi*. — A dr., étangs de *Saint-Hubert*.

42 k. *Le Perray* (à 2 k. N., *château de Saint-Hubert*, construit pour les rendez-vous de chasse de Louis XV au bord de vastes étangs), d'où une voit. publique (1 fr.) conduit à (8 k.) *Saint-Léger-en-Yvelines* *, superbe villégiature forestière. — La voie parcourt la forêt Verte et longe à dr. *l'étang Neuf*, d'où sort la Guéville, qui alimente le parc de Rambouillet.

48 k. **Rambouillet***, 6,176 hab., ch.-l. d'arr., dans le vallon de la Guéville (dans *l'église*, tableaux de Thévenin, Carle Van Loo et Tourneux), est connu par son **château**, anc. résidence royale, construit au XIVe s., transformé et en grande partie refait depuis son origine. Le domaine de Rambouillet se divise en quatre parties : le château, le parterre, le jardin anglais et le parc. Les jardins et le parc sont ouverts au public dès 7 h. matin et sont fermés 1 h. après le coucher du soleil. On visite le château t. l. j., de 10 h. matin à 5 h. soir, du 1er avril au 30 sept., et de 11 h. matin à 4 h. soir, du 1er oct. au 31 mars. On peut voir en 2 h. le château, le parc et dépendances : en sortant du château, visite du *parterre* et du quinconce de tilleuls; suivre le bras N. de la pièce d'eau, dont on contourne l'extrémité pour suivre à g. la route tracée entre le canal du N. et le *grand parc*, et qui conduit au carrefour de la Laiterie (la ferme est un peu au delà). Le gardien de la *laiterie*, située au-dessous de *l'école de bergers*, fait visiter la *chaumière des Coquillages*, dans le *jardin anglais*, d'où l'on gagne *l'Ermitage*; de ce point on regagne l'allée qui longe la rive S.-O. de la pièce d'eau et passe en vue de *l'île des Roches*; à l'angle S. de la pièce d'eau, on rencontre *l'allée des cyprès de la Louisiane*, qui passe devant le *Rondeau*, bassin sur le côté duquel s'ouvre la grille de sortie de la place de la Foire, distante de 300 m. de la gare. — Les bâtiments (XVIIIe s.) à dr. de la cour d'honneur sont occupés par une *école d'enfants de troupe*. — La *forêt de Rambouillet* est vaste de 12,818 hect.

53 k. *Gazeran*.

64 k. *Epernon* *, 2,372 hab., sur la Guesle. — Sous le vieux bâtiment (XIIIe s.) dit *la Diane*, belles caves dites *Pressoirs d'Epernon* (pour visiter, s'adresser à la mairie). — Sur la place du Change, *maison* du XVe s. — Du haut de la colline dominant la ville (monument des défenseurs d'Épernon en 1871), vue immense.

69 k. *Maintenon* *, 2,067 hab., au confluent de l'Eure et de la Voise (à la mairie, buste de Collin d'Harleville, né près de Maintenon en 1755). Le **château** (s'adresser au concierge, à dr. en entrant; on ne visite pas l'intér. quand le duc de Noailles y réside, en juillet, août et sept.), construit au XVIe s., ren-

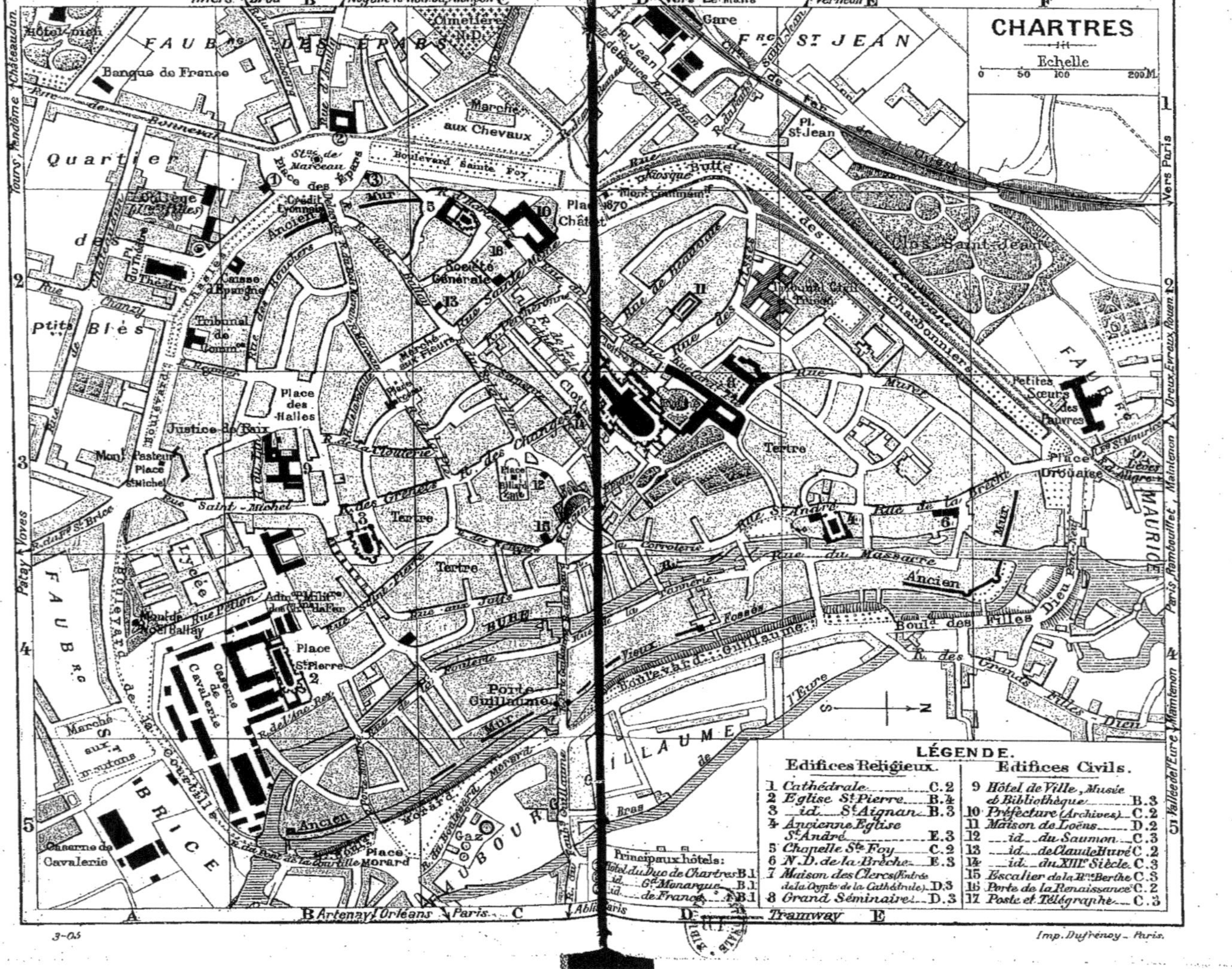

CHARTRES
Echelle
0 50 100 200 M.
LÉGENDE.
Edifices Religieux.
1 Cathédrale C.2
2 Eglise St Pierre B.4
3 id. St Aignan B.3
4 Ancienne Eglise St André E.3
5 Chapelle Ste Foy C.2
6 N.D. de la Brèche E.3
7 Maison des Clercs (Entrée de la Crypte de la Cathédrale) D.3
8 Grand Séminaire D.3
Edifices Civils.
9 Hôtel de Ville, Musée et Bibliothèque B.3
10 Préfecture (Archives) C.2
11 Maison de Loëns D.2
12 id. du Saumon C.3
13 id. de Claude Huvé C.2
14 id. du XIIIe Siècle C.3
15 Escalier de la Rne Berthe C.3
16 Porte de la Renaissance C.2
17 Poste et Télégraphe C.3
Principaux hôtels:
Hôtel du Duc de Chartres B.1
id. Gd Monarque B.1
id. de France B.1
Tours, Vendôme
Châteaudun
Patay, Voves
Artenay, Orléans
Paris
Tramway
Vers Le Mans
Vers Paris
Dreux, Evreux, Rouen
Paris, Rambouillet, Maintenon
Vallée de l'Eure, Maintenon
Quartier des Petits Blés
Faubourg des Epars
Faubourg St Jean
Faubourg St Brice
Faubourg Guillaume
Faubourg St Maurice
Banque de France
Marché aux Chevaux
Boulevard Sainte Foy
Place des Epars
Crédit Lyonnais
Collège de Jeunes Filles
Théâtre
Caisse d'Epargne
Tribunal de Commerce
Société Générale
Place des Halles
Justice de Paix
Mont Pasteur
Place St Michel
Rue Saint-Michel
Lycée
Place St Pierre
Caserne de Cavalerie
Marché aux Moutons
Porte Guillaume
Place Morard
Gaz
Gare
Pl. St Jean
Clos Saint-Jean
Tribunal Civil
Tertre
Petites Sœurs des Pauvres
Place Drouaise
Rue du Massacre
Bould des Filles Dieu
Rue de la Brèche
Rue de Bonneval
Rue des Changes
Marché aux Fleurs
Cloître
Pont Neuf
l'Eure
Imp. Dufrénoy - Paris.
3-05

ferme, outre diverses œuvres d'art et portraits historiques, des curiosités et souvenirs se rapportant aux familles illustres, les d'Angennes, d'Aubigné et de Noailles, qui l'ont possédé. Dans le *parc* subsistent les ruines de l'**aqueduc** sur lequel Louis XIV avait entrepris de faire passer les eaux de l'Eure pour les amener à Versailles.

[De Maintenon a Auneau (23 k.; ch. de fer, en 50 min.; 2 fr. 60, 1 fr. 75, 1 fr. 15). — On remonte la vallée de la Voise. — 11 k. *Gallardon* (*Epaule de Gallardon*, ruine d'un donjon du XIIe s.; église des XIIe et XVe s.: belle *maison* en bois du XVe s.). — 23 k. Auneau (*V.* le Réseau *Orléans*, *Midi*, *État*).

De Maintenon a Dreux (27 k.; ch. de fer, en 50 min. env.; 3 fr., 2 fr. 05, 1 fr. 30). — La voie suit la vallée de l'Eure. — 17 k. *Nogent-le-Roi*, 1,680 hab. (église et maisons de la Renaissance; anc. prison du XVe s.; à 1 k., restes de l'abbaye de *Coulombs*, du XIe s., dont proviennent divers objets auj. dans l'église paroissiale du v.). — 27 k. Dreux (R. 11).]

Viaduc de 32 arches sur la Voise. — 73 k. *Saint-Piat*. — 78 k. *Jouy* (église du XVe s.). — 82 k. *La Villette-Saint-Priest*.

88 k. **Chartres*** (buffet), ch.-l. du départ. d'Eure-et-Loir, V. de 23,431 hab., évêché, sur une colline de la rive g. de l'Eure. La ville, peu animée, aux rues tortueuses, étroites et à forte pente, est entourée de faubourgs importants.

En sortant de la gare, on suit la *rue Jean-de-Beauce*, aboutissant au *boulevard Sainte-Foy* (voit. de place), qui longe (à dr.) le *marché aux chevaux*. Vers l'extrémité de ce boulevard, à g., s'ouvre la *rue Collin-d'Harleville*, dans laquelle on voit : à dr., la *chapelle Sainte-Foy*; à g., la *préfecture* (en face, *maison* avec porte Renaissance). Le boulevard Sainte-Foy aboutit à la **place des Epars** (au centre, *statue* en bronze *du général Marceau*, par Préault).

A l'E. de la place et en face de la statue s'ouvre la *rue Delacroix*, qui se bifurque : on suivra à g. la *rue du Grand-Cerf* (au n° 8, *maison de Claude Huvé*, du XVIe s.). — Presque aussitôt on passe devant la *place du Marché-aux-Fleurs* (à dr.), qui, à son autre extrémité, communique avec la *place Marceau* (*pyramide* en l'honneur du général). — Passé le Marché, on entre dans la *rue du Soleil-d'Or*, puis on tourne à g. dans la *rue des Changes*, à l'extrémité de laquelle, à dr., les bureaux de la poste, du télégraphe et du téléphone occupent une *maison en pierre* du XIIIe s., restaurée. On débouche sur le *cloître Notre-Dame*, en face du portail S. de la Cathédrale.

La **Cathédrale** ou **Notre-Dame**, située sur le point le plus élevé de la ville, fut fondée au IIIe s. sur l'emplacement d'un sanctuaire où, d'après la tradition, les Druides avaient honoré « la Vierge qui devait enfanter ». Reconstruite plusieurs fois, notamment par l'évêque Fulbert, elle n'était pas terminée lorsque la foudre la détruisit, en 1194, ne laissant subsister que les cryptes et la façade avec ses deux clochers. Les travaux recommencèrent aussitôt, et la consécration solennelle eut lieu en 1260. D'autres travaux d'adjonctions ou de remaniements furent exécutés pendant les XIVe, XVe et XVIe s. En 1836, un incendie consuma la charpente du comble, dite *la forêt*, remplacée depuis par un comble en fer couvert en cuivre.

La longueur totale (dans œuvre) de Notre-Dame est de 130 m. 86; les grandes voûtes ont 36 m. 55 de haut. et la nef centrale 16 m. 40 d'axe en axe. La *façade principale* présente une partie centrale et deux tours. La partie centrale se compose d'un triple portail du milieu du XIIe s., orné de 719 statues ou statuettes et surmonté de trois fenêtres. Au-dessus des trois fenêtres, une magnifique *rose* du XIIIe s. est surmontée d'une galerie abritant 16 statues de rois. Une *Vierge Mère* entre deux Anges occupe le centre du gable, et au sommet se dresse une statuette du *Christ bénissant*. Les deux tours sont du milieu du XIIe s., celle de g. jusqu'à la naissance du comble de la nef, celle de dr. tout entière. Cette dernière, dite le **clocher Vieux** (1145-1180 env.), l'emporte sur l'autre, bien que moins élevée (106 m. 50); sa flèche, en pierre, est la plus grande qui existe. Le **clocher Neuf** (115 m.), dont toutes les parties supérieures datent de 1505 à 1514, est une merveille d'élégance et de légèreté (pour y monter, s'adresser au concierge de la maison des Clercs, à dr. de la cathédrale). — Les **portails latéraux**, en grande partie du XIIIe s., étonnent par l'ampleur de leurs dispositions, par le luxe, la variété et la perfection de leurs sculptures. Au-dessus de chaque porche est une grande rose, surmontée ou accompagnée de statues. Chaque façade latérale est flanquée de deux tours inachevées; à la naissance de l'abside se dressent deux autres tours également inachevées. — Les murs latéraux de la nef et du chœur participent de l'originalité générale de la cathédrale. Les hautes fenêtres, d'un dessin particulier, ont chacune une belle rosace; elles sont séparées par des arcs-boutants uniques dans leur genre : ce sont deux énormes quarts de cercle superposés et reliés par des arcatures à jour, dont les colonnettes tendent vers le centre commun.

L'intérieur offre l'ensemble de **vitraux** du XIIIe s. le plus remarquable qui existe. Les verrières qui remplissent les trois fenêtres de la façade sont les plus anciennes (fin du XIIe s.). Le chœur est entouré d'une **clôture** en pierre, commencée vers 1514, sur les dessins de Jean Texier, et terminée seulement sous Louis XIV. Ses statues et ses bas-reliefs résument la vie du Christ et de la sainte Vierge. Au-dessus de l'autel est une *Assomption* en marbre, par Bridan (XVIIIe s.), qui est aussi l'auteur de six bas-reliefs placés autour du sanctuaire. A g. du chœur est la *Vierge du Pilier*, vénérée par de nombreux pèlerins. Le dallage de la nef présente dans sa partie moyenne un *labyrinthe* de 294 m. de développement. Le *buffet d'orgues* date du XVIe s. — Le *trésor* possède le voile de la Vierge, donné par Charles le Chauve (s'adresser au chapelain, près de la Vierge du Pilier). — De l'abside, un escalier et un couloir conduisent à la *chapelle Saint-Piat* (1349), corps de bâtiment distinct de l'église, au-dessous duquel s'étend l'ancienne *salle capitulaire*.

La **crypte** (ouverte de 5 ou 6 h. à 9 h. matin; plus tard, s'adresser au concierge de la maison des Clercs, à l'extrémité S.-E. du cloître Notre-Dame), du XIe s., est la plus vaste de France (110 m. de long. totale, 220 m. de circuit, sur une larg. moyenne de 5 à 6 m.). Un escalier conduit dans la galerie du S. A g., *bas-relief* gallo-romain. Dans la *chapelle Saint-Martin*, débris du jubé de la cathédrale (XIIIe s.) et cénotaphe de l'évêque saint Calétric (557). Dans la *chapelle Saint-Clément et Saint-Denis*, restes d'une fresque. Près de la *chapelle Saint-Nicolas*, *piscine* surmontée d'une fresque du XIIIe s.; plus loin, *fonts baptismaux* du XIIe s. En revenant sur ses pas jusqu'à la porte par laquelle on est entré, on trouve à dr. sept chapelles (restes de peintures du XIIIe s.). En face de la chap. de Ste-Véronique, entrée du *martyrium*. Dans la galerie du N., la **chapelle de Notre-Dame-sous-Terre** (*Vierge* vénérée, moderne; fresques de 1644; décoration de Paul Durand, de Chartres) occupe, dit-on, l'emplacement de la grotte des Druides; à dr., *chapelle des Saints-Forts*, avec *triptyque* du XIIIe s.

Sur le côté N. de la cathédrale se trouvent la sacristie (XIIIe s.) et le *palais épiscopal* (XVIIe s.). En face du portail N., la *rue Saint-Yves* et une arcade aboutissent à la *rue du Cardinal-Pie*, qui longe à dr. le *grand séminaire*, du XVIIe s., et où donne à g. l'entrée de la *maison de Loëns*, cellier ogival du XIIIe s., où le chapitre de la cathédrale recevait ses fermages (on peut demander à visiter). — Revenant par la rue des Changes, on peut entrer dans la *rue de la Poissonnerie* (2e à g.) pour voir (nos 10-14) la *maison du Saumon*, du XVe s. Au delà de la *place Billard*, la rue des Changes se continue par la *rue des Grenets* (*maison* du XVe s., au n° 12), à l'extrémité de laquelle, à g., s'élève l'*église Saint-Aignan*, reconstruite aux XVIe et XVIIe s. (vitraux et peinture du XVIe s.; crypte). Immédiatement après on trouve la *place de l'Etape-au-Vin* (à dr., au n° 5, *maison* du XVIe s.). La rue à dr. conduit à l'*Hôtel de Ville* (1614), qui renferme le Musée et la *bibliothèque*.

Le **Musée** (ouvert les jeudi et dim. de midi à 4 h.; t. l. j. de 11 h. à 4 h. moyennant rémunération; monter au 1er étage et sonner à la porte à dr.) comprend des tableaux (Funérailles du général Marceau, par *F. Bouchot*) et sculptures, des collections d'hist. naturelle et d'armes ou armures, diverses curiosités, notamment un verre de Venise du XIIe s., appelé *Coupe de Charlemagne*, l'armure de Philippe le Bel et un pourpoint de son fils Charles. Un escalier monte à une salle supérieure où sont 5 belles *tapisseries* flamandes du XVIe s.

De la place de l'Etape-au-Vin, la *rue Saint-Michel* (lycée; *tour* moderne servant de réservoir aux eaux de la ville) va aboutir à la place *Pasteur* (monument de l'illustre savant), où se détachent à dr. le *boulevard Chasles*, à g. le *boulevard de la Courtille* (square avec le *monument* de l'explorateur *Noël Ballay*), en face la *rue du Faubourg-Saint-Brice*, qui conduit à l'*église Saint-Martin au Val*, reste d'une basilique antérieure au Xe s. et servant de chapelle à l'hôpita Saint-Brice (tombeau d'un évêque; crypte).

De la place de l'Etape-au-Vin, par une rue qui descend en pente, puis à dr., par la *rue Saint-Pierre* (au n° 16, *musée de la Société archéologique d'Eure-et-Loir*, entrée 1 fr.), on arrive à l'*église Saint-Pierre*, des XIe-XIIIe s. (*vitraux* des XIIIe-XVe s.). Dans la chap. absidale (ouverte jusqu'à 10 h. ou 11 h. matin; passé ce temps, s'adresser au sacristain; sonner à la porte à g. de la chap.), Vierge en marbre, par Bridan, et grands **émaux** de Léonard Limousin figurant les Apôtres.

La rue à l'E. de la place Saint-Pierre, qui se continue par la *rue Porte-Morard*, aboutit au *boulevard Morard*. Celui-ci longe un bras de l'Eure et finit à la *porte Guillaume*, du XIVe s., la seule des 7 portes de Chartres qui soit restée debout. De là il faut continuer de suivre le boulevard des Fossés, si l'on veut admirer la cathédrale sous son plus bel aspect; à ce *boulevard* fait suite celui des *Filles-Dieu*, qui traverse l'Eure pour s'achever à la *place Drouaise*. De cette place : à g., la *rue de la Brèche* conduit à la *chapelle Notre-Dame de la Brèche*, érigée sur l'emplacement d'un autre sanctuaire fondé en souvenir de la levée du siège de 1568 par les huguenots, et à l'*église Saint-André*, des XIe et XVe s. (crypte romane); à dr., la *rue du Faubourg-Saint-Maurice*, puis la *rue d'Aligre*, conduisent au *jardin de la Société d'horticulture* (public le dim.; les autres j., 50 c.). — A la place Drouaise commence la promenade de la *Butte des Charbonniers*, qui aboutit à la place du Châtelet, à l'entrée du boulevard Sainte-Foix, d'où l'on regagne la gare à dr.

Commerce très important de céréales; pâtés renommés.

[Chartres est desservi par le tram. à vapeur de LÈVES A BONNEVAL (33 k.; 2 fr. 55 et 1 fr. 85), qui a pour stations *Chartres-Place*, *Luisant* et *Thivars*. Pour Bonneval, station du ch. de fer de Paris à Tours par Vendôme, V. le Réseau *Orléans*.

DE CHARTRES A DREUX (43 k.; ch. de fer, en 1 h. 11 à 1 h. 38; 7 fr. 25, 3 fr. 05, 2 fr. 45). — 24 k. *Saint-Sauveur* est relié par un tram (6 k., en 16 min.; 45 c. et 35 c.) à *Châteauneuf*, 1,326 hab., anc. capitale du petit pays de *Thimerais*, près d'une forêt de 1,568 hect. — On suit la vallée de la Blaise. — 43 k. Dreux (R. 11).]

De Chartres à Auneau, à Orléans, à Bordeaux, par la Chartre, Saumur, Parthenay et Niort, V. le Réseau *Orléans*, *Midi*, *État*.

99 k. *Saint-Aubin-Saint-Luperce*. — A dr., *château* (XVIIe s.) *de Fontaine-la-Guyon*. On traverse la vallée du Coisnon.

106 k. *Courville*, 1,816 hab., près de l'Eure (vieilles maisons sculptées; à l'église, remarquable *autel* à baldaquin).

[A 8 k. 5 S., **château de Villebon** (XVe s.), qui eut pour possesseur Sully, ministre de Henri IV (chambre où il mourut; ameublement du XVIe s.; parc magnifique).]

On quitte les plaines monotones de la Beauce pour les sites riants du *Perche*. On franchit l'Eure.

114 k. *Pontgouin* (église des XIIIe et XVIe s.; restes d'un château des évêques de Chartres, XVIe s.; au-dessus du château de *la Rivière*, XVIIe s., où mourut le chancelier D'Aligre, écluse de *Boizard*, construite en 1688 par Vauban pour refouler l'eau de l'Eure jusqu'à Belhomert). — On parcourt la forêt de *Montécot*.

124 k. *La Loupe*, 1,814 hab. (reste d'un château bâti sous Henri IV; sur la route de Longni, *chêne* de 6 m. de tour).

[DE LA LOUPE A VERNEUIL (40 k.; ch. de fer, en 1 h. 10 env.; 4 fr. 50, 3 fr., 1 fr. 95). — On franchit l'Eure. — 11 k. *Senonches*, 1,983 hab. (église et donjon du XIIe s.), près d'une vaste

DE CHARTRES À RENNES
11.
CHARTRES
ORLÉANS
BLOIS
TOURS
ANGERS
RENNES
Outarville
Artenay
Patay
Imp. Dufrénoy - Paris

forêt. — 23 k. *La Ferté-Vidame*, 956 hab., près d'une forêt de 3,715 hect. (ruines d'un château fort et d'un château du XVIIIe s.; château moderne, anc. propriété de la famille d'Orléans, avec beau parc et eaux abondantes formant 6 étangs). — Pont sur l'Avre. — 40 k. Verneuil (R. 11).]

De la Loupe à Brou, *V.* le Réseau *Orléans, Midi, État.*

135 k. *Bretoncelles*, dans la vallée de la Corbionne (église de la Renaissance).

141 k. *Condé-sur-Huîne* (buffet; château), près du confluent de la Corbionne et de l'Huîne.

A Mortagne, Alençon, Domfront et Avranches, R. 10.

149 k. **Nogent-le-Rotrou*** (buffet), 8,415 hab., ch.-l. d'arr., sur l'Huine, qui y reçoit l'Arcisse (charmante vallée; curieux moulins) et la Rhône, est formé de 4 rues principales circonscrivant une grande étendue de prairies que traversent de longues avenues sablées, plantées d'arbres et bordées de fossés remplis d'eau.

De la gare, une avenue d'ormes conduit à l'*église Saint-Hilaire* (XIIIe et XVIe s.). Après avoir passé sur le pont de l'Huîne, on se trouve dans la *rue Saint-Hilaire*, qui va aboutir à une voie transversale portant, à g., le nom de *rue Giroust* (maison de 1579), puis de *rue Saint-Martin*, à dr. celui de *rue Charronnerie* : dans cette dernière est l'*hôtel de ville*, derrière lequel est la *place du Marché* (*statue du général Saint-Pol*, par Debay).

En continuant de suivre la rue Charronnerie on atteint l'*église Notre-Dame* (XIVe et XVe s.; crèche à 14 personnages en haut du bas-côté g.). A g. de l'église, *rue de Sully*, à l'entrée de laquelle s'ouvre la *porte* de l'*Hôtel-Dieu* (tombeau du duc et de la duchesse de Sully, 1642; pour visiter, s'adresser au concierge). La rue Charronnerie se continue, au delà de l'église, par la *rue Dorée* (à dr., allée d'ormes allant aux *promenades* : *statue* du poète *Remi Belleau*, XVIe s., par Camille Gâté) et ensuite par la *rue Du Paty*, d'où un escalier (à g.), de 155 marches monte au **château** (on ne visite pas; mais des abords, on jouit d'une jolie vue), possédé successivement par les comtes du Perche, la famille de Condé et le duc de Sully. Il en reste la *porte* d'entrée (1492), le *donjon* (XIe s.) et l'enceinte fortifiée (XIIe et XIIIe s.).

Redescendu à la rue Du Paty, on se trouve presque en face de la *rue Bourg-le-Comte* (maisons anciennes), qui se continue sous le nom de *rue Saint-Laurent* (n° 47, *hôtel* de 1542), dans laquelle s'ouvre le carrefour *Saint-Laurent*, allant à l'*église* du même nom (XVe et XVIe s.; saint-sépulcre; Martyre de St Laurent, peinture de Méliaud). Contre l'abside de l'église, un passage voûté en ogive, anc. entrée du *prieuré de Saint-Denis*, conduit aux restes du couvent, fondé en 1029 (dans des bâtiments des XVIe et XVIIe s., tribunal et prison). A g. du tribunal, la cour du *collège* est formée des restes de l'église romane. — De Saint-Laurent, on regagne la gare par la *rue Huet* et les promenades.

De Nogent-le-Rotrou à Courtalain, *V.* le Réseau *Orléans, Midi, État.*

On longe la rive dr. de l'Huîne, dans laquelle débouche à dr. la rivière d'Erre, que l'on franchit. — 159 k. *Le Theil*, 1,012 hab. — Entrant dans le *pays Fertois* (tissages de toiles), on traverse la Même.

170 k. **La Ferté-Bernard** *, 5,080 hab., dans des prairies arrosées par l'Huîne. De la gare, par la *rue Victor-Hugo*, que continue la *rue du Quatre-Septembre*, on gagne, en laissant à dr. l'*hospice* (XVe et XVIe s.), l'*hôtel de ville*, établi dans une anc. porte fortifiée (XVe s.). Au delà on se trouve dans la *rue d'Huîne* (maisons du XVIe s.), qui aboutit à la *place de l'Eglise* (*fontaine* du XVe s., qu'alimente une source amenée par un *aqueduc* du XVe s.).

L'église **N.-D. des Marais**, chef-d'œuvre du style flamboyant et de la Renaissance, offre, à l'extér., des galeries basses couvertes de sculptures et décorées de statuettes, une balustrade découpée de manière à reproduire la *Regina Cœli*, tandis que les galeries hautes forment une autre antienne à la Vierge (*Ave Regina cœlorum*). A l'int. : *vitraux* de 1498-1606; voûtes curieuses et gracieux pendentifs des chap. absidales, où 14 bas-reliefs symbolisent les litanies de la Vierge; *orgue* supporté par un merveilleux cul-de-lampe de 1501.

De la place de l'Eglise, la *rue Notre-Dame* (au n° 14, *maison* du XVe s.) conduit aux *halles* (1536), donnant d'un côté sur la *place de la Lice*, d'où la *rue Bourgneuf* (tour des anc. remparts) monte dans la Ville-Haute (restes du château). La rue Bourgneuf aboutit, sous le nom de *rue du Boulevard*, sur la *place Ledru-Rollin*, d'où, par les *rues de Paris*, *Denfert-Rochereau*, et le *boulevard Carnot* (*gare des trams* de la Sarthe), on peut regagner la gare de l'Ouest.

[Tram à vapeur (16 k., en 45 min.; 1 fr. 05 et 80 c.) DE LA FERTÉ-BERNARD A LA DÉTOURBE, stat. du tram du Mans à Mamers (*V.* p. 11), par (9 k.) *Dehault*.]

179 k. *Sceaux-Boesse*.

187 k. **Connerré-Beillé**, stat. d'où partent les ch. de fer de Mamers et de Saint-Calais. A 2 k. de Connerré, énorme *dolmen* de *Duneau*.

[DE CONNERRÉ A MAMERS (45 k.; ch. de fer, en 1 h. 25 à 1 h. 40; 4 fr. 65, 3 fr. 50, 2 fr. 55). — 6 k. *Tuffé*, 1,568 hab. (flèche du XVe s.). — On remonte le vallon de la Mousse. A dr., forêt de Bonnétable. — 17 k. *Bonnétable*, 4,211 hab. (*château* du XVe s., dans une prairie arrosée par le Tripoulin), est relié au Mans par un tram à vapeur (*V.* p. 11). — On franchit l'Orne Saosnoise. — 29 k. *Marolles-les-Braults*, 2,008 hab. (saint-sépulcre dans l'église). — La voie ferrée entre dans la vallée de la Dive. — 45 k. *Mamers* *, ch.-l. d'arr. de 6,045 hab., n'offre d'intéressant que deux *églises* de diverses époques. De Mamers au Mans par le tram de la Détourbe-Bonnétable, *V.* p. 11; à Mortagne et à Sillé-le-Guillaume, R. 4, p. 30.

DE CONNERRÉ A SAINT-CALAIS (32 k.; ch. de fer, en 1 h. 10 env.). — L'Huîne franchie, la voie remonte le vallon de la Due, puis celui de la Tortue. — 6 k. *Thorigné*, où se raccorde à g. la ligne de Courtalain. — 13 k. *Bouloire*, 2,237 hab. (hôtel de ville du XVIe s.). — 19 k. *Coudrecieux* (église romane). — 32 k. **Saint-Calais** *, 3,627 hab., ch.-l. d'arr., dans la vallée de l'Anille (*église* des XIVe et XVIe s., beau portail O., clocher de 1623; de l'anc. abbaye il reste le logis abba-

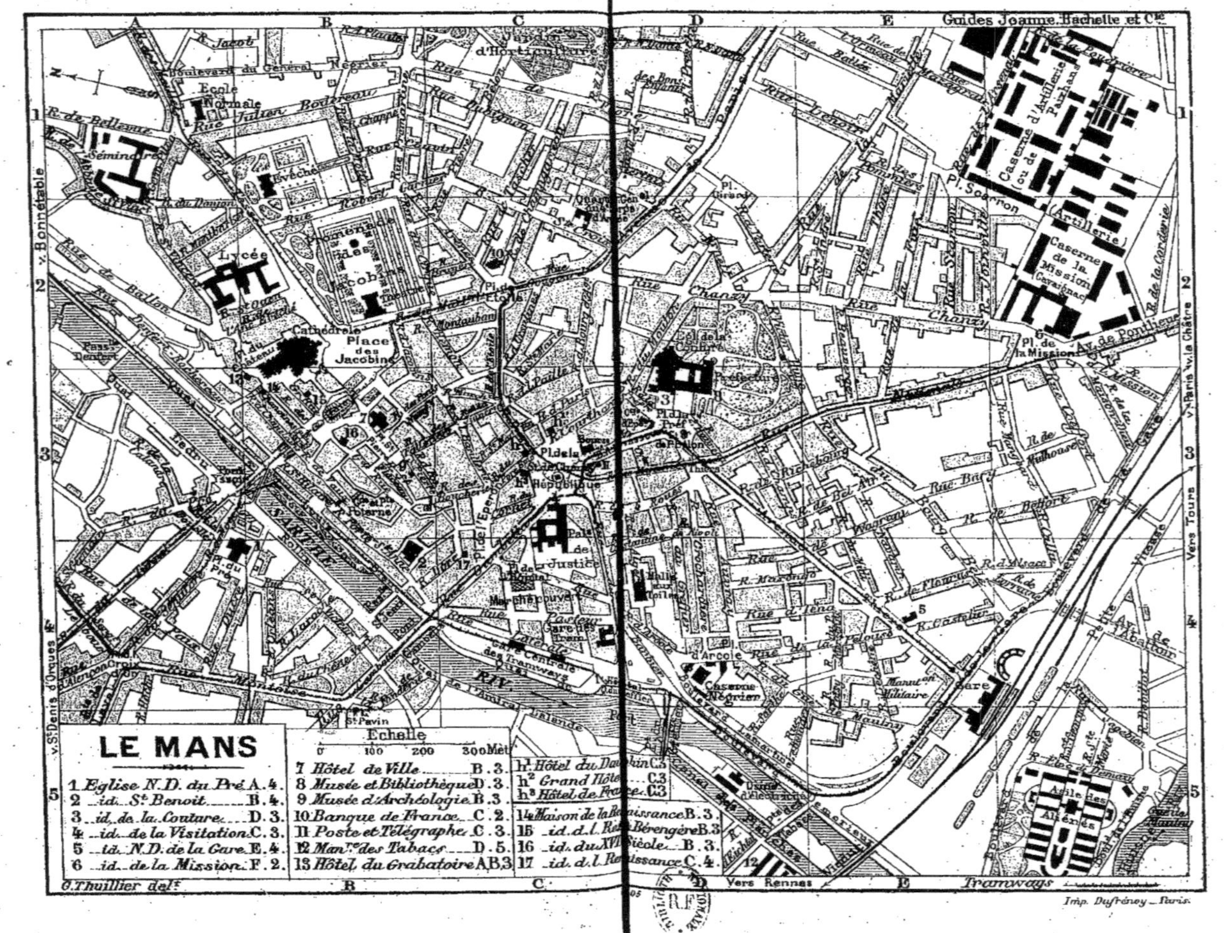
LE MANS
1 Eglise N.D. du Pré A. 4.
2 id. St Benoit B. 4.
3 id. de la Couture D. 3.
4 id. de la Visitation C. 3.
5 id. N.D. de la Gare E. 4.
6 id. de la Mission F. 2.
7 Hôtel de Ville B. 3.
8 Musée et Bibliothèque D. 3.
9 Musée d'Archéologie B. 3.
10 Banque de France C. 2.
11 Poste et Télégraphe C. 3.
12 Manre des Tabacs D. 5.
13 Hôtel du Grabatoire A.B. 3.
h1 Hôtel du Dauphin C. 3
h2 Grand Hôtel C. 3
h3 Hôtel de France C. 3
14 Maison de la Renaissance B. 3.
15 id. d. l. Reine Bérengère B. 3.
16 id. du XVI Siècle B. 3.
17 id. d. l. Renaissance C. 4.
Echelle
0 100 200 300 Mèt
G. Thuillier delt
Imp. Dufrénoy _ Paris.
Guides Joanne, Hachette et Cie
v. Bonnétable
v. St Denis d'Orques
Vers Rennes
Vers Tours
v. Paris
v. la Châtre
Tramways
Sarthe
Cathédrale
Place des Jacobins
Promenade des Jacobins
Lycée
Séminaire
Evêché
Ecole Normale
Préfecture
Pal. de Justice
Caserne Négrier
Gare
Asile des Aliénés
Caserne d'Artillerie (ou de Paixhans)
Caserne de la Mission
Rue Chanzy
Rue Scarron
R. de la Corderie
Pl. de la Mission
Av. de Pontlieue
Rue Julien Bodreau
Boulevard du Général Négrier
Rue de Ballon
Gare Centrale des Tramways
Manuten. Militaire
Pl. de l'Eperon
Pl. de la République
Pl. de l'Etoile

tial, occupé par les divers services publics; *musée*, en partie formé de dons de Mme Ch. Garnier, la veuve de l'architecte de l'Opéra, qui était né à Saint-Calais; *buste de Poitevin*, inventeur de la photographie inaltérable; restes d'un château fort). De Saint-Calais à Château-du-Loir, *V.* le Réseau *Orléans*, *Midi*, *État*.]

De Connerré à Courtalain, *V.* le Réseau *Orléans*, *Midi*, *État*.

On franchit l'Huîne. — 194 k. *Pont-de-Gennes-Montfort*. A 1 k. O., *Montfort-le-Rotrou*, 898 hab. (*château* reconstruit en 1820, dans le style italien, par M. de Nicolaï, qui a fait bâtir à ses frais l'*église*, décorée de vitraux et de peintures).

198 k. *Saint-Mars-la-Brière*. — 200 k. *Champagné*. — 203 k. *Yvré-l'Evêque* (sur le plateau d'*Auvours*, monument commémoratif de la bataille du Mans, 12 janv. 1871; à 3 k. 5 S.-O., église du XVe s., reste de l'*abbaye de l'Epau*, fondée en 1229 par Bérengère, veuve de Richard Cœur-de-Lion). — Au delà de *Pontlieue*, b. industriel (monuments en mémoire de la bataille du Mans), on passe sur le tram du Grand-Lucé avant de joindre la ligne de Tours.

211 k. Le Mans (buffet), à la rencontre des ch. de fer de Paris à Brest, de Caen au Mans, du Mans à Angers et à Tours, des trams de la Chartre, de Saint-Denis-d'Orques, de Bonnétable et de Mayet.

Le Mans*, V. de 63,272 hab., ch.-l. du départ. de la Sarthe, siège d'un évêché, quartier général du 4e corps d'armée, est bâtie sur les deux rives de la Sarthe qui la divise en deux parties fort inégales communiquant par la *rue Gambetta* et le *tunnel* et par 6 ponts dont un en pierre, le *pont Gambetta*, en aval duquel est le *port*. En outre la Cie des trams de la Sarthe a construit un *pont en X* sur lequel passent d'un côté les trams à vapeur de la ligne de Saint-Denis, de l'autre les trams électriques du service urbain. Entre la rue Gambetta, les quais, la cathédrale et l'hôtel de ville, *la Cité* ou vieille ville a conservé de curieuses habitations du moyen âge.

En sortant de la gare (omnibus et fiacres) on entre dans l'*avenue Thiers*, à l'entrée de laquelle se trouve l'*église Notre-Dame de la Gare* et qui aboutit à la *place Thiers*, d'où la *rue Nationale* (à dr.) va aboutir à la *caserne d'artillerie de la Mission*, occupant l'emplacement d'un hôpital dont il reste l'église (XIIe s.).

A g. de la place s'ouvre la *rue* commerçante *des Minimes*; en face, la *place de la Préfecture* est ornée d'un petit square (*statue de Pierre Bélon*, naturaliste et voyageur du XVIe s.). Cette place, à l'E. de laquelle est la *place Girard* (*buste colossal du général Négrier*), est bordée d'un côté par l'anc. abbaye de la Couture, renfermant la *Préfecture*, le musée et la *Bibliothèque*.

Le **Musée** est ouvert t. l. j. de midi à 4 h., le lundi excepté, du 1er avril au 1er oct.

GALERIE D'HISTOIRE NATURELLE, renfermant aussi des tableaux (compositions ou portraits par *Coulom*, tirés du « Roman comique » de Scarron), des études, dessins, aquarelles (anc. monuments du Mans), des amphores en étain dans lesquelles autrefois le vin fut offert à des personnages illustres à leur arrivée au Mans. —

A g., autre GALERIE : collections d'ethnographie, de minéralogie, céramique antique, objets préhistoriques et quelques peintures. — A la suite de la 1re galerie, PETITE SALLE de peinture, avec des vitrines contenant des armes, un couteau à découper du XVe s. et une plaque d'*émail* champlevé, du XIIe s., présentant le portrait de *Geoffroy Plantagenet*, comte d'Anjou et du Maine. — A dr., 2e SALLE : curiosités exotiques et tableaux. — On revient dans la salle précédente pour pénétrer, à g., dans la GRANDE GALERIE DE PEINTURE.

A la Préfecture est contiguë l'église de **la Couture**, dont les parties les plus anc. remontent au Xe s. (*porche* du XIIIe s.; à l'int., tableaux de Ph. de Champaigne, Seghers, Restout, Van Thulden, Manfredi et Carrache, Vierge en marbre du XVIIe s. en face de la chaire, Adoration des Mages de Parrocel dans la chap. de la Vierge; dans la sacristie, Suaire de St Bertram; crypte romane).

Sur la place de la Préfecture s'ouvre à l'O. le *boulevard Paul-Levasseur*, qui va déboucher sur la **place de la République** (*statue du général Chanzy*, par Crauk), entourée par les principaux hôtels et cafés et que borde à l'O. l'église de *la Visitation*, construite en 1737 sur les plans de Soufflot et qui dépendait d'un couvent occupé aujourd'hui en partie par le *palais de justice*.

A l'E., la *rue Dumas*, très commerçante, aboutit à un carrefour, d'où, à g., la *rue Marchande* puis la *rue des Jacobins* donnent accès à la **place des Jacobins**, dominée au N.-E. par la cathédrale et bordée à l'E. par la *promenade des Jacobins* (musique militaire le jeudi et le dimanche), à l'entrée de laquelle est le *théâtre*.

La Cathédrale Saint-Julien offre une nef romane curieuse par les transformations qui y ont été opérées, à deux époques du XIIe s., sur un noyau du XIe. Le porche latéral S. est orné de statues et de sculptures; quelques fenêtres ont des vitraux de la 1re moitié du XIIe s., les plus anciens que l'on possède en France. Contre la façade O., *menhir* haut de 4 m. 50. Le chœur est une des conceptions les plus grandioses du XIIIe s. Le transept (belle rose) ainsi que son clocher ont été élevés au XVe s.

A l'int. : **vitraux** du chœur, XIIIe-XVe s.; croisillon dr., tombeau de la reine Bérengère (XIIIe s.); tapisserie et buffet d'orgue du XVIe s. — Pourtour du chœur : 1re chap., saint-sépulcre, XVIe s.; débris du jubé de 1620 dont est faite la porte de la *sacristie*, belle salle gothique (boiseries du XVIe s.; portraits d'évêques); *chap. de la Vierge*, vitraux, peintures du XIVe s.; chap. des fonts baptismaux, *tombeaux* de Charles IV, comte du Maine, † 1472, et de Guillaume de Langey du Bellay, vice-roi du Piémont sous François Ier. — Croisillon g. : mausolée de Mgr Bouvier, évêque du Mans. — Bas-côté g. : tombe du XVe s. — Trésor : *tapisseries* du XVIe s.

Dans le quartier de la cathédrale ou vieille ville (vestiges de l'*enceinte gallo-romaine* visibles dans les cours de quelques maisons), subsistent de vieilles habitations parmi lesquelles on remarque : en face du grand portail de l'église, l'*hôtel du Grabatoire*, anc. infirmerie des chanoines (Renaissance); dans la Grande-Rue, n° 9, une *maison* du XVIe s. et, n° 11, la **maison** de la **Reine Bérengère**, de la fin du xve s. (musée : s'adresser au gardien), restaurée comme la précédente et où la « Société historique du Mans » tient ses séances.

Traversant la voie sous laquelle passe le *tunnel* et tournant à g., on arrive à *l'hôtel de ville*, bâti en 1756, à dr. duquel *l'église Saint-Pierre de la Cour*, des xie et xiiie s., dont la crypte (xive s.) renferme le *musée archéologique*, ouvert au public le dim. de midi à 4 h., visible t. l. j. pour les étrangers (s'adresser au concierge). De là on regagne le tunnel qui fait communiquer la place des Jacobins avec les quais à l'entrée du *pont Yssoir*. Au delà du pont, sur la rive dr. de la Sarthe, *église Notre-Dame du Pré*, spécimen intéressant de l'architecture romane (à l'int., sculpture figurant la translation des reliques de Ste Scholastique; fresques par MM. Andrieux et Jaffard; crypte du xie s.).

Suivant (à dr.) le *quai Ledru-Rollin*, on revient sur la rive g. par le *Grand-Pont*, d'où, à g. de la *rue Gambetta*, on peut visiter *l'église Saint-Benoît*, du xvie s. A dr. de l'entrée de la rue Gambetta, jolie *gare des trams à vapeur*. En continuant de suivre le quai à dr., on longe la *promenade du Greffier*, pour regagner le ch. de fer par le *boulevard de la Gare*.

Les oies, les poulardes et les chapons du Mans sont renommés. Manufacture de tabacs, fonderie de cloches, fabr. de vitraux peints, etc.

[Trams à vapeur du Mans a Saint-Denis-d'Orques (46 k., en 2 h. 38 à 3 h. 15; 2 fr. 85 et 2 fr. 15), par Loué (*V.* p. 12); — a Mayet (49 k., en 1 h. 30 à 2 h. 40; 2 fr. et 1 fr. 50), par *Pontvallain*, 1,608 hab.; — a Mamers (56 k., en 3 h. env.; 3 fr. 50 et 2 fr. 65), par Bonnétable (*V.* p. 8); — a la Chartre (49 k., en 2 h. 50; 3 fr. et 2 fr. 25), par *Parigné-l'Évêque*, 3,102 hab. (église romane; lanterne des morts, xiie s.) et *le Grand-Lucé*, 1,928 hab. (château du xviiie s., avec un beau parc).]

Du Mans à Nantes par Sablé, Château-Gontier et Segré, R. 2, *A*; par Angers, R. 2, *B*; — à Saint-Nazaire, par Châteaubriant, R. 3, *A*; par Angers et Nantes, R. 3, *B*; — à Laval, Vitré, Rennes, Saint-Brieuc, Guingamp, Morlaix et Brest, R. 4; — à Saint-Malo, Dinan et Dinard, R. 7; — à Alençon, Argentan et Caen, R. 15; — à Tours, *V.* le Réseau *Orléans, Midi, État*.

On franchit la Sarthe. — 220 k. *Saint-Georges-Etival*. — On traverse l'Orne Champenoise en deçà et au delà de (224 k.) *Voivres*.

230 k. *La Suze**, 2,644 hab. (presbytère du xve s., reste d'un château).

[De la Suze a la Flèche (31 k.; ch. de fer, en 50 min.; 3 fr. 20, 2 fr. 25, 1 fr. 40). — 14 k. *Malicorne*, 1,541 hab., au confl. de la Sarthe et de la Vézanne (château du xviiie s.). — 31 k. La Flèche (*V.* le Réseau *Orléans, Midi, État*).]

On franchit la Sarthe. — 240 k. *Noyen*. — 248 k. *Avoise*. — On croise la Vègre. A dr., ligne de Sillé-le-Guillaume (*V.* ci-dessous). — 254 k. *Juigné-sur-Sarthe* (*château* du xviie s., avec galerie de portraits). — Viaduc de 6 arches sur l'Erve.

259 k. **Sablé*** (buffet), 5,599 hab., sur les deux rives de la Sarthe, qui y reçoit l'Erve et la Vaige, est dominé par un **château** du xviiie s. (restes de la forteresse

du XIVe s.), dont le vestibule et l'escalier sont décorés de peintures italiennes (vaste parc, belle vue). — *Eglise Notre-Dame*, moderne, style du XIVe s. (verrière du XVIe s.; vitraux par Lobin, de Tours).

[A 3 k. N.-E., **Solesmes***, v. célèbre par son **abbaye** de Bénédictins. A côté des bâtiments (XVIIIe s.) de l'anc. prieuré, les religieux ont élevé une nouvelle abbaye, de vastes proportions, conçue dans le style du milieu du XIIe s. Dans l'église (visite interdite depuis que les religieux comme les religieuses de l'abbaye voisine ont été contraints par la loi de 1901 sur les associations d'abandonner leurs monastères), admirables sculptures figurant **la Sépulture du Christ** (1496) et la **Sépulture de la Vierge** (XVIe s.). La première se trouve dans le croisillon S. (sur l'autel à g., bas-relief de la Renaissance figurant le *Massacre des Innocents*, et groupe de *N.-D. de Pitié*); la seconde, dans le croisillon N. Au-dessus de la sépulture de la Vierge, un autre groupe représente l'*Assomption*, et sur le côté dr. de la chapelle se trouve la *Pâmoison de la Vierge*. Enfin, au-dessus de la Pâmoison, se voit le *Couronnement de la Vierge*. En face de la Pâmoison, groupe de dix figures (*Jésus parmi les Docteurs*). Sous le chœur, *crypte* dont l'autel renferme le corps de dom Guéranger.

De Sablé a la Flèche (32 k.; chem. de fer, 1 h. 15 env.; 3 fr. 20, 2 fr. 20, 1 fr. 45). — Tunnel; viaduc de 11 arches sur la Sarthe. — 7 k. *La Chapelle-du-Chêne* (pèlerinage). — 19 k. *Crosmières-le-Bailleul*. — 27 k. *Verron*, à la bifurcation de la ligne de la Suze (*V.* ci-dessus). — 32 k. La Flèche (*V.* le Réseau *Orléans, Midi, État*).

De Sablé a Sillé-le-Guillaume (52 k.; ch. de fer, 2 à 3 h.; 5 fr. 80, 4 fr. 95, 2 fr. 55). — 5 k. Juigné (*V.* ci-dessus). — 10 k. *Asnières-sur-Vègre*. — 13 k. *Poillé*. — 17 k. *Avessé*. — 20 k. *Brûlon*, 1,550 hab. — 25 k. *Mareil-en-Champagne*. — 27 k. *Loué*, 1,709 hab., sur la Vègre. — 30 k. *Joué-en-Charnie*. — 35 k. *Chemiré-en-Charnie*. — 40 k. *Neuvillette*. — 43 k. *Parennes* (château). — On traverse la Vègre. — 52 k. Sillé-le-Guillaume (R. 4).]

De Sablé à Nantes par Château-Gontier et Segré, R. 2; — à Saint-Nazaire, R. 3.

Pont sur la Sarthe. — 268 k. *Pincé-Précigné*. — 274 k. *Morannes*. — 284 k. *Etriché-Châteauneuf*. A 3 k. N.-O., *Châteauneuf-sur-Sarthe**, 1,402 hab. (*église* des XIIe et XIIIe s.).

288 k. *Tiercé*, 1,997 hab. (*église* gothique moderne). A 7 k. O.-S.-O., *château du Plessis-Bourré*, bâti (1468-1473) par J. Bourré, argentier de Louis XI (*peintures* de l'époque). — Pont sur le Loir. — 293 k. *Vieux-Briollay*. — 297 k. *Saint-Sylvain-Briollay*. — 302 k. *Ecouflant*, au confluent de la Mayenne et de la Sarthe.

306 k. *La Maître-Ecole*, gare d'échange; à g., ch. de fer de Montreuil-Bellay (*V.* le Réseau *Orléans, Midi, État*). On joint la ligne de Tours à Nantes.

308 k. **Angers*** (buffet), 82,398 hab., ch.-l. du départ. de Maine-et-Loire, évêché, situé sur les deux rives de la Maine, particulièrement sur la rive g., est une des villes les plus belles et les plus curieuses de la France : belle dans ses parties modernes avec ses boulevards bordés d'élégantes habitations, curieuse par ses vieux monuments et ses nombreux restes du passé.

Le centre d'Angers est la place du Ralliement, à laquelle on parvient depuis la gare par la *rue de la Gare*, la *place de la Visitation* (*statue de Marguerite d'Anjou*, par Taluet), les *rues*

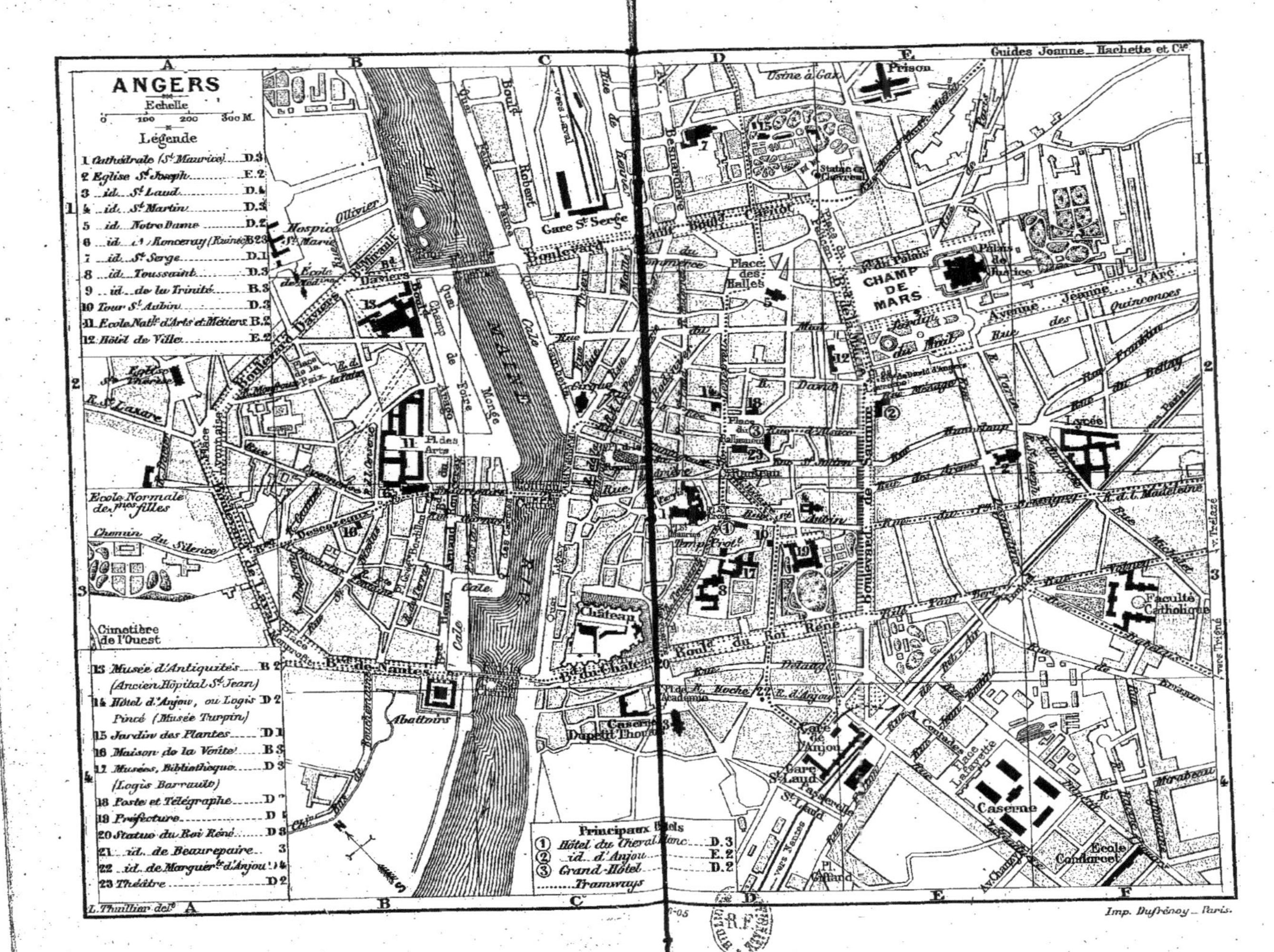

Guides Joanne_Hachette et Cie
ANGERS
Echelle
0 100 200 300 M.
Légende
1 Cathédrale (St Maurice) D.3
2 Eglise St Joseph E.2
3 id. St Laud D.4
4 id. St Martin D.3
5 id. Notre Dame D.2
6 id. du Ronceray (Ruines) B.2.3
7 id. St Serge D.1
8 id. Toussaint D.3
9 id. de la Trinité B.3
10 Tour St Aubin D.3
11 Ecole Natle d'Arts et Métiers B.2
12 Hôtel de Ville E.2
13 Musée d'Antiquités B.2
(Ancien Hôpital St Jean)
14 Hôtel d'Anjou, ou Logis D.2
Pincé (Musée Turpin)
15 Jardin des Plantes D.1
16 Maison de la Voûte B.3
17 Musées, Bibliothèque D.3
(Logis Barrault)
18 Poste et Télégraphe D.2
19 Préfecture D.3
20 Statue du Roi René D.3
21 id. de Beaurepaire 3
22 id. de Marguerite d'Anjou D.4
23 Théâtre D.2
Principaux Hôtels
1 Hôtel du Cheval Blanc D.3
2 id. d'Anjou E.2
3 Grand-Hôtel D.2
Tramways
MAINE
Château
CHAMP DE MARS
Gare St Serge
Gare St Laud
Caserne
Lycée
Faculté Catholique
Prison
Usine à Gaz
Abattoirs
Cimetière de l'Ouest
Ecole Normale de Ines filles
Chemin du Silence
Boulevard de Saumur
Boulevard du Roi René
Bd de Nantes
Avenue Jeanne d'Arc
Place des Halles
Place Lafayette
Ecole Condorcet
vers Nantes
vers Laval
vers Trélazé
vers Trigné
L. Thuillier delt
Imp. Dufrénoy _ Paris.

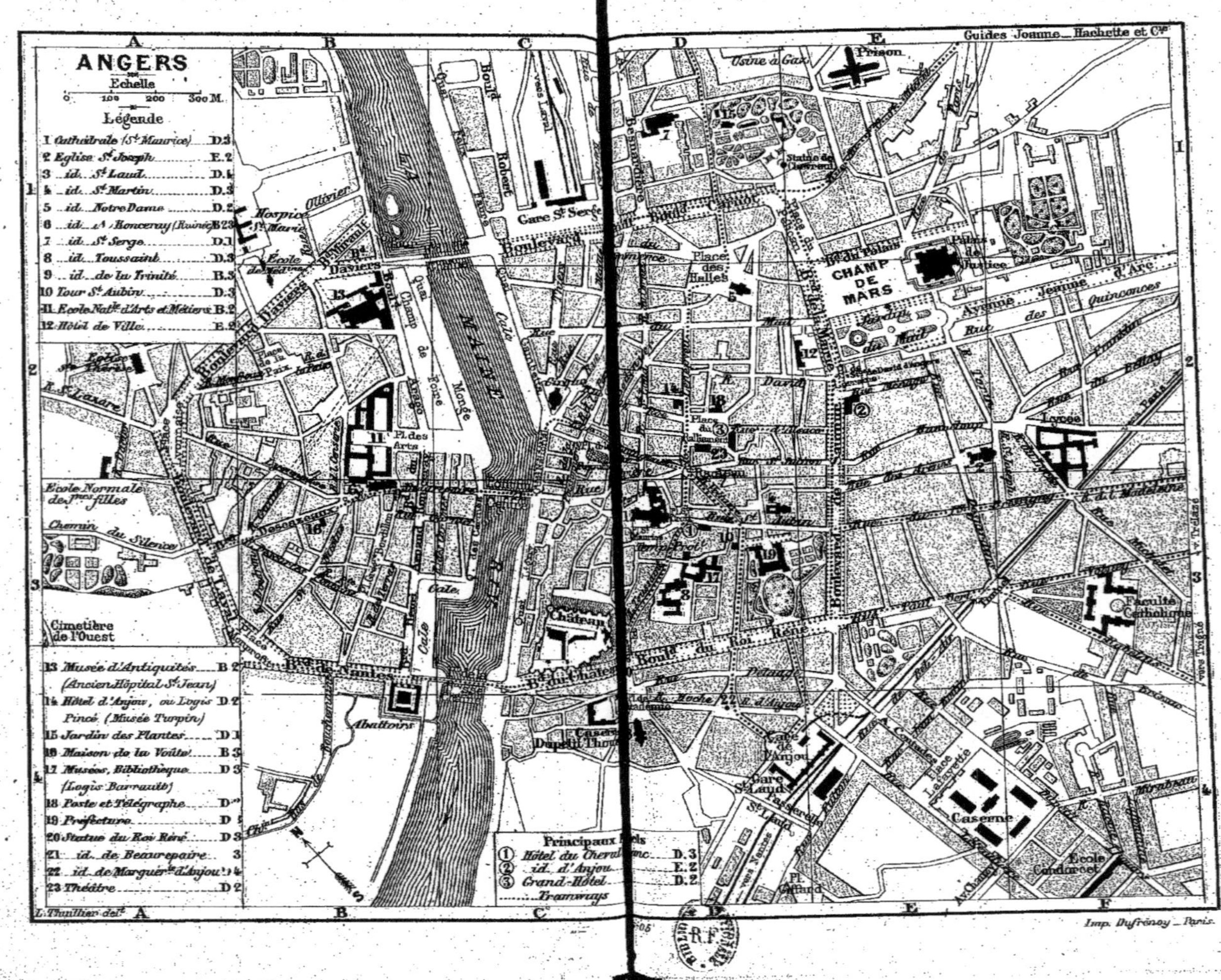
ANGERS
Echelle
0 100 200 300 M.
Légende
1 Cathédrale (St Maurice) D.3
2 Eglise St Joseph E.2
3 id. St Laud D.4
4 id. St Martin D.3
5 id. Notre Dame D.2
6 id. du Ronceray (Ruinée) B.23
7 id. St Serge D.1
8 id. Toussaint D.3
9 id. de la Trinité B.3
10 Tour St Aubin D.3
11 Ecole Natle d'Arts et Métiers B.2
12 Hôtel de Ville E.2
13 Musée d'Antiquités B.2
(Ancien Hôpital St Jean)
14 Hôtel d'Anjou, ou Logis D.2
Pincé (Musée Turpin)
15 Jardin des Plantes D.1
16 Maison de la Voûte B.3
17 Musées, Bibliothèque D.3
(Logis Barrault)
18 Poste et Télégraphe
19 Préfecture
20 Statue du Roi René D.3
21 id. de Beaurepaire
22 id. de Marguerite d'Anjou
23 Théâtre D.2
Principaux Hôtels
1 Hôtel du Cheval Blanc D.3
2 id. d'Anjou E.2
3 Grand-Hôtel D.2
Tramways
MAINE
CHAMP DE MARS
Boulevard de Saumur
Gare St Serge
Gare St Laud
Château
Caserne
Prison
Lycée
Faculté Catholique
Abattoirs
Cimetière de l'Ouest
Ecole Normale de Jnes filles
Chemin du Silence
Place des Halles
Palais de Justice
Jardin du Mail
Avenue Jeanne d'Arc
Avenue des Quinconces
Place Lafayette
Ecole Condorcet
Caserne Dupetit Thouars
Boulevard Carnot
Boulevard Daviers
Quai Monge
Champ de Foire
Pl. des Arts
Usine à Gaz
Hospice Ste Marie
Rue Lenepveu
Rue Plantagenet
vers Laval
vers Nantes
vers Trélazé
vers Trigné
Guides Joanne _ Hachette et Cie
L. Thuillier delt
Imp. Dufrénoy _ Paris.

Talot, *des Lices* et *Voltaire*. Après avoir croisé le *boulevard du Roi-René*, on aperçoit à l'extrémité de la rue des Lices la **tour Saint-Aubin**, du XIIe s., reste de l'*abbaye de Saint-Aubin*, dont les bâtiments (XVIIe s.) sont occupés par la **Préfecture** (dans la cour, magnifique série d'arcades romanes; belles boiseries des *Archives*).

Quand on a quitté la rue des Lices, on croise la *rue Saint-Aubin*, dans laquelle, à g., s'ouvre la rue du Musée.

Le **Musée** (ouvert t. l. j. aux étrangers, au public dim. et jeudi de midi à 4 h.), occupant, avec la *Bibliothèque* (58,000 vol.), le *Logis Barrault* (dans la cour, *buste* du peintre *Lenepveu*), bâti vers 1500 par Olivier Barrault, maire d'Angers, comprend : 1° le musée David, au rez-de-chaussée; 2° le *musée d'histoire naturelle*, au 1er étage; 3° les galeries de peinture, au 2e étage.

Le **musée David**, consacré à l'œuvre du grand sculpteur David d'Angers, comprend 6 ouvrages couronnés ou envoyés de Rome de 1811 à 1815, 50 à 60 statues, 70 bas-reliefs, 150 bustes, 16 statuettes, 500 médaillons et de nombreux dessins, auxquels sont joints divers ouvrages de Pajou, Chaudet, Delaistre, Houdon, David père, du peintre Louis David, de Roland, Delusse, etc., et quelques peintures. La grande galerie du musée David s'ouvre sur un jardin d'où l'on aperçoit les ruines pittoresques de l'**église de Toussaint** (pour les voir à l'int., s'adresser au concierge du musée), construite au XIIIe s. et rebâtie en partie au XVIIIe dans le style primitif.

Galeries de peinture. — ESCALIER : cartons de peintures exécutées par *Lenepveu*.

1re SALLE (faire le tour des salles de dr. à g.). — 25. *Mme Vigée-Le-Brun*. L'Innocence se réfugiant dans les bras de la Justice (pastel). — 73. *Girodet-Trioson*. Mort de Tatius.

2e SALLE (à dr.). — 71. *Gide*. Sully quittant la cour de Louis XIII. — 88. *Jacque*. Bœufs à l'abreuvoir. — 175. *Vien*. Retour de Priam avec le corps d'Hector. — 252. *Lenepveu*. Maladie d'Alexandre. — 411. *Van Rey* (?). Paysage. — 50. *Eugène Devéria*. Mort de Jeanne d'Arc. — *C. Boulanger*. Cybèle. — 251 *bis*. *Lenepveu*. Jésus dans le prétoire. — 110. *Lehmann*. Jérémie dictant ses prophéties. — 56. *Hip. Flandrin*. St Clair guérissant les aveugles. — *Paul Flandrin*. Une Nymphée.

3e SALLE. — Œuvres ou études du peintre *Bodinier*; beau tableau de *Montessuy* (Devineresse prédisant la papauté à Sixte-Quint).

4e SALLE. — 351. *Murillo*. Jeune homme. — 153. *Jean Restout*. Le Bon Samaritain. — 154. *Hubert Robert*. La Fontaine de Minerve à Rome. — 400. *Ch. de Moor*. Jardinière. — 380. *Van Thulden*. L'Assomption. — 135. *Mignard*. La V., l'Enf. J. et St Jean. — 118. *Carle Van Loo*. Ste Clotilde au tombeau de St Martin. — 824. *Ribera*. Portrait d'homme. — 363. *Ph. de Champaigne*. Jésus parmi les Docteurs. — 367. *Jordaens*. Portrait de François Flamand, sculpteur. — 120. *Carle Van Loo*. St André qui embrasse sa croix. — 353. *Ribera*. Vieillard. — 91. *Lagrenée*. Mort de la femme de Darius. — 272. *Raphaël*. Ste-Famille. — 278. *Van der Weyden le Jeune*. Calvaire. — *Sneyders*. Chien écrasé. — 28. *Casanova*. Convoi harcelé par des hussards. — 376. *David Teniers le Jeune*. Le tête à tête. — 182. *Antoine Watteau*. Fête de campagne. — 377. *David Teniers le Jeune*. La Mère difficile à persuader. — 17. *Fr. Boucher*. La Réunion des Arts. — 96, 97. *Lancret*. Noces de village. Danse champêtre. — 143. *J.-B. Pater*. Baigneuses. — 27. *Casanova*. Attaque d'un fort. — 74. *Greuze*. Mme de Porcin. — 47. *Fr. Desportes*. Chasse au renard.

On revient dans la salle d'entrée pour visiter les salles de g.

5e SALLE. — *Français*. Dans les

prés après la fenaison. — 805. *Ary Scheffer*. Portrait. — 10. *Bernier*. Paysage breton. — 251. *Lenepveu*. Cincinnatus recevant les députés du Sénat. — 112. *Leprieur*. Portrait d'un ecclésiastique. — 145. *Patrois*. Jeanne d'Arc insultée dans sa prison.

6e SALLE. — Esquisses originales de statuettes par *Schœnewerk*. — *Ingres*. Têtes d'étude. — Le bouclier de Minerve, par *Simart*. — *Puvis de Chavannes*. Etude de femme. — *Rude*. Baptême de J.-C. (esquisse originale). — Au milieu de la salle, la Muse d'André Chénier, statue de marbre par *Noël*.

A l'extrémité de la rue Saint-Aubin, la *place Sainte-Croix* est bordée par la cathédrale, l'évêché et par la *maison Adam*, (XVe s.), souvent restaurée.

Cathédrale Saint-Maurice (Pl. 1, D, 3), curieux édifice des XIIe et XIIIe s., long intérieurement de 91 m., large de 56 (au transept). A la porte principale, 8 grandes statues de personnages bibliques, statuettes d'anges et de vieillards couronnés; au tympan, le Christ entouré des symboles des Évangélistes. 3 tours couronnent la façade; celle du S. (69 m.) et celle du N. (65 m.) ont pour couronnements des flèches en pierre, refaites en 1831. A la base de la tour centrale, ajoutée en 1540 (style de la Renaissance), rangée imposante de huit guerriers armés. La nef, haute de 26 m., est dépourvue de bas-côtés et couverte, comme le chœur et le transept, de voûtes en ogive, bombées comme des coupoles et d'aspect grandiose. Deux vastes chapelles ont été ajoutées à la nef, à la première travée; celle de g. (XVe s.) renferme un *Calvaire*, par David; celle de dr. date en partie du XIIIe s. A l'extrémité du croisillon S., large rose.

A l'int. : **vitraux** précieux (quelques-uns, dans la nef, remontent à l'année 1170); cuve de vert antique offerte par le roi René; maître-autel (1699); orgue du XVIIIe s., reconstruit en 1870-1873; *Sainte Cécile* (dans le chœur), par David; dans des caveaux, tombes du roi René et de sa femme Jeanne de Laval; *tapisseries* du XIVe au XVIIIe s.; tombeaux des évêques Claude de Rueil (XVIIe s.), Angebault (statue par Bouriché) et Freppel, par Falguière.

Au **Palais épiscopal**, belle galerie romane convertie en chapelle; salle synodale de la fin de XIIe s.; *escalier* de la Renaissance; *musée diocésain*. La *rue de l'Évêché*, où est l'entrée du palais, se continue par la *rue Saint-Laud*, où se voient (no 36) le théâtre-concert de l'*Alcazar* et (no 21) une jolie petite *maison* de la Renaissance.

La **place du Ralliement** (hôtel des Postes; Grand-Hôtel; cafés, station de fiacres) est bordée par le *théâtre*, décoré à l'intérieur de peintures par Lenepveu et Dauban. Tout près de la place, à l'entrée de la rue Lenepveu, l'*hôtel d'Anjou* ou *Pincé*, de la Renaissance, reconstruit au XIXe s., renferme le *cabinet Turpin de Crissé*.

Antiquités égyptiennes, grecques et romaines, bronzes antiques, vases grecs, verreries, émaux, faïences, pierres gravées, bijoux, médailles, ivoires, sculptures du moyen âge, de la Renaissance, des temps modernes, gravures anciennes, dessins, peintures (*Françoise de Rimini*, d'Ingres). Toute une paroi de la principale salle a été couverte par Lenepveu d'une brillante composition représentant l'*Entrée de François Ier à Angers en 1510*.

De la place du Ralliement par la *rue d'Alsace*, on gagne le *boulevard de Saumur*, promenade favorite des Angevins, sur lequel est le principal *cercle* d'Angers, occupé en partie par le cercle militaire; le fronton est décoré d'un groupe de Maindron : *les Arts, le Commerce et l'Agriculture*.

En suivant à g. le boulevard de Saumur, on parvient à la *place de Lorraine* (hôtel d'Anjou; *statue* en bronze *de David d'Angers*, par Louis Noël; à l'angle de la *rue David, hôtel Lantivy*, construit au XVIIIe s. sur les dessins de Bardoul) et à la promenade du **Mail**, en face de laquelle on aperçoit l'*hôtel de ville*, ancien collège d'Anjou, élevé en 1691 par les prêtres de l'Oratoire. A côté du jardin s'étend le *Champ-de-Mars* (*palais de justice*) que l'on traverse obliquement pour gagner la *place du Pélican*, au fond de laquelle s'ouvre l'entrée principale du **Jardin des Plantes** (*statue de Chevreul*, par Guillaume; belles serres), où se voient l'*église de Saint-Samson*, transformée partiellement en serre, et le *buste* du savant *Boreau*. A g. de la place du Pélican, la nouvelle *église* ogivale *Notre-Dame* s'élève près de la *place des Halles*, où, dans l'anc. cour d'appel, est le *musée paléontologique*.

Du côté de la *rue Boreau*, sur laquelle s'ouvre une entrée du jardin, on aperçoit le *grand séminaire*, ancien monastère de Bénédictins fondé au VIIe s., reconstruit à la fin du XVIIe s., agrandi au XIXe, et dont dépendait l'église Saint-Serge, près de laquelle se voit un bel *hôtel*, élevé en 1782 sur les dessins de Bardoul.

Saint-Serge date de la fin du XIIe s. ou du commenc. du XIIIe (transept et chœur du style Plantagenet) et du XVe s. (triple nef).

A l'int. : colonnes d'une légèreté admirable; *pierre tombale* (dans le mur de la chapelle du second collatéral S.) d'un des anciens abbés, Jean Tillon (XVe s.); *sacrarium* du XVIe s. (dans le chœur).

Après avoir quitté l'église Saint-Serge, on contourne la *gare Saint-Serge* pour aller franchir la Maine sur le *pont de la Haute-Chaîne*, presque en face duquel se montre l'*ancien Hôtel-Dieu* ou **hôpital Saint-Jean**, avec un square (bains romains et divers débris d'architecture). Cet hôpital fut fondé par Henri II d'Angleterre, vers 1170. Sur trois galeries du *cloître* qui subsistent, deux remontent au XIIe s.; la troisième est de la Renaissance. Une belle porte en plein cintre conduit du cloître à la **chapelle**, consacrée en 1184. Le tout, grande salle, cloître et chapelle, est occupé par les collections du **musée d'archéologie.**

A l'extrémité supérieure de la rue Saint-Jean, on voit, à dr., les anciens *greniers* de l'hôpital, servant de dépôt à la ville et sous lesquels de curieuses *caves* sont taillées dans le schiste ardoisier.

L'hôpital Saint-Jean borde, du côté de la Maine, le *champ de foire*, sur lequel donne également l'**Ecole d'arts et métiers** installée dans les bâtiments de l'abbaye de bénédictines (fondée vers 940) du Ronceray, reconstruits sous Louis XIV, et agrandis depuis.

L'école a pour chapelle l'ancienne église abbatiale du **Ronceray** (s'adresser au concierge), consacrée en 1028 et remaniée au commenc. du XIIe s. Le transept seul en subsiste et a été utilisé. Le Ronceray doit son nom à une Vierge de bronze doré trouvée en 1527 dans la crypte au milieu des ronces, crypte qui date de Foulques Nerra (s'adresser au sacristain ou à tout autre employé de l'église de la Trinité). On y pénètre à g. de l'école par

La Trinité (XIIe s.), édifice qu'une restauration radicale a fait presque entièrement neuf (deux portes romanes; *clocher* roman du quoique XVIe s. et moderne).

A l'int. : curieuses voûtes de la nef; *escalier tournant*, en bois, de la Renaissance (au fond de la nef); *autel* principal, orné de bas-reliefs en bois doré du XVIe s.; *Christ* du sculpteur angevin Maindron.

Près de la Trinité s'étend la *place de la Laiterie* (*fontaine* avec *buste du médecin Garnier*), sur laquelle vient déboucher la *rue Saint-Nicolas*, où la *maison de la Voûte* offre un joli spécimen du XVe s. et de la première Renaissance.

De la Trinité, la *rue Beaurepaire* (au n° 19, ancienne *pharmacie de Simon Poisson*, de 1582) mène au *pont du Centre* ou *Grand Pont* (*statue du commandant Beaurepaire*, œuvre de Max. Bourgeois), sur lequel on franchit la Maine. Ce pont sépare le quai de Ligny du *quai National* : sur celui-ci, à g., on aperçoit, près de la *rue Plantagenet*, le *cirque-théâtre* (concerts le dimanche en hiver). En suivant (à dr.) le *quai de Ligny*, on parvient au *pont* en pierre *de la Basse-Chaîne* et au **Château** (visite peu intéressante), construit par St Louis et dans lequel on peut entrer après avoir passé par la *place Marguerite d'Anjou* ou *du Château*, près de laquelle s'élève la **statue du roi René** par David d'Angers.

Du château, le *boulevard du Roi-René*, continué par la *rue Paul-Bert*, conduit à l'*Université catholique*.

En face de la place du Château s'étend la *place de l'Académie*, sur laquelle s'élève l'*église Saint-Laud*, édifice moderne, du style roman, avec crypte, d'où la *rue Marceau* ramène à la gare. Dans une rue voisine de cette église, la *rue de l'Esvière*, s'élève la *chapelle de l'Esvière* (XIIIe et XVe s.), but de pèlerinage.

Angers, la ville des fleurs, est connue par ses pépinières.

[Excursions par trams électriques aux (25 c.) Ponts-de-Cé et aux ardoisières de Trélazé (*V.* le Réseau *Orléans, Midi, État*).

D'ANGERS A SEGRÉ (38 k.; ch. de fer, 1 h. 10 env.; gare Saint-Serge). — Lorsqu'on a croisé le canal du Moulin et laissé à dr. un embranch. qui va joindre la ligne du Mans, on franchit l'*île Saint-Aubin*, formée par la Sarthe et la Mayenne, dont on peut voir à dr. le confluent, puis on remonte la rive dr. de la Mayenne. — 15 k. *La Membrolle*. A 2 k. S., château du *Plessis-Macé* (XVe s.). — On quitte la Mayenne pour se diriger vers l'Oudon. — 24 k. *Le Lion-d'Angers* *, 2,524 hab., sur l'Oudon (*église* des XIe et XVe s.; beau domaine et *château*, XVIIIe s., de *l'Ile-Briant*). — 38 k. Segré (R. 2, *A*).]

D'Angers à Nantes, R. 2, *B*; — à Saint-Nazaire, au Croisic et à Guérande, **R.** 3, *B*; — à la Flèche, Baugé,

Saumur, Montreuil-Bellay, Poitiers, Niort, Noyant-Méon, V. le Réseau *Orléans, Midi, Etat.*

ROUTE 2

DE PARIS A NANTES

A. Par le Mans, Sablé et Segré.

397 k. — Ch. de fer. — 3 trains par j., dont 2 partent de la gare Saint-Lazare et le 3e de la gare Montparnasse. — Trajet en 8 h. 45 à 13 h. 20. — 41 fr. 35; 29 fr. 95; 19 fr. 50. — S'arrêter à Château-Gontier.

259 k. de Paris à Sablé (R. 1). — 267 k. *Les Agets-Saint-Brice.* — 272 k. *Bouère.* — 275 k. *Grez-en-Bouère*, 1,556 hab.

282 k. *Gennes-Longuefuye.*

[De Gennes a Laval (32 k.; chem. de fer, 50 min. à 1 h. 26; 3 fr. 60, 2 fr. 40, 1 fr. 60). — 10 k. *Meslay*, 1,786 hab. (à 13 k. E., *Saulges*, sur l'Erve, est célèbre par ses grottes préhistoriques; 50 c. d'entrée). — 15 k. *Arquenay-Bazougers.* — 22 k. *Parné.* — 32 k. Laval (R. 4).]

290 k. **Château-Gontier** *, 7,080 hab., ch.-l. d'arr., en partie sur une hauteur de la rive dr. de la Mayenne. — *Eglise Saint-Jean*, du XIe s., avec crypte. — *Saint-Rémy*, moderne, style du XIIIe s. — *Chapelle* romane *du collège* (buis remarquables dans le jardin). — Promenade du *Bout-du-Monde*, à l'entrée de laquelle se voit le *monument* du poète *Charles Loyson* (1791-1820). — *Musée.* — A 500 ou 600 m. en aval du pont, *établissement de bains d'eaux minérales* ferrugineuses.

Pont sur la Mayenne. A g., *château de Saint-Ouen* (XVe et XVIe s.). — 299 k. *Chemazé.*

[De Chemazé a Craon (15 k.; ch. de fer, 32 à 39 min.). — 5 k. *Ampoigné.* — 10 k. *Pommerieux.* — 15 k. **Craon*** (on prononce *Cran*), 4,104 hab., sur la rive g. de l'Oudon (dans un square près de la gare, *statue*, par Denécheau, *de Volney*, l'auteur des « Ruines », 1757-1820; *château* Louis XVI, agrandi en 1850; *église* gothique moderne; race porcine renommée), à 10 k. S. duquel le beau *château de Mortier-Crolles* date de Louis XII. — A Laval et à Pouancé, V. R. 3, p. 25.]

308 k. *La Ferrière-de-Flée.* — Pont sur l'Oudon.

314 k. **Segré***(buffet), 3,983 hab., au confluent de l'Oudon (pont du XIVe s.) et de la Verzée, qui y reçoit l'Antaise. — Au (8 k. O.) *Bourg-d'Iré*, *château* moderne *de la Maboulière*, style Louis XIII.

A Angers, V. R. 1, p. 16; — à Châteaubriant et Saint-Nazaire, R. 3, *A*.

A dr., ligne de Châteaubriant; à g., ligne d'Angers.

319 k. *Marans.* — 322 k. *Chazé-sur-Argos* (au *château de Raguin*, fin du XVIe s., *chambres Dorées*, peintes en grisaille). — 329 k. *Angrie-Loiré* (au *château* moderne *d'Angrie*, portraits de famille).

335 k. *Candé*, 2,464 hab., au confluent de l'Erdre et du Mandy (à l'église, *Pietà*, vitraux du XIIIe s., etc.). — A dr., *château de Bourmont.* — 342 k. *Freigné.*

347 k. *Saint-Mars-la-Jaille*, 1,806 hab., sur l'Erdre (château du XVIIe s.). — 354 k. *Pannecé-Riaillé.* — 358 k. *Teillé.* — 361 k. *Teillé-Mouzeil* (houillères).

367 k. *Ligné*, 2,618 hab. — 374 k. *Saint-Mars-du-Désert.*

384 k. *Carquefou*, 2,670 hab., sur un coteau dominant à l'O. la vallée de l'Erdre. — 392 k. *Doulon*, 6,880 hab. (jardins maraîchers), est desservi également par la ligne de Châteaubriant et relié à Nantes par un tram. Après avoir croisé la ligne d'Angers, puis celle de Clisson, on franchit un bras de la Loire. A dr., belle vue sur Nantes; à g., beau viaduc du ch. de fer de Clisson. En arrivant à la gare de Nantes, on joint à g. la ligne de Paimbœuf-Pornic-Challans.

397 k. Nantes, gare de l'Etat (buffet; *V.* ci-dessous, *B*), reliée par un tram à la place du Commerce et à Pirmil (10 c.).

B. Par Angers.

395 k. — Ch. de fer, en 6 h. 45 à 8 h. 15. — 44 fr. 35; 29 fr. 95; 19 fr. 50.

308 k. de Paris à Angers (R. 1). — On traverse la Maine. — 315 k. *La Pointe*, à l'embouchure de la Maine dans la Loire. — La voie suit désormais jusqu'à Nantes la rive dr. de la Loire.

319 k. *Les Forges*. En face, *île Béhuard*, dont l'*église* (xve et xvie s.) renferme de curieux objets d'art.

323 k. **La Possonnière** (buffet), d'où partent les lignes de Cholet, Chalonnes et Beaupréau.

A Niort, par Cholet et Bressuire, à Chalonnes et au Perray-Jouannet, *V.* le Réseau *Orléans*, *Midi*, *Etat.*

328 k. *Saint-Georges-sur-Loire*, 2,233 hab. (3 k. N.), d'où l'on pourrait aller visiter (1,200 m. N.-E.) le *château de Serrant* (s'adresser au concierge), de la Renaissance (dans la chapelle, bâtie par Hardouin Mansart, *tombeau* du marquis de Vaubrun, par Coysevox).

336 k. *Champtocé* (ruines d'un *château* de Gilles de Retz, célèbre sous le nom de « Barbe-Bleue»). — Ag., vaste nappe d'eau appelée *boire de Champtocé.*

342 k. *Ingrandes*, à la limite entre l'Anjou et la Bretagne. — 346 k. *Montrelais* (mines de houille). — Franchissant un bras de la Loire, on entre dans l'*île de la Meilleraie.*

350 k. *Varades*, 3,086 hab., à 2 k. N.; la station est au v. de *la Meilleraie* (port).

[En face de la station, à 1 k. (omnibus, 10 c.), *Saint-Florent-le-Vieil*, 2,032 hab. (*église*, des xiiie et xviiie s., renfermant le *tombeau* du chef vendéen *Bonchamps*, avec statue et bas-reliefs par David d'Angers; à la chapelle de l'école des sœurs, *tombeau de Cathelineau*).]

356 k. *Anetz.*

362 k. **Ancenis** *, 5,199 hab. (*pont suspendu*, long de 500 m., sur la Loire; restes d'un *château* des xve, xvie et xviie s.; à l'*Hôtel-Dieu*, chapelle du xve s.; *statue* du poète *Joachim du Bellay*, par Leofanti).

371 k. *Oudon* (*donjon* du xve s., restauré). — 2 tunnels.

375 k. *Clermont-sur-Loire.* — Tunnel. — 377 k. *Le Cellier.*

381 k. *Mauves* (curieux *rochers*). — 386 k. *Thouaré.* — 388 k. *Sainte-Luce.* — On joint à dr. la ligne de Châteaubriant, à g. celle de Clisson.

395 k. **Nantes** * (buffet), ch.-l. du dép. de la Loire-Inférieure,

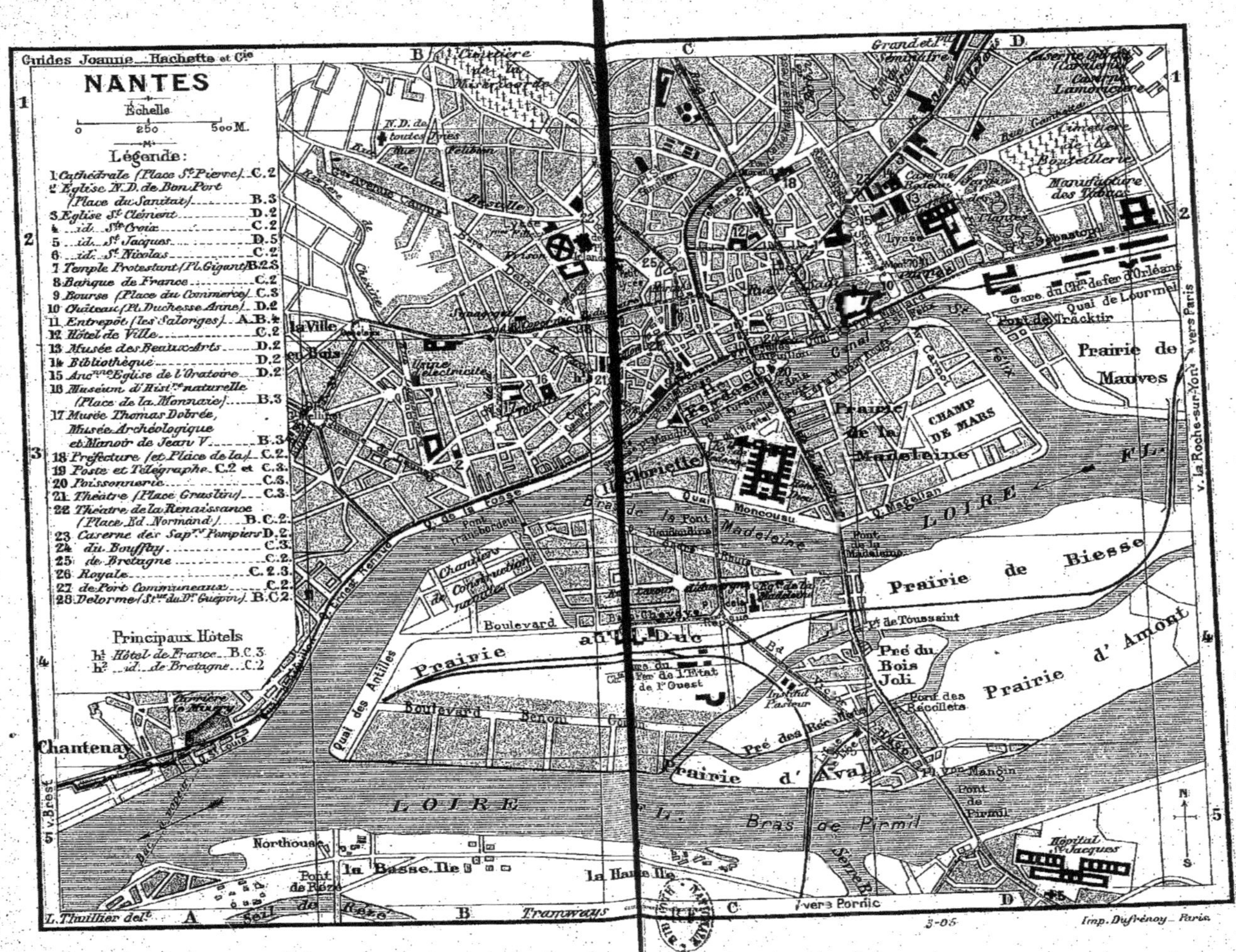
Guides Joanne_Hachette et Cie
NANTES
Échelle
0 250 500 M.
Légende:
1 Cathédrale (Place St Pierre) C.2
2 Église N.D. de Bon Port (Place du Sanitat) B.3
3 Église St Clément D.2
4 id. Ste Croix C.2
5 id. St Jacques D.5
6 id. St Nicolas C.2
7 Temple Protestant (Pl. Gigant) B.2.3
8 Banque de France C.2
9 Bourse (Place du Commerce) C.3
10 Château (Pl. Duchesse Anne) D.2
11 Entrepôt (les Salorges) A.B.4
12 Hôtel de Ville C.2
13 Musée des Beaux Arts D.2
14 Bibliothèque D.2
15 Ancne Église de l'Oratoire D.2
16 Muséum d'Histre naturelle (Place de la Monnaie) B.3
17 Musée Thomas Dobrée, Musée Archéologique et Manoir de Jean V. B.3
18 Préfecture (et Place de la) C.2
19 Poste et Télégraphe C.2 et C.3
20 Poissonnerie C.3
21 Théâtre (Place Graslin) C.3
22 Théâtre de la Renaissance (Place Ed. Normand) B.C.2
23 Caserne des Saprs Pompiers D.2
24 du Bouffay C.3
25 de Bretagne C.2
26 Royale C.2.3
27 de Port Communeaux C.2
28 Delorme (Stre du Dr Guépin) B.C.2
Principaux Hôtels
h1 Hôtel de France B.C.3
h2 id. de Bretagne C.2
NANTES
Cimetière de la Miséricorde
N.D. de toutes Joies
Rue Félibien
Chantenay
v. Brest
Carrière de Miséry
Quai des Antilles
Prairie au Duc
Boulevard
Boulevard Benoni Goullin
Chantiers de Construction navale
Gare du Chem. de fer de l'État de l'Ouest
Institut Pasteur
Pré des Récollets
Prairie d'Aval
Pl. Vve Mangin
Pont de Pirmil
Bras de Pirmil
LOIRE
Northouse
La Basse Ile
La Haute Ile
Pont de Rezé
Seil de Rezé
Tramways
vers Pornic
Hôpital St Jacques
Prairie de Biesse
Prairie d'Amont
Pré du Bois Joli
Pont des Récollets
Pt de Toussaint
Pont de la Madeleine
Prairie de la Madeleine
CHAMP DE MARS
Île Gloriette
Quai Moncousu
Q. Magellan
Canal
Gare du Chin de fer d'Orléans
Quai de Lourmel
Pont de Tracktir
Prairie de Mauves
v. la Roche-sur-Yon
vers Paris
Manufacture des Tabacs
Caserne Lamoricière
Grand et Pt Séminaire
Usine d'électricité
Synagogue
la Ville en Bois
Q. de la Fosse
Lycée
L. Thuillier delt
Imp. Dufrénoy _ Paris
3-05

V. de 132,990 hab., est bâtie au confluent des rivières de la Loire, de la Sèvre, de l'Erdre, de la Chézine et du Sail. Son périmètre est de 20 k.; quelques-unes de ses plus belles rues, celles du quartier Graslin, ont été ouvertes au siècle dernier. Elle a de beaux quais bordés de maisons du XVIIIe s., plusieurs places remarquables et 18 ponts sur son fleuve et ses rivières. Le ch. de fer de Brest et une ligne de tramways suivent les quais de la rive dr.

Au sortir de la gare, située au bord du *canal Saint-Félix*, on laisse à dr. le **Jardin des plantes** (musique militaire le dim.), pour suivre le quai jusqu'à la *place de la Duchesse-Anne*. A dr. est le **château** des ducs de Bretagne, fondé au IXe ou au Xe s., reconstruit dès 1466 par le duc François II, et ayant servi après le XVIe s. de prison d'Etat. On pénètre librement dans la cour, où l'on remarque le somptueux édifice appelé *le grand logis*, dû à la duchesse Anne, la *salle des Gardes* et un puits avec une superbe armature en fer forgé. — Au N. de la place, à l'entrée du *cours Saint-Pierre* (anc. *église de l'Oratoire*, du XVIIe s., très ornementée de belles sculptures), on voit les statues d'*Anne de Bretagne* et d'*Arthur III*, par Molchnecht; à l'extrémité du cours, beau *monument*, œuvre de G. Bareau, Allouard, Borialis et Le Bourg, érigé *aux Enfants de la Loire-Inférieure morts pour la patrie*. Sur le cours, à g., une rue contourne l'*évêché* et aboutit à la *place Saint-Pierre*. Avant de visiter la cathédrale, on peut se rendre, du cours Saint-Pierre, par la *rue du Lycée*, au nouveau musée.

Le **Musée de peinture et de sculpture** occupe un bel édifice de style Louis XIV, élevé sur les plans et dessins de M. Josso. La façade offre un aspect imposant, avec ses colonnes accouplées et ses statues (en pierre): l'*Architecture* et la *Sculpture*, par M. Louis Noël; la *Peinture* et la *Gravure*, par M. Léonard; la *Tapisserie*, par M. Labattut; à dr. en retour, l'*Orfèvrerie*, par M. Lormier; à g., la *Céramique*, par M. Bourgeois. De chaque côté de la porte principale, l'*Art antique* et l'*Art moderne*, statues en bronze par MM. Labattut et Puech. Le dessus de la porte est de M. Labattut; les deux frontons des avant-corps, de M. Lombard; les groupes qui les couronnent, de M. Ogée (*Ancenis et Châteaubriant*), à g., et de M. G. Bareau (*Paimbœuf et Saint-Nazaire*), à dr.

La cour et l'entrée franchies, on pénètre dans un vaste vestibule à dr. et à g. duquel s'étendent des galeries de sculpture. Un court emmarchement donne accès sur un palier, d'où partent les escaliers du musée de peinture. Œuvres principales :

Modèles en plâtre du St Michel de *Duret*, de Ney, par M. *Jacquemart*, de Baudry, de Gérôme, d'un Bacchant, de *Caillé*. — Bustes en marbre des généraux Gérard et de Bréa, par Grootaers, du général Dumoustier, par *Suc*, du sculpteur Lemoine, par *Pajou* (plâtre). — Statues en marbre : *Mme Berteaux*, Jeune Gaulois; *Albert Lefeuvre*, la Muse des bois; *Aizelin*, L'Enfant au Sablier; *Lebourg*, L'Enfant et la Sauterelle; *Ducommun du Locle*, Cléopâtre; *Caillé*, Aristée; *Fagel*, le Greffeur; *Laboureur*, Hyacinthe blessé; *Thomas*, Tête d'enfant;

Suc, tête de Vierge (haut relief); *Dieudonné*, Jésus au Jardin des Oliviers. — Plâtres originaux ou moulages : *Falguière*, Diane; *Caravaniez*, Brizeux; *Caillé*, Mirabeau; *Delaplanche*, Danseuse; *Peyrol*, Pêcheur à l'épervier; *Debay* (le père), Argus, Mercure; *Ménard*, le Forban; *Molchnecht*, Vénus; *Raffegeaud*, la Charmeuse. — Bronzes : *Jacquemart*, le Chamelier; *Étex*, Héro. — Copies en marbre de statues antiques, par *Debay* (le fils), *Giraud*, *Jaley*, *Seurre*. — *Laboureur*, buste colossal et héroïque de Napoléon Ier.

On monte au 1er étage, où 12 salles sont affectées aux tableaux.

1re SALLE (peintres bretons; à l'entrée, bustes en marbre de Crucy, par *Debay* le fils, et de Guépin par *Suc*). — De dr. à g. : 849, 848. *Delaunay*. Mort du centaure Nessus. David vainqueur. — 907. *Hamon*. L'Escamoteur. — 846. *Delaunay*. La Leçon de flûte.

2e SALLE (école française). — 7. *J. Blanchard*. La Vierge, Jésus et St Jean. — 8. *Blanchet*. Portraits des Rév. Leseur et Jacquier. — 229. *J. de la Tour*. Vieillard endormi. — 67. *Le Sueur*. Le Lever de l'aurore. — 131, 133. *Tournières*. Portraits de famille. — 1017. *Sigalon*. Athalie faisant massacrer les princes de la famille de David. — 52, 53. *Lancret*. Bal costumé. Arrivée d'une dame. — 87. *Oudry*. Chasse au loup.

3e SALLE (écoles d'Italie). — 347. *Sacchi*. Convoi d'un évêque. — 283, 284. *Guardi*. Assemblée de nobles Vénitiens. Grand repas présidé par le Doge.

4e SALLE (écoles d'Italie). — 222. *Berritini*. Josué arrête le soleil. — 322. *Preti*. Jésus guérissant l'aveugle de Jéricho.

5e SALLE. — 891. *Gérôme*. Pifferari. — 241. *Canaletti*. Place Navone. — 292. *Sebastiano del Piombo*. Le Christ portant sa croix. — 230. *P. Véronèse*. Portrait de femme. — 290. *Lotto*. La Femme adultère. — 227. *Bronzino*. Portrait d'homme. — 526. *Coques*. Portraits de famille. — 739. *Velasquez*. Portrait d'un jeune prince. — 529. *Cuyp*. Portrait en pied d'un jeune enfant. — 890. *Gérôme*. Le Prisonnier. — 1003. *T. Rousseau*. Prairies traversées par une rivière. — 814. *Corot*. Soleil couchant après la pluie. — 769. *Baudry*. La Madeleine. — *Van der Meulen*. Investissement de Luxembourg. — 851. *Delaunay*. Portrait de l'acteur Régnier. — 54. *Lancret*. La Camargo. — 855. *Delaunay*. Portrait de sa mère. — 816. *Courbet*. Les Cribleuses. — 961. *Luc-Olivier Merson*. St-François prêche aux poissons. — 917. *Ingres*. Portrait de Mme de Sénones. — 35. *Fauchier*. Portrait d'homme. — 151. *Watteau*. Arlequin, dans une carriole, rencontre Pantalon, Pierrot et Colombine. — 240. *Canaletti*. La Piazetta.

6e SALLE (écoles d'Italie). — 199. *Albani*. Baptême de J.-Ch. — 327. *Le Guide*. St Jean-Baptiste. — 384. *Le Pérugin*. Le Prophète Jérémie. — 313. *Il Pesellino*. Sujets de la vie de St Benoît. — 275. *Ghirlandajo*. La V., J. et St Jean. — 380. *André del Sarte*. La Charité. — 22. *Pinturicchio*. La Nativité. — 392. *L. de Vinci*. La V. aux Rochers.

7e SALLE (éc. espagnole et allemande). — 724, 725. *Murillo*. La V. Marie. Vieillard aveugle. — 733. *Ribera*. J. et les Docteurs.

8e SALLE (éc. flamande et hollandaise). — 539. *Van Dyck*. Ste-Famille aux anges. — 94. *Berghem*. Six têtes de chèvres. — 662, 663. *S. de Vos*. Portraits de la famille Van der Aa. — 620. *Rubens*. Triomphe d'un guerrier. — 527. *Crayer*. Education de la V. — 580. *Maryn*. Un Banquier et sa femme. — 501. *Boeyermans*. Les Vœux de St Louis de Gonzague. — 648. *D. Téniers*. Jeune homme écrivant. — 515. *Breughel* dit *de Velours*. Vue d'un canal, paysage.

9e SALLE (collection de Feltre). — 41, 40. *Greuze*. Portraits du comte de St-Morys et de son fils. — 995. *Léopold Robert*. Les Baigneuses de l'Isola di Sora. — 875. *Hippolyte Flandrin*. La Rêverie. — 996, 994. *L. Robert*. Les Petits pêcheurs de grenouilles. L'Ermite du mont Epomeo. — 839, 840. *Paul Delaroche*. Têtes de Camaldules. — 874. *Fabre*. Portrait en pied du duc de Feltre. — 835, 834, 831, 842. *P. Delaroche*. L'hémicycle de l'école des Beaux-Arts (esquisse). La Balanceuse. Têtes de Camaldules. — Bustes en marbre d'Elfride, d'Edgar et d'Alphonse Clarke de Feltre, par *Ruxthiel* et *Jalley*.

10e SALLE (collection Urvoy de St-Bedan). — 790. *Bracassat*. Taureau noir taché de blanc se frottant à un arbre. — 850. *Delaunay*. Portrait du général Mellinet. — 1012. *Ary Scheffer*. L'Enfant charitable. — 612. *Rembrandt*. Portrait de femme. — 792, 785, 786. *Brascassat*. Renards dans leur tanière. Le Combat de taureaux. Repos d'animaux autour d'un grand chêne. — 669. *Wouwermans*. Le Départ des cavaliers. — 1000. *E. Roger*. Le Corps de Charles le Téméraire reconnu. — 791. *Brascassat*. Taureau et Vache à l'abreuvoir. — 899. *Gros*. Bataille de Nazareth.

11e SALLE (éc. française moderne). — 884. *Français*. Au bord de l'eau. — 1008. *Salmson*. La petite Glaneuse. — 931. *J.-P. Laurens*. Le pape Formose. — 822. *Daubigny*. Sur les bords de la Seine. — 799. *Brion*. Récolte des pommes de terre pendant une inondation. — 826. *Dawant*. Fin de messe. — 1001. *Roll*. Après le bal. — 1049. *Vollon*. Intérieur de cuisine. — 1011. *Sautai*. St Bonaventure. — 827. *Debat-Ponsan*. Coin de vigne. — 1044. *Vayson*. Le Berger et la mer. — 828. *Debay*. Épisode de la Terreur à Nantes. — *Le Blant*. Mort du général d'Elbée. — 770. *Baudry*. Charlotte Corday. — 897. *Raffaëlli*. Chiffonnier. — 921. *Jan Monchablon*. Les Avoines. — 1023. *Stevens*. Marine. — 922. *Joyant*. Santa Maria della Salute. — 830. *E. Delacroix*. Chef arabe chez des pasteurs. — 853, 877. *Delaunay*. La Justice poursuivant le crime. Ixion aux enfers.

12e SALLE (éc. française moderne). — 821. *Dantan*. Moine sculptant un Christ en bois. — 952. *E. Lévy*. Scène des champs. — 814. *Corot*. Les Abdéritains. — 858. *Detaille*. Fragment du Panorama de Champigny. — 871. *Durand-Brager*. Vue d'Eupatoria. — 883. *Fortin*. Intérieur breton.

Dans les galeries bordant les salles et répétant à l'étage celles du rez-de-chaussée : aquarelles de *Bourgerel*, nombreux dessins de *Delaunay*, à qui a été élevé un monument (M. Montfort, architecte; médaillon en marbre par Chaplain).

La *Bibliothèque publique* occupe une partie du rez-de-chaussée du musée (entrée, rue Gambetta).

La **cathédrale Saint-Pierre** a été rebâtie à partir de 1434, et achevée seulement de nos jours. La partie la plus ancienne est la crypte romane (XIIe s.) qui subsiste sous le chœur. La façade, flanquée de 2 tours hautes de 63 m., est percée de 3 portails où l'on voit une statue de St Pierre par Grootaers, et diverses sculptures figurant notamment les légendes des Sts Pierre et Paul.

A l'int., long de 102 m. : 4 statues du XVe s. restaurées par Thomas Louis, artiste nantais, décorant les côtés de l'orgue, dont le buffet est de Cliquot; *bas-reliefs* des piliers destinés à soutenir les tours d'orgues, du XVe s. (scènes de la vie des Patriarches); dernière chapelle de dr., *tableau* d'Hippolyte Flandrin (*Saint Clair guérissant les aveugles*) et vitrail (même sujet); dans la chapelle du Saint-Sacrement, *verrière*, tableau de Delaunay (la *Communion des Apôtres*) et peintures murales, par Coutan. Dans le transept dr., **tombeau de François II**, duc de Bretagne, et de Marguerite de Foix, sa seconde femme, chef-d'œuvre de la Renaissance (1507), dû à Michel Colombe. Aux angles, quatre statues représentent *la Justice*, *la Force*, *la Prudence* et *la Tempérance*. Sur les côtés, 16 niches en marbre rouge, séparées par des pilastres, contiennent autant de statuettes (69 cent.) : les *Apôtres*, *St François d'Assise* et *Ste Marguerite*, *Charlemagne* et *St Louis*; au-dessous, 16 autres niches sont occupées par des *pleureuses* (en partie mutilées) en marbre vert, dont les mains et les têtes sont en marbre blanc. — Dans le transept g., **tombeau de Lamoricière**, exécuté sur les dessins de Boitte, architecte; il est orné de 4 statues en bronze par Paul Dubois (le *Courage militaire*, la *Charité*, l'*Histoire* et la *Foi*) et de la *statue couchée* du général, en marbre.

A dr. de la cathédrale, impasse Saint-Laurent où l'on peut voir *la Psallette* (xve s.), ancienne demeure des duchesses de Bretagne.

Sur la place Saint-Pierre s'ouvre la *rue Haute-du-Château*, où se trouve la *maison du Guiny*, dans laquelle la duchesse de Berry fut arrêtée en 1832.

On traverse la *place Louis XVI*: à g., deux beaux hôtels; au milieu, *colonne* portant la *statue de Louis XVI*, par Molchnecht. A dr., *rue Saint-Clément*, dans laquelle est l'*église Saint-Clément* (style du xiiie s.). — Le *cours Saint-André*, dans l'axe du cours Saint-Pierre, est orné, à son extrémité, des statues de *Du Guesclin* et d'*Olivier de Clisson*, par Molchnecht.

La dernière rue à g., sur le cours, conduit à la **Préfecture**, ancien palais de la Cour des comptes, bâti en 1763 par Ceineray (à l'int., bel escalier avec statue d'Alain Barbe Torte, par Ménard). On gagne à l'O. la *place de Port-Communaux* et, laissant à dr. le *pont Morand*, on suit à g. la *rue de Strasbourg*.

La 2e rue à dr. mène à l'**Hôtel de Ville** (portique avec statues de la *Loire* et de la *Sèvre*, par Debay père). — Descendant à g. la *rue Saint-Léonard* et la *rue des Carmes*, on traverse la *Grande-Rue*. A g., *église Sainte-Croix*, de 1685 et 1840 (sur le clocher, beffroi en plomb), qu'avoisinent plusieurs rues curieuses par leurs habitations anciennes, notamment les *rues de la Baclerie, de Briord, des Carmes*, etc. On descend vers la Loire, à la *place du Bouffay*, et l'on suit à dr. le *quai Flesselles*.

On pourrait, par le *pont d'Aiguillon*, passer dans l'*île Feydeau*; à g., la *Poissonnerie* (statues de la *Loire*, de l'*Erdre* et de la *Sèvre*); *rue Kervégan*, 30, et sur les quais, *maisons* curieuses. Cinq ponts traversent les bras de la Loire; le plus remarquable est le *pont Pirmil* (253 m. de long., 16 arches), par lequel on se rendrait à l'*église Saint-Jacques*, charmant spécimen du style Plantagenet (xiie s.), près du vaste *hôpital Saint-Jacques*. La grande *île Gloriette* renferme le bel *hôtel Deurbroucq* (auj. fabr. de briquettes) et l'*Hôtel-Dieu*; au fronton, groupe d'A. Ménard), dont une aile est occupée par l'*école de médecine*.

Du quai Flesselles, franchissant l'Erdre à son embouchure, on gagne le *quai Brancas* (*hôtel des postes et télégraphes*, la *place du Commerce* (point de départ des tramways) et la **Bourse**, terminée en 1809 (à la façade de l'E., statues de Jean Bart, Duguay-Trouin, Duquesne et Cassart; à la façade de l'O., 10 colonnes ioniques surmontées de 10 statues emblématiques : les quatre *Parties du Monde*, la *Ville de Nantes*, la *Loire*) et qu'avoisine la *statue* (par Raoul Verlet) du colonel *de Villebois-Mareuil*, mort héroïquement pour la cause du Transvaal. Au ponton de la Bourse est l'embarcadère des bateaux qui font le service omnibus de Trentemoult : une promenade sur ces bateaux est le meilleur moyen de bien voir le port de Nantes. — A l'entrée du *quai de la Fosse* (maisons curieuses aux n°s 5, 10, 17, 42 et 86) on laisse à dr. la *rue de* *la Fosse*, que relie à la *rue Santeuil* le *passage Pommeraye* (*statues* par Debay et médaillons par Grootaers; bel escalier), bordé de beaux magasins.

La *rue J.-J.-Rousseau* monte à la **place Graslin**, située au cœur des nouveaux quartiers et dans le voisinage des principaux hôtels, cafés, etc. Le **Grand-Théâtre**, œuvre de Mathurin Crucy, a été achevé en 1788. La façade, d'ordre corinthien, est surmontée de statues des Muses; au plafond de la salle, bonne peinture de Berteaux. En face, entrée du **cours Cambronne** (*statue* en bronze du général, par Debay), belle promenade encadrée entre deux lignes de maisons monumentales (musique militaire le jeudi). Dans la *rue Voltaire*, qui part de la place Graslin, sont l'*Ecole des sciences* (façade de 1873), le *Muséum d'histoire naturelle* ouvert t. l. j. aux étrangers de midi à 4 h.) et la curieuse **construction Dobrée**, imitation du XIIIe s., en face de laquelle se voit le *manoir* (restauré), du XVe s., où est mort le duc Jean V de Bretagne. La construction Dobrée, vaste édifice construit par un riche amateur de ce nom et légué par lui à la ville de Nantes avec les magnifiques collections qu'il y avait rassemblées (gravures, manuscrits, tableaux, meubles, *reliquaire* du XIIe s., etc.), renferme aussi le *musée archéologique*, visible le dimanche (les autres jours s'adresser au gardien). — Par la rue Voltaire et la *rue Dobrée*, on se rend à *Notre-Dame de Bon-Port*, construite sur les dessins de Chenantais (au fronton, fresque par Gouézou; coupole hardie; vitraux; peintures de Le Hénaff).

Si l'on n'est pas pressé par le temps, on peut de là, en traversant l'*avenue de Launay* et suivant les *rues Lavoisier*, *de la Brasserie*, *Babouneau*, puis le *boulevard Saint-Aignan*, gagner l'*église Sainte-Anne* moderne, style du XVe s. (beaux vitraux; tombeau de M. Le Huédé, fondateur de la paroisse), but de pèlerinage, et la *statue* colossale *de Ste Anne*, en fonte (belle vue); un escalier monumental descend au *quai d'Aiguillon*, auquel fait suite le quai de la Fosse (belles *maisons* du XVe s.). La rue de Launay va à la *place Lamoricière*, d'où l'*avenue du Général-Mellinet* conduirait à la *place* du même nom (*statue du général Mellinet*, par Marqueste).

De Notre-Dame, on revient prendre, à l'angle N. de la rue Voltaire, la *rue de la Rosière*, qui aboutit à la *place Gigant*. A g. est le *temple protestant*. Par la *rue Copernic*, où est la *Synagogue*, la *rue Cassini*, le *boulevard Delorme* (sur la place Delorme, *statue du docteur Guépin*, par M. Le Bourg), qu'on traverse, et la *rue Marceau*, on atteint la *place La Fayette*.

Le **Palais de Justice** a été construit sur les dessins de Scheult et de Chenantais; large portique, avec groupe par Suc, représentant la Justice punissant le Crime et protégeant l'Innocence; les statues de la Force et de la Loi, par Ménard, occupent les niches des pieds-droits de l'arcade). Derrière le palais s'étend la *place Brancas* (*théâtre de la Renaissance*).

A dr. du palais de justice la *rue des Arts* conduit à l'**église Saint-Similien**, magnifique édifice moderne à 5 nefs inachevé.

On remarque le maître-autel, la table de communion, les autels des chapelles des croisillons, tous en marbre, et dans le croisillon dr., une charmante statue assise de la Vierge, également en marbre.

La *rue La Fayette*, puis, à g., la *rue du Calvaire* conduisent à la *rue de Feltre*, que borde

L'église Saint-Nicolas, bâtie, sur les dessins de Lassus, dans le style du XIIIe s. (*flèche* haute de 85 m.; à l'int., statues par Barré; *mausolée* de Mgr Fournier, par Bayard de la Vingtrie; *peintures* de Delaunay). Près de là se trouve la **place Royale**, ornée d'une *fontaine* monumentale, en granit (dessin de Driollet; *statues* allégoriques en bronze, par Ducommun et Grootaers). — On descend à la place du Bouffay, d'où, par les quais, on rejoint la gare.

Pour faciliter l'accès du port maritime de Nantes aux navires de grand tonnage on a construit un canal latéral à la Loire (tirant 6 m.) sur une long. de 15 k., de la Martinière (en aval du Pellerin) à l'origine du bras de Carnet (en amont de Paimbœuf). Ces travaux ont eu en effet pour résultat d'augmenter le mouvement du port de cette ville, qui est le grand entrepôt de denrées coloniales pour tout le bassin de la Loire. Nantes possède aussi, soit dans la ville même, soit à Chantenay, qui se trouve compris dans les limites de son port, de grandes usines métallurgiques, des chantiers de constructions navales, des huileries et des savonneries, des raffineries de sucre, spécialement de sucres candis très recherchés pour la composition des grands vins mousseux; des fabr. de biscuits, de conserves de viandes et de poissons, des fabr. d'engrais chimiques, des manuf. de meubles, de vitraux peints, etc. Nantes est un centre d'importations de charbons anglais; ce commerce est représenté par plusieurs établissements considérables qui se livrent à la fabrication de briquettes de charbon minéral. Une fabrique d'extraits liquides de bois français et exotiques a pris de très grands développements. D'une manière générale on peut dire que toutes les branches d'industrie comptent à Nantes des établissements de réelle importance. Il s'y fait un grand commerce de bois du Nord.

De Nantes à Châteaubriant, R. 3, p. 26; — à Saint-Nazaire, au Croisic et à Guérande, R. 3; — à Blain, R. 3, p. 26; — à Brest, par Redon, Vannes, Auray, Lorient et Quimper, à Carnac, Concarneau, Douarnenez, Belle-Ile, R. 5; — à Clisson, la Roche-sur-Yon, la Rochelle, Rochefort, Saintes et Bordeaux; à Legé, Paimbœuf, Pornic, Saint-Gilles, etc., V. le Réseau *Orléans*, *Midi*, *Etat*.

ROUTE 3

DE PARIS A SAINT-NAZAIRE

A. Par Sablé, Segré et Châteaubriant.

444 k. — Ch. de fer de l'Ouest (trains directs partant de la gare Saint-Lazare); traj. en 8 h. 38 à 15 h. 48. — 49 fr. 75; 33 fr. 55; 21 fr. 90.

314 k. de Paris à Segré (R. 2, *A*). — A g., ligne d'Angers; la voie traverse la Verzée près de Saint-Gemmes, dont on aperçoit à g. la belle église. — 323 k. *Noyant-la-Gravoyère*. — A dr., forêt d'*Ombrée*. — 329 k. *Combrée*. — 333 k. *Vergonnes*.

338 k. *Pouancé**, 3,278 hab., sur la Verzée, qui y forme les étangs de *Saint-Aubin* et de *Tressé*. — Restes d'un *château* des XIe et XIVe s. — Près de

l'étang de *Tressé*, *château* moderne, style Louis XIII.

[De Pouancé a Laval (61 k.; ch. de fer, en 1 h. 50 à 2 h. 20; 6 fr. 85, 4 fr. 60, 3 fr.). — 5 k. *Chazé-Henry*, près d'un étang. — On parcourt la forêt de *Lourzais*. — 11 k. *Renazé* (ardoisières). — A g., château de *l'Ansaudière* (XVIe s.). — 16 k. *La Selle-Craonnaise*. — On franchit l'Usure, puis l'Oudon. — 24 k. Craon (*V.* ci-dessus). — 32 k. *La Chapelle-Craonnaise*. — 39 k. *Cossé-le-Vivien*, 2,655 hab. — 49 k. *Montigné* (mines d'anthracite). — A dr., forêt de Concise. — 61 k. Laval (R. 4).]

350 k. *Soudan*.

356 k. **Châteaubriant*** (buffet), ch.-l. d'arr. de 7,234 hab., sur la Chère. — **Château**, composé du *Vieux-Château* (XIe s.) et du *Château-Neuf* (*musée*), du XVIe s. (*cour* de la Renaissance). — *Saint-Nicolas*, vaste *église* gothique moderne, avec clocher haut de 66 m. — *Saint-Jean-de-Béré* (XIIe s.). — Confiseries d'*angélique* renommées.

[Un tram à vapeur partant de la gare relie Châteaubriant à (14 k.) *Saint-Julien-de-Vouvantes*, 1,660 hab., près du Don (église moderne avec crypte où sont réunis divers débris provenant de l'ancienne église; fontaine de Saint-Julien, pèlerinage), et à (18 k.) *la Chapelle-Glain* (à 2 k. 5 S., *château de la Motte-Glain*, 1496-1513).

De Chateaubriant a Vitré (56 k.; chem. de fer, 2 h. à 2 h. 15; 6 fr. 25, 4 fr. 25, 2 fr. 75). — On franchit la Chère. — 6 k. *Noyal*. — On traverse la forêt d'*Araize*. — 15 k. *Martigné-Ferchaud*, sur le bord d'un étang (ruines de 2 châteaux; grottes), à l'embranch. de la ligne de Rennes (*V.* ci-dessous). — Vallée du Semnon. — 23 k. *Forêt de la Guerche*, (2,800 hect.). — 31 k. *La Guerche*, 3,136 hab. (église fondée en 1206, avec joli *clocher* et *stalles* Renaissance; chapelle d'une ancienne commanderie). A Rennes, par Châteaugiron, *V.* p. 35.— On traverse la Seiche. — 40 k. *Saint-Germain-du-Pinel*. — 45 k. *Argentré* (château du *Plessis*, XVe s.). — On franchit la Vilaine. — 56 k. Vitré (R. 4).

De Chateaubriant a Rennes (61 k.; chem. de fer, 2 h.; 6 fr. 85, 4 fr. 60, 3 fr.). — 15 k. Martigné-Ferchaud (*V.* ci-dessus). — 27 k. *Retiers*, 3,091 hab. (menhir dit *Pierre de Richebourg*; à 3 k. N.-O., allée couverte d'*Essé*, dite la *Roche-aux-Fées*, longue de 22 m.). — On traverse la forêt du Theil. — 30 k. *Le Theil* (dans la forêt, menhirs dits *Pierres de Rumfort*). — 37 k. *Janzé*, 4,434 hab. (menhir de la *Pierre des Fées*). — 48 k. *Saint-Armel* (à l'église, tombe de St Armel et cloche de 1426). — On franchit la jolie vallée de la Seiche. — 61 k. Rennes (R. 4).

De Chateaubriant a Ploermel (94 k.; ch. de fer, en 2 h. 38 et 4 h.; 10 fr. 55, 7 fr. 10, 4 fr. 65). — A dr., vallée de la Brutz. — 13 k. *Rougé*, 2,665 hab. (château ruiné des *Salles*). — On traverse la forêt de Teillé. — 21 k. *Ercé-en-Lamée*. — 33 k. **Bain** *, 4,788 hab. (restes d'un château converti en ferme, près d'un étang; maisons des XVe et XVIe s.; ancien manoir; château moderne de *la Noë*). — 43 k. Messac (*V.* p. 36). — On traverse la Vilaine. — 47 k. *Guipry* (menhirs des *Fougères*). — 51 k. *Pipriac*, 3,878 hab. (à *Saint-Just*, 10 k S. O., groupe considérable de **monuments mégalithiques** sur la lande de *Cojoux*). — 59 k. *Maure*, 3,829 hab — 71 k. *Guer*, 3,802 hab. — 83 k. *Augan*. — 94 k. Ploërmel (R. 5).

De Chateaubriant a Redon (60 k.; ch. de fer, en 1 h. 30; 6 fr. 70, 4 fr. 50, 2 fr. 95). — 12 k. Saint-Vincent-des-Landes (*V.* ci-dessous). — A g., ligne de Saint-Nazaire. — 26 k. *Derval*, 3,329 hab. (à 3 k. N.-E., ruines d'un château). — 38 k. *Guéméné-Penfao*, 6,738 hab. (vaste église moderne; château de *Bruc*). — On débouche dans la vallée de la Vilaine. — A dr., ligne de Rennes. — 46 k. *Massérac*. — A dr., *lac de Murin*. — 53 k. *Avessac*. — 60 k. Redon (R. 5).

[DE CHATEAUBRIANT A NANTES (61 k.; ch. de fer, en 1 h. 45; 7 fr. 15, 4 fr. 85, 3 fr.). — On traverse la forêt Pavée; puis, au delà de la gare d'*Issé*, on croise le Don. — 19 k. *Abbaretz*, d'où une voit. publique (1 fr.) conduit à *la Meilleraye*, dont l'*abbaye* (on visite), fondée en 1145, est occupée par des Trappistes. — 32 k. *Nort*, 5,423 hab., sur l'Erdre, rivière curieuse dont le lit, de largeur fort variable, s'épanouit en une succession « de plaines » ou lacs que l'on peut parcourir en bateau à vapeur (service public entre Sucé et Nantes). — La voie franchit le canal de Nantes à Brest. — 44 k. *Sucé* (aub. dans une vieille maison qui fut habitée par Descartes). — 49 k. *La Chapelle-sur-Erdre*, 2,514 hab. (*château de la Gâcherie*, du XVIe s., siège du marquisat de Charette). — On franchit la vallée de l'Erdre (beaux paysages) sur un *viaduc* long de 190 m. — 58 k. *Doulon*. — 61 k. Nantes (R. 2).]

A g., ligne de Nantes, puis étang de *Corbetière*. — 361 k. *Louisfert* (beau calvaire moderne).

365 k. *Saint-Vincent-des-Landes*, d'où se détache à dr. la ligne de Redon (*V.* ci-dessus). — 372 k. *Treffieux*.

381 k. *Nozay*, 3,966 hab. — 391 k. *Vay*. — 392 k. *Le Gâvre* a donné son nom à une forêt de 4,479 hect. (*chêne au Duc*, 12 fois séculaire).

398 k. **Blain**, 6,618 hab., près du canal de Nantes à Brest. — Belle *église* moderne, de style roman. — Restes d'un **château** des XIIIe et XIVe s.; *tour du Pont-Levis*; *tour du Connétable*, bâtie par Olivier de Clisson; chapelle et corps de logis de la Renaissance; *parc* ouvert au public.

[DE BLAIN A NANTES-ÉTAT (43 k.; ch. de fer, en 1 h. 6 à 1 h. 40; 4 fr. 80, 3 fr. 25, 2 fr. 10). — 12 k. *Notre-Dame-des-Landes*. — 30 k. La Chapelle-sur-Erdre, et 13 k. de là à (43 k.) Nantes (*V.* ci-dessus).]

Pont sur le canal de Nantes à Brest. — 407 k. *Bouvron*, 3,055 hab. — 416 k. *Campbon*. — On passe au-dessus du ch. de fer de Nantes à Redon.

428 k. *Besné-Pontchâteau*, station à 4 k. S. du bourg de Ponchâteau (R. 5), auquel elle est reliée par un embranch. — On joint le ch. de fer de Nantes à Saint-Nazaire.

438 k. Montoir, et 6 k. de Montoir à (444 k.) Saint-Nazaire (*V.* ci-dessous, *B*).

B. Par Nantes.

491 k. — Ch. de fer d'Orléans. — Traj. en 9 h. 20 à 20 h. 10. — 49 fr. 75; 33 fr. 55; 21 fr. 90. — Billets d'aller et ret., valables 33 j., délivrés à Paris (gare d'Orléans), du 1er mai au 31 oct. (59 fr. 70; 43 fr. 60; 30 fr. 65); billets d'aller et ret. à prix réduits, valables du jeudi soir au mardi inclus, délivrés à Paris (gare Saint-Lazare), du 1er mai au 31 oct.

427 k. de Paris à Nantes (R. 2, *B*).

DE NANTES A SAINT-NAZAIRE

1° PAR LE CHEMIN DE FER

64 k. — Traj. en 1 h. 30 à 2 h. 13. — 5 fr. 40; 3 fr. 60; 2 fr. 40. — Billets d'aller et ret. mixtes permettant d'utiliser le coupon d'aller par le chemin de fer et le coupon de retour par le bateau, ou *vice versa* : 6 fr.; 4 fr. 80; 3 fr. — Les voyageurs, avec ou sans bagages, en destination de la ligne de Saint-Nazaire ou de celle de Redon, peuvent aussi prendre le ch. de

fer à la station de la Bourse, établie au centre de la ville de Nantes. — On change quelquefois de train à Savenay.

La voie ferrée suit les quais de Nantes et traverse l'Erdre. — 1 k. *La Bourse*. — 4 k. *Chantenay*, faubourg de Nantes, sur une chaîne de coteaux appelée *Sillon de Bretagne*.

10 k. *Basse-Indre* (*forge* considérable) forme avec *Haute-Indre* et Indret (*V.* ci-dessous, 2°), auquel elle est reliée par un bac, la com. d'*Indre*.

15 k. *Couëron* (usine à plomb argentifère). — 23 k. *Saint-Etienne-de-Montluc*, 4,174 hab. — 28 k. *Cordemais*.

39 k. **Savenay*** (buffet; bifurcation pour Vannes, Quimper et Brest), 3,115 hab., bâti en amphithéâtre.

De Savenay à Redon, Vannes, Auray, Carnac, Quiberon, Belle-Ile, Lorient, Quimperlé, Concarneau, Quimper, Pont-l'Abbé, Douarnenez, Châteaulin, Landerneau et Brest, R. 5.

Laissant à dr. la ligne de Quimper et de Brest, on se rapproche de la Loire. — 50 k. *Donges*, au S. des *marais de Donges*, est relié par bateau à Paimbœuf. — A dr., ligne de Châteaubriant.

58 k. *Montoir*, sur un monticule entouré de prairies tourbeuses ou « brières » : la *Grande-Brière* (6,600 hect.) est une tourbière sillonnée de canaux. — A dr., ligne du Croisic.

64 k. (491 k. de Paris) Saint-Nazaire (*V.* ci-dessous).

2° PAR LA LOIRE

47 k. — Bateaux à vapeur pour Saint-Nazaire, avec escales à Chantenay, Basse-Indre, Couëron, le Pellerin, Migron et Paimbœuf. Départ du quai de la Fosse, à 8 h. matin. Traj. en 3 h. à 3 h. 25. Prix: 2 fr. 50 et 1 fr. 50; aller et ret., 4 fr. et 2 fr. 50. Billets mixtes (*V.* ci-dessus, 1°). Café-restaurant à bord. — Service spécial de Nantes au Pellerin, avec escales à Chantenay, Roche-Maurice, Basse-Indre, Indret et Couëron. Prix 1 fr. et 75 c.; aller et retour (dimanches et fêtes seulement), 1 fr. 50 et 1 fr.; pour Roche-Maurice, Basse-Indre ou Indret, 60 c. et 45 c.; d'une escale à l'autre, 40 c. et 30 c. — En outre, des « Rapides » vont de Nantes à Saint-Nazaire sans escales.

En s'éloignant du quai de la Fosse, on découvre de beaux points de vue. En face de Chantenay, on passe (à g.) près de l'*île de Trentemoult*, où commencent les digues submersibles. — 5 k. *La Roche-Maurice*, rive dr. — 10 k. Basse-Indre (*V.* ci-dessus, 1°).

10 k. 5. *Indret*, dans une île, est célèbre par son usine métallurgique (on peut visiter) affectée à la construction des machines à vapeur et chaudières pour la marine (1,200 ouvriers). L'administration occupe un château du XIe s., reconstruit en partie par le duc de Mercœur. Derrière l'église, une belle chaussée bordée de peupliers relie l'île à la com. de *la Montagne*.

15 k. Couëron (*V.* ci-dessus, 1°). — 16 k. *Le Port-Launay* (bac à vapeur gratuit pour *le Pellerin*, 2,283 hab.). — Près de *Buzay* (rive g.), dont on voit de loin la haute tour carrée, reste d'une abbaye, les eaux du lac de Grand-Lieu se déversent dans la Loire par le canal de l'Acheneau ou étier de Buzay. On passe devant *le Migron* (rive

g.); puis, après avoir dépassé plusieurs îles, on voit la Loire s'étaler dans toute son ampleur. — 35 k. *La Ville-Rohars*. — 38 k. 5. *Lavau*, port de Savenay.

43 k. *Paimbœuf*, ch.-l. d'arr. de 2,196 hab., est une cité déchue, dont le port a vu son importance décliner depuis la création des bassins de Saint-Nazaire et de l'ensablement de la basse Loire. Son *église*, moderne, renferme un maître-autel précieux provenant de l'abbaye de Buzay et des peintures de M. Douillard.

47 k. **Saint-Nazaire** * (buffet), ch.-l. d'arr. de 35,813 hab., port de commerce (le 7e de la France), est situé à l'extrémité d'un promontoire de gneiss qui s'avance au S. entre la Loire et l'Océan. C'est une cité toute moderne, tracée sur un plan régulier.

De la gare, l'*avenue de la Gare* (*musée-bibliothèque*), continuée par la *rue Thiers*, conduit à la rue Ville-ès-Martin, la principale de la ville. L'avenue croise la *rue Amiral-Courbet*, conduisant à g. au vieux bassin, à dr. à la *place Marceau* (*église de Saint-Gothard*), d'où l'on peut aller, par la *rue du Dolmen*, voir un **dolmen** de granit dans un square.

La **rue Ville-ès-Martin**, bordée d'hôtels, de cafés, de magasins, est partagée en deux parties inégales par la *place Carnot*, qui communique par la *rue de l'Océan* avec le *boulevard de l'Océan* (joli *jardin public*; beau *Casino*), agréable promenade bordant la rive de la Loire. Près de la place, dans la rue Ville-ès-Martin, l'*église paroissiale* est un bel édifice dans le style du XIVe s. Près de l'église, le *palais de justice* borde la *rue du Palais*, dont un des angles sur la rue Ville-ès-Martin est formé par le *Grand-Hôtel*. A l'E., la rue Ville-ès-Martin aboutit sur le port ou *place du Bassin*, après avoir dépassé à dr. la rue de l'*Hôtel-de-Ville*.

Le **vieux bassin** (1845-1857) a une surface de 10 hect. 50 ares. Le chenal d'accès s'ouvre à l'E. sur la Loire; mais on crée en ce moment (1905) une nouvelle passe au S. pour ouvrir au port une issue directe sur la pleine mer. Le **bassin de Penhouët** a 22 hect. 45 ares de surface et 2,495 m. de quais, dont 350 avec cales de déchargement pour les bois. Sur le côté E.-N.-E. du bassin s'étendent les *ateliers et chantiers de la Cie Transatlantique* et les *chantiers de la Loire* (on peut les visiter).

Cinq feux indiquent l'entrée de la Loire et du chenal. Les *phares du Commerce* (4 k. O.-S.-O.) et *d'Aiguillon* (2 à 3 k. plus loin) sont de belles tours rondes.

[Les habitants prennent des bains de mer, à la plage du Casino et à 3 k. S.-O. de la ville, sur la plage de *Ville-ès-Martin* (omnibus), où s'élèvent de nombreuses villas; d'autres plages s'étendent plus loin, à *Porcé*, au-dessous de la tour du Commerce, et plus loin encore, à (8 k.) *Saint-Marc* (relié par une route de 6 k. à Pornichet), entre le *fort de Lève* et la *pointe de Chemoulin*; enfin à (10 k.) *Sainte-Marguerite* * (voit. publique pour la gare de Pornichet), entre la *pointe de Congrigou* (chalets), où il y a un bois de pins (vue magnifique), et la *pointe de Rangrais*. Sainte-Marguerite a une plage de sable fin, bordée d'un boulevard en terrasse (belle vue), où s'élève le bel hôtel de la Plage Sainte-Marguerite (tennis et jeu de golf), et dominée par des rochers pittoresques, au delà desquels la falaise, très découpée, est percée de grottes. Entre la pointe de

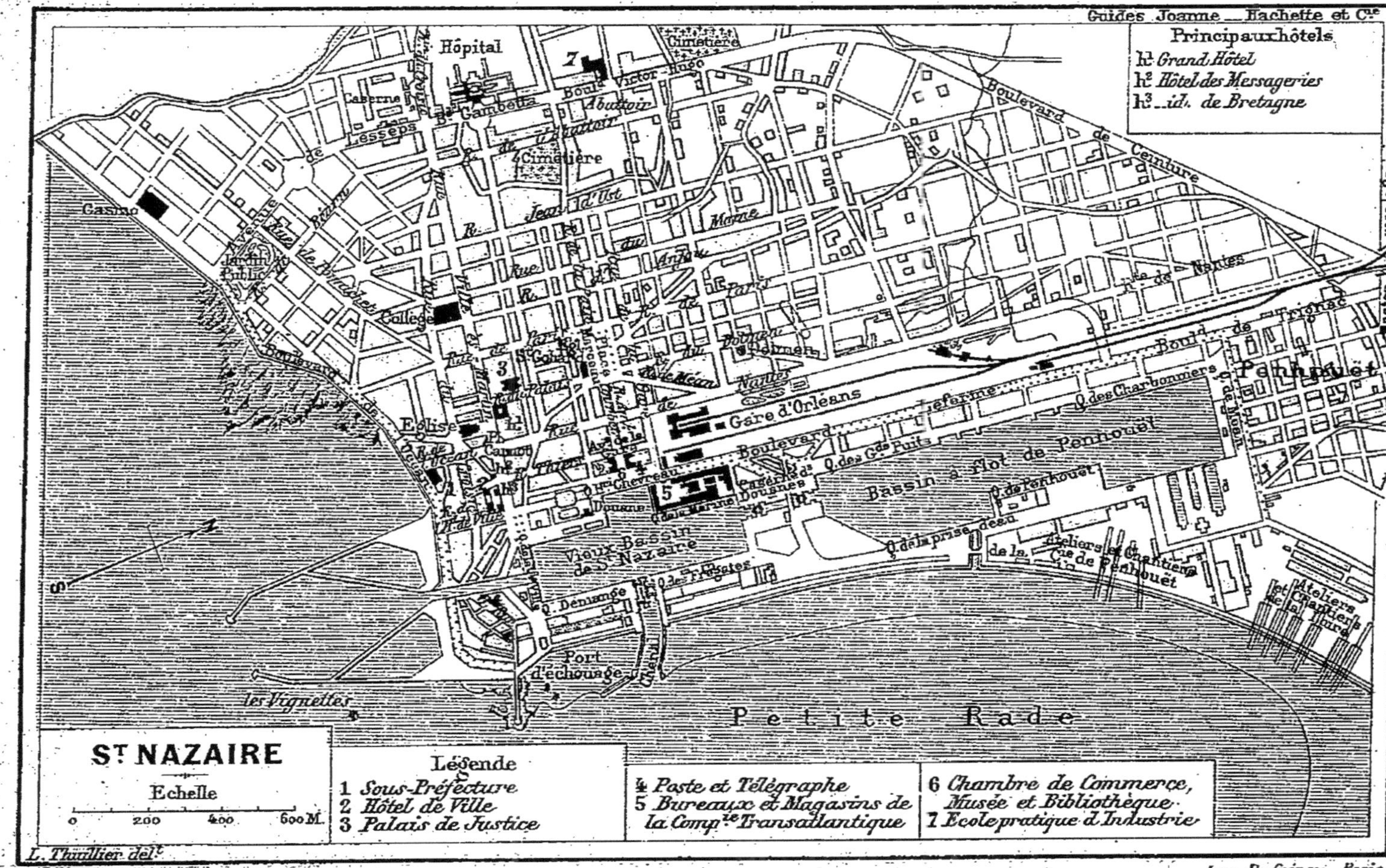
Guides Joanne _ Hachette et Cie
Principaux hôtels
h1 Grand Hôtel
h2 Hôtel des Messageries
h3 id. de Bretagne
Hôpital
Caserne
Casino
Jardin Public
Collège
Eglise
Gare d'Orléans
Bassin à flot de Penhouët
Vieux Bassin de St Nazaire
Port d'échouage
Petite Rade
les Vignettes
Penhouët
Boulevard de Ceinture
Boulevard
Ateliers et Chantiers de la Cie de Penhouët
Ateliers et Chantiers de la Loire
vers la Croisic
Nantes
ST NAZAIRE
Echelle
0 200 400 600 M.
Légende
1 Sous-Préfecture
2 Hôtel de Ville
3 Palais de Justice
4 Poste et Télégraphe
5 Bureaux et Magasins de la Compie Transatlantique
6 Chambre de Commerce, Musée et Bibliothèque
7 Ecole pratique d'Industrie
L. Thuillier delt
Imp. Dufrénoy _ Paris.

Rangrais et celle de Chemoulin se creuse une dernière anse, la *plage du Jaunet.*

De Saint-Nazaire au Croisic (26 k.; chem. de fer, en 50 min. à 1 h.; 2 fr. 90, 2 fr., 1 fr. 25; billets de bains de mer valables 33 j., délivés à Paris, gare d'Orléans, du 1er mai au 31 oct. : prix, aller et ret. de Paris au Croisic, 59 fr. 70, 43 fr. 80, 30 fr. 65). — *Saint-André-des-Eaux.*

16 k. **Pornichet***, station de bains de mer (villas dans un bois de pins; *plage* admirable; courses de chevaux), est relié à la Baule et au Pouliguen par un tram à vapeur dit « le Trait-d'Union ».

16 k. *Escoublac* (bifurcation pour Guérande), entouré de plantations de pins qui ont fixé les sables mouvants et dans lesquels a été créée la station balnéaire de *la Baule** (*institut Verneuil*, pour le traitement et l'éducation des enfants délicats). — On entre dans la région des marais salants.

19 k. **Le Pouliguen***, station de bains, port sur un large étier (belle *plage*; *villas*; promenade du *Bois*; régates en été). La *baie du Pouliguen* offre un magnifique coup d'œil : à g., rochers de *Painchâteau* (maison de repos pour les ecclésiastiques du diocèse d'Angers; chapelle avec *bas-relief* en albâtre; *retranchements celtiques*; rocher de *Pierre-Percée*). Les *marais salants* du Pouliguen, de Bourg-de-Batz et du Croisic occupent une superficie de 1,500 hect. — A dr., Guérande.

23 k. *Le Bourg-de-Batz**, 2,420 h., sur une dune que surmonte un *clocher* (1677) haut de 60 m., a une petite plage de bains et un port dont les barques pêchent le homard (*église* ogivale; ruines de la chapelle *N.-D. du Mûrier*; 2 petits *musées*; menhir de *Pierre-Longue*). — A g., *chapelle du Crucifix* (xve s.).

26 k. **Le Croisic***, 2,427 hab., dans une presqu'île, port de pêche (sardines) et de commerce, sur le petit golfe du *Traict*. — *Église* du xvie s.; clocher du xviie. — *Chapelle Saint-Goustan*. — *Maison des Frères de Saint-Jean-de-Dieu*, affectée au traitement marin des enfants et des jeunes gens rachitiques ou scrofuleux; régates; plage du *Port-Lain*. — Beaux *quais* du xviiie s. (maisons du xvie s.). — *Jetée* longue de 1 k. (*phare*, portée 10 milles). — A 1,500 m. S.-E. (omnibus, 15 c.), *établissement Valentin* : bains de mer chauds; hydrothérapie; hôtel; plage abrupte. — A l'extrémité de la chaussée de *Pen-Bron*, *hôpital maritime* (on peut le visiter). — Raffineries de sel, fabriques de conserves de sardines. — *Promenades du Mont-Esprit*, *du Mont-Lenigo* (belles vues), autour de la *pointe du Croisic*, à *Pierre-Longue* (menhir), à la *Grande-Côte* (rochers étranges, crevassés par les assauts de la mer) et à la *Pointe du Croisic*.

De Saint-Nazaire a Guérande (22 k. chem. de fer, en 45 à 55 min.). — 16 k. Escoublac (*V.* ci-dessus).

22 k. *Guérande**, V. de 6,918 hab., sur une colline. — Belles **murailles**, bâties en 1431, 10 *tours* et 4 portes; *porte Saint-Michel*, flanquée de deux tours, contenant l'*hôtel de ville*. — *Église Saint-Aubin*, du xiie au xvie s.; *chaire* extérieure; à l'intérieur, curieux chapiteaux romans, chaire sculptée, retables en marbre du xviie s., tableau de 1642, tombeau du xvie s., verrières. — *Notre-Dame de la Blanche* (1348). — Promenades des *Boulevards*. — Dans les environs, *mégalithes*.

A 7 k. N.-O., *la Turballe*, port de pêche (fabr. de conserves). — A 13 k. N.-O., *Piriac*, petit port dont dépend l'*île Dumet*; à 1 k. S.-O., *pointe du Castelli* (beaux rochers, grottes); au S., *pointe de Penhareng* (mon. mégalithique dit *Tombeau d'Almanzor*).]

ROUTE 4

DE PARIS A BREST

PAR CHARTRES, LE MANS, LAVAL RENNES ET SAINT-BRIEUC

624 k. — Chemin de fer, en 13 h. 30 à 19 h. 10. — 66 fr. 75; 45 fr. 05;

29 fr. 35. — Départ de la gare Montparnasse. — La ligne de Brest n'est desservie par les trains rapides ou par les express (wagon-restaurant jusqu'au Mans) que jusqu'à Rennes. Au delà, sauf un train direct, il n'y a que des trains omnibus.

211 k. de Paris au Mans (R. 1). — Pont sur la Sarthe. A g., ligne d'Angers (R. 1); à dr., ligne de Caen (R. 15). — 223 k. *La Milesse-la-Bazoge.* — 232 k. *Domfront.* — 235 k. *Conlie,* 1,728 hab. — 242 k. *Crissé.*

247 k. **Sillé-le-Guillaume** *, 3,014 hab., est dominé par une *forêt* et par le *bois de Pezé.* — Ruines du **château** (XVe s.); donjon haut de 38 m. — *Notre-Dame,* des XIIe et XIIIe s.

[De Sillé-le-Guillaume a Mortagne par Mamers (92 k.; ch. de fer, en 4 h. à 5 h. 40; 9 fr. 10, 6 fr. 10, 4 fr.). — A dr., ligne du Mans. — 16 k. *Saint-Christophe-Moitron.* — Pont sur la Sarthe. — 22 k. *Fresnay-sur-Sarthe,* 2,693 hab., dans un joli site (*église* du XIIe s. dont le portail offre de belles portes en chêne sculpté du XVIe s.; restes d'un *château,* avec chapelle souterraine). — On joint la ligne du Mans à Alençon. — 29 k. La Hutte-Coulombiers (R. 15). — 35 k. *Chérencé.* — On franchit la Bienne. — 44 k. *Saint Remy-du-Plain* (chapelle *N.-D. de Tout-Aide*), sur une colline (belle vue). — 47 k. *Villaines-Vezot.*

54 k. Mamers (R. 1, p. 8). — 60 k. *Origny-le-Roux.* — 74 k. *Bellême* *, 2,627 hab. (*église Saint-Sauveur,* XVe-XVIIIe s., avec chapelle somptueusement décorée par Aristide Boucicaut, le fondateur des magasins du « Bon-Marché », *fonts baptismaux* de 1684, esquisse du Sauveur marchant sur les eaux, par Isabey; Transfiguration, par Oudry, etc.; vieille *porte* de l'ancien *château,* dont les restes sont précédés de la *statue* en bronze *du Colin-Maillard,* par Le Harivel-Durocher; *crypte* romane de la chapelle *Saint-Santin*). — On traverse la *forêt de Bellême.* — 79 k. *La Herse* (sources minérales). — 84 k. *Le Pin-la-Garenne.* — 92 k. Mortagne (R. 1).]

De Sillé-le-Guillaume à Sablé, p. 12.

253 k. *Rouessé-Vassé* (église du XIIe s.; ruines d'un château). — 261 k. *Voutré.* — On longe à dr. la *chaîne des Coëvrons* (300-330 m.), beaux rochers de porphyre.

270 k. **Évron,** 4,089 hab. — **Église** en partie du XIIe s., et surtout du XVIe (reliquaire contenant, dit-on, du lait de la Vierge; *maître-autel* en marbre blanc, avec bas-relief et bronzes ciselés; *chapelle Saint-Crépin,* du XIIe s., belle architecture, curieuses peintures murales à l'abside; verrières anciennes; tapisseries du XVIe s.).

[A 7 k. O. (voit. publique, 75 c.), *Sainte-Suzanne,* 1,387 hab., anc. ville forte, pittoresquement située au sommet d'un mamelon isolé formant promontoire (*enceinte fortifiée* avec tours rondes et bastions carrés; *château* ruiné avec *donjon* du XIIe s.). — A 14 k. N.-O., *Jublains,* l'antique *Næodunum* des Diablintes, où subsistent d'importantes *ruines romaines,* notamment celles d'un **castrum.**]

On franchit la Jouanne. — 276 k. *Néau* (marbre). — 282 k. *Montsurs,* 1,638 hab. (ruines d'un château).

289 k. *La Chapelle-Anthenaise,* d'où part à dr. la ligne de Domfront et Caen (R. 14). — 295 k. *Louverné* (carrières de marbre).

301 k. **Laval** * (buffet), ch.-l. du départ. de la Mayenne, siège d'un évêché, V. de 30,356 hab., sur la Mayenne, traversée par une belle voie, perpendiculaire à la rivière. Sur la rive dr. de la Mayenne se trouve la vieille

LAVAL.

Edifices Religieux.

1 *Cathédrale* .... B.C.3.
2 *Eglise Saint-Vénérand* D.2.3.
3 *id. N.D. des Cordeliers* B.2.
4 *Chapelle des Carmélites* D.2.
5 *id. Saint-Michel* .... E.3.

Edifices Civils.

6 *Vieux Château (Prison.)* C.3.
7 *N.au Ch.au (Palais de Justice)* C.2.
8 *Porte Beucheresse* .... C.3.
9 *Hôtel-de-Ville* .... B.C.2.
10 *Muséum et Bibliothèque* C.2.
11 *Galeries de l'Industrie* C.3.
12 *Statue d'Ambroise Paré* C.2.
13 *Maison de la Renaissance* C.3.
14 *Poste et Télégraphe* .... C.2.
h.1 *Hôtel de Paris* .... C.D.2.
------- *Tramway départemental*

L. Thuillier, Del.t

Imp. Dufrénoy - Paris.

le, sur la rive g. la ville morne.

La *rue de la Gare* mène à la ace de la *Préfecture*, d'où parnt : à g., la *rue de Paris*; à ., la *rue de la Paix*, où sont s principaux hôtels et le *éâtre*. On suit la rue de la ix et, par le *Pont-Neuf* (belle ie), on atteint la **place de Hôtel-de-Ville.** A dr., la *statue*, bronze, *d'Ambroise Paré*, né Laval, par David d'Angers, élève à l'entrée de la *promeade de Changé*, qui s'étend isqu'au *square de Bel-Air* et ar laquelle on pourrait aller isiter (2 k.) la curieuse *église de 'rice* (XIe s.; fresques du XIIIe). n face, *hôtel de ville*. — La *rue oinville* conduirait à l'*église Jotre-Dame des Cordeliers* (XIVe-Ve s.; autels avec retables du VIIe s.), en face de laquelle *'ancienne église Saint-Martin* XIe et XIIe s.) sert de chapelle un cercle militaire.

Par la rue à g. de la Poste on monte à la *place des Arts*, où se rouvent le **Muséum** (ouvert t.l.j. ux étrangers) et la *bibliothèque* 50,000 vol.).

En sortant du Museum il aut gagner à g. la *place du Palais*, bordée à g. par le *Nouveau-Château* ou *palais de Justice*, de la Renaissance, contigu à l'ancien **château** (prison; pour le visiter, demander une permission à la préfecture; dans la cour intérieure, belles fenêtres de la Renaissance, accolées aux bâtiments; *donjon* du XIIe s.; charpente remarquable; *chapelle* du XIe s.).

De la place du Palais part la *rue Charles-Landelle*, qui conduit à la **cathédrale** : nef et transept du XIIe s., chœur de la Renaissance; tombeaux d'évêques. — Le flanc dr. de la Trinité donne sur la *place Hardy*, square dominé par la *porte Beucheresse* (XVe s.), reste des anciens remparts, et relié par la *rue Marmoreau* à la *place de la Herse* (*galeries de l'Industrie*, servant à des expositions), sur laquelle s'ouvre l'entrée du *parc de la Périne* et du **Musée**, belle construction du style grec (nombreuses toiles du peintre Ch. Landelle, né à Laval). — Par la porte Beucheresse, les *rues des Serruriers* et *du Pin-Doré*, à g., on gagne la *Grande-Rue* (no 68, *maison* de la Renaissance), qui aboutit au *Pont-Vieux* ou *pont de Mayenne* (XVIe s.), à 1 k. en aval duquel, rive dr., est **l'église d'Avesnières**, du XIIe s., avec flèche sculptée de 1534 (deux tableaux des XVe et XVIe s.; monument élevé aux prêtres décapités en 1794). — Dans l'axe du pont s'ouvre la *rue du Pont-de-Mayenne* (à dr., *église de Saint-Vénérand*, Pl. 2, du XVe s., avec vitraux anciens). — Par le *boulevard de Tours*, on rejoint la rue de la Gare.

[De Laval a Saint-Jean-sur-Erve (32 k.; ch. de fer, en 1 h. 35 env.; 2 fr. 45 et 1 fr. 65). — 11 k. *Argentré*, 1,456 hab. — 32 k. *Saint-Jean-sur-Erve*, d'où l'on peut aller visiter (7 k.) les grottes de Saulges (*V.* p. 17).

De Laval a Mayenne par Landivy (114 k.; ch. de fer, en 6 h. 30; 8 fr. 80 et 5 fr. 85). — 41 k. Ernée, où l'on croise le ch. de fer de Mayenne à Fougères (*V.* p. 76). — 61 k. *Pontmain*, où une belle *église* moderne, but de pèlerinage, a été érigée à la suite d'apparitions présumées de la Vierge en 1870. — 68 k. *Landivy*, 1,915 hab. — 90 k. *Gorron*, 2,551 hab. — 114 k. Mayenne (*V.* p. 113).]

De Laval à Gennes-Longuefuye

et à Sablé, R. 2, A, p. 17; — à Craon et à Pouancé. R. 3, p. 25; — à Mayenne, Domfront et Caen, R. 14.

On franchit la Mayenne sur un **viaduc** de 9 arches en granit, long de 180 m., haut de 28 (belle vue). Après avoir laissé à dr. le ch. de fer de Craon on remonte la vallée du Vicoin.

310 k. *Le Genest.*

[A 4 k., **abbaye de Clermont** (on peut visiter), convertie en château (église du XIIe s., avec des *tombeaux* de seigneurs de la maison de Laval, des XIVe et XVe s.; cloître et bâtiments d'habitation des XVIIe et XVIIIe s.; caves voûtées du XIIe s.; *logis de l'abbé*, du XVe s.; bel étang).]

318 k. *Port-Brillet* (vaste étang; forge). — 322 k. *Saint-Pierre-la-Cour* (mines de houille de *Germanchières*). — A dr., étang de *Paintourteau.*

336 k. **Vitré***, 10,775 hab., sur une colline dominant sur la rive g. la vallée de la Vilaine. — On sort de la gare sur la *place de la Liberté*; en face, on suit la *rue Garangeot*, puis, à g., la *rue Saint-Louis*, en croisant plusieurs rues d'aspect moyen âge, les *rues de la Poterie* et *Baudrairie*, les plus curieuses de la vieille ville. On atteint le **Château** (s'adresser au concierge), des XIVe et XVe s. (à l'int., petits *musées*, *bibliothèque*; dans la cour, jolie *tourelle* de la Renaissance).

A g., la *rue Notre-Dame* conduit à l'**église Notre-Dame**, des XVe et XVIe s., avec flèche moderne (62 m.) et belle *chaire* extérieure sculptée, du XVIe s. A l'int. : tombeaux, dont l'un avec statue (1498); beaux vitraux; grand *triptyque* (5e travée du bas-côté dr.), avec 32 émaux de Limoges.

Suivant la rue Notre-Dame (n°s 27 et 22, *maisons* de la Renaissance), on remonte à g. la petite *rue de la Commune*, conduisant à la *mairie*, installée dans un ancien couvent, avec le *tribunal*, la *sous-préfecture*, la poste et le télégraphe.

Vers l'E., la rue Notre-Dame aboutit à la *place de la Halle* (à dr., grosse *tour*, reste des remparts; à dr., la *rue Bertrand-d'Argentré* mènerait à l'*église Saint-Martin*, moderne; en face, la *rue de Paris*, bordée de maisons anciennes, conduit au cimetière, où s'élève l'*ancienne église Saint-Martin*, XVIe s.). A g. s'ouvre la *promenade du Val*, qui longe le pied des **remparts** (belle vue), dont on suit l'enceinte. Les *rues des Augustins* et *Rallon* ramènent à la *promenade du Chemin-de-Fer* et à la place de la Liberté. De là, par la *rue de Châteaubriant*, on pourrait se rendre au *jardin des Plantes*.

[A 5 k. S., **château des Rochers**, du XVe s. (beaux cèdres dans le jardin), séjour de Mme de Sévigné; on peut visiter la chapelle (belle *Annonciation*) et la chambre de Mme de Sévigné (copies des portraits conservés dans les appartements du château, portrait de la marquise attribué à Mignard et objets lui ayant appartenu).]

De Vitré à Châteaubriant, R. 3 p. 25; — à Fougères, Pontorson, au Mont-Saint-Michel et à Saint-Hilaire du-Harcouet, R. 8.

On côtoie la Vilaine. — 346 k. *Les Lacs*. — 353 k. *Châteaubourg*, 1,281 hab. — 358 k. *Servon.* — 363 k. *Noyal-Acigné.*

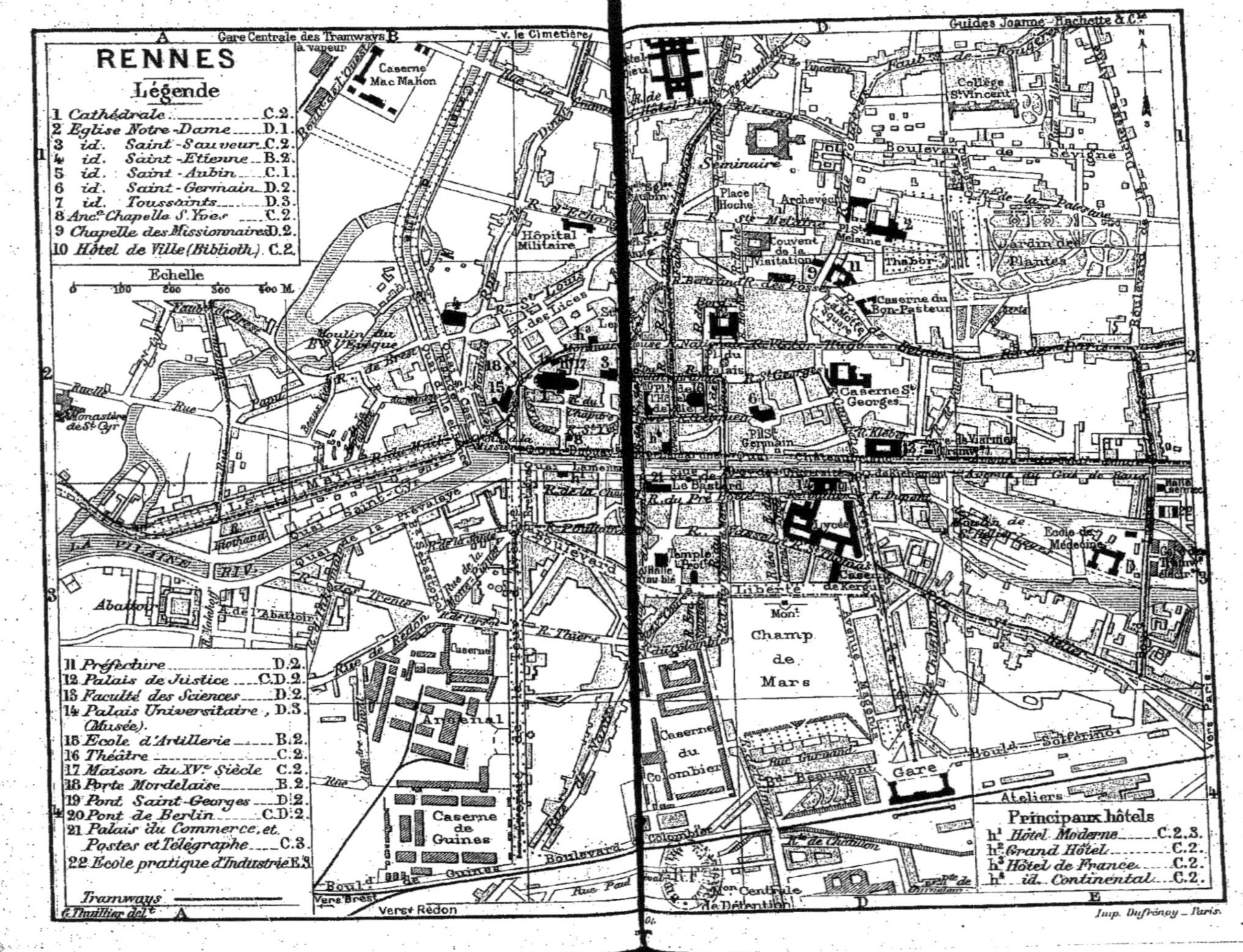

RENNES
Légende
1 Cathédrale ..... C.2.
2 Eglise Notre-Dame ..... D.1.
3 id. Saint-Sauveur ..... C.2.
4 id. Saint-Etienne ..... B.2.
5 id. Saint-Aubin ..... C.1.
6 id. Saint-Germain ..... D.2.
7 id. Toussaints ..... D.3.
8 Anc.e Chapelle S. Yves ..... C.2.
9 Chapelle des Missionnaires D.2.
10 Hôtel de Ville (Biblioth.) C.2.
11 Préfecture ..... D.2.
12 Palais de Justice ..... C.D.2.
13 Faculté des Sciences ..... D.2.
14 Palais Universitaire, D.3. (Musée).
15 Ecole d'Artillerie ..... B.2.
16 Théâtre ..... C.2.
17 Maison du XV.e Siècle ..... C.2.
18 Porte Mordelaise ..... B.2.
19 Pont Saint-Georges ..... D.2.
20 Pont de Berlin ..... C.D.2.
21 Palais du Commerce et Postes et Télégraphe ..... C.3.
22 Ecole pratique d'Industrie B.3.
Tramways
Echelle
0 100 200 300 400 M.
Principaux hôtels
h1 Hôtel Moderne ..... C.2.3.
h2 Grand Hôtel ..... C.2.
h3 Hôtel de France ..... C.2.
h4 id. Continental ..... C.2.
Gare Centrale des Tramways à vapeur
v. le Cimetière
Guides Joanne - Hachette & C.ie
Caserne Mac Mahon
Collège St Vincent
Boulevard de Sévigné
Séminaire
Place Hoche
Archevêché
Couvent de la Visitation
Thabor
Jardin des Plantes
Hôpital Militaire
Caserne du Bon-Pasteur
Moulin du B.d l'Evêque
Monastère de St Cyr
Caserne St Georges
Le Mail
Quai Saint-Cyr
Quai de la Prévalaye
La Vilaine Riv.
Abattoir
Lycée
Ecole de Médecine
Champ de Mars
Caserne du Colombier
Arsenal
Caserne de Guines
Gare
Ateliers
Bould Solférino
Vers Paris
Vers Brest
Vers Redon
Mon Centrale de Détention
G. Thuillier del.t
Imp. Dufrénoy - Paris.

374 k. **Rennes*** (buffet), ch.-l. du départ. d'Ille-et-Vilaine, V. de 74,676 hab., siège d'un archevêché, au confluent de l'Ille et de la Vilaine, a conservé l'aspect sévère et froid de l'ancienne cité parlementaire. La Vilaine divise la ville en *Ville-Haute*, rive dr., et *Ville-Basse*, rive g., reliées par 4 ponts.

On suit l'*avenue de la Gare* en laissant à dr. : la *rue Saint-Hélier* (*église Saint-Hélier*, XVe s.); à g., le *boulevard de la Liberté* (*caserne Kergu*, de 1748, ancienne école de jeunes nobles; *monument* des soldats d'Ille-et-Vilaine morts pour la patrie) et le **Lycée** (style du XVIIe s.; jolie chapelle), derrière lequel est l'*église de Toussaints* (XVIIe s.), voisine de la *rue Vasselot* (maisons anciennes). On arrive au *pont Saint-Georges*. A g., **palais Universitaire**, renfermant les facultés et les **Musées**, ouverts au public le jeudi et le dim., de midi à 4 h. (entrée, quai de l'Université); les autres jours, de 10 h. à 4 h.; s'adresser au gardien chef (rétribution), rue Toullier; catalogue, 1 fr.

Rez-de-chaussée. — 1re SALLE (sculpture). — De dr. à g. : 72. *Marochetti*. Modèles d'un groupe pour le tombeau de Mme de La Riboisière. — 42. *Barré*. La Madeleine. — 4, 5. *Coysevox*. **Bas-reliefs** en bronze. — 22. *Lanno*. Lesbie. — *Rodin*. Buste de femme. — 27. *École florentine*. **Jeune fille** caressant un lévrier. — *David d'Angers*. Buste de Lamennais.

GALERIE DE GÉOLOGIE, renfermant aussi quelques tableaux. — SALLES DE SCULPTURE COMPARÉE et D'HISTOIRE NATURELLE.

1er étage. — PALIER (d'où part l'escalier du **musée archéologique**). — Estampes et peintures.

GALERIE. — **Dessins originaux**, provenant de la collection de M. de Robien. — Portraits des XVIIe et XVIIIe s. — 319-321. *J. de Troy*. Portraits. — Vers le milieu de cette galerie, une porte à dr. donne entrée dans le musée de peinture proprement dit.

1re SALLE. — De dr. à g. : 169. *Zeeghers*. St Jean l'Évangéliste. — 240. *Coypel*. Jupiter et Junon. — 282. *Van Loo*. Portrait. — 166, 167. *Wynants*. Paysages. — 132. *Miéris*. Dame à sa toilette. — 237. **J. Cousin. Jésus aux noces de Cana.** — 153. *D. Teniers*. Intérieur de cabaret. — 297. *Lenain*. La V., J. et Ste Anne. — 159. *Van Tol*. Vieillard coupant ses ongles. — 76. *Brauwer*. Buveurs. — 165. *Wouwerman*. Marché aux chevaux. — 296. *Lenain*. Le Nouveau-Né. — 212. *Bon Boullongne*. Enfants jouant. — 255. *Claude Gellée*. Paysage.

Sculpture : *Delaplanche*. La Musique. La Danse. — *Barré*. Bustes en bronze de Lepordit et de Triquety. — *Moreau-Vauthier*. La Fortune.

2e SALLE (à g. de la précédente). — 1. *L. Barbieri*. Jésus descendu de la croix. — 103. **Jordaens. Christ en croix.** — 139. *Rubens*. Chasse aux tigres et aux lions. — 102. *Huysmans*. Paysage. — 81. *Ph. de Champaigne*. Madeleine. — 10. **Véronèse. Persée délivrant Andromède.** — 84. **De Crayer. Élévation de la Croix.** — 21. *Luca Giordano*. Martyre de St Laurent. — 271. *Jouvenet*. J. au jardin des Oliviers. — 31. *Le Bassan*. Pénélope. — 85. *De Crayer*. Résurrection de Lazare. — 101. *Honthorst*. — St Pierre reniant son maître.

3e SALLE. — *Baader*. Le Rappel des abeilles. — *Jacquand*. Dernière scène des mémoires du comte de Comminges. — *Toudouze*. Éros et Aphrodite. — *Mélingue*. Hoche vendant des gilets dans un café. — *Harrison*. Novembre. — *Jolin*. Mort de Charles de Blois après la bataille d'Auray.

On revient sur ses pas, on traverse les 2 salles précédentes, pour reprendre à dr. de la 1re salle la

4e SALLE. — 331. *Inconnu*. Un bal à la cour des Valois. — 325. *Cl. Vignon*. Ste Catherine. — *Jean Restout*. Orphée aux Enfers. — 80. *Breughel de Velours*. Village au bord d'un canal. — *Carrache*. Martyre de St Pierre et St Paul. — 276. *Ch. Lebrun*. Descente de croix. — Tableaux de *Van der Meulen* ou de son école. — 238. *Noël Coypel*. La Résurrection du Christ. — 242. *Desportes*. Chasse au loup. — 39. *Tintoret*. Massacre des Innocents.

5e SALLE. — *Feyen-Perrin*. Après la tempête. — *Boudin*. Marine. — 241. *Van' Dargent*. Le Retour des champs. — *J. Lemordant*. Joie grave. — *Saintin*. L'Anse d'Erquy. — *Hersent*. Louis XIV bénissant son petit-fils.

6e SALLE. — 223. *Chaigneau*. Un sous-bois en hiver. — 314. *Segé*. Les Pins de Plédéliac. — 234. *Couder*. Tanneguy Du Châtel mettant le dauphin (Charles VII) en sûreté. — *Pinguilly-L'Haridon*. Les petites mouettes. — *Eug. Feyen*. Héroïsme du marin. — 208-207. *Blin*. Le Matin dans la lande. Paysage dans la Creuse. — *Feyen-Perrin*. Nymphe endormie. — 303. *Pelouze*. A travers bois. — 196. *Abel de Pujol*. Noémi quitte la terre de Moab pour retourner à Bethléem.

On suit le quai de l'Université jusqu'au *pont de Berlin*, en aval duquel donne sur le quai le *palais du Commerce* (devant, *statue de Le Bastard*, sénateur, ancien maire de Rennes, par Dolivet), où sont installées l'*école régionale des Beaux-Arts* et la *poste-télégraphe*. Après avoir passé le pont de Berlin, on se trouve dans la rue du même nom. On croise une rue qui mène, à dr., à l'*église Saint-Germain* (XVe-XVIIe s.; statues de Ste Anne, par Gourdel, et de St Roch, par Molchnecht; tombe du sénéchal Bertrand d'Argentré, † 1590; verrières anciennes), et, à g., à la *place de la Mairie*. L'*hôtel de ville* est de 1731; le péristyle, avec colonnes en marbre rouge, précède un bel escalier conduisant à la *salle des Concerts*. Derrière l'hôtel de ville se trouve la *bibliothèque* (80,000 vol.; 600 manuscrits). Du côté E. de la place, *théâtre* (1835; statues d'Apollon et des Muses); *galeries Méret* (cafés et magasins). — La r. de Berlin aboutit à la *place du Palais* (au milieu, grand bassin).

Le **Palais de Justice** (s'adresser au concierge; rétribution), commencé en 1618, par Jacques Debrosse, a été achevé par Corneau (1654); au perron, statues de D'Argentré, La Chalotais, Toullier et Gerbier. Au faîte des pavillons, l'Eloquence, la Justice, la Force, la Loi, statues en plomb par Lenoir.

A l'int. : belle salle des Pas-Perdus; *Grand'Chambre* peinte par Coypel (admirables boiseries, délicates peintures décoratives d'Erhard, charmantes tribunes) ; 1re chambre (peintures de Jouvenet, beau Christ); les autres salles sont ornées aussi de peintures; la salle des assises a de très belles sculptures sur bois.

De la place du Palais, la rue la plus animée de Rennes, prenant dans ses diverses parties les noms de *rue Nationale*, *rue Lafayette*, *rue de Toulouse* et *rue de la Monnaie* (à dr., *rue Saint-Guillaume*, où se voit une curieuse *maison* du XVIe s.), conduit à la **Cathédrale** ou *Saint-Pierre* (1787-1844; façade en partie de la Renaissance; à l'int., *retable* en bois, chef-d'œuvre allemand du XVe s.; peintures murales par Le Hénaff et Jobbé-Duval; tombeaux de 2 archevêques, par Valentin). — Derrière la cathédrale, la *rue Saint-Sauveur* mène à l'*église Saint-Sauveur* (XVIIe-XVIIIe s.; riche maître-autel;

chaire et grille remarquables; statues de St Pierre et de St Paul). — Une ruelle passe sous la **porte Mordelaise** du XVe s., et conduit à la *place des Lices* (au n° 34, *hôtel du Molan*, de 1689), que des ruelles relient à la *rue Saint-Louis*. En suivant celle-ci, on atteindrait : à g., l'*église Saint-Etienne* (XVIIe s.; verrières de Claudius Lavergne; statues par Barré; peintures murales par A. Jacquier); à dr., l'*église Saint-Aubin* (statues par Barré), la *place Saint-Anne* (au n° 9, *maison* de 1586) et, par la *rue Saint-Melaine*, la place du même nom, où se trouvent : l'*église Notre-Dame* ou *Saint-Melaine* (XIe, XIIIe et XVIIIe s.), l'*archevêché* (1672) et la principale entrée du Thabor. De la place, la *rue Pont-à-Foulon* va aboutir à la *rue du Champ-Jacquet* (à l'angle de la *rue Le Bastard*, *hôtel de Robien*, XVIIe s.), d'où l'on parviendrait à la *place du Champ-Jacquet* (*statue*, par Dolivet, de *Jean Leperdit*, maire de Rennes, qui se signala par sa conduite héroïque pendant la période révolutionnaire).

La *promenade du Thabor* est ornée d'une *statue de Du Guesclin* (1825) et d'une *colonne* avec *statue de la Liberté*, à la mémoire de Vanneau et de Papu, Rennais tués en juillet 1830, à Paris. Le Thabor est contigu au **Jardin des Plantes** (l'*Enlèvement d'Eurydice* et la **Chasse de Diane**, groupes sculptés par Ch. Lenoir; belles serres). De la place Saint-Melaine, la *rue Gambetta* (à g., *promenade de la Motte*) ramène à l'avenue de la Gare en passant près de la *Faculté des Sciences*.

[A 3 k. O.-S.-O., ferme de *la Prévalaye*, qui a donné son nom à un beurre renommé.

Trams à vapeur pour : — (37 k., en 1 h. 55 et 2 h. 35; 2 fr. 95 et 1 fr. 95) *Bécherel*, 855 hab. (porte de ville du XVIe s.; à l'église, cuve baptismale romane; maisons Renaissance; château de *Caradeuc*, berceau du célèbre procureur général La Chalotais); — (56 k., en 2 h. 45; 4 fr. 35 et 2 fr. 90) Miniac-Morvan (p. 63) par (24 k.) *Hédé*, 775 hab., situé au sommet d'une colline (vue étendue) dominant le canal d'Ille-et-Rance et un bel étang (ruines d'un château; église romane avec fonts baptismaux en granit), et (31 k.) *Tinténiac*, 2,068 hab., sur le canal d'Ille-et-Rance (église et maisons du XVIe s., cloître du XIIIe); — (54 k.; 2h. 45; 4 fr. 05 et 2 fr. 70) Fougères (p. 69), par la *forêt de Rennes* (2,959 hect.), (21 k.) *Liffré*, 2,910 hab., et (32 k.) *Saint-Aubin-du-Cormier*, 1,904 hab. (ruines d'un *château* du XIIIe s.), ayant donné son nom à la bataille (1488) livrée dans les environs, qui porta le dernier coup à l'indépendance de la Bretagne; — (56 k., en 2 h. 53; 4 fr. 20 et 2 fr. 80) Antrain (p. 70), par Liffré (*V.* ci-dessus); — (50 k., en 2 h. 35; 3 fr. 75 et 2 fr. 50) la Guerche (*V.* p. 25), par (19 k.) *Châteaugiron*, 1,205 hab. (restes d'un château); — et pour (36 k., en 1 h. 50; 2 fr. 70 et 1 fr. 80) *Plélan*, 3,565 hab., sur la lisière de la forêt de Paimpont. — Une route de 6 k. conduit de Plélan à *Paimpont*, 3,022 hab. (*église* des XIIIe et XVe s., reste d'une abbaye), située dans la *forêt* du même nom (6,070 hect.), une des plus belles de la Bretagne, contenant le grand *étang de Comper* (sur un roc, *château* féodal du même nom) et plusieurs autres (ensemble 200 hect.); sur la lisière S. de la forêt, *forges de Paimpont*.

De Rennes a Redon (71 k.; ch. de fer, en 1 h. 45). — 10 k. *Bruz* (restes du château de Cicé; à 2 k. O., près du confluent de la Vilaine et du Meu, *château de Blossac*, XVIIIe s.; mine de plomb argentifère de *Pont-Péan*). — On franchit la Seiche sur le viaduc de Pierrefitte, puis la Vilaine. A g., bois de *Laillé*, enveloppant de leurs grandes futaies aux magnifiques sapins le *château* du même nom. — 17 k. *Laillé* (ruines du château de *la Réauté*).

21 k. *Guichen-Bourg-des-Comptes*. — A 1 k. S.-E., *Bourg-des-Comptes* (château du *Boschet*, du XVIIe s., avec jardins dessinés par Le Nôtre). — A 5 k. N.-O., *Guichen*, 3,572 hab.

Tunnel, puis viaduc du *Cambrée* sur la Vilaine. Beaux rochers à g.

30 k. *Pléchâtel-Lohéac*. — 37 k. *Messac*, 2,641 hab., à 1 k. E. de la station, établie au *port de Messac* (église en partie romane; débris du manoir de *Chastra*; manoirs du *Harda*, de *la Coëffrie* avec église du XIIe s.; château de *la Mollière*, XVIIIe s.), communique par un pont avec le *port de Guipry*. De Messac à Châteaubriant et à Ploërmel, R. 3, *A*, p. 25.

Vastes *landes de Cormerée*. — On franchit la Vilaine sur le *viaduc de Corbinières*. — Tunnel de 700 m.

48 k. *Fougeray-Langon*, station près du *Pont de la Fosse*. — A 12 k. E., *Fougeray*, 3,861 hab. (église en partie romane, avec cloche de 1477; croix de cimetière du XIIIe s.; restes d'un château fort). — A dr., près de la voie, *Langon* (*église* avec deux absides romanes; **chapelle Sainte-Agathe**, ancien temple de Vénus, ombragée par un *if* séculaire; à l'O., menhirs dits les *Demoiselles de Langon*). — Pont sur la Vilaine. — 52 k. *Beslé*.

66 k. *Massérac*, où l'on joint à g. la ligne de Châteaubriant (R. 3, *A*, p. 25). — On traverse de vastes marais où le lac ou *mer de Murin* présente, dans la saison des pluies, une nappe d'eau de 164 hect. — 63 k. *Avessac*.

71 k. Redon (R. 5; buffet).]

De Rennes à Dol, Saint-Malo, Dinan et Dinard, R. 7.

Pont sur la Vilaine. — 386 k. *L'Hermitage-Mordelles*.

396 k. **Montfort-sur-Meu** *, 2,509 hab., au confluent du Meu et du Garun. — *Eglise Saint-Jean-Baptiste*, moderne (retable sculpté représentant une légende). — *Tour* du XVe s. — *Abbaye de Saint-Jacques*, fondée en 1152 (église du XIVe s.).

406 k. *Montauban* (1 k. N. de la station), 3,268 hab. (*château*, XIVe-XVe s.).

411 k. *La Brohinière*, station d'où part, à g., la ligne de Ploërmel et Questembert, à dr., celle de Dinan et Dinard.

[DE LA BROHINIÈRE A PLOËRMEL (42 k.; ch. de fer, en 1 h. 15 env.). — 7 k. *Saint-Méen*, 2,971 hab. (*petit séminaire* dans une anc. abbaye, en partie des XIIe et XIIIe s., dont l'église renferme plusieurs tombeaux, entre autres celui de St Méen; dans la sacristie, reliquaires du XVe s. en cuivre doré). — 21 k. *Mauron*, 4,476 hab. — 28 k. *Néant-Bois-de-la-Roche*. — A dr., vallée du Duc. — 35 k. *Loyat*. — A dr., *étang du Duc*. — 42 k. Ploërmel (R. 5).]

De la Brohinière à Dinan et à Dinard, R. 7.

416 k. *Quédillac*. — 420 k. *Caulnes*, 2,428 hab. (dans la mairie, *antiquités*; château de *Couëllan*, XVIIe et XVIIIe s.).

428 k. *Broons*, 2,812 hab., à 3 k. S.-O. (colonne en granit, haute de 10 m., élevée en 1840 sur l'emplacement du château de *la Motte-Broons*, où naquit Du Guesclin).

439 k. *Plénée-Jugon*, 3,723 hab., à 3 k. 5 S.-O.

[A 5 k. N.-E. de la station (voit. publique, 75 c.), *Jugon*, 527 hab. (clocher du XIIe s.; maisons des XIVe et XVe s.), sur l'Arguenon, au N. de deux *étangs* que sépare une colline pittoresque. — A 4 k. 5 S. du b. de Plénée-Jugon, ruines du *château de la Moussaye*. — A 8 k. S.-O. de Plénée, ruines de l'*abbaye de Boquen*, fondée en 1137.]

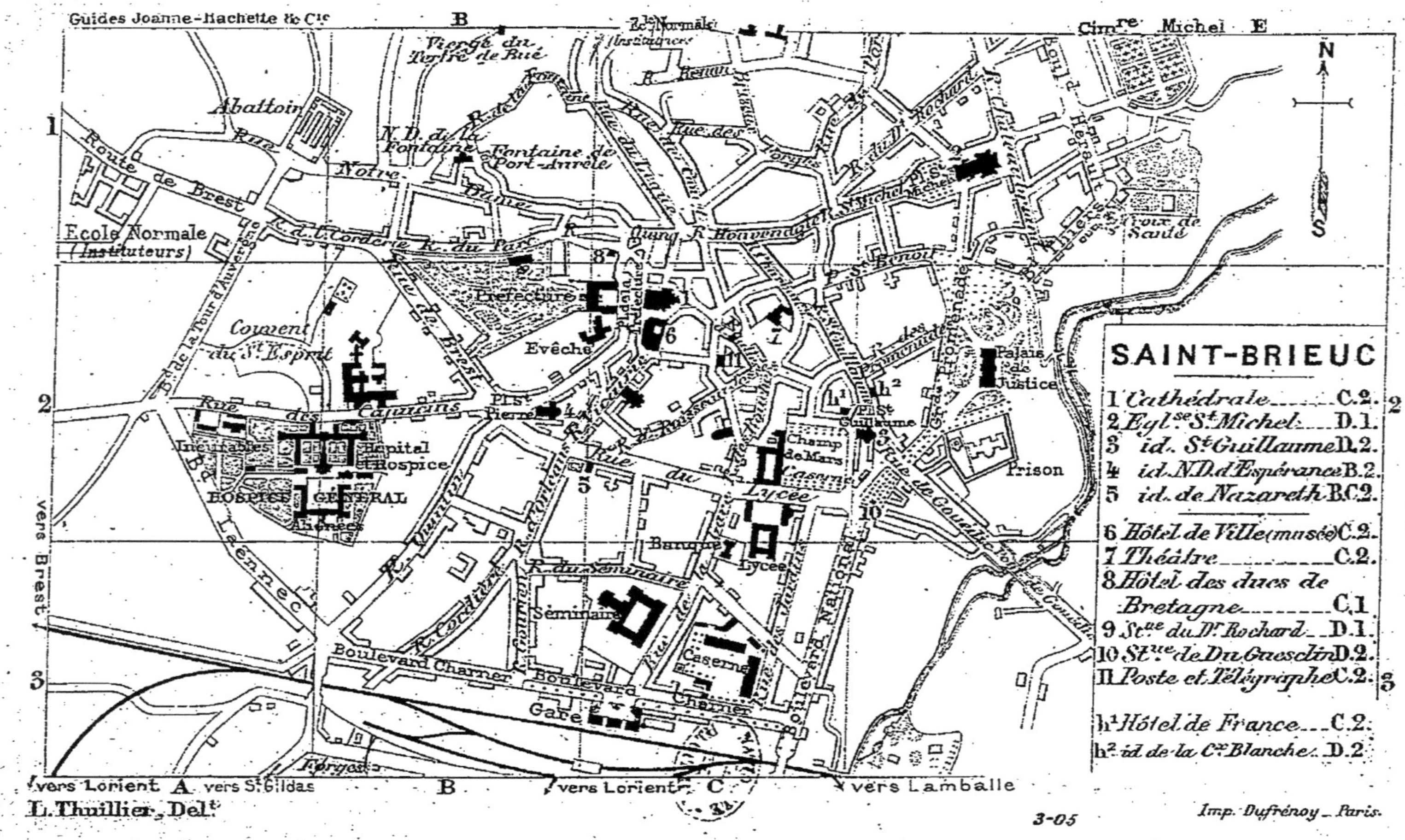

Guides Joanne-Hachette & Cie
SAINT-BRIEUC
1 Cathédrale ...... C.2.
2 Égl.se St Michel ...... D.1.
3 id. St Guillaume D.2.
4 id. N.D. d'Espérance B.2.
5 id. de Nazareth B.C.2.
6 Hôtel de Ville (musée) C.2.
7 Théâtre ...... C.2.
8 Hôtel des ducs de Bretagne ...... C.1.
9 St.ue du Dr Rochard ...... D.1.
10 St.ue de Du Guesclin D.2.
11 Poste et Télégraphe C.2.
h1 Hôtel de France ...... C.2.
h2 id. de la Cx Blanche ...... D.2.
Abattoir
Route de Brest
École Normale (Instituteurs)
Couvent du St Esprit
Rue des Capucins
Incurables
Hôpital et Hospice
Hospice Général
Préfecture
Évêché
Séminaire
Caserne
Gare
Lycée
Banque
Champ de Mars
Prison
Palais de Justice
Boulevard Charner
Boulevard National
vers Brest
vers Lorient
vers St Gildas
vers Lamballe
Cimre Michel
L. Thuillier, Delt
Imp. Dufrénoy _ Paris.
3-05

On franchit l'Arguenon.

455 k. **Lamballe***, 4,391 hab., sur la rive g. du Gouëssant. — *Saint-Martin*, des XIe, XVe et XVIe s. — **Notre-Dame** (XIIIe et XIVe s.), bel édifice du style ogival normand. Belle vue de la *promenade* voisine. — *Saint-Jean* (XVe s.). — *Haras*.

[**Le Val-André et Pléneuf; Erquy** (route et serv. de voit. par le Val-André; 15 k. de Lamballe au Val-André et à Pléneuf, 1 fr. 80; 7 k. de Pléneuf à Erquy, 1 fr.). — 13 k. *Dahouet*, petit port. — A g., chemin du (14 k. 5) *Val-André**, petite station balnéaire bordant une belle plage (casino; château de Mme Charner appelé *l'Amirauté*; falaise de *Château-Tanguy*, haute de 72 m., prolongée par *l'île de Verdelet*). — 15 k. *Pléneuf**, 2,693 hab. — A dr., château de *Bien-Assis* (XVIe s.). — 25 k. *Erquy**, station balnéaire, port au fond d'une petite rade, est protégé par de hautes falaises (exploit. de grès rose; église du XIVe s., bénitier roman; grève de *Caroual*, de l'autre côté de la pointe de *la Houssaye*; dans la lande de *la Garenne*, restes d'un *camp de César*, d'où l'on descend à la grève, bordée de curieux rochers : *l'Ermitage*, grotte de *Galimoux*, *roches Prêcheresses*).]

De Lamballe à Dinan, Pontorson (Mont-Saint-Michel), Avranches, Coutances, Saint-Lô et Lison, R. 6.

466 k. *Yffiniac*. — On franchit l'Urne. — A dr. (1 k.), *Langueux*, près de la baie du même nom. — *Viaduc* haut de 39 m., sur le Gouédic.

476 k. **Saint-Brieuc*** (buffet), ch.-l. du départ. des Côtes-du-Nord, siège d'un évêché, V. de 22,198 hab., sur la rive g. du Gouët, à 1,500 m. de son embouchure dans la Manche.

De la gare, traversant le *boulevard Charner*, on suit la *rue de la Gare* (à g., *séminaire*; à dr., *Banque*), puis à dr. la *rue du Lycée*. Après avoir passé entre le *lycée* (XVIIIe s.; chapelle de style roman; bibliothèque de 30,000 vol.) et la caserne on longe le *Champ de Mars* (*monument* élevé « à la mémoire des enfants de Saint-Brieuc morts pour la patrie, 1870-1871 »). La rue aboutit à la *promenade Du Guesclin* (*statue* du connétable), d'où, par la petite *rue Saint-François*, on gagnera la *place Saint-Guillaume* (dans l'église, fresques par Gouézou), où sont les principaux hôtels et cafés. — Par la *rue Saint-Guillaume* et, à g., la *place du Marché-au-Blé* (*théâtre*), puis, par les *rues des Halles* et *Saint-Gilles*, on atteint la *place de la Préfecture* (*statue de Poulain Corbion*, procureur de la Commune, par Ogé), qu'entourent la cathédrale, la *Préfecture*, l'hôtel de ville et l'évêché.

Cathédrale des XIIIe et XVIIIe s. (chapiteaux romans dans le chœur; tombeaux d'évêques, du XVe au XIXe s., ceux-ci par Ogé et Chapu; *retable* par Corlay, dans le bas-côté dr.; *buffet* d'orgues de 1540; dans la chapelle absidale, *Vierge* vénérée, en albâtre, du XVe s.; bénitier en granit, du XVe s., dans un enfeu). — *Hôtel de ville* (XVIIIe s.) renfermant un *musée* (ouvert le jeudi et le dim. de 2 h. à 4 h.; catalogue, 50 c.). — *Evêché*, ancien manoir de *Quiqu'engrogne* ou hôtel de Maillé (XVIe s.).

Près de la cathédrale s'étend la *place du Martroy*, au N. de laquelle se trouve un groupe de petites rues à vieilles maisons, notamment la rue Saint-

Jacques et la *rue Fardel* (*hôtel des ducs de Bretagne*, Renaissance), à l'extrémité de laquelle on tourne à dr. pour aller, par la *rue Notre-Dame*, visiter la *fontaine Saint-Brieuc* (xve s.) et la chapelle voisine; puis gagner le *Tertre de Bué* (statue de la Vierge, par Ogé; belle vue). Revenant sur ses pas par la rue Notre-Dame et la *rue Houvenagle*, son prolongement, on laisse à g. une rue allant aboutir à la *statue du Docteur Rochard*, né à Saint-Brieuc en 1819, et l'on atteint l'*église Saint-Michel* (dans le cimetière, calvaire par Hernot, belle vue), que la *rue Lamennais* relie à la promenade du *Palais-de-Justice*, par laquelle on revient au Champ de Mars et à la gare.

[Excurs. : — (2 k. N.-E.; omnibus place de la Grille, 30 c.) *le Légué*, v. et port au fond de la vallée du Gouët; relié à Saint-Brieuc par un ch. de fer réservé aux marchandises, il se prolonge jusqu'à l'embouch. de la rivière par le ham. de *Sous-la-Tour* (restaurant; plage de bains). Du Légué on peut monter à la *tour de Cesson*, élevée par le duc Jean IV en 1395 et ruinée par Henri IV; — (7 k. N.-O.) la *grève des Rosaires*, une des plus belles plages des côtes de Bretagne; — les bains de *Saint-Laurent* (hôt.), dominés par la *pointe du Roselier* (73 m.).

De Saint-Brieuc a Moncontour (26 k.; ch. de fer, en 1 h. 48). — Le ch. de fer, qui a son origine devant la gare de l'Ouest, suit le boulevard Charner, se développe au flanc du coteau du Gouëdic, franchit la route nationale de Brest à Paris sur un pont à tablier en ciment armé et arrive à la gare centrale des Chemins de fer départementaux. Il emprunte les nouveaux boulevards et franchit le Gouëdic sur le *viaduc de Toupin*, long de 179 m. et haut de 35.

2 k. *Cesson*. — On traverse le vallon du Drouvenant sur un *viaduc courbe* long de 130 m. 80 et haut de 21 m. 50. — 3 k. 5. *Champ de courses*. Longeant ensuite les falaises, la voie arrive à la grève de Langueux (*V.* p. 37), dans l'anse d'Yffiniac, où la voie est établie sur une digue longue de 3 k.

5 k. 5. *Saint-Ilan*. Établissement agricole et pénitentiaire, situé près du *château de Saint-Ilan* et dont la *chapelle* moderne renferme le corps de St Léon, retrouvé dans les catacombes de Rome. — 7 k. *Coquinet*.

9 k. *Yffiniac-Bourg*. — 12 k. *Yffiniac-Ouest*, où l'on croise le ch. de fer de Paris à Brest. — 14 k. *Carnonen*. — 18 k. *Quessoy*. — 21 k. *Bréhand*. — 23 k. *Hénon*.

26 k. **Moncontour** *, ch.-l. de c. de 1,245 hab., est situé sur le penchant d'une colline dont le sommet (218 m.) offre une vue immense. L'*église Saint-Mathurin* (xvie s.), but d'un pèlerinage célèbre (à la Pentecôte), est décorée de splendides **verrières** de 1535.

De Saint-Brieuc a Pontivy (72 k.; ch. de fer, 2 h. à 2 h. 30 env.). — A dr., ligne de Brest. — 8 k. *Saint-Julien*. A 2 k. N.-E., *camp vitrifié de Péran*. — 10 k. *Plaintel* (*monument*, œuvre de MM. Balavoine et Le Goff, élevé aux victimes de l'accident de ch. de fer du 26 juillet 1896).

18 k. **Quintin** *, 3,198 hab. (1,200 m. à dr.); *château* (on ne le visite pas) des xviie-xviiie s.; *église Notre-Dame*, moderne (reliques; ceinture de la Vierge); *porte Neuve*, xve s.; maisons anciennes. — 22 k. *Le Pas* (haut fourneau). — *Forêt de Lorges* (2,676 hect.). — 28 k. *Pleuc-l'Hermitage*. — 35 k. *Uzel*, 1,261 hab. (ruines d'un château du xve s.). — 49 k. *Loudéac* *, 5,782 hab., près d'une forêt de 2,700 hect., est relié par un embranch. (en 34 à 47 min.; 1 fr. 90, 1 fr. 30, 85 c.) à (10 k.) *la Chèze*, 530 hab. (*hôtel des Trois-Piliers*, vieille maison curieuse; église avec tableau votif du xviie s.; à 2 k. N., dans un joli site de la vallée du Lié, restes de l'abbaye de *Lantenac*, xiie s.), et à (17 k.) *Saint-Lubin-le-Vaublanc*. De Loudéac à Rostrenen et à Carhaix, *V.* p. 40. — Ponts sur l'Oust

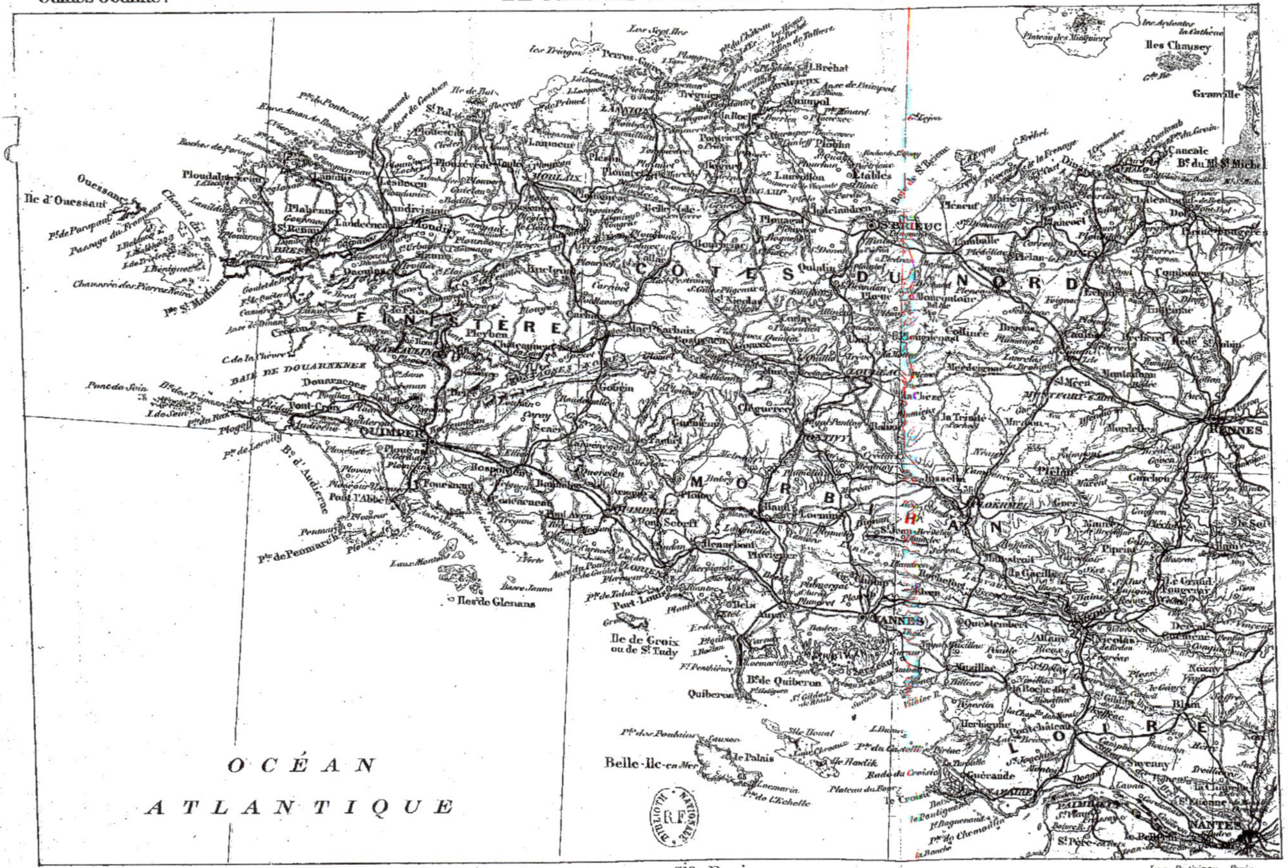

DE RENNES À BREST.

FINISTÈRE
CÔTES DU NORD
MORBIHAN
LOIRE
OCÉAN ATLANTIQUE
Ile d'Ouessant
Brest
Quimper
Lorient
Vannes
St Brieuc
Rennes
Nantes
Belle-Ile-en-Mer
Ile de Groix ou de St Tudy
Iles de Glenans
Iles Chausey
Granville
Cancale
Bie du Mt St Michel

6-04.

Imp. Dufrénoy _ Paris.

et le canal de Nantes à Brest. — 72 k. Pontivy (R. 5).

De Saint-Brieuc a Paimpol, par Saint-Quay (44 k.; route de voit.; service public jusqu'à Saint-Quay, 3 fr.). — Pont sur le Gouët. — 9 k. *Pordic*. — 13 k. *Binic* *, port à l'embouchure de l'Ic (à l'église, boiserie et statues, œuvres de Corlay; plage de *la Banche*). — 16 k. *Étables*, 2,127 hab. (dans les falaises, au-dessus de la belle *plage de Godelin*, caverne de la *Houle-Notre-Dame*). — 18 k. *Portrieux* *, bon port, jolie station balnéaire. — 19 k. *Saint-Quay* *, 3,098 hab., station balnéaire (belles grèves). — 22 k. *Tréveneuc* (château de *Pomorio*). — 28 k. *Plouha*, 4,459 hab., à 3 k. de la mer; grèves pittoresques, cavernes dans les falaises. — 33 k. *Lanloup*. — 38 k. *Plouézec*, 4,687 hab. (à l'église, *lutrin* de Corlay). — 40 k. *Kérity*, 2,582 hab. — 41 k. Belles ruines de l'**abbaye de Beauport** (XIIIe s.), magnifique panorama. — 44 k. Paimpol (*V.* p. 40).]

Viaduc de la Méaugon, long de 228 m., haut de 59 m., au-dessus de la vallée du Gouët.

487 k. *Plouvara-Plerneuf*.

492 k. *Châtelaudren*, 1,466 hab., dans la vallée du Leff, au-dessous d'un grand étang. — *Eglise Saint-Magloire* (vitraux anciens); *N.-D. du Tertre* (*retable* de 1589; lambris couvert de *peintures* du XVe s.).

505 k. **Guingamp** *, 9,252 hab., dans la vallée du Trieux. — L'*avenue de la Gare* mène à la route de Paris à Brest que l'on suit à g.; sur une vaste place sont, à g., la *promenade du Vally* et le *château* (XVe s.), avec de grosses tours.

Entre la promenade et l'*Hôtel-Dieu* s'ouvre la rue principale de Guingamp que borde à g. **Notre-Dame de Bon-Secours** (pèlerinage célèbre le samedi avant le 1er dimanche de juillet), rebâtie du XIVe au XVIe s. Façade du XVIe s., sauf la *tour de l'Horloge* (XIVe s.); statues remarquables des Apôtres; *tour Plate*, beau spécimen du style Renaissance. Au flanc N., deux belles portes avec porches dont l'un renferme la statue vénérée de la Vierge. Tour du XIVe s. avec flèche (60 m. de haut).

A l'int.: riche ornementation des travées N. de la nef, ogivales, et des travées S., de la Renaissance; chœur (1462-1484), chapelle du Trésor, de 1371; dans le croisillon g., *armoire aux reliques* (XVIIe s.); buffet d'orgues du XVIIe s.; *tombeaux* dont le plus remarquable est celui du sieur *de Coetgourheden*, sénéchal de Charles de Blois, dans le bas-côté dr.; beaux *vitraux* modernes.

En continuant de suivre la rue au delà de l'église, à côté de laquelle on remarque une *maison* de la Renaissance, on arrive à la *place de la Pompe* ou *du Centre*, où la *fontaine du duc Pierre* (1588), en plomb repoussé, est surmontée d'une Vierge par Corlay. — A 500 m. N. de la ville, *chapelle* en partie romane *de Saint-Léonard*, sur une hauteur (belle vue).

[Excursions: — (2 k. 5 O.) chapelle de *N.-D. de Grâces* (XVIe s.; reliquaire contenant les restes de Charles de Blois); — (3 k. N.-O.) *château de Carnabat* (XVIIe s.; jardins dessinés par Le Nôtre); — (32 k. env.; emporter des provisions), par (11 k.) *Bourbriac* *, 4,134 hab. (église avec clocher de 1501 et mausolée élevé au XVIe s. à St Briac à côté du tombeau primitif), et *Lanrivain* * (*calvaire* de 1548), à *Toul-Goulic*, superbe chaos de roches sous lesquelles disparaît le Blavet. Cette excursion se fait aussi de Rostrenen (*V.* ci-dessous).

De Guingamp a Carhaix (51 k.;

ch. de fer, en 1 h. 55 à 2 h. 35; 6 fr. 05, 4 fr. 10, 2 fr. 65). — 9 k. *Moustérus-Bourbriac*. — 19 k. *Pont-Melvez*. A 4 k. S.-S.-O., *Bulat-Pestivien* (chapelle fort remarquable de *N.-D. de Bulat*, XVe-XVIe s.). — 32 k. *Callac*, 3,295 hab.

51 k. **Carhaix** *, 3,430 hab., patrie de *La Tour-d'Auvergne*, premier grenadier de France, dont on y voit la *statue*, œuvre de Marochetti (ancienne collégiale de *Saint-Trémeur*, XVIe s.; belle race bovine; dans la Grande-Rue, curieuse *maison* de la Renaissance; église de *Plouguer*, du XVIe s., avec grand retable sculpté).

De Carhaix à Loudéac (72 k.; ch. de fer, en 2 h. 30 à 3 h.; 8 fr. 05, 5 fr. 45, 3 fr. 55).— 11 k. *Maël-Carhaix*, 2,763 hab. — 20 k. *Rostrenen* *, ch.-l. de c. de 1,930 hab., sur une colline, avec une grande place inclinée et bordée de vieilles maisons noirâtres, en grès. du XVIe au XVIIIe s. *L'église* se compose d'une nef moderne (style du XIIIe s.), d'un transept du XIVe s., d'un chœur et d'une tour du XVIIIe (au porche S., statues des Apôtres). De Rostrenen on peut faire soit l'excursion du (7 k. O.) barrage-réservoir établi au bief de partage des bassins de l'Hière et du Blavet pour l'alimentation du canal de Nantes à Brest; soit l'excursion de Toul-Goulic (*V.* ci-dessus) en passant par (9 k.) *Kergrist-Moëlou* (belle *église* gothique de 1505; au cimetière, calvaire avec statues du XVIe s.) et (15 k.) *Trémargat* (*ifs* remarquables au cimetière), où l'on prend un guide qui conduit à (2 k.) Toul-Goulic par un sentier difficile à trouver.

28 k. *Plouguernével*, 2,564 hab. — 33 k. *Gouarec*, 825 hab., joli v. dans une situation pittoresque, au confluent du canal de Nantes à Brest et du Blavet, avec des environs charmants. — On franchit le Blavet, qui borde par sa rive dr. la *forêt de Quénécan* (3,600 hect.). — 51 k. *Mur-de-Bretagne*, 2,574 hab. (chapelle Sainte-Suzanne, entourée de châtaigniers et de chênes séculaires), a de charmants environs. — 56 k. *Saint-Guen*, 1,051 hab. (à l'église, tombeau de St Elouan, XVIIe s.). — On franchit la rigole qui porte au canal de Nantes à Brest les eaux que le réservoir de Bara reçoit de la rivière d'Oust, barrée près de sa source. — 65 k. *Saint-Caradec*, 1,512 hab. (église de 1664 avec fonts baptismaux remarquables). — On franchit l'Oust. — 72 k. Loudéac (p. 38).

De Carhaix à Morlaix, *V.* p. 44; à Landerneau, par les monts d'Arrée, *V.* p. 45; à Rosporden, p. 58; à Pleyben, p. 61.

De Guingamp a Paimpol (37 k.; ch. de fer, 1 h. 40 à 2 h. 30; 4 fr. 25, 2 fr. 80, 1 fr. 80). — 10 k. *Trégonneau-Squiffiec*. — 16 k. *Plouec*. A Tréguier, *V.* ci-dessous. — On descend vers la vallée du Trieux, remarquable par la beauté et la variété des sites. — 22 k. *Pontrieux*, 2,006 hab., port (pêche du saumon) sur le Trieux qui y devient navigable; un bateau (1 fr.) fait un service régulier entre Pontrieux et l'île de Bréhat (*V.* ci-dessous) en passant au-dessous du *château de la Roche-Jagu* (XVe s.). — On franchit la rivière pour en descendre la rive dr., puis le Leff, dont l'embouchure est dominée par les ruines de *Frinandour*. — 32 k. *Plourivo-Lézardrieux*. *Lézardrieux*, 2,188 hab., joli bourg sur l'autre rive du Trieux (magnifique *pont suspendu*), port, est à 3 k. 5 N.-O.

37 k. **Paimpol** *, 2,737 hab., port important (pêche de la morue sur les côtes d'Islande) au fond d'une anse ou baie dans laquelle débouche la petite rivière de Quinic (à l'*église*, chandelier pascal sculpté par Corlay, triptyque du XVIe s., tableaux provenant de l'abbaye de Beaufort). A 8 k. env. N.-N.-E. (voit. publique et bateau passeur), *île de Bréhat* *, 995 hab., dont les abords sont parsemés d'une multitude de rochers, les uns découverts comme la *Roche branlante*, les autres sous-marins comme les *Héaux*; le plus curieux de tous est celui du *Paon* ou *Pan*, qui, ébranlé par l'effort de la marée montante, se soulève et retombe alternativement sur un autre rocher qu'il frappe comme un marteau sur l'enclume. Les îles et les roches de Bréhat sont formées de syénites et de porphyres rouges; roches magni-

fiques donnant à l'ensemble un aspect plein de grandeur et de poésie. Un des massifs de roches porte le *phare du Paon*. — De Paimpol à Saint-Brieuc, par Saint-Quay, *V.* ci-dessus, p. 39.

De Guingamp a Tréguier (32 k.; chemin de fer). — 16 k. de Guingamp à Plouec (*V.* ci-dessus). — 19 k. *Runan* (**église** de la fin du xve s., avec *retable* en granit sculpté). — 24 k. *Pommerit-Jaudy*. — 26 k. *La Roche-Derrien*, 1,269 hab., sur la rive dr. du Jaudy; église en partie romane (orgues du xve s.; retable Renaissance). — On franchit le Jaudy. — A g., *Minihy-Tréguier* (*église* du xve s.; manoir de *Kermartin*, où est né saint Yves, patron des hommes de loi, dont le tombeau primitif subsiste dans le cimetière), puis *tour St-Michel* (xve s.; flèche du xviiie), reste d'une église.

35 k. **Tréguier** *, V. de 3,297 hab., sur une haute colline verdoyante dominant le confluent du Jaudy (*pont tubulaire du Canada*) et du Guindy. — Ancienne **Cathédrale** (1339); porche O. du xiiie s.; tour N., dite *tour d'Hastings*, romane; tour S. du xve s., flèche imposante du xviiie s. A l'int. : **tombeau de St Yves** (style du xive s.), élevé en 1890; bénitier en granit et fonts baptismaux du xive s.; *chapelle au Duc* (1440); tombeaux du xive et du xve s.; lutrin et stalles en chêne du xviie s.; dans le croisillon g., porte du cloître (1461). — A g. de la cathédrale, ancien *évêché*, avec petit parc en terrasses. — Sur la place de l'église, *statue de Renan*, par Boucher. — *Hôpital* du xive s. — *Port*.

A 2 k. N., *Plouguiel* (belle vue; à l'église, statue tombale du xive s.) et à 7 k. N., *Plougrescant* (à l'église, bahut sculpté du xvie s., Vierge en albâtre, sarcophage de St Gonery, du viiie s., *mausolée* d'un évêque, Renaissance). — A 12 k. N.-O. de Tréguier, bains de mer de *Port-Blanc* *, sur une grève en avant de laquelle émerge *l'île Saint-Gildas*, offrant un charmant aspect avec ses grands blocs de rochers, son bois de pins et sa végétation de genêts, de lierre et de pervenches.]

On franchit le Trieux. A g., le *Ménez-Bré* (302 m.).

520 k. *Belle-Isle-Bégard*. — A 4 k. N., *Bégard*, 4,915 hab. (asile d'aliénées dans une anc. abbaye, fondée en 1130, reconstruite au xviie s., mais dont l'église est ancienne). — A 8 k. S., *Belle-Isle-en-Terre*, 1,896 hab. (chapelle de *Locmaria*, avec jubé du xvie s.).

On traverse la vallée du Guer.

531 k. *Plouaret*, 2,904 hab., à 1 k. de la station (à dr.), établie à 1 k. (à g.) du *Vieux-Marché* (2,266 hab.).

[A 5 k. N.-E., *chapelle des Sept-Saints* (xviiie s.), placée sur un *dolmen* formant crypte. — A 7 k. S., *Plounévez-Moëdec*, 3,122 hab. (papeterie; à *Perga*, *menhir* haut de 10 m.), et à 3 k. O. de Plounévez, belle *chapelle de Keramenac'h*, du xve s.

De Plouaret a Lannion (18 k.; chem. de fer, 40 min.). — 8 k. *Kérauzern*, station d'où l'on peut aller visiter les anciens châteaux de Runfau et de Kergrist (*V.* p. 42). — A dr., *Ploubezre*, 2,983 hab.; *tour* (1577) de l'église à dômes superposés.

18 k. **Lannion** *, 6,010 hab., sur une colline de la rive dr. du Léguer (port maritime). — De la gare, on gagne à dr. le *pont*, près duquel sont l'*hôpital* (1866) et l'*église Sainte-Anne*. Au delà du pont, à dr., *palais de justice* (quai de la rive dr.); à g., promenades de l'*Allée-Verte* et du *jardin Anglais*. — On monte, en face, à la *place du Centre* (*maisons* des xve et xvie s.), à dr. de laquelle s'ouvre la *rue Geoffroy-de-Pontblanc* (*maison* en bois de l'époque Louis XIII) et qu'une rue relie à l'*hôtel de ville*, d'où l'on voit l'*église Saint-Jean du Baly* (xvie-xviie s.).

A 500 m. N., sur une hauteur escarpée, *Brélévenez* (*église* des xiie, xve et xvie s., *crypte* du xie s., avec saint-sépulcre).

Charmante excursion (voit. de louage, 10 fr.; on peut déjeuner à un des deux cafés de Tonquédec; il vaut mieux emporter des provisions avec lesquelles on déjeune au château de Tonquédec : écurie et foin pour les chevaux) dans la vallée pittoresque du Léguer. On suit la route de (7 k.) *Guergillies*, où l'on met pied à terre pour aller visiter la *chapelle* (1559; jubé) de *Kerfaouez* ou *Kerfons*, dont la clef est dans une maison voisine. Revenu à Guergillies, on gagne, par *Kermorgan* et *Kérouzern*, le *château de Kergrist*, du XVe s. (envoyer la voit. stationner au pont du Châtel). Sortant du domaine de Kergrist par le jardin français, on descendra à pied au château de *Runfau* (chapelle du XVe s.). Descendant sur la rive g. la vallée du Léguer, on franchit la rivière près d'un moulin et d'un barrage pour côtoyer la rive dr. jusqu'au *pont du Châtel*. Près de là on arrive aux ruines du **château de Tonquédec** (XIVe et XVe s.), v. dont l'église (XVe s.) renferme une belle verrière. — On rentre à (9 k. 5) Lannion par *Buhulien* (calvaire de 1679), où l'on descend de voit. pour aller voir le château de *Coëtfrec* (XVe s.), sur une colline couverte d'arbres de haute futaie.

A 12 k. O.-N.-O. de Lannion, bains de mer de *Trébeurden*, en face de plusieurs îlots dont le principal est *l'île Grande* (dolmen; carrières de granit). — A 10 k. N., *Perros-Guirec* *, 2,991 hab., port dans une petite anse (*bains de mer*; *église* du XIIe s.), est relié par une route à la chapelle *N.-D. de la Clarté* (XVIe s.) et au v. de *Ploumanac'h*, situé au milieu d'une immense plaine ou grève couverte par les *rochers de Ploumanac'h*, que le flot baigne à marée haute et qui s'étendent jusqu'à (4 ou 5 k. O.) **Trégastel**, station de bains de mer (couvent de religieuses où les familles sont reçues comme pensionnaires en été). Du haut du *phare* de Ploumanac'h, belle vue, notamment sur les *Sept-Iles*.

De Lannion à Morlaix, par Plestin (36 k.; route de voit.). — On gravit une côte au sommet de laquelle est un menhir à dr. (belle vue). — 11 k. *Saint-Michel-en-Grève*. — La route côtoie une vaste échancrure de sable calcaire appelée la *lieue de Grève*. A dr., *chapelle Saint-Efflam*, près de la station balnéaire du même nom. — 17 k. *Plestin* *, 3,903 hab. (à l'église, tombeau de St Efflam, XVIe s.). A 7 k. N., *Locquirec* * (voit. publique de Morlaix), sur un promontoire (église du XIIe s. avec clocher de 1691 et retable sculpté). — 24 k. *Lanmeur*, 2,511 hab. (à l'église, *crypte* dans laquelle jaillit la *fontaine de Saint-Mélar*; à 8 k., dans un site gracieux, *Saint-Jean-du-Doigt*, v. célèbre par son pèlerinage, et dont l'*église*, de 1440-1513, au *trésor* fort riche, conserve l'index droit de St Jean-Baptiste; au cimetière, *fontaine* de la Renaissance). — Après avoir traversé le plateau du *Boiséon*, on descend dans la vallée du Dourduff. — 36 k. Morlaix (*V.* ci-dessous).]

540 k. *Plounérin*. — A g., étang de *Trogoff* et *Plouégat-Moysan* (à 1 k. S., *Saint-Laurent-du-Pouldour*, pèlerinage). On franchit la vallée du Douron (viaduc de 8 arches).

554 kil. *Plouigneau*, 4,278 hab. — On arrive à la gare de Morlaix par un **viaduc** gigantesque (58 m. au-dessus des quais) à 2 étages.

563 k. **Morlaix** *, 16,086 hab., est situé au fond d'une vallée où se réunissent le Jarlot et le Queffleut, qui passent, sous le nom de rivière de Morlaix, sous l'hôtel de ville, la place Souvestre et la *place Charles-Cornic* (monument du corsaire breton Ch. Cornic) avant de former un *port* important, à 7 k. de la mer.

De la gare, on descend la *rue Gambetta* (à g., *rue Courte*, en escalier, qui abrège); à dr., *Saint-Martin des Champs* (XVIIIe s. belle tour; peintures de Puyg). La *rue Gambetta* se réunit à la *rue Carnot* (poste et télégraphe) dans laquelle s'ouvrent, à dr. la *rue de l'Hospice* (reste des anciens remparts), la *rue de*

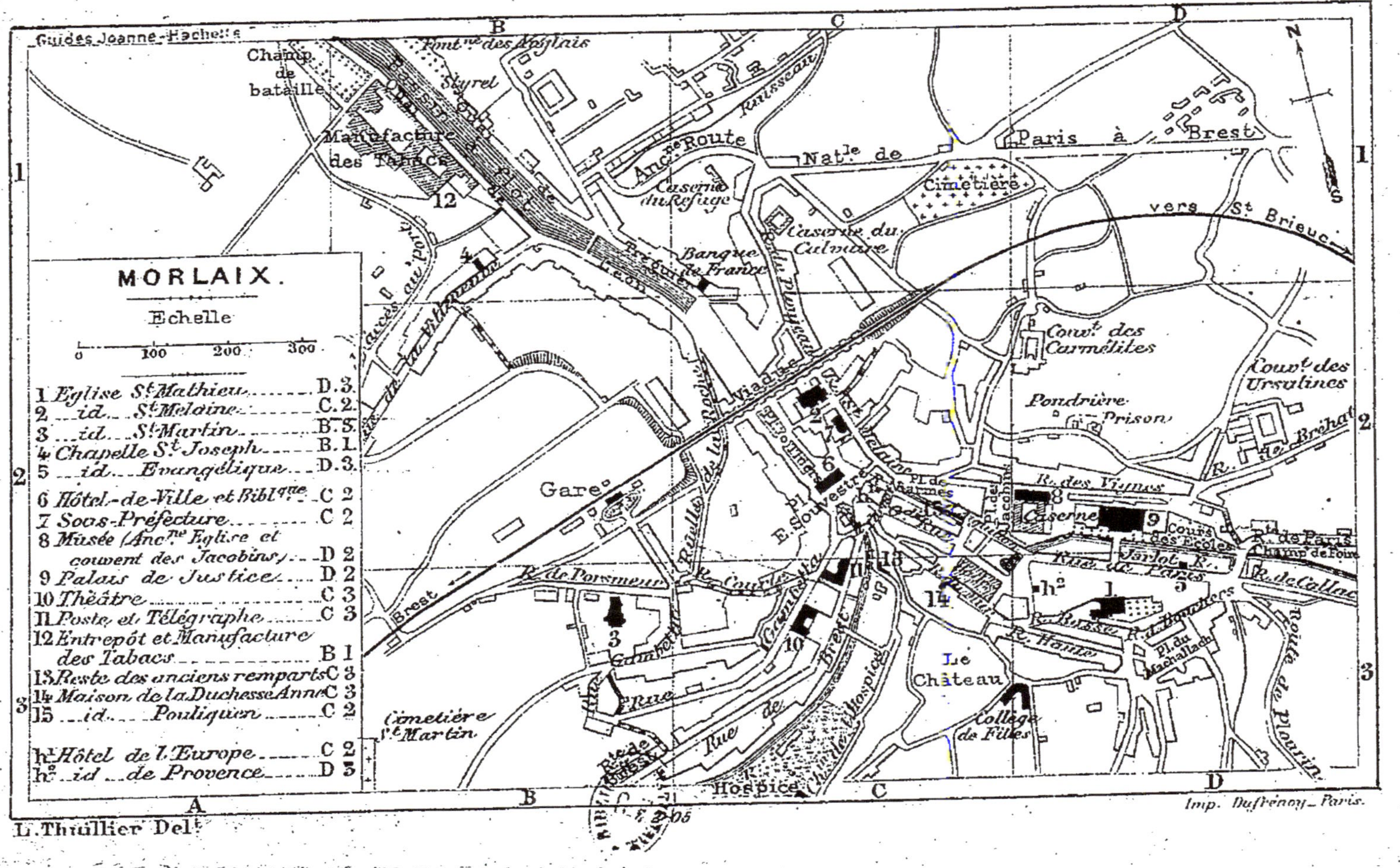
Guides Joanne-Hachette
MORLAIX.
Echelle
0 100 200 300
1 Eglise St Mathieu .... D.3.
2 ..id.... St Melaine .... C.2.
3 ..id.... St Martin .... B.S.
4 Chapelle St Joseph .... B.1.
5 ..id.... Evangélique .... D.3.
6 Hôtel-de-Ville et Biblque .... C 2
7 Sous-Préfecture .... C 2
8 Musée (Ancne Eglise et couvent des Jacobins) .... D 2
9 Palais de Justice .... D 2
10 Théâtre .... C 3
11 Poste et Télégraphe .... C 3
12 Entrepôt et Manufacture des Tabacs .... B 1
13 Reste des anciens remparts C 3
14 Maison de la Duchesse Anne C 3
15 ..id.... Pouliquen .... C 2
h1 Hôtel de l'Europe .... C 2
h2 ..id.. de Provence .... D 3
Champ de bataille
Manufacture des Tabacs
Pont ne des Anglais
Gare
Viaduc
Cimetière
Cimetière St Martin
Caserne du Refuge
Caserne du Calvaire
Banque de France
Couvt des Carmélites
Couvt des Ursulines
Poudrière
Prison
Caserne
Le Château
Collège de Filles
Hospice
Ancne Route Natle de Paris à Brest
vers St Brieuc
Brest
R. de Brehat
R. des Vignes
Rue de Paris
R. de Paris
Champ de Foire
R. de Callac
Route de Plourin
R. Haute
R. Basse
Pl. du Machallach
Pl. des Jacobins
E. Souvestre
Rue de Brest
R. de Porsmeur
R. Courte
Ruelle de la Roche
Cours des Écoles
Jarlot R.
Le Styrel
Accès au port
N
S
L. Thuillier Delt
Imp. Dufrénoy - Paris.

lur ou *rue des Nobles* et la *Grand'Rue* (curieuses maisons du xve au xviie s.), à g. la *rue Notre-Dame* (aux angles, statues grotesques). La rue Carnot aboutit à la *place de Viarmes*, d'où la *rue d'Aiguillon*, à g., conduit à la *place Thiers* (*hôtel de ville*). Passant sous le viaduc, on gagne le *port*, la *chapelle Saint-Joseph* (peintures par Yan Dargent) et la *manufacture des tabacs*.

De la place Thiers, on monte à l'*église Saint-Melaine* (1489; curieuses sculptures des sablières; charmants fonts baptismaux). La *rue Saint-Melaine* ramène à la place de Viarmes, à un angle de laquelle la *rue des Fontaines* monte aux restes gracieux de la *chapelle N.-D. de la Fontaine* (xve s.). A g., la *rue d'Aiguillon* mène à la *place des Jacobins* (ancien *couvent des Jacobins*, du xiiie s.; dans l'église, *musée* et *bibliothèque*). De la rue d'Aiguillon on monte à la *rue Basse* (*église Saint-Mathieu* : tour du xvie s.), d'où les rues des Nobles et du Pavé ramènent à la gare.

[En côtoyant la rivière de Morlaix, aux rives ombreuses bordées de châteaux, de couvents, on arrive à (14 k.) *Carantec*, d'où l'on peut gagner, en passant à côté de l'*île Louet* (phare), le *château du Taureau* (45 min. environ de Carantec), ancienne forteresse des xvie et xviie s., bâtie sur un rocher dans la mer à l'entrée de la rade de Morlaix. Pour entrer dans le château se munir à Morlaix d'une autorisation délivrée par l'Administration de la marine, au bureau de l'Inscription maritime, quai de Tréguier.

De Morlaix a Roscoff (28 k.; chem. de fer, 55 min.). — 11 k. *Taulé-Henvic*. — Viaduc métallique, haut de 30 m., sur la Penzé.

22 k. **Saint-Pol-de-Léon** *, 7,846 hab., à 1 k. de la Manche. — De la gare, en allant directement à la cathédrale, on trouve à dr. la *chapelle de Creizker* (xive s.), **clocher** admirable, haut de 77 m., portant sur 4 piliers d'une légèreté merveilleuse, surmonté d'une longue flèche découpée à jour et flanquée de clochetons. — A côté, *collège*; un peu plus loin, dans le cimetière, *ossuaires* gothiques; *chapelle Saint-Pierre* (xve-xvie s.) et *chemin de croix* en pierre de Kersanton. Revenant sur ses pas, on gagne, par la 1re rue à dr., la **Cathédrale**, en partie romane et des xiiie, xive et xve s., de style ogival normand; façade O. avec deux clochers égaux (55 m.) à flèches de pierre (xive s.); porche du S., dit *porte des Catéchumènes* (xiiie s.), simple et élégant; nef du xiiie s.; dans le mur terminal S. du transept, rose (vitraux modernes) surmontée de la *fenêtre* dite *de l'Excommunication*; dans le chœur, 60 *stalles* de 1512; autour du chancel, enfeux avec autels commémoratifs; auge en pierre (cercueil du xiie s.) servant de *bénitier*; cuve baptismale du xiiie s.; verrière de 1560; au pourtour du chœur, tombeaux d'évêques du xive au xixe s.; curieux emblème de la Trinité (xvie s.), peint sur la voûte de la 3e chap. à dr. du pourtour du chœur. — A g. de la cathédrale est l'*hôtel de ville*, ancien *évêché* (xviiie s.) dont le jardin est devenu une promenade publique. — Derrière la cathédrale, *maison* prébendale (xvie s.), d'où une rue mène à la *chapelle Saint-Joseph* (flèche de 1847). — Belle vue du *Champ de la Rive* (1 k. E.).

28 k. **Roscoff** *, 4,936 hab., station de bains de mer, est célèbre par ses *primeurs* et par son **figuier** plusieurs fois séculaire. — *Notre-Dame de Croaz-Baz*, du xvie s. (charmante tour de la Renaissance; curieux bas-reliefs en albâtre du xive s.). — *Maisons* anciennes. — Laboratoire de zoologie expérimentale. — Port. — A 1,500 m. env., au large, *île de Batz*, peu intéressante (bateau, 25 c.; ne s'embarquer que par un très beau temps), avec port, *phare* de 1er ordre (alt. 68 m.) et une église où est conservée l'étole avec laquelle St Pol

captura un épouvantable dragon qui terrorisait la contrée.

[De Morlaix a Carhaix (49 k.; ch. de fer, en 1 h. 47 à 2 h. 28; 5 fr. 50, 3 fr. 70, 2 fr. 40). — Après avoir passé sur le viaduc de Morlaix, on laisse à g. la ligne de Saint-Brieuc, pour remonter le vallon du Jarlot. — 9 k. *Plougonven-Plourin*. — La voie ferrée s'élève rapidement pour franchir la chaîne des monts d'Arrée (*V.* p. 44), région schisteuse et désolée. — 16 k. *Le Cloitre-Lannéanou*. — On contourne à g. les *rochers du Cragou* (268 m.) pour s'engager dans la vallée du Squiriou, affluent de l'Aulne. — 25 k. *Squiriou-Berrien*. Le Squiriou franchi, le ch. de fer s'enfonce dans le bois de *Beuch'coat*, puis s'engage dans la vallée de l'Aulne. — 33 k. *Huelgoat-Locmaria*, station reliée par des omnibus (1 fr. 50 all. et ret.), qui passent près du *Gouffre* où le ruisseau de Pont-Pierre disparaît au-dessous d'une mine argentifère, à (6 k. 3) **Huelgoat** *, 1,600 hab., gracieuse arcadie au vaste étang, aux magnifiques chaos de rocs dont l'un, le *Rocher tremblant*, est la plus belle pierre branlante de la Bretagne. A 7 k. d'Huelgoat, la *chapelle de Saint-Herbot* (XVIe s.), célèbre par son pardon (7 juin), avoisine une *cascade* pittoresque, où l'on se rend en passant près de l'ancien *château du Rusquec*. — On franchit l'Aulne. — 38 k. *Poullaouen* (mine de plomb argentifère). — On quitte la vallée de l'Aulne pour passer dans celle de l'Hière ou Aven. — 49 k. Carhaix (*V.* p. 40).]

De Morlaix à Lannion, par Plestin, *V.* p. 42.

572 k. *Pleiber-Christ*. — On franchit la vallée de Coatoulsac'h.

578 k. *Saint-Thégonnec*, 3,444 hab., à 3 k. N. — *Eglise* du XVIIe s.; dans le cimetière, *arc de triomphe* (1587), *calvaire* (1610) et *ossuaire* (1581) avec crypte renfermant une Mise au tombeau.

583 k. *Guimiliau* (dans l'*église*, des XVIe et XVIIIe s., sculptures délicates du porche S. et à la chaire; beau buffet d'orgues; **calvaire** de 1581 à 1588, figurines en costume du XVIe s. représentant la vie du Christ).

Viaduc long de 145 m., haut de 32 m. (8 arches), sur la Penzé.

On côtoie le Quillivarou.

590 k. *Landivisiau*, 4,354 hab., à 2 k. à dr. — *Eglise* : riche portail et belle flèche du XVIe s.

[A 8 k., *Lambader*, ham. avec une chapelle du XIVe s. renfermant un magnifique *jubé* de 1481. — Excurs. à (5 k.) *Bodilis* (**église** de la Renaissance, avec *baptistère* curieux du XVIe s.) et au (13 k.) **château de Kerjean** (XVIe s.), « le Versailles de la Bretagne », œuvre extraordinaire, tout à la fois château et forteresse, où deux âges sont juxtaposés sans être confondus.]

599 k. *La Roche* (ruines du *château de la Roche-Maurice*, IXe s.). — On franchit l'Elorn. A g., ligne de Nantes (R. 5).

604 k. **Landerneau** * (buffet; les voyageurs à destination de la ligne de Nantes changent de train), 7,080 hab., sur l'Elorn (port). — *Saint-Houardon*, sur la rive dr. (*tour* et porche de la Renaissance; tableaux de Yan Dargent, né à Landerneau, et de Jobbé-Duval). — *Saint-Thomas de Cantorbéry* (XVIe s.). — *Hôtel de ville* (1750). — *Maisons* des XVIe et XVIIe s. — Ancien *pont* bordé de maisons. — *Manufacture* de toiles.

[De Landerneau a Plounéour-Trez (28 k.; ch. de fer, en 1 h. 15 à 1 h. 23; 2 fr. 15 et 1 fr. 45). — 13 k. *Ploudaniel*. — 16 k. **Le Folgoët**, v. célèbre par son pèlerinage et son *église Notre-Dame du Folgoët* (*portique des Apôtres* délicatement sculpté

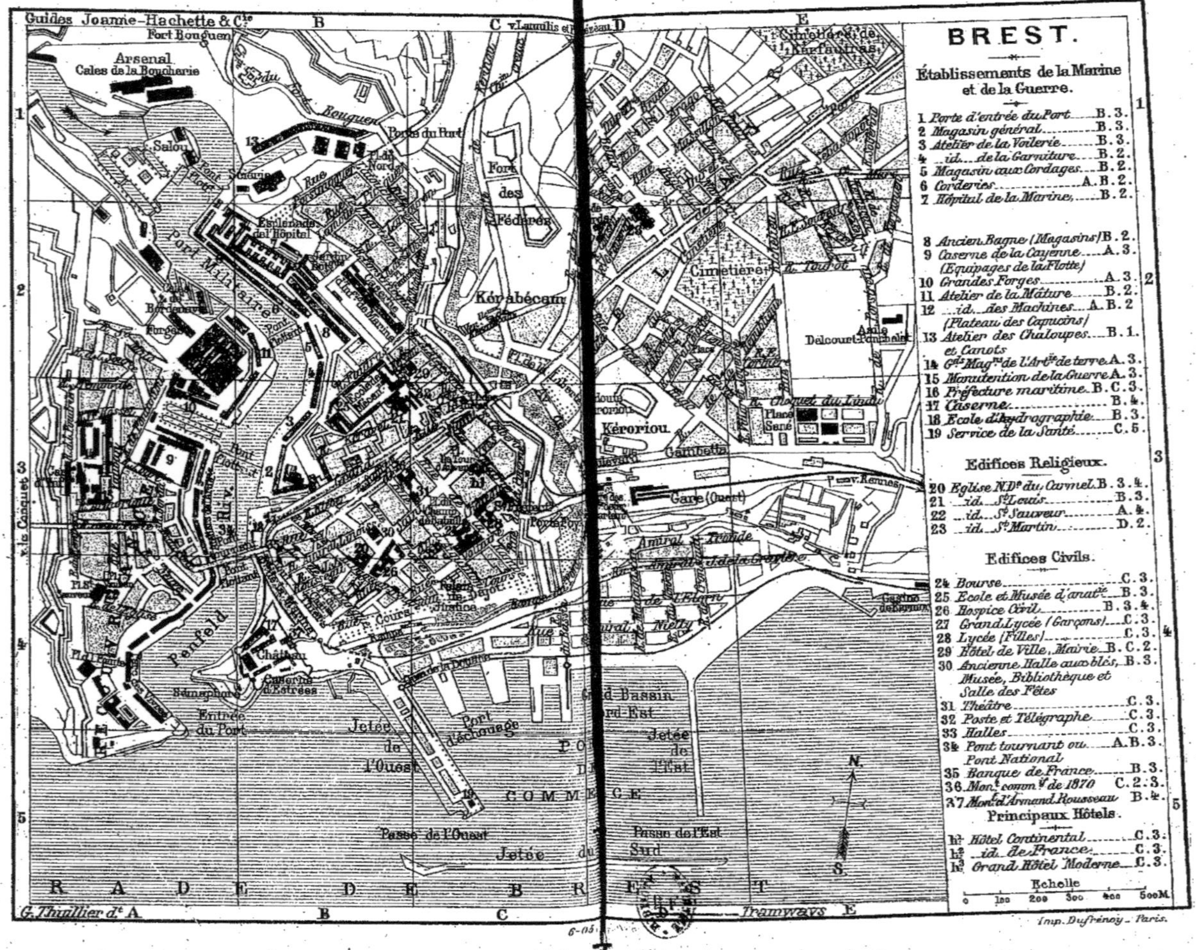
Guides Joanne-Hachette & Cie
BREST.
Établissements de la Marine et de la Guerre.
1 Porte d'entrée du Port...B. 3.
2 Magasin général...B. 3.
3 Atelier de la Voilerie...B. 3.
4 id. de la Garniture...B. 2.
5 Magasin aux Cordages...B. 2.
6 Corderies...A. B. 2.
7 Hôpital de la Marine...B. 2.
8 Ancien Bagne (Magasins) B. 2.
9 Caserne de la Cayenne...A. 3.
(Équipages de la Flotte)
10 Grandes Forges...A. 3.
11 Atelier de la Mâture...B. 2.
12 id. des Machines...A. B. 2
(Plateau des Capucins)
13 Atelier des Chaloupes...B. 1.
et Canots
14 Gds Magns de l'Artie de terre A. 3.
15 Manutention de la Guerre A. 3.
16 Préfecture maritime. B. C. 3.
17 Caserne...B. 4.
18 École d'hydrographie...B. 3.
19 Service de la Santé...C. 5.
Édifices Religieux.
20 Église N.D. du Carmel. B. 3. 4.
21 id. St Louis...B. 3.
22 id. St Sauveur...A. 4.
23 id. St Martin...D. 2.
Édifices Civils.
24 Bourse...C. 3.
25 École et Musée d'anatie...B. 3.
26 Hospice Civil...B. 3. 4.
27 Grand Lycée (Garçons)...C. 3.
28 Lycée (Filles)...C. 3.
29 Hôtel de Ville, Mairie. B. C. 2.
30 Ancienne Halle aux blés, B. 3.
Musée, Bibliothèque et
Salle des Fêtes
31 Théâtre...C. 3.
32 Poste et Télégraphe...C. 3.
33 Halles...C. 3.
34 Pont tournant ou...A. B. 3.
Pont National
35 Banque de France...B. 3.
36 Mont comm. de 1870...C. 2. 3.
37 Mont d'Armand Rousseau...B. 4.
Principaux Hôtels.
h1 Hôtel Continental...C. 3.
h2 id. de France...C. 3.
h3 Grand Hôtel Moderne...C. 3.
Échelle
0 100 200 300 400 500 M.
Arsenal
Cales de la Boucherie
Fort Bouguen
Salou
Port Militaire
Penfeld
Esplanade de l'Hôpital
Forges
Kérabécam
Fort des Fédérés
Cimetière
Cimetière de Kerfautras
Délcourt-Ponchelet
Place Sané
Kéroriou
Gambetta
Gare (Ouest)
Porte du Port
Château
Caserne d'Estrées
Sémaphore
Entrée du Port
Jetée de l'Ouest
Port d'échouage
Grand Bassin Nord-Est
Jetée de l'Est
PORT DE COMMERCE
Passe de l'Ouest
Passe de l'Est
Jetée du Sud
RADE DE BREST
v. le Conquet
v. Lannilis et Plouguerneau
v. Rennes
Tramways
G. Thuillier dt
Imp. Dufrénoy - Paris.

beaux vitraux; *jubé* en granit), bâtie sur le tombeau du B. Salaun, mort en odeur de sainteté (XIVe s.). Dans le voisinage, un monument a été élevé à Mgr Freppel, panégyriste de N.-D. du Folgoët. — 17 k. *Lesneven* *, 3,496 hab. (*statue du général Le Flô*, par Godebski). — 22 k. *Plouider*. — 25 k. *Goulven* (église des XVe et XVIe s.). — 28 k. *Plounéour-Trez*, sur une colline (belle vue). — A 2 k. N., *Brignogan* *, station de bains de mer, dans une anse remplie de blocs de *rochers* épars (menhir de *Men Marz*, haut de 8 m.).

La route DE LANDERNEAU A CARHAIX (69 k.) dessert (18 k.) *Sizun*, ch.-l. de c. de 3,685 hab., sur la rive dr. de l'Elorn (église des XVIe et XVIIe s., avec flèche de 1722; *arc de triomphe* de 1588 servant d'entrée au cimetière, qui renferme un *ossuaire* de la Renaissance), et croise (32 k.), sur la crête des **monts d'Arrée** (vue très étendue), près du *Roc Trévézel* (344 m.), une route par laquelle on pourrait visiter (7 k. S.) la *chapelle Saint-Michel*, située au point le plus élevé (391 m.) de toute la Bretagne. Plus loin la route de Carhaix passe à (38 k.) *la Feuillée*, 1,818 hab. (à l'église, médaillons peints figurant les Apôtres), et à (48 k.) Huelgoat (*V.* p. 43), b. desservi par le ch. de fer de Morlaix à Carhaix. — 69 k. Carhaix (p. 40).]

De Landerneau à Quimper, Lorient, Vannes, Redon et Nantes, R. 5.

On franchit le ruisseau de la Palue, puis on traverse la *forêt de Landerneau* (655 hect.). — 640 k. *La Forest*, lieu de villégiature. — *Viaduc* long de 200 m., haut de 39 m. (11 arches de 15 m. d'ouverture), sur l'*anse de Kerhuon*.

615 k. *Kerhuon*.

[Un service de bateaux (10 c.), à 20 min. S. (à g.) de la station, au ham. de *Camfrout*, fait communiquer Kerhuon avec (4 k. S.) *Plougastel-Daoulas*, 7,677 hab. On débarque au port du *Passage* (bat. à vap. pour Brest, le dimanche en été, 60 c. aller et retour), près de la *chapelle de Saint-Langui* (calvaire de 1622). La presqu'île de Plougastel, sur la côte S., cultivée avec soin, produit des fruits, surtout des fraises et des légumes, tandis que la côte N. est bordée de rochers. La population a conservé presque intact son costume traditionnel. A côté de l'église de Plougastel, **calvaire** (1602-1604), le plus beau de la Bretagne : 200 figurines représentent des scènes de la *Passion* (on remarque surtout l'*Entrée à Jérusalem*). — En amont du Passage, *chapelle Saint-Jean*, dont la fête patronale (24 juin) attire une foule de visiteurs (costumes pittoresques).]

618 k. *Le Rody*.

623 k. **Brest** *, s.-pr. du dép. du Finistère et ch.-l. du 2e arr. maritime, V. de 84,284 hab., port militaire, place de guerre, à l'embouchure de la Penfeld, qui sépare Brest (rive g.) de *Recouvrance* (rive dr.). — **La rade de Brest** (36 k. de circuit) communique avec l'Océan par un *goulet* large d'env. 2 k., dont l'entrée est éclairée par 5 phares; des ouvrages importants défendent l'entrée de Brest par terre et par mer.

De la gare, laissant à dr. la gare des ch. de fer départementaux, on se dirige en face vers la *porte Foy*, donnant accès dans la *rue de la Poterne* et la *rue Voltaire*. Cette dernière est coupée par la *rue de la Rampe*, qui mène à g. au **cours Dajot** (belle promenade; à ses extrémités, *Neptune* et l'*Abondance*, par Coysevox; musique le jeudi et le dimanche); à dr., à la **place du Champ-de-Bataille** (musique en été), que bordent la *sous-préfecture*, le *théâtre* et la poste-télégraphe.

A g. du théâtre, dans la *rue d'Aiguillon*, on prend à g. la *rue Saint-Yves*, qui mène à l'*église N.-D. du Mont-Carmel*, de 1718, et au musée.

Le **Musée** (ouvert t. l. j. aux étrangers) est intéressant en ce qu'il comprend un certain nombre de bonnes toiles figurant des paysages, scènes de mœurs et intérieurs bretons.

La rue de la Rampe aboutit à la **rue de Siam**, principale rue de Brest, qui monte, à dr., à la *Préfecture maritime*, à la *place des Portes* (*monument*, œuvre d'Auguste Maillard, aux soldats et marins bretons morts pour la patrie) et au faubourg de Bel-Air (*églises* modernes *de Saint-Martin* et *des Carmélites*), et descend à g. vers le pont tournant.

Le **pont tournant**, qui franchit le port militaire, est composé de 2 volées se réunissant au milieu du bassin et tournant autour d'axes établis au sommet de 2 piles de maçonnerie construites sur les quais; 4 hommes ouvrent ou ferment le pont en 15 min. env. à l'aide d'un cabestan. — Du milieu du pont, on embrasse dans son ensemble le port militaire.

Au-dessous du pont tournant, *pont flottant* pour les piétons. — A g. du pont, sans le franchir, on suit le *boulevard Thiers* (belle vue) pour se rendre au **Château** (s'adresser au casernier, dans la cour, à g., au-dessous de l'horloge), sur un rocher, à l'entrée de la Penfeld, construit du XIIIe au XVe s., modifié par Vauban, ayant la forme d'un trapèze. Il est précédé d'un petit square où se voit le *monument d'Armand Rousseau*, gouverneur de l'Indo-Chine, par Puech et Vaudremer. Portail (1461) avec 2 tours semi-circulaires. On remarque : la *tour de la Madeleine*; la *tour Française* (1374); la *tour de César* (XIIIe s.); la *tour de Brest*, d'où l'on domine le port et son entrée; le *donjon* (XVe s.), réduit formant autrefois le *Vieux-Château* et comprenant la *tour d'Azénor* (XIIe s.), la *tour du Midi* ou *d'Anne de Bretagne* et la *tour du Nord*; autour du donjon s'étend le *bastion Sourdéac* (XVIe s.). Casernes, *salle d'armes* et 2 souterrains servant de magasins.

De l'autre côté de la Penfeld, à l'entrée du pont tournant, *tour* du XIVe s. (ridiculement défigurée), reste de l'ancienne bastille *de la Motte-Tanguy*.

Du château, on descend à g., par le *boulevard de la Marine*, au port militaire (entrée au bas de la *Grande-Rue*).

Le **port militaire** est établi sur les deux versants d'un petit bras de mer sinueux, encaissé, ayant de 10 à 13 m. de profondeur d'eau aux plus basses mers. Ces versants, très rapides, ayant 35 m. de hauteur maxima au-dessus du niveau de la mer, se composent généralement de roches d'un gneiss schisteux, sur lesquelles il a fallu conquérir, à l'aide de larges et profondes excavations, la plupart des établissements du port. Pour visiter le port militaire, on doit se munir d'une autorisation délivrée t. l. j., sauf le dimanche, de 9 à 11 h. matin, sur la présentation d'une pièce d'identité, à la « Majorité » (école d'hydrographie), au bas de la Grand'Rue, à dr. (n° 62). A l'entrée du port, à l'extrémité inférieure de cette même rue, le visiteur remet sa permission au gendarme de garde, qui désigne un matelot pour l'accompagner (rémunération). Avant de commencer la visite le matelot fait inscrire, par un maréchal des logis de gendarmerie, sur un registre, son nom et celui de son compagnon. L'examen superficiel du port exige au moins 2 h. L'intérêt qu'il présente consiste principalement dans la visite d'un navire de guerre et des chantiers où quelque grand bâtiment ou cuirassé est le plus souvent en construction. On peut signaler aussi l'*ancien atelier de sculpture* (belles statues placées jadis à la proue des navires) et la salle des modèles ou *musée Maritime*, ouvert de 1 h. 30 à 4 h. (rétribution au gardien particulier de ce musée). Mais l'ensemble du port consiste dans de vastes constructions en amphithéâtre occupées soit par l'administration, soit par des magasins ou des ateliers, d'un intérêt tout technique et dans lesquels, du reste, on ne peut pénétrer. Au pied du terre-plein du rempart dit le Fer-à-Cheval se trouve la *batterie du Fer-à-Cheval*, qui tire chaque matin et chaque soir le coup de canon de la diane et de la retraite, annonçant l'ouverture et la fermeture de l'arsenal et du port. L'esplanade du magasin général est décorée de la statue d'*Amphitrite*, par Coysevox, et de la *Consulaire*, canon fondu en 1542 par les Vénitiens.

En amont de la digue est l'anse de la Villeneuve, près de laquelle se trouve l'*école des pupilles de la Marine* (passage gratuit en bac).

Aux établissements de la marine se rattachent différentes écoles spéciales. On peut les visiter avec l'autorisation de l'officier de service, en prenant un petit bateau dans le port de commerce (prix à débattre). Ce sont : — l'**École navale**, installée sur le vaisseau le *Borda*, mouillé en rade à 500 m. de l'entrée du port, commandée par un capitaine de vaisseau et recevant chaque année 70 à 100 élèves qui y séjournent deux ans; — l'*école des mousses*, installée sur le vaisseau la *Bretagne*, commandé par un capitaine de vaisseau; — le *Navarin*, vaisseau-école des marins torpilleurs, etc.

A l'E. du port militaire, le **port de commerce** comprend un port à marée et un bassin à flot. Le *port à marée* (41 hect.) est abrité par 2 jetées et par un brise-lames long de 1,000 m., avec deux passes de 120 m. et 140 m. de largeur. En dehors du port une longue digue à l'alignement de la pointe du Portzic permet aux navires de guerre d'opérer leurs approvisionnements de charbon à l'abri.

De l'entrée du port militaire, on remonte la *Grande-Rue* (hôtel de l'*Ancienne-Intendance*; *bibliothèque de la marine*, 20,000 vol.), jusqu'à la *rue de la Mairie*, par laquelle on gagne, à g., l'*église Saint-Louis*, des XVIIe et XIXe s. (*colonnes* de marbre antique supportant le baldaquin du maître-autel; bel orgue; *tombeaux* de Du Couëdic et de l'évêque de Graveran); à dr., l'*hôtel de ville*, l'*école des mécaniciens* (*musée d'anatomie*), le *quartier de l'Infanterie de marine* (1755-1766; vaste esplanade; *observatoire de la marine*); le *jardin des plantes* (*musée d'histoire naturelle*, ouvert le jeudi de 2 h. à 3 h., du 1er mai au 1er octobre; *buste* du docteur *Crevaux*, 1843-1882, massacré par les Indiens toba), enfin **l'hôpital de la Marine** (1,200 lits). — On reprend la rue de la Mairie jusqu'à la *place de La Tour-d'Auvergne*, d'où la rue Saint-Yves et la place du Champ-de-Bataille ramènent à la gare.

[PROMENADES ET EXCURSIONS (les bateaux partent du port de commerce, près du pavillon d'octroi, bureau du remorquage, où l'on peut louer des canots à vapeur contenant un certain nombre de personnes) : — (3 k. E.) *Saint-Marc*, 3,714 hab. (établissement de bains de mer; restaurant, villas), situé près d'une anse d'où l'on a une belle vue d'ensemble de la rade et du Goulet; — (6 k. O.-S.-O.; voit. de louage, 3 fr. 50 l'heure) *Sainte-Anne* (chapelle, pèlerinage), dominant une jolie baie, et d'où l'on peut revenir à (1 h. 30) Brest par un chemin en corniche d'où l'on voit bien le Goulet et la rade; — (22 k. O.; tram électrique faub. St-Pierre t. l. h., 1 fr. 40 et 1 fr.) *le Conquet** (maisons du XVIe s.; plage entourée de rochers percés de grottes), station balnéaire à l'entrée d'un petit estuaire qu'enveloppe au N. la *presqu'île de Kermorvan* (fort; phare; vaste plage des *Blancs-Sablons*). La route du Conquet passe non loin de la station balnéaire de *Trez-Hir* (hôt.). A 4 k. du Conquet, *Saint-Mathieu* (beau phare) conserve les ruines d'une belle église abbatiale. Un bateau à vapeur partant les mardi, jeudi et samedi (traj. en 3 h.; 1 fr. 50) et qui fait escale à l'île *Molène*, relie le Conquet à l'île d'*Ouessant**, 2,717 hab., longue de 8 k. sur 3 k. 5 de larg., dont le v. principal est *Lampaul* (aub.); nombreux moutons; phares de *Stiff* (83 m.) et de *Créac'h* : près de ce dernier, la côte est bordée d'un fouillis de rochers aux formes étranges; — **Crozon et les grottes de Morgat, par le Fret** (bateau à vapeur de Brest au Fret, t. l. j. en été; trajet en 40 min.; prix, 40 c.; voit. publiques du Fret à Crozon, et à Morgat, 1 fr.; 6 k. du Fret à Crozon, 1,500 m. de Crozon à l'hôtel et à la plage de Morgat). *Crozon**, 8,625 hab., une des plus grandes com. du Finistère, est situé dans une *presqu'île* comprise entre la rade de Brest et la baie de Douarnenez et dominé par un *fort* (à l'église, *retable* dont les sculptures figurent le Martyre de St Maurice). A 1,500 m. S., hôtels et plage de **Morgat*** (*grottes* marines; *pointe de Gador*, percée d'une ouverture triangulaire), v. au S. duquel s'avance le *cap sauvage de la Chèvre* (dolmen de *Rostudel*), terminé par des pentes perpendiculaires dans lesquelles sont percées des cavernes parmi lesquelles la *grotte du Charivari*. A 7 k. O. de Crozon, anse de Dinant, célèbre par le massif rocheux ruiniforme appelé *Château de Dinant* et par les *grottes des Korrigans*, explorables seulement lors des grandes marées. Des cavernes tout aussi remarquables se trouvent à (9 k. de Crozon) *Camaret** : ce sont les *grottes du Toulinguet*, à la pointe du même nom, portant un phare et un alignement mégalithique, non loin des rochers, isolés dans la mer, appelés les *Tas-de-Pois*; — **Landévennec** (le bateau de Port-Launay-Châteaulin fait escale à Landévennec; départs à jours variables; il vaut mieux aller en bateau au Fret et louer là une voit. pour Landévennec, 17 k. 5), restes d'une abbaye fondée au Ve s. par St Guénolé (église du XIe s.; logis abbatial, etc.); — (30 k.; ch. de fer, 1 h. 25 ; 2 fr. 30 et 1 fr. 55) *Lannilis**, 3,406 hab., par (12 k.) *Gouesnou*, 1,390 hab., (18 k.) *Plabennec*, 3,628 hab. (restes du château de *Lesquélen*; nombreux mégalithes de la lande de *Lan Kermadec*), (23 k.) *Plouvien*, 2,513 hab. (calvaire de 1685; *chapelle de Saint-Jaoua*, XVe s., avec tombeaux); une route charmante relie Lannilis à (4 k. N.) *Plouguerneau* en traversant l'*Aber-vrac'h*, estuaire important comme port de relâche, qu'avoisinent les ruines pittoresques du *château de Tromenec*; — (35 k.; ch. de fer, 1 h. 30; 2 fr. 70 et 1 fr. 80) *Portsall* (église de *Kersaint*, xve s.; ruines du château de *Trémazan*) et *Ploudalmézeau**, 3,436 hab. (église avec *flèche* de 1776 et fresque par Yan Dargent), par (3 k.) *Lambézellec* (belle église moderne; jardins potagers; nombreuses usines), (12 k.) *Guilers* (*château de Keroual*), (17 k.) *Saint-Renan*, 1,954 hab., et (22 k.) *Lanrivoaré* (cimetière légendaire); d'où une route conduit aux ruines pittoresques du *château de Kergroadez* (1613) et au (10 k.) port d'*Argenton* (voit. publiques de Brest).]

De Brest à Châteaulin, Quimper, Quimperlé, Lorient, Quiberon, Carnac, Belle-Ile, Vannes, Redon et Nantes, R. 5.

ROUTE 5

DE NANTES A BREST

PAR REDON, VANNES, AURAY, LORIENT, QUIMPERLÉ, QUIMPER ET CHATEAULIN.

356 k. — Ch. de fer, en 10 h. 20 et 12 h. 10. — 32 fr. 90; 22 fr. 20; 14 fr. 50.

39 k. de Nantes à Savenay (R. 3, *B*, p. 26-27). — A g., ligne de Saint-Nazaire. On passe sous la ligne de Saint-Nazaire à Châteaubriant. A g., embranch. de Besné-Pontchâteau.

53 k. **Pontchâteau***, 4,892 hab., sur le Brivet, à l'extrémité du Sillon de Bretagne. — *Eglise* moderne, du style roman, avec peinture par M. de Montaigut.

[Corresp. pour (20 k. N.-O.) *la Roche-Bernard**, 1,145 hab., sur une hauteur au bord de la Vilaine (*pont suspendu* long de 193 m., à 36 m. au-dessus de la rivière; maisons des xve et xvie s.; port). De la Roche à Vannes, *V.* p. 52.]

De Pontchâteau à Châteaubriant et à Saint-Nazaire, R. 3, *A*.

Tunnel entre 2 ponts sur le Brivet.

59 k. *Drefféac* (ferme-école de la *Grosse-Aulne*).

63 k. *Saint-Gildas-des-Bois*, 2,734 hab. (*église*, du xiiie s., et bâtiments d'une anc. abbaye, xviiie s., auj. maison mère des Sœurs de l'Instruction chrétienne).

68 k. *Sévérac* (dolmen de la Vache). — On traverse l'Isac ou canal de Nantes à Brest. A dr., *Saint-Nicolas-de-Redon*, 2,486 hab., et ligne de Rennes et de Châteaubriant. — Pont sur la Vilaine.

84 k. **Redon*** (buffet; jonction des lignes de Nantes à Brest, de Rennes et de Châteaubriant), 6,935 hab., sur la Vilaine, près du confluent de l'Oust, et sur le canal de Nantes à Brest, au pied de la montagne de *Beaumont*; port avec bassin à flot. — De la gare, une rue, à dr., conduit à **Saint-Sauveur** (clocher isolé, xive s.; triple nef romane; transept du xiie s. avec *tour* centrale et *flèche* en pierre haute de 67 m.; chœur, xiiie s.; chapelle fortifiée, xve s.; *maître autel* donné par Richelieu; tombeaux, xve s.), église d'une ancienne abbaye, dont les bâtiments (xviiie s.) sont occupés par l'*institution Saint-Sauveur* (cloîtres). — *Maisons* du xvie s.

A Rennes, *V.* p. 35; — à Châteaubriant, p. 25.

Ponts sur le canal de Nantes à Brest, l'Oust et l'Arz. — 91 k. *Saint-Jacut.*

97 k. *Malansac.*

[Corresp. pour (5 k. N.-O.) *Rochefort-en-Terre*, 685 hab., bourg fréquenté par des peintres paysagistes, qui ont transformé en galerie de tableaux la salle à manger de l'hôtel Lecadre (château ruiné du XIIIe s.; église et maisons du XVe s.). Rochefort est voisin de la lande de **Lanvaux** (long. 50 k., larg. 2 à 5 k.), célèbre par ses mégalithes innombrables.]

110 k. **Questembert**, 4,076 hab., à 2 k. 5 S. de la station, d'où part l'embranch. de Ploërmel. — *Eglise*, XVIe s. — Au cimetière, *chapelle Saint-Michel* et *calvaire*. — Trésor de la *chapelle Notre-Dame*. — *Maisons* (XVIe-XVIIe s.) avec sculptures. — Belle charpente de la *halle* (1675).

[Voit. publique (1 fr. 50; le matin à 9 h., de la gare) pour (18 k. S.) *Muzillac*, 2,573 hab., à 2 k. 5 S. duquel *Billiers* est fréquenté en été par quelques baigneurs et artistes amis du calme et de la simplicité. — A 10 k. S.-O. de Muzillac, *Damgan* a une belle plage de sable fin, voisine (2 k. E.) de *Kervoyal*, petit port de pêche.

De Questembert a Ploermel (33 k.; ch. de fer, en 1 h. env.). — On franchit le vallon de l'Arz, pour parcourir les landes de Lanvaux (*V.* ci-dessus). — 10 k. *Pleucadeuc* (*calvaire* sculpté; mégalithes). — La voie franchit la vallée agreste de la Claie. — 17 k. *Malestroit* (1,500 m, à g.), 1,693 hab.; *église Saint-Gilles* et chapelle *de la Madeleine* (toutes deux des XIIe et XVe s.); *maisons* sculptées (XVe-XVIe s.). — La voie descend dans la belle vallée de l'Oust. — 24 k. *Roc-Saint-André-La-Chapelle.*

33 k. **Ploërmel** *, 6,062 hab., au S.-E. d'un petit lac appelé *Etang au Duc.* L'avenue de la Gare mène à la *place Lamennais*, où l'on remarque à dr. la chapelle des Frères, en face l'**église de Saint-Armel** (1511-1602; tour de 1740; belle *façade latérale g.*, avec de fines sculptures; *verrières* de 1533-1602; statues en marbre des ducs Jean II et Jean III, XIVe s.). — A dr. de l'église, la *rue des Forges* mène à la *chapelle des Ursulines* (retable en bois, XVIIe s.). En tournant à g. derrière l'église, où s'étend une place plantée d'arbres (*monument du Dr Guérin*), on entre dans la vieille ville (restes des remparts, XVe s.; *hôtel de Mercœur* et *maisons* du XVIe s.). — Au *petit séminaire* se voient l'ancienne *salle des Etats de Bretagne* (XVIIIe s.) et un *cloître* au centre duquel a été rétabli le tombeau en granit du duc Jean II et de sa femme.

De Ploërmel à Josselin (12 k.; route de voit.; courrier, 1 fr. 50). — 2 k. *Taupont.* — 6 k. *La Pyramide*, ham. En face, *pyramide* de granit, sur la place où s'élevait le *chêne de Mi-Voie*, près duquel eut lieu le célèbre *combat des Trente* (27 mars 1351). — 12 k. Josselin (*V.* p. 57).]

118 k. *La Vraie-Croix.*

124 k. *Elven* (omnibus), 3,283 hab., à 4 k. 5 N.-E. de la station. — Ruines du *manoir de Kerléau*, qu'habita Descartes. — A 2 k. S.-O., *ruines* du château de *Largouët* (XIIIe et XVe s.), ou **tours d'Elven.**

135 k. **Vannes** *, 23,375 hab., ch.-l. du départ. du Morbihan, siège d'un évêché, port maritime, à 16 k. de l'Océan, au confluent des ruisseaux de Bilaire et de Rohan, près du golfe du Morbihan.

L'*avenue de la Gare*, continuée par *l'avenue Victor-Hugo*, aboutit à la *rue du Méné*, qui conduit à la place de l'Hôtel-de-Ville (*V.* ci-dessous). Laissant cette rue à dr. on prend en face la *rue Billault*, qui monte à la

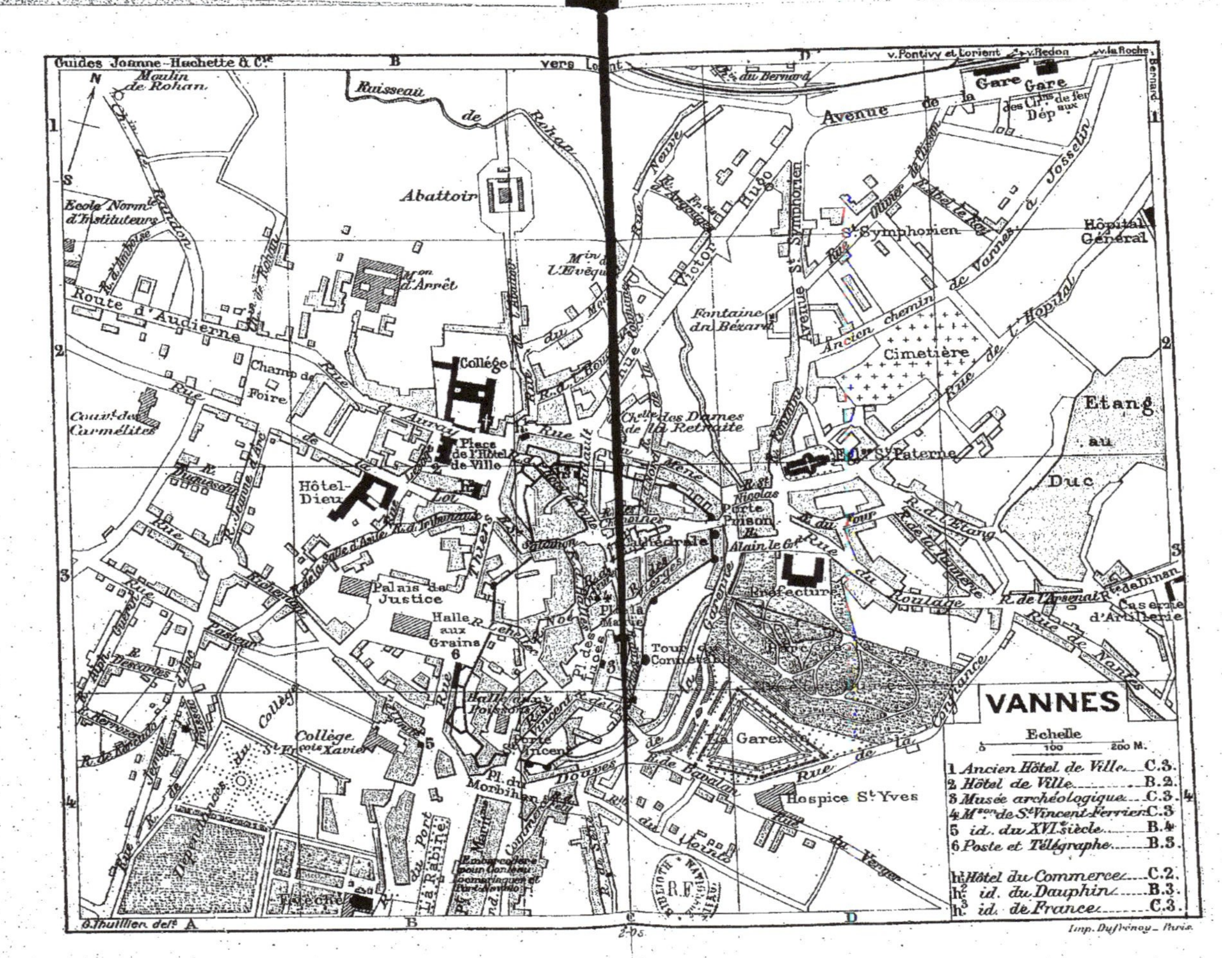

Guides Joanne-Hachette & Cie
VANNES
Echelle
0 100 200 M.
1 Ancien Hôtel de Ville....C.3.
2 Hôtel de Ville....B.2.
3 Musée archéologique....C.3.
4 Mson de St Vincent Ferrier..C.3.
5 id. du XVIe siècle....B.4.
6 Poste et Télégraphe....B.3.
h1 Hôtel du Commerce....C.2.
h2 id. du Dauphin....B.3.
h3 id. de France....C.3.
Moulin de Rohan
Ruisseau de Rohan
Abattoir
Ecole Normle d'Instituteurs
Route d'Audierne
Mson d'Arrêt
Collège
Champ de Foire
Place de l'Hôtel de Ville
Hôtel-Dieu
Palais de Justice
Halle aux Grains
Collège St François Xavier
Dépendances du Collège
La Rabine
Pl. du Morbihan
Porte St Vincent
Cathédrale
Porte Prison
Préfecture
La Garenne
Tour du Connétable
Hospice St Yves
Cimetière
Fontaine du Bézard
Chelle des Dames de la Retraite
Egl. St Paterne
Etang au Duc
Caserne d'Artillerie
Hôpital Général
Gare
Avenue de la Gare
Avenue St Symphorien
Rue Victor Hugo
Rue de Nantes
Rue Thiers
Rue de la Loi
Rue de l'Hôpital
Ancien chemin de Vannes à Josselin
vers Lorient
v. Pontivy et Lorient
v. Redon
v. la Roche Bernard
G. Thuillier delt
Imp. Dufrénoy – Paris.

cathédrale Saint-Pierre, des XIIIe-XVIIIe s.

Côté dr. : 1re chapelle, *bas-relief* de la Renaissance (la Cène); — 3e : *mausolée* de Mgr de Bertin († 1774), par Christophe Fossati, de Marseille, à qui est dû également le *maître-autel* en marbre blanc (anges adorateurs). — Croisillon dr. : *tableaux* de Mauzaisse (Prédication de St Vincent-Ferrier à Grenade) et de Gosse (Mort de St Vincent). — Abside, *chapelle de Saint-Vincent-Ferrier* (1630-1637) : riche *maître-autel* avec statue du saint patron; tombeaux d'évêques. — Croisillon g. : *tombeau* (1777) de St Vincent-Ferrier, surmonté d'un reliquaire contenant le chef du saint. — Côté g. : 5e chap., où ont été déposés en 1814 les ossements des émigrés fusillés à Vannes et dans les environs. — Le *trésor* possède un curieux coffret du XIIe s., en bois, des fragments de la Vraie Croix et les ossements presque complets de St Vincent-Ferrier. La sacristie renferme des *tapisseries* d'Aubusson, de 1615.

A g. de l'église, restes du *cloître*; en face, ancienne *chapelle* (XIIIe s.) *du Présidial*, et *rue des Orfèvres* (au n° 17, *cellule de St Vincent-Ferrier*; demander la clef à la boutique voisine, 25 c.), qui aboutit à la *rue des Halles*, en face de la *rue Noé*, où se voit (n° 2) la *maison du Parlement* ou le *Château Gaillard* (XVIe s.), ancien logis des présidents du Parlement de Bretagne (à l'int., sculptures et peintures figurant la *Vie des Pères du Désert*). — A dr. de la cathédrale, la *rue Saint-Guenhaël* descend à la *porte Saint-Patern*, en dehors de laquelle est l'*église* du même nom (1727). De là on suit à g. le *boulevard des Douves-de-la-Garenne*, d'où l'on a une jolie vue à dr. sur les *remparts* (XIVe XVIIe s.; 4 portes, 9 tours) et la *tour du Connétable* (XIVe s.), où fut enfermé, en 1387, Olivier de Clisson. — Longeant à g. le *parc* de la *Préfecture* (style Louis XIII) et la *promenade de la Garenne*, on gagne, par la *rue de l'Est*, la *place des Lices*. Au n° 8 se trouvent le *musée d'histoire naturelle*, la *bibliothèque* et le **musée archéologique** (ouvert au public le dim. de midi à 3 h.; t. l. j. aux étrangers; entrée, 50 c.), un des plus riches de l'Europe en antiquités préhistoriques. la plupart découvertes en Bretagne.

La *rue Saint-Vincent* conduit à la *place du Morbihan*, donnant sur le *port*, que longe (rive dr.) la *promenade de la Rabine* (*buste de Le Sage*, l'auteur de « Gil Blas », par E. de la Rochette). A l'O. de la Rabine, par la *rue du Port*, on atteint l'*évêché* et le *collège Saint-François-Xavier*. Remontant la rue du Port (à g., *maison* du XVIe s.), puis la *rue Thiers* (à g., *hôtel de Limur*, avec une belle collection scientifique), on gagne la *place de l'Hôtel-de-Ville* (*musée*; bibliothèque, 10,000 vol.), où se trouve le *collège Jules-Simon* (1577). — Par la rue du Méné, on rejoint la gare.

Le Morbihan (deux petits vapeurs font presque chaque jour, en été et suivant la marée, le service de Vannes aux îles du Morbihan, à Port-Navalo et à Locmariaquer. Les horaires sont affichés dans les hôtels. On trouve à louer des bateaux à voiles sur le port pour des excursions dans le golfe : 12 à 15 fr. pour Gavr'inis et Locmariaquer), à 5 k. de Vannes, est une petite mer intérieure (long. 10 k., larg. 17 k.) parsemée d'un grand nombre d'îles, dont les plus curieuses sont : l'*île d'Arz* (long. 3 k.; 937 hab.; église du XIe s.; monuments mégalithiques); l'*île aux Moines* (long. 6 k.; mégalithes); l'*île de Gavr'inis*, célèbre par son *galgal* ou tumulus renfermant une grotte aux sculptures étranges; l'*île Longue* (galgal). 30 min. de Gavr'inis à Locmariaquer, d'où l'on peut revenir à Vannes par Carnac, Plouharnel et Auray (*V.* p. 53).

DE VANNES A LA ROCHE-BERNARD (42 k.; ch. de fer, en 2 h. env.; 3 fr. 30 et 2 fr. 20). — 10 k. *Theix.* — 16 k. *Surzur.* — 22 k. *Ambon*, station desservant les plages de Damgan et Kervoyal (*V.* p. 50). — 28 k. *Muzillac* (p. 50). — On traverse la Vilaine. — 42 k. La Roche-Bernard (p. 49).

DE VANNES A LOCMINÉ (33 k.; ch. de fer, en 1 h. 25; 2 fr. 55 et 1 fr. 70). — 4 k. *Lesvellec*, station desservant *Saint-Avé* (château de *Beauregard*, avec beau parc; *chapelle Notre-Dame*, avec retable en marbre du XVe s. et calvaire sulpté de 1550). — 11 k. *Le Champ de tir* (du XIe corps d'armée). — 33 k. Locminé (*V.* p. 57).

DE VANNES A SAINT-GILDAS-DE-RHUIS : 30 k.; route de voit.; service de corresp. jusqu'à Sarzeau. Il vaut mieux louer une voit. à Vannes pour Saint-Gildas, 12 à 15 fr. Deux petits vapeurs font chaque jour le service de Vannes aux îles du Morbihan et à *Port-Navalo*, petit port de relâche situé à l'extrémité O. de la com. d'*Arzon* (à l'église, vitrail votif du XVIIe s.). — 24 k. *Sarzeau**, 5,011 hab., dans la *presqu'île de Rhuis*, célèbre par la douceur de son climat, favorable à la vigne, aux lauriers, chênes verts, grenadiers en pleine terre (maison où naquit Lesage, l'auteur de *Gil Blas*; maisons anciennes; salines et parcs aux huîtres; à 3 k. S.-E., ruines du **château de Sucinio**, XIIIe et XVe s.). — 30 k. *Saint-Gildas-de-Rhuis** (bains de mer), à l'extrémité S.-O. de la presqu'île, doit son origine à une abbaye dont Abélard fut prieur et qui est occupée auj. par des religieuses de la Charité de Saint-Louis, qui reçoivent en été les étrangers comme pensionnaires. Dans l'*église* abbatiale, auj. paroissiale, en partie du XIIe s. : tombeaux de princes bretons (XIIIe et XIVe s.), de St Gildas, de St Félix, St Goustan, St Ginguríen; chapiteaux romans servant de bénitiers; à la sacristie, reliquaires du XVe s. A 5 k. N.-O., tumulus considérable appelé *butte de Tumiac.*]

151 k. *Sainte-Anne-d'Auray* *, station à 3 k. S. du v. de ce nom et à 500 m. N. de *Pluneret.* **Chapelle Sainte-Anne** (3 k. N.; omnibus), pèlerinage célèbre (en 1623, Ste Anne apparut à un paysan, à qui elle commanda de faire bâtir une chapelle en son honneur). *Scala Sancta*, enceinte carrée dominée par un édifice avec coupole sous laquelle est un autel, et accompagné de deux escaliers latéraux que les pèlerins montent à genoux. — *Fontaine miraculeuse* (3 bassins; statue de la sainte). — *Eglise* (1866-1873), style de la Renaissance, avec haute tour à flèche (vitraux et retables offrant l'histoire du pèlerinage; statues de St Joseph et de St Joachim, par Falguière; nombreux ex-voto; trésor, entrée 50 c.). — *Monument du comte de Chambord*, par Couturier (statue, en bronze, du comte, agenouillé, en costume royal; statues de Bayard, Du Guesclin, Ste Geneviève et Jeanne d'Arc).

Viaduc de 10 arches sur le Loc ou rivière d'Auray.

154 k. **Auray*** (buffet; jonction des lignes de Brest, Nantes, Quiberon, Saint-Brieuc et Pontivy), 6,485 hab., à 2 k. 5 de la gare, est divisé en deux par le Loc, qui y forme un *port* (monter à la *promenade du Loc*; belle vue). — *Eglise Saint-Gildas* (1636; rive dr.). — *Saint-Goustan* (porche du XIVe s.), rive g. — Ancienne *église du Saint-*

Esprit (XIIIe s.). — *Chapelle du Père-Eternel* (stalles sculptées). — *Hôtel de ville* (XVIIIe s.). — *Maisons* du XVe s. — Ostréiculture importante (300 parcs).

[A 500 m. N. de la station, *chartreuse d'Auray* (XVIe et XVIIIe s.), auj. institution de sourdes-muettes (monument funéraire des émigrés débarqués à Quiberon en 1795). — Près de la chartreuse, *chapelle expiatoire* ou *des Martyrs*, élevée en mémoire de ces émigrés. Près de là, croix commémorative de la bataille d'Auray (1364).

D'AURAY A PLOUHARNEL (14 k.; chem. de fer, 24 et 28 min.). — A dr., ligne de Quimper. — 14 k. *Plouharnel-Carnac*. En allant de la gare au (700 m.) v. de **Plouharnel** *, 1,750 hab. (chapelle de *N.-D. des Fleurs*, avec bas-relief en albâtre), on dépasse à dr. les dolmens de *Rondossec*. A 1 k., dolmen de *Runesto* et, un peu plus loin, nombreux monuments mégalithiques, dolmens du *Mané-Kerioned*, dont l'un offre des hiéroglyphes gravés, etc.

De Plouharnel à Étel (9 k. 5; tram à vapeur en 40 min.; 90 c. et 70 c.). — A g. (1 k.), *Sainte-Barbe* (chapelle du XVe s.; 30 menhirs). — 2 k. 5. A dr., en face de l'*étang de Loperel*, chemin de (1 k.) *Crucuno* (beau *dolmen*). — 5 k. 5. *Erdeven* (remarquables *alignements de menhirs*), dominé par la butte du *Mané-Bras* (vue magnifique). — 9 k. 5. *Etel* *, port sur l'estuaire formé par la rivière du même nom.

De Plouharnel à Carnac et à Locmariaquer (16 k.; tram à vapeur jusqu'à la Trinité : 10 k., en 40 min.; 90 c. et 70 c. — A g., dolmen de *Kergavat*.

3 k. **Carnac** *, 3,125 hab., au fond de la baie de Quiberon. — *Fontaine de Saint-Cornély*, pèlerinage (on y amène les bestiaux). — *Eglise* curieuse de 1639 (porche N. à baldaquin de pierre; retables en marbre, Renaissance; *chaire*, XVIIIe s.). — A dr. de la route de Locmariaquer, *musée Miln* (50 c.) : objets préhistoriques découverts aux environs. — Suivant, au delà du musée, le 1er chemin à g., on monte (15 min. env. N.-E. du v.) sur le tumulus ou galgal (20 m. de haut.) dit le *Mont-Saint-Michel* (au sommet, chapelle, croix en granit, belle vue), d'où l'on embrasse l'ensemble des **alignements de Carnac**, divisés en 3 groupes : celui du *Ménec*, à g. de la route d'Auray; ceux de *Kermario* et de *Kerlescan*, à dr., comprenant 36 alignements (1,991 menhirs, dont 400 acquis par l'Etat) et formant 9 ou 10 avenues longues d'env. 3 k.

La route de Carnac à Locmariaquer traverse des marais salants. — 7 k. *La Trinité-sur-Mer*, port. — 8 k. *Passage de Kerisper* (bac 5 c.; pour une voit., 70 c.). A dr., dolmen, et menhir de *Kerango*; à g., dolmens de *Kerran* et de *Kerwress*. — 16 k. **Locmariaquer** *, 1,581 hab., sur la rive O. du Morbihan (port), à l'extrémité d'une presqu'île, est célèbre par ses monuments mégalithiques, les plus beaux qui existent. Pour les visiter, il est inutile d'entrer dans le bourg. A 400 m. env. avant d'y arriver, près d'une maison blanche, à dr. de la route, on remarque le dolmen du **Mané-Lud**, dont la table a des dimensions colossales (sculptures à l'int.). — En sortant du Mané-Lud on voit en face un *tumulus* et le dolmen de *Dol-er-Groh'*, dont la table est brisée; puis vient le **Men-er-H'roeck** (*Pierre de la Fée*), menhir gigantesque (21 m.) qui gît à terre, brisé en quatre morceaux dont l'un a 12 m. de longueur. A g. de ce menhir se montre la **Table des Marchands** (*Dol-ar-Marc'hadourien*), beau dolmen dont le principal support offre, gravés à l'intérieur, des caractères et des moulures énigmatiques. Pour gagner le Mané-Rutual, que l'on aperçoit dans une enceinte de murs, on va passer près d'un grand *menhir*, brisé en deux, placé à côté d'une maison. Le **Mané-Rutual**, qui a été restauré, est un immense dolmen dont la table, quoique brisée comme celle du Mané-Lud, a des dimensions peut-être encore plus considérables que ce dernier. En continuant de se diriger au S.-E., en laissant à g. le village, on voit le haut tumulus de **Mané-er-H'roeck** (*Montagne de la Fée*), recouvrant un dolmen dont il faut demander la clef à la mairie (50 c.). Du haut du tumulus (12 m. de hauteur) qui recouvre cette grotte, on découvre un beau panorama. — On trouve à Locmariaquer des barques (prix 5 fr.) pour aller visiter le plus beau dolmen connu, celui de Gavr'inis, situé dans une île du Morbihan (30 min.; *V.* p. 52).

De Plouharnel a Quiberon (14 k.; chem. de fer, 26 et 30 min.). — On s'engage dans la *presqu'île de Quiberon*, dont l'isthme est gardé par le *fort Penthièvre*. — 9 k. *Saint-Pierre* (21 menhirs; à 1,200 m. O. de la gare, dolmens de *Port-Blanc*, sur une haute falaise dans laquelle la mer a creusé des grottes). — 14 k. **Quiberon** *, 3,299 hab. (rochers curieux de *Beg-er-Goulennec*), est célèbre par le désastre que le *général Hoche* (dont on voit la *statue*, par Dalou) y fit essuyer aux émigrés en 1795. Il est situé entre le *Port-Haliguen* (1,500 m. E.) et le *Port-Maria* (fabr. de conserves de sardines), que précède une belle *plage* assez fréquentée et d'où part 2 fois par j. le bateau (traj. en 1 h.; 2 fr. 50 et 2 fr.) de **Belle-Ile-en-Mer**, île (4 com.; 9,771 hab.) longue de 18 k., large de 4 à 10, et de 48 k. env. de tour. Cette île a pour ch.-l. *le Palais* *, 4,964 hab., où l'on aborde dans un *port* dominé à dr. par de fraîches promenades et par une *citadelle* (à côté, *colonie agricole et maritime de jeunes détenus*) construite par le maréchal de Retz en 1572, augmentée ou modifiée par le cardinal de Retz, Fouquet et par Vauban, qui creusa le réservoir d'eau douce appelé la *Belle-Fontaine*. On visite surtout dans l'île la *grotte de l'Apothicaire* et le *phare* (84 m. d'alt.), entre lesquels se développe une des côtes les plus pittoresques de la Bretagne et des plus étranges par ses « fjords ».

D'Auray a Pontivy (55 k.; ch. de fer, en 1 h. 30 env.). — 11 k. *Pluvigner*, 5,254 hab. (église de 1546, avec *Bible* imprimée par Robert Estienne en 1540; à la chapelle Saint-Fiacre, retable et sculptures sur bois). — On parcourt la *forêt de Camors* (1,138 hect.), pour déboucher ensuite dans la vallée de la rivière d'Evel. — 25 k. *Baud*, 4,730 hab., à 5 k. E. de la station (chapelle *N.-D. de la Clarté*, pèlerinage; minéral curieux appelé staurotide ou « pierre à la croix ». De Baud à Lorient, Josselin et Ploërmel, *V.* p. 57. — La voie croise l'Evel, puis, au delà d'un tunnel, remonte la pittoresque vallée du Blavet. — 40 k. *Saint-Nicolas-des-Eaux*. *Chapelle Saint-Nicodème* (1539), avec deux fontaines, but de pèlerinage.

55 k. **Pontivy** *, 9,359 hab., ch.-l. d'arr., sur le Blavet canalisé, au point où cette rivière se bifurque avec le canal de Nantes à Brest, forme deux villes distinctes : le Vieux Pontivy au N., avec ses rues étroites, aux maisons anciennes; le Nouveau Pontivy au S., avec ses voies larges et régulières. Au-dessus de la gare s'étend le *boulevard d'Alsace-Lorraine*. De là, la *rue Gambetta*, traversant la ville moderne, aboutit à la *rue Thiers*. En tournant à dr., on rencontre à g. l'*église Saint-Joseph*, entourée d'un square (kiosque de concerts) dans lequel M. Le Brigand a fait réédifier le galgal du Sourn, monument découvert dans un tumulus de l'Illizien, près de Silfiac. A dr. sont les principaux hôtels, puis à g. la *place Nationale*, autour de laquelle sont le *tribunal*, la *sous-préfecture*, l'*hôtel de ville*, le bureau des *poste-télégraphe*. Sur cette place s'élève la *statue* (par le comte de Nogent) *du général de Lourmel* (1861), né à Pontivy et tué devant Sébastopol. La rue principale de Pontivy est la *rue Nationale*, qui, vers son extrémité, longe la *place Egalité* (à dr., *maison* de 1578), sur laquelle se voit la *statue du docteur Guépin* (1888), œuvre de Léofanti. La *rue Lorois*, à g., aboutit à une place qui se termine par la *rue de Lourmel* et finit au *château* (1485), entouré de fossés et dans les dépendances duquel est installé le *musée archéologique* de M. J. Le Brigand. De la place Egalité on peut gagner l'*église N.-D. de la Joie* (xve s.), à dr. de laquelle s'étend une place où a été érigé en 1894 le *monument de*

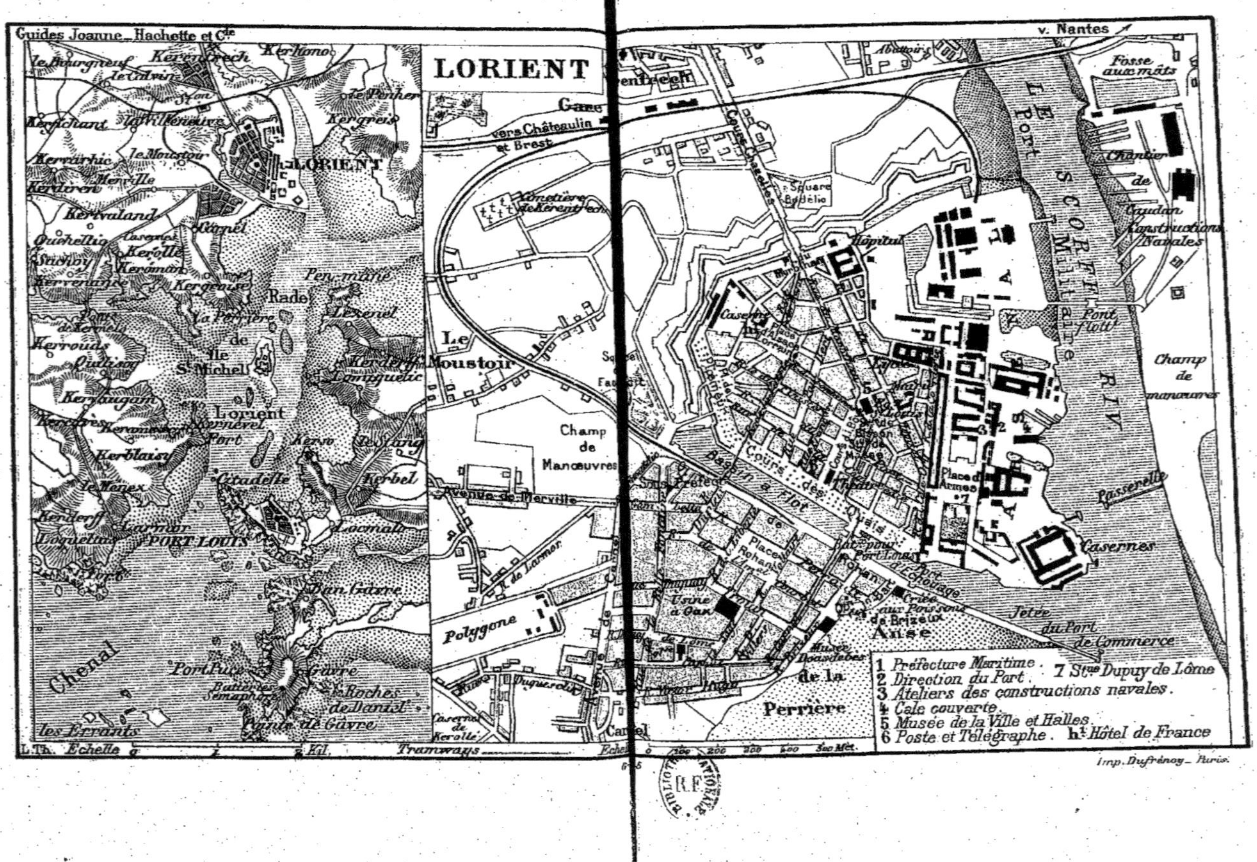

Guides Joanne _ Hachette et Cie
LORIENT
v. Nantes
Gare
vers Châteaulin et Brest
Le Moustoir
Champ de Manœuvres
Polygone
Avenue de Merville
Bassin à Flot
Cours des Quais
Place d'Armes
Casernes
Jetée du Port de Commerce
Passerelle
Le Port Militaire
Riv. Le Scorff
Champ de manœuvres
Fosse aux mâts
Chantier de Caudan
Constructions Navales
Hôpital
Anse de la Perrière
Rade
Ile St Michel
Lorient
Citadelle
Port Louis
Chenal
Gâvre
Roches de Daniel
Pointe de Gâvre
les Errants
Kerentrech
Kergroix
Le Penher
Pen-mané
Locmalo
Larmor
Kerbel
Le Stang
1 Préfecture Maritime
2 Direction du Port
3 Ateliers des constructions navales
4 Cale couverte
5 Musée de la Ville et Halles
6 Poste et Télégraphe
7 Ste Dupuy de Lôme
ht Hôtel de France
L. Th. Échelle 0 1 2 Kil.
Tramways
Échelle 0 100 200 300 400 500 Mèt.
Imp. Dufrénoy _ Paris.

la Fédération bretonne-angevine, œuvre de MM. Chavalliaud et De Perthes.

De Pontivy à Moulin-Gilet (20 k.; ch. de fer, en 50 à 55 min.; 1 fr. 55 et 1 fr. 05). — 6 k. *Noyal-Saint-Thuriau*. A *Noyal-Pontivy*, église en partie du XVe s., *tombeau de St Mériadec* et belle *croix* du cimetière. — 10 k. *Moustoir-Remungol*. — 20 k. Moulin-Gilet, station de la ligne de Lorient à Ploërmel (V. p. 56).

De Pontivy à Loudéac et à Saint-Brieuc, V. p. 38.]

167 k. *Landévant*. — Viaduc long de 222 m., haut de 25 m. (5 arches); sur le Blavet.

180 k. **Hennebont** *, 8,702 hab., à 1,200 m. à dr. de la station, sur le Blavet. — De la gare, prenant en face la route de Lorient, on gagne, à dr., le *quai du Blavet*, qui, laissant à g. la *Ville-Neuve*, mène au pont. A dr., le *port*, pour navires de 300 à 500 ton. — Au delà du pont, sur le *quai du Canal* (en face, murailles de la Ville-Close), on tourne à dr., puis on prend à g. la *rue de la Levée*, qui monte à la *place de l'église Notre-Dame de Paradis* (XVIe s.; belle flèche de 50 m.). — En face, ancienne *maison forte*, derrière laquelle la *rue Neuve* (maison de 1600) aboutit à g. à une belle *porte* fortifiée, ogivale (à dr., *champ de foire* et jolie *promenade*), qui donne accès dans la *Ville-Close*, quartier le plus curieux d'Hennebont; *maisons* des XVIe et XVIIe s. — On redescend au quai du Blavet pour rejoindre la gare.

Pont (358 m. de long.) sur le Scorff.

188 k. **Lorient** * (buffet), V. fortifiée, 44,640 hab., ch.-l. d'une préfecture maritime, port militaire affecté principalement aux constructions navales, sur la rive dr. du Scorff, au confluent du Blavet.

De la gare, à dr., le *cours Chazelles* mène (à g., dans un square, *buste*, par Nayel, *du Dr Bodelio*, philanthrope) à la *porte* et à la *place du Morbihan*, d'où, à g., la *rue Colbert* et la *rue de l'Hôpital* mèneraient au port militaire, et, en face, la *rue du Morbihan*, à l'église. A dr., par la *rue du Marché*, on gagne la **place d'Alsace-Lorraine**, d'où la *rue des Fontaines* mène à la *place* et à *l'église Saint-Louis*. A dr., sur la *place Bisson*, colonne avec *statue* en bronze *de* l'enseigne *Bisson*, par Gatteaux. A g., *musée* (ouvert le jeudi et le dim., de midi à 5 h.; t. l. j. aux étrangers).

De la place Bisson, le *cours de la Bove* (*statue* en marbre du compositeur *Victor Massé*, par A. Mercié) mène au *théâtre*, puis au *cours des Quais*, longeant le *port de commerce*, que traverse un *pont tournant*, d'où la *rue du Pont-Tournant* conduit au cimetière (*tombe* du poète Brizeux, par Etex). Du pont tournant, par le *quai de la Gare*, à g., et le *quai Jean-Bart*, on atteint un square, avec *statue de Brizeux*, par P. Ogé. — Repassant le pont tournant, on suit à dr. le cours des Quais, puis, à g., la *rue de la Cale-Orry*, où est l'entrée du port militaire.

Le **port militaire**, que forme l'embouchure du Scorff, est séparé de la ville par les établissements de l'**arsenal**, divisé en deux enceintes, dont la première reste toujours ouverte au public et dont la seconde ne peut être visitée qu'avec une permission délivrée par l'officier de service de 9 h. 15 à 9 h. 45 matin et de

2 h. à 2 h. 30 soir, t. l. j. sauf les dimanches et jours fériés. A l'entrée du port sont deux canons, l'un de l'époque Louis XIV, l'autre pris à Saint-Jean-d'Ulloa. On se trouve alors sur la *place d'Armes* (*statue*, par Ogé, *de Dupuy de Lôme*, célèbre ingénieur maritime, né dans les environs de Lorient, à Plœmeur, 1816-1885), plantée de tilleuls et sur laquelle donne l'*hôtel du préfet maritime*. En face de la porte principale des *magasins généraux* (1733) se dresse la *tour des Signaux* ou *tour de la Découverte* (XVIIIe s.), haute de 38 m. 33 (belle vue). A côté de cette tour s'élève l'*observatoire de la marine*. Dans le voisinage la *grille des Armements* donne accès sur le *quai du Péristyle* par une porte dont les pieds-droits sont deux grands canons en bronze, l'un de l'époque Louis XIV, l'autre pris à Saint-Jean-d'Ulloa. Les bâtiments de la *cour des Ventes*, remarquables par leurs escaliers, ont été convertis en *casernes*. Au S. des casernes s'étendent l'*ancien bagne*, occupé par l'artillerie de marine. Près de là s'étend le *parc d'artillerie*, à l'entrée duquel trois canons rappellent les victoires d'Alger, de Saint-Jean-d'Ulloa et d'Obligado. En face des casernes sont mouillées trois frégates, dont deux servent d'écoles spéciales pour le canonnage et le gréement. Près de ces frégates est le vaisseau-amiral l'*Avant-Garde*. Des cuirassés, des croiseurs, des torpilleurs sont fréquemment mouillés dans le voisinage. Au N. du bassin de radoub n° 1, on remarque la *cale couverte*, dont la toiture est soutenue par 16 piliers en granit hauts de 9 m. 45. La *corderie* (curieuse machine à confectionner les drisses de pavillon; pirogue du Sénégal longue de 8 m., formée d'un seul morceau de bois) forme un parallélogramme entourant une cour intérieure plantée d'arbres presque deux fois séculaires. A la Direction d'artillerie, on doit visiter les *salles d'armes*, intéressant musée disposé avec goût.

La *rade*, formée par la baie qui reçoit les eaux du Blavet, du Scorff et de quelques ruisseaux, est accessible aux plus gros navires. Elle est divisée en deux parties par l'*île Saint-Michel* (fort, poudrière, ateliers d'artifices, etc.). La partie de la rade située au N. de l'île s'appelle *rade de Lorient* ou *de Penmané*; la partie comprise au S., *rade de Kerso* ou *de Port-Louis*. La rade est signalée par 6 *phares*.

[PROMENADES ET EXCURSIONS. — *Kerentrech*, faubourg de Lorient (*église*, 1854; pont suspendu en aval de la tour de *Tréfaven*, XVe s.). — *Keroman* (2 k. S.-O.; voit. publique): *bains de mer*, ostréiculture. — *Larmor* (6 k. S.-O.; bat. à vap., 70 c. et 50 c., aller et retour); *bains de mer*; chapelle *Notre-Dame de Larmor*. — A 6 k. O. (voit. publique), *Plœmeur*, com. de 9,713 hab. (gâteaux renommés; *église* romane avec tour de 1686), dont est éloignée de 4 k. la petite plage de *Lomener*. — **Port-Louis** * (4 k. en aval; bat. à vap. toutes les heures, en 18 min.; 25 c. et 20 c.), ville morte, détrônée par Lorient, doit son nom à Louis XIII, sous le règne de qui elle fut fondée par Richelieu. C'est auj. la station balnéaire des Lorientais (casino). *Citadelle*. Port-Louis se livre activement à la fabr. des conserves de sardines, comme la *presqu'île de Gâ-*

re (établissements militaires), dont le sépare la petite mer de Gâvre.

Des bateaux à vapeur (1 fr. 50 et 1 fr. 20; aller et retour, 2 fr. 50 et 2 fr.) relient Lorient à (22 k.) l'île de *Groix* (5,341 hab.; 1,476 hect.; 20 k. de tour), dont les côtes se redressent en hautes falaises percées de grottes.

De Lorient a Ploërmel (115 k.; ch. de fer, en 5 h. 20 et 5 h. 40; 8 fr. 90 et 5 fr. 90). — 12 k. *Pontscorff*, 1,878 hab., sur le Scorff (sur la place, *maison* de la Renaissance). — 26 k. *Plouay*, 4,697 hab. — 48 k. Baud, à la jonction des ch. de fer d'Auray à Pontivy (p. 53) et de Vannes. — 68 k. *Locminé*, 2,066 hab. (*chapelle Saint-Colomban*, XVIe s.; ossuaire de la Renaissance), est relié à Vannes par un embranch. (*V.* p. 52).

99 k. **Josselin** *, 2,500 hab., sur l'Oust. — **Château** (XIVe et XVe s.) offrant à l'extérieur la physionomie des forteresses féodales, et à l'intérieur le type de l'architecture civile de la dernière période ogivale dans tout son luxe d'ornementation. — Eglise *Notre-Dame du Roncier* (pèlerinage), en partie romane. A l'int. : chapelle de Sainte-Marguerite, curieuses peintures murales; chaire en fer doré; tombeau en marbre noir (restauré; s'adresser au sacristain) d'Olivier de Clisson et de sa seconde femme, Marguerite de Rohan (statues couchées en marbre blanc).

115 k. Ploërmel (p. 50).]

198 k. *Gestel*. — Viaduc haut de 33 m. sur la Laïta.

208 k. **Quimperlé** *, 9,036 hab., V. gracieuse, aux jolies maisons entourées de vergers, au confluent de l'Ellé et de l'Isole (la Laïta après leur jonction). La *Ville-Haute* est la plus rapprochée de la gare. La Laïta franchie sur le *pont des Jacobins*, on se trouve dans la *Ville-Close*, divisée dans sa longueur par la *rue du Château* (*tour*, reste des remparts). — *Sainte-Croix*, rotonde reconstruite en 1862 d'après son plan primitif en mémoire de l'église du Saint-Sépulcre à Jérusalem; à l'int. : contre la porte, *jubé* en pierre sculptée de 1541; crypte du XIe s. avec tombeau (XVe s.) de St Gurloës, † 1057. — *Saint-Michel*, XIVe et XVe s. — *Saint-Colomban* (XIIe s.), en ruine.

[Excursion (14 k. S.) au *Pouldu* *, petite station balnéaire remarquable par la douceur de son climat et située à l'embouchure de la Laïta dans l'Océan. On y va soit en descendant en bateau cette rivière, dont les rives offrent une succession de gracieux paysages, soit en voit. ou à pied par l'église de *Lothéa*, la *forêt de Carnoët* et l'*abbaye de Saint-Maurice*, fondée en 1170 (salle capitulaire, XIVe et XVe s.).

De Quimperlé au Faouet (21 k.; route de voit.; courrier). — 18 k. *Saint-Fiacre* (*chapelle* du XVe s., avec *jubé* de 1440 et vitraux anciens), ham. qui domine le confluent de l'Ellé et du Ster-Laër-Inam. — 21 k. *Le Faouët* *, 3,260 hab.; **chapelle Sainte-Barbe** (1489), bâtie à 1,500 m. du b., dans une situation extraordinaire, sur une colline escarpée (178 m.) qui domine l'Ellé de 100 m.

De Quimperlé a Concarneau (34 k.; ch. de fer jusqu'à Pont-Aven en 55 min.; 1 fr. 60 et 1 fr. 10; au delà, route de voit.). — 16 k. *Riec*. — 21 k. **Pont-Aven** *, 1,746 hab. (nombreux moulins), site gracieux sur la rivière d'Aven (port en aval), au pied de deux collines qui portent de gros blocs arrondis de granit, est fréquenté en été par un grand nombre de peintres. A 4 k. S., *château du Hénan*, XVe et XVIe s. — On aperçoit à dr. les ruines du *château de Rustéphan* (XVe s.). Du même côté, près de la route, *pierre branlante des Cocus*. — 34 k. Concarneau (*V.* ci-dessous).]

214 k. *Mellac-le-Trévoux*.

223 k. *Bannalec*, 6,040 hab., à 1 k. N.-E. — 227 k. *Kerrest*.

231 k. *Rosporden*, 2,197 hab., près d'un étang de 45 hect.

[De Rosporden a Concarneau (16 k.; chem. de fer, 35 min.). — 16 k. **Concarneau** *, 7,635 hab., place forte, dans une anse de la baie de la Forest ou de Fouesnant. De la gare, la route de Quimper conduit au *port*; à dr., la Ville-Neuve ou faubourg *Sainte-Croix*; à g., la *Ville-Close*, longue de 400 m., composée d'une seule rue et entourée de remparts en partie du xive s. En suivant les quais, on rencontre l'**Aquarium** (fermé au public), laboratoire de zoologie et de physiologie maritimes, dépendant du Muséum de Paris, les batteries de *la Croix*, la *chapelle N.-D. de Bon-Secours* (xve s.), l'un des 3 *phares*, et enfin une belle plage (bains de mer) d'où l'on voit les côtes de la charmante *baie de la Forest*. — Pêche de la sardine; fabrication de conserves.

A 2 k. N.-E. de Concarneau, *château de Keryolet* (entrée 50 c.; le dimanche 15 c.), remarquable reconstitution d'un manoir du temps de Louis XII, légué en 1890 au départ. du Finistère par la comtesse de Chauveau-Narischkine et transformé en musée.

A 3 k. O.-S.-O. (bateau à vap., 1 fr. et 75 c.; aller et ret., 1 fr. 50 et 1 fr.), station balnéaire de *Beg-Meil* * (hôt. et villas), dans un nid de verdure, près de la *pointe de Beg-Meil*, qui fait face à Concarneau de l'autre côté de la baie de la Forêt.

A 16 k. S.-S.-O. (le vapeur « Léna » y fait de temps à autre une excursion en été), *îles de Glenans*.

De Rosporden a Carhaix (50 k.; ch. de fer, en 1 h. 50 à 2 h. 55; 5 fr. 60, 3 fr. 80, 2 fr. 45). — 13 k. *Scaer*, 6,243 hab., la plus grande com. du Finistère, traversée par l'Aven et l'Isole (fontaine de Saint-Candide, pèlerinage; sur la place, croix du xve s.). — On franchit l'Isole, puis une gorge pittoresque sur le viaduc de *Kerminot*. — 24 k. *Kerbiguet* (*château* du xvie s. en ruines). — La voie remonte le vallon du Ster-Laër. — 29 k. *Gourin*, 4,919 hab., sur le versant S. des Montagnes-Noires (chapelle N.-D. des Victoires, xvie s.; église Saint-Pierre, xve ou xvie s.; à 3 k. 5 N.-E., chapelle Saint-Hervé, avec vitraux de 1530, où se tient un grand pardon le dernier dim. de sept.). — La voie s'élève pour franchir les *Montagnes-Noires*, puis descend vers le canal de Nantes à Brest. — 50 k. Carhaix (V. p. 40).]

254 k. **Quimper** * (buffet), 19,441 h., ch.-l. du départ. du Finistère, siège d'un évêché, au confluent du Steir et de l'Odet.

L'avenue de la Gare mène au *pont Firmin*. On franchit l'Odet; à g., le quai ou *boulevard de l'Odet* (à dr., partie des anciens remparts et *évêché*) mène à la *rue de l'Evêché*, qui aboutit à la *place Saint-Corentin statue* en bronze *de Laennec*), que bordent la cathédrale, l'hôtel de ville et le musée.

Cathédrale Saint-Corentin, xiiie-xvie s.); belles flèches modernes; portails avec statues et armoiries; voûtes à écussons; vitraux (xive, xve et xixe s.); peintures par Yan Dargent; chapelles ornées de verrières et contenant des tombeaux de saints ou d'évêques, des statues et des tableaux; maître-autel moderne en bronze avec émaux et pierreries.

Hôtel de ville, *bibliothèque* publique, 34,000 vol., exemplaire du 1er dictionnaire breton, 1499).

Musée ouvert t. l. j. de midi à 4 h.), dont les nombreuses toiles sont en partie des copies anciennes.

Rez-de-chaussée. — Salle de g. : *musée ethnographique*; spécimens des anciens costumes du Finistère et du Morbihan; antiquités préhistoriques, gauloises, gallo-romaines; pierre milliaire du règne de Claude. — Salle de dr. : meubles et boiseries sculptés; faïences; tombeau avec statue en granit (xve s.); croix byzantine.

QUIMPER

1 Cathédrale	C.2	5 Hôtel de Ville	C.1	h.1 Hôtel de l'Epée	
2 Eglise St Mathieu	B.1	6 Poste et Télégraphe	B.2	h.2 id. du Parc	
3 id. de Locmaria	A.2	7 Statue de Laennec	C.1		
4 id. du Lycée	C.1	8 Restes de Fortifications	C.1.2		

L. Thuillier, Delt

3-05

Imp. Dufrénoy - Paris.

1er **étage** (5 salles de peinture). — Dans la 1re SALLE DE G. : 171. *Alonzo Cano.* La Vierge et St Ildefonse (la plus belle toile du musée).

Belle collection d'estampes, de bronzes et de moulages sur l'antique.

De la place Saint-Corentin, au N., la *rue Royale* mène au *lycée La Tour-d'Auvergne,* XVIIe s.), derrière lequel subsiste une portion des anciens *remparts*; à l'O., par la *rue de Kéréon*, la plus animée de la ville, on vient passer le Steir, et la *rue du Chapeau-Rouge* conduit à *l'église Saint-Mathieu*, ogivale moderne. La *rue Saint-Mathieu* aboutit à la *place La Tour-d'Auvergne*, d'où, par la *rue du Palais*, laissant à dr. le *Palais de justice*, on gagne le *quai de l'Odet*. On franchit un peu en amont la rivière sur un pont aboutissant à la *promenade du Champ-de-Bataille*. A dr., les *allées de Locmaria* conduisent à l'*église de Locmaria* (XIe s.; chœur moderne; tombes des XIVe et XVe s.); à g., la *préfecture*, ancien hôpital (1645), est dominée par le *mont Frugy* (belles vues). Un pont en amont ramène à la *rue du Parc*, d'où, par le boulevard de l'Odet, on rejoint la gare.

[DE QUIMPER A PENMARC'H, PAR PONT-L'ABBÉ. — On va à Pont-l'Abbé soit par le chemin de fer (21 k.; 50 min.; 2 fr. 35, 1 fr. 55, 1 fr.), soit en bateau par l'Odet, sur les rives duquel on dépasse successivement : à dr., les restes de la villa romaine du *Pérennou*; (18 k.) à g., *Bénodet* * (bac, 5 c.), station de bains de mer reliée à Quimper par une bonne route; à dr., l'*île Tudy* (maisons du XVIe s.); à g., *Loctudy* (curieuse *église* romane; bains de mer près du petit port de *la Cale*, d'où l'on peut se faire passer pour 10 c. à l'île Tudy; à 1,200 m. O., belle plage de *Langoz*). — **Pont-l'Abbé** *, 6,315 hab., sur la rivière du même nom (port d'échouage). Le chemin de la gare mène (à dr.) à l'*hôtel de ville*, installé dans un château du XIIIe s. et d'où le passage des Halles (à g.) conduit à l'*église* (XIVe, XVe et XVIe s.; belle rose au chevet), qui dépendait d'un couvent de Carmes dont il reste des bâtiments (XVe s.) transformés en écoles, et de beaux *jardins*, avec terrasses, pièces d'eau et statues, devenus promenade publique. Le costume de Pont-l'Abbé a conservé un cachet antique entre tous les vieux costumes bretons; on peut voir surtout ces costumes lors des fêtes de la Tréminou (25-27 sept.). A 11 k. (voit. publ. 1 fr.), *Guilvinec*, petit port de pêche avec une grande plage de sable. — Une route de voit., qui laisse à g. le *château de Kernuz* (XVIe s.; collection d'antiquités ouverte aux visiteurs), relie Pont-l'Abbé à (6 k.) *Plomeur* et à (12 k.) **Penmarc'h** *, 5,068 hab., cité jadis prospère, ruinée par un raz de marée et par les guerres du XVIe s., située dans une plaine parsemée de ruines antiques. Penmarc'h est divisé en 3 groupes (maisons fortes des XVe et XVIe s.) : le bourg, (2 k. 5 S.-O.) *Kerity*, au bord de la mer, sur la *pointe de Penmarc'h* (Tête de cheval), signalée par le **phare d'Eckmühl** (59 m.), et (3 k. O.) *Saint-Guénolé*, petit port de pêche et station balnéaire. — *Eglise de Saint-Nonna* (XVIe s.; curieux petit clocher; vitraux). *Eglise* ruinée *de Kerity* (XVe s.), qui dépendait d'une *commanderie* de Templiers. — *Chapelle de Saint-Guénolé* (XVe s.). — De la pointe de Penmarc'h à l'*anse de la Torche* (4 k. N.), la côte est bordée de rochers. Le rocher de *la Torche*, les récifs des *Etaux* ou *Tal Yvern* et un groupe d'écueils voisins offrent l'aspect le plus sauvage.

DE QUIMPER A LA POINTE DU RAZ (chem. de fer : de Quimper à Douarnenez, 24 k., 1 h. env.; de Douarnenez à Audierne, 20 k., 50 min. : 1 fr. 55 et 21 fr. 05; 15 k. et route de voit. d'Audierne à la pointe du Raz; excurs. recommandée). — 12 k.

Guengat. — 17 k. *Le Juch.* Pont sur la rivière de Poul-David.

24 k. **Douarnenez***, 12,865 hab., est célèbre par la beauté de sa *baie* (70 à 80 k. de contour, de la pointe du Van au cap de la Chèvre) et par sa grande industrie de pêche et de salaison de sardines. La gare est reliée à la ville par un beau *pont* en fer à treillis, haut de 23 m., qui franchit l'estuaire de Poul-David. — *Eglise Sainte-Hélène* (XVIIe s.; vitraux anciens). — *Chapelle Saint-Michel* (XVIIe s.), avec peintures. — *Maisons* des XVe et XVIe s. — Bains de mer au ham. de *Riz* et sur la *plage du Guet.* — Phare de l'*île Tristan.* — A 1 k. S.-E., gracieuse flèche de l'église de *Plouré* (XVe et XVIe s.).

32 k. *Poullan* (église du XVIe s.). — 36 k. *Beuzec-Cap-Sizun* (beau *clocher* du XVIe s.). — 39 k. *Pont-croix**, 2,847 hab., sur la rive dr. de la rivière de Goayen, qui forme, à 1 k. de son embouchure, un petit port avec belle jetée en granit (à dr., jolie *plage*); *Notre-Dame de Roscudon*, en partie du XIIe s., qui dépendait d'un monastère converti en petit séminaire; tour du XVe s. haute de 67 m. A 5 k. E.-N.-E., chapelle de *N.-D. de Comfort* (XVIe s.), avec une ancienne « roue de fortune ». — 44 k. *Audierne**, 4,677 hab., est un petit port bien bâti, sur la rive dr. du Goyen, au pied d'agréables coteaux. Dans l'*église* (fin du XVe s.), beau tabernacle de l'époque Louis XIV. Une belle *jetée* en granit, longue de 220 m., se prolonge jusqu'à la *pointe Raoulic.* A dr., belle plage. A 2 k. S.-O., *pointe de Lervily*, extrémité N.-O. de la *baie d'Audierne*, aux rives sauvages et désertes, qui s'étendent jusqu'à la pointe de Penmarc'h. — On dépasse *Saint-Tugean* (église des XVe et XVIe s., célèbre pardon). — 54 k. *Plogoff.* — 57 k. *Lescoff.* La route se termine au (59 k.) *phare* (79 m. d'alt.) établi à **la Pointe du Raz** ou *cap Sizun*, entre deux côtes hérissées d'écueils. En temps ordinaire, la partie S. est assez facile à parcourir; mais la partie N., plus belle, est dangereuse, surtout vers l'*Enfer de Plogoff*, abîme où la mer s'engouffre avec fracas (se faire accompagner d'un ou deux hommes du pays). — Au N., *baie des Trépassés* (curieuses grottes), aux légendes lugubres, près de laquelle l'*étang de Laoual* aurait remplacé la ville d'Is, nouvelle Sodome submergée au Ve s. par la vengeance divine. — A 10 k. O., *île de Sein* ou *Sizun*, vers le centre d'une chaîne de récifs dite *Chaussée de Sein*, séparée du continent par le *Raz de Sein*. *Phare* à la pointe O. de l'île. — Sur un des rochers les plus éloignés à l'O., *phare d'Ar-Men.*]

Pont sur l'Odet, puis tunnel. A g., ligne de Pont-l'Abbé. Vallée du Steir, que l'on croise plusieurs fois, en deçà et au delà d'un tunnel.

272 k. *Quéménéven.* — A dr., *étang au Duc*; la voie s'élève, puis redescend vers Châteaulin (belle vue). — Viaduc de Châteaulin (7 arches; long. 117 m., haut. 24 m.).

284 k. **Châteaulin***, 3,874 hab., à 2 k. de la station, dans la vallée de l'Aulne (port) et en grande partie sur la rive dr. — *Saint-Idunet*, moderne, style du XIVe s. — *Notre-Dame* (XVe-XVIe s.), ancienne chapelle du château; ossuaire ogival; au cimetière, *croix* en pierre à personnages sculptés. — Nombreuses *ardoisières.* — A 3 k. en aval, *Port-Launay*, véritable port de Châteaulin.

[On pourrait se rendre de Châteaulin à Brest en descendant la rivière d'Aulne par un bateau à vapeur (1 fr. 50), faisant escale à Dinéault et à Landévennec (1 fr.; *V.* p. 48). Trajet agréable, mais un peu long; emporter des provisions.

Voit. publique t. l. j. (courrier) de Châteaulin à (33 k.) Crozon-Morgat et à (42 k.) Camaret (*V.* p. 48), en passant en vue du *Ménć-Hom*, triple

mamelon dont le sommet (330 m.) offre un panorama grandiose.
A 11 k. E.-N.-E., *Pleyben*, 5,579 hab., avec une *église*, singulier mélange des styles gothique et de la Renaissance, un *ossuaire* du xve s. et un important calvaire de 1650.
De Pleyben à Carhaix (42 k.; ch. de fer en 1 h. 40 à 2 h. 20; 4 fr. 70, 3 fr. 20, 2 fr. 05). — 14 k. *Châteauneuf-du-Faou*, 3,915 hab., sur le versant d'une colline de la rive dr. de l'Aulne (chap. *N.-D. des Portes*, pèlerinage). — 25 k. *Spézet-Landeleau* (*chapelle du Cran*, avec *vitraux* du xvie s.; dans l'église de Landeleau, statue funéraire de 1612, tombeau mérovingien appelé *Lit de St Téleau*). — 42 k. Carhaix (*V.* p. 40).]

On franchit l'Aulne sur un viaduc haut de 49 m. 50. — 291 k. *Pont-de-Buis* (*poudrerie* nationale). — A *Meir-ar-Guidy*, *viaduc* sur la Doufine, haut de 40 m.

297 k. *Quimerch*. — Tunnel de 430 m. — On traverse la *forêt de Crannou*.

309 k. *Hanvec* (2 k. 5 N.-E. de la station). A 9 k. S., *Rumengol*, dont l'*église* (xvie s.; intérieur richement orné) est célèbre par ses pardons (25 mars, la Trinité, le plus important, 15 août et 8 septembre).

319 k. *Daoulas*, 765 hab. (1 k. de la station). — Ruines d'une abbaye, *église* en partie romane; porche sculpté, de la Renaissance, dans le cimetière; restes du *cloître* (xiie s.). — *Chapelle Sainte-Anne* (1667); joli portail.

Viaduc long de 400 m., haut de 37, sur la rivière de Daoulas.

326 k. *Dirinon*, à 1,500 m. de la station (*église* avec belle flèche de 1593; *fontaines* vénérées *de Sainte-Nonne* et *de Saint-Divy*; *chapelle* et *tombeau de Sainte-Nonne*, xvie s.).

On longe l'étang de *Rouazle*. — La ligne contourne à l'E. Landerneau et traverse l'Elorn.

338 k. Landerneau, et 18 k. de Landerneau à (356 k.) Brest (R. 4).

ROUTE 6

DE LAMBALLE A PONTORSON

PAR DINAN ET DOL

91 k. — Ch. de fer, en 3 h. — 10 fr. 20; 6 fr. 90; 4 fr. 50.

On parcourt les forêts (2,512 hect.) de *Saint-Aubin* (ruines d'une abbaye) et de *la Hunaudaye* (restes d'un château du xive s.). — 15 k. *Landebia*. — On franchit l'Arguenon.

24 k. *Plancoët*, 2,170 hab., est relié par des voit. publiques à (2 fr.) Saint-Cast et à (1 fr. et 2 fr.) Saint-Jacut.

[*Saint-Cast* (16 k.), 1,717 hab., connu par la bataille gagnée sur les Anglais par le duc d'Aiguillon, le 11 sept. 1758, est bâti à 1 k. O. de l'anse du même nom (colonne commémorative), bordée par une longue plage aux extrémités de laquelle sont situés d'une part l'*hôtel de la Garde-Saint-Cast*, de l'autre, l'*hôtel Bellevue*, d'où un chemin monte à la *pointe Saint-Cast* (très beau panorama).
Saint-Jacut-de-la-Mer * (11 k.), 1,075 hab. la plupart pêcheurs, station de bains de mer (*plage du Rougeret*), est situé sur la Manche, à l'extrémité d'une presqu'île environnée des sables de la baie de Lancieux et de la baie de l'Arguenon. Son anc. abbaye bénédictine est occupée par des sœurs de l'Immaculée-Conception. Dans l'église, une inscription perpétue la mémoire de

Dom Lobineau, l'historien de la Bretagne, dont une sorte de menhir marque au cimetière la sépulture. — De Saint-Jacut on se rend presque à pied sec, à marée basse, à l'*île des Ebihens* (tour et colonne de 1697).]

32 k. *Corseul*, localité ayant eu dans l'antiquité une certaine importance (à l'église, cippe gallo-romane et bénitier du XIIe s.).

41 k. **Dinan*** (buffet), 10,534 hab., sur un promontoire escarpé, dominant de 75 m. la rive g. de la Rance, a conservé la plus grande partie de ses *remparts* des XIIIe et XIVe s. Sa physionomie féodale combinée avec la verdure de gracieuses habitations, donne à l'ensemble du site un caractère d'une agréable originalité.

De la gare, la *rue Thiers* mène à la *place Duclos*, sur laquelle s'élève l'*hôtel de ville*, qui renferme la *salle de l'Odéon* (portraits de Bretons célèbres, quelques tableaux), la *bibliothèque* et le *musée*. Sur la place Duclos, à g., s'ouvre la *rue de la Croix*, dans laquelle subsiste la *maison de Du Guesclin*. A g. de l'hôtel de ville s'ouvre la *Grande-Rue*, dans laquelle la *rue de Grâce* conduit à l'*église Saint-Malo* (1490; nef moderne; bénitier du XVe s.; chaire sculptée, calvaire du banc d'œuvre par Molchnecht; tombeaux).

En suivant la Grande-Rue, on laisse à g. la *porte* ogivale (XVe s.) de l'ancien couvent *des Cordeliers* (petit séminaire; entrée libre, prévenir le concierge), à dr. la *place des Cordeliers* et, par la *rue de la Lainerie* et la *rue du Jersual* (maisons du XVIe s.), on atteint la **porte du Jersual** (XIVe ou XVe s.). Au delà de cette porte, la *rue du Petit-Fort* (curieuses maisons à encorbellements) aboutit à un vieux *pont* gothique, près duquel est l'embarcadère des bateaux pour Saint-Malo et Dinard. De là on voit le magnifique **viaduc**, long de 250 m., haut de 40 m., qui franchit la vallée de la Rance.

Du pied du viaduc, des allées en lacets montent au *jardin anglais* (colonne avec *buste de Ch. Néel*, ancien maire), à l'angle N. duquel est la *tour Sainte-Catherine* (vue magnifique). A l'O. du jardin est l'**église Saint-Sauveur**, des styles roman, à dr., et ogival, à g.; belle porte de la façade O. (XIIe s.; partie supérieure du style flamboyant); mur S. (XIIe s.) de la nef, curieux par ses sculptures et par la disposition de ses travées que séparent des colonnes; chevet de 1507; peintures en grisaille; *crédences*; dans le transept g., *cénotaphe* en granit renfermant le cœur *de Du Guesclin*; verrières du XVe s.; bénitier du XIIe.

Les *rues de la Larderie* (au fond de la place à dr.), *de la Haute-Voie* (portail de l'ancien hôtel de Beaumanoir, XVIe s.), *de l'Apport* (curieuses maisons) et la *place de l'Apport* (marché), conduisent à la *rue* et à la *tour de l'Horloge* (XVe s.; *horloge* donnée par la reine Anne en 1507; du sommet de la tour, belle vue: s'adresser au gardien dans la cour). — A g., *Casino-théâtre*; plus loin, *rue de Léhon*, se trouve le *collège*.

A dr., la *rue Sainte-Barbe* conduit à la *place Du Guesclin* (concerts en été), ornée de la

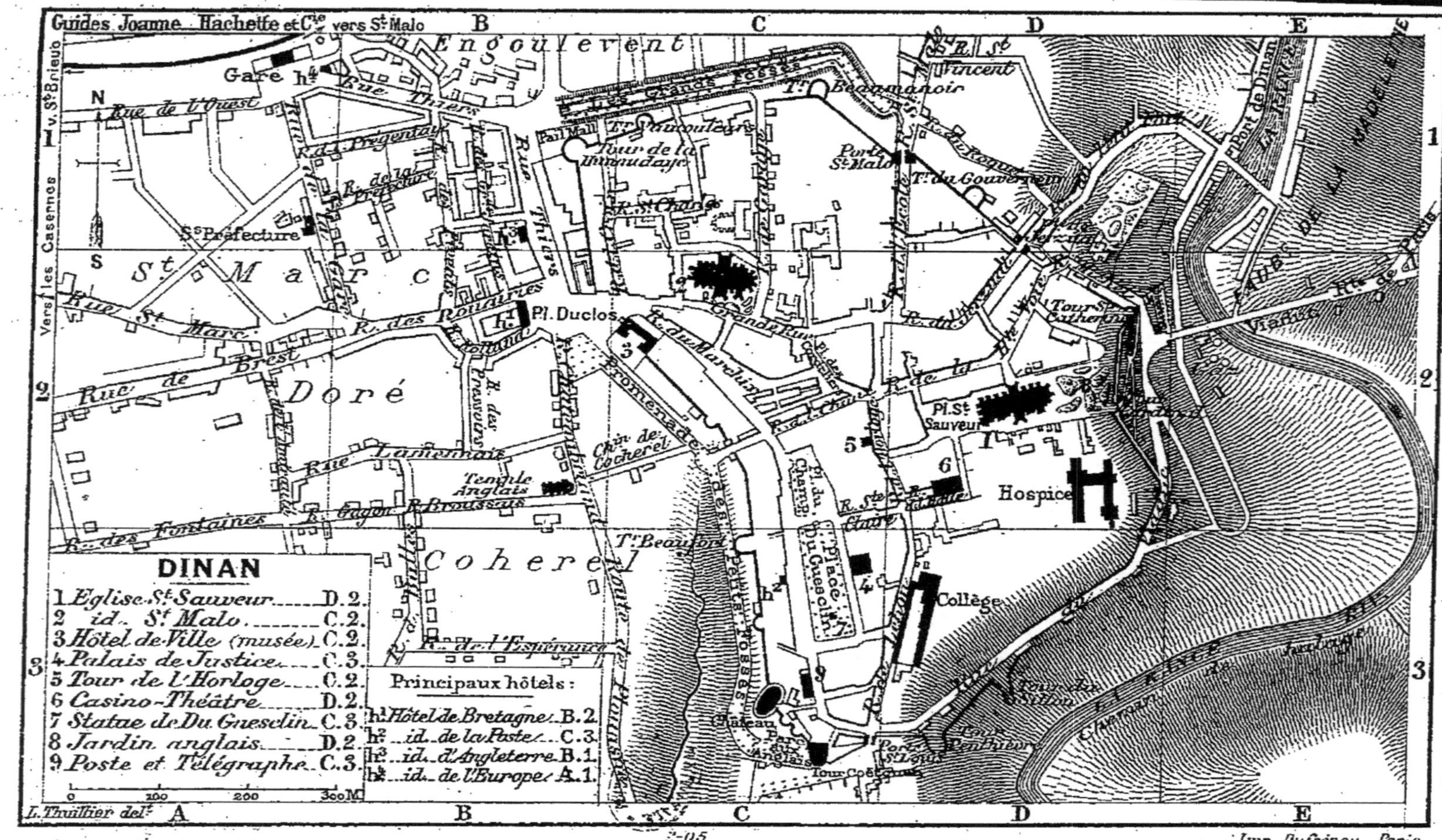
Guides Joanne Hachette et Cie
vers St Malo
v. St Brieuc
Vers les Casernes
DINAN
1 Eglise St Sauveur ...... D.2.
2 id. St Malo ...... C.2.
3 Hôtel de Ville (musée) C.2.
4 Palais de Justice ...... C.3.
5 Tour de l'Horloge ...... C.2.
6 Casino-Théâtre ...... D.2.
7 Statue de Du Guesclin C.3.
8 Jardin anglais ...... D.2.
9 Poste et Télégraphe C.3.
Principaux hôtels:
h1 Hôtel de Bretagne B.2.
h2 id. de la Poste C.3.
h3 id. d'Angleterre B.1.
h4 id. de l'Europe A.1.
0
100
200
300 M.
Engoulevent
St Marc
Doré
Coherel
Gare
Rue de l'Ouest
Rue Thiers
Rue St Marc
Rue de Brest
R. des Rouairies
Pl. Duclos
Rue Lamennais
R. des Fontaines
R. Gagon
R. Broussais
Temple Anglais
Chin de Cocherel
Promenade
Les Grands Fossés
Tr Beaumanoir
Pail Mall
Tour de la Duchesse Anne
Porte St Malo
Tr du Gouverneur
R. de l'Ecole
R. St Vincent
Pl. St Sauveur
Hospice
Collège
Place Du Guesclin
Pl. du Champ
Tr Beaufort
Petits Fossés
Château
Parc des Anglais
Tour Coëtquen
Porte St Louis
Tour Penthièvre
Tour du Sillon
Port de Dinan
LA RANCE
FAUBg DE LA MADELEINE
Viaduc
Rte de Paris
Tour Ste Catherine
Grande Rue
S.Préfecture
R. de l'Espérance
R. des Pressoirs
N
S
A
B
C
D
E
1
2
3
L. Thuillier del.
Imp. Dufrénoy – Paris.
2-05

statue équestre *de Du Guesclin*, par Frémiet, et bordée par le *palais de justice*. — Au S. de la place, la *rue du Château* conduit au **Château** (XIVe s.), servant de prison (on le visite, avec permission du sous-préfet, t. l. j. sauf le dimanche, de 2 h. à 3 h. et de 5 h. à 6 h.). On y remarque le donjon ou *tour de la Reine-Anne*, la *salle au Duc*, la *salle des Gardes*, la *salle d'armes*, etc.; la *tour de Coëtquen* est au S. du château

Tournant à dr., on atteint, par la *porte Saint-Louis* (de là on pourrait monter au *Mont-Parnasse*, belle vue), la *promenade des Petits-Fossés* (colonne avec *buste* de Duclos), qui ramène à la place Duclos, d'où la *rue de Chateaubriand* mènerait à l'*église anglicane*. On reprend la rue Thiers et, laissant à dr. la *promenade des Grands-Fossés*, le préau de *Pall-Mall* et des tours de l'ancienne enceinte, on rejoint la gare.

[A l'extrémité des Grands-Fossés, en face de la *porte Saint-Malo*, une rue mène à une allée ombreuse, aboutissant à un joli vallon au fond duquel coule une *fontaine minérale* (2 h. 30 aller et ret.).

A 1 k. S., *Léhon*, dominé par les ruines d'un *château* (XIIe et XIIIe s.), possède les restes d'un *prieuré* (XIIIe s.) fondé vers l'an 850 par Nominoë, roi de Bretagne, et dont l'église restaurée sert de paroisse. On peut, après avoir franchi la Rance, revenir à Dinan par le *tour des Prés*. — A 1 k. N., *château de la Coninnais* (XVe s.), dans un site pittoresque.

De Dinan a Saint-Malo, par la Rance (2 h.; bateaux à vapeur t. l. j. en été; départs à heures variables suivant la marée, 2 fr. 50 et 1 fr. 50; 3 fr. 50 et 2 fr. aller et retour; buffet à bord). — A dr., *Landeboulou*, puis *château de Grillemont*, sur une hauteur abrupte. — Carrières de *la Courbure*. — 4 k. *Plaine de Taden*, vaste nappe d'eau. — On entre dans l'*écluse du Châtelier* (escale). — A dr., *pointe de Lessart*. On passe sous le viaduc de Lessart (*V.* ci-dessous). — Le fleuve s'élargit et ses bords s'abaissent. — 10 k. *Plaine de Mordreuc*, belle nappe d'eau. — 13 k. A g., *Port Saint-Hubert*; à dr., *Port Saint-Jean* (escale; 2 barques font le service d'une rive à l'autre); en face *Mont-Garot*. — On passe dans un défilé pour entrer dans le *lac de Saint-Suliac*, bordé de rochers escarpés et d'où l'on aperçoit le v. de *Saint-Suliac* (*église* du XIIIe s., avec tombeau de St Suliac) et le clocher de *Minihic-sur-Rance* (petites plages de bains). Au milieu de la Rance, *île Notre-Dame* et *île du Moine*. Au loin, *Saint-Jouan-des-Guérets* (villas). Lorsque le bateau a dépassé la *pointe de l'Écret*, *Saint-Élier* et l'*île Chevrel*, on voit à g. (21 k.) la cale de *Jouvente*, qu'un bac relie à la *pointe du Quelmer*, sur laquelle se trouve la maison de *l'Égorgerie*. — A g., *pointe de Cancaval*. — A dr., les bords de la Rance offrent des paysages charmants avec de magnifiques propriétés. L'horizon s'élargit près du rocher de Bizeux. — A g., pointe de la Vicomté et Dinard (R. 7), escale. A dr., la tour de Solidor, le fort de la Cité, Saint-Servan et Saint-Malo (R. 7). On débarque au quai Saint-Louis, à (28 k. env.) Saint-Malo.]

De Dinan à Dinard et à la Brohinière, R. 7.

Après avoir franchi le vallon de l'Argentel, le ch. de fer de Dol laisse à g. celui de Dinard. Puis, au delà de la halte de (47 k.) *La Hisse*, il traverse la vallée de la Rance sur le *viaduc de Lessart*, haut de 33 m. A g., *château de la Bellière* (XIVe s.), où mourut Tiphaine Raguenel, femme de Du Guesclin.

54 k. *Pleudihen*. — 56 k. *Miniac* (château du XVIIIe s.), d'où part

à g. la ligne de (12 k.) la Gouesnière (V. p. 65) par (4 k.) *Châteauneuf*, 619 hab.

De Miniac à Rennes, par Tinténiac et Hédé, V. p. 35.

61 k. *Plerguer* (ruines de l'abbaye du *Tronchet*). — 64 k. *Roz-Lezardrieux*. — On joint la ligne de Rennes à Saint-Malo.

69 k. Dol (R. 7; buffet). — 78 k. *La Boussac*. A 3 k. S., dans le voisinage de plusieurs étangs, ruines du *château de Landal* (xve s.), près desquelles l'*église de Broualan* date de 1483.

85 k. *Pleine-Fougères*, 2,911 hab. — On traverse le Couesnon.

91 k. **Pontorson** *, 2,585 hab., à l'embouchure du Couesnon, dans l'anse la plus reculée de la baie du Mont-Saint-Michel, et à l'entrée des vastes marais de Caugé et de Sougeal, possède un petit port. — *L'église*, romane par sa nef et son portail, est, pour le reste, du style de transition et du xiiie s. (vaste *retable* en pierre, de la Renaissance). — *Asile d'aliénés*.

De Pontorson au Mont-Saint-Michel, à Fougères et à Vitré, R. 8.

ROUTE 7

DE PARIS A SAINT-MALO ET A DINARD

DE PARIS A SAINT-MALO

455 k. — Ch. de fer, en 10 h. 45 à 15 h. 35. — 42 fr. 65; 28 fr. 50; 18 fr. 80.

374 k. de Paris à Rennes (R. 4). — A g., lignes de Redon et de Brest (R. 4). — Pont sur l'Ille.

387 k. *Betton*. — 394 k. *Saint-Germain-sur-Ille* (carrières). — Gracieux paysages.

397 k. *Saint-Médard-sur-Ille*. — 402 k. *Montreuil-sur-Ille*. — 408 k. *Dingé*.

416 k. **Combourg** *, 5,204 hab., près d'un étang. — **Château** (xie, xive et xve s., restauré; visible le mercredi de 1 h. à 5 h.) où Chateaubriand passa son enfance. — *Maisons* du xvie s.

423 k. *Bonnemain*. — A g., ch. de fer de Dinan.

432 k. **Dol** * (buffet), 4,708 hab., ancien évêché. — **Cathédrale** du xiiie au xvie s. A l'int. : au chevet, belle *verrière* du xiiie s.; *stalles* et trône épiscopal du xve s.; au croisillon g., *tombeau* remarquable de l'évêque Thomas James, exécuté en 1507 par Jean et Antoine Juste. — *Maison des Plaids* (xiie s.); façade en granit. — *Maisons* anciennes avec colonnes à curieux chapiteaux du xive s. supportant le premier étage en saillie.

[A 2 k. S., près de *Carfantain*, **menhir du Champ-Dolent**, haut de 9 m. 30 (8 m. 70 de tour).

Une digue, longue de 36 k. et qui date du xiie s., préserve des inondations de la mer le pays désigné sous le nom de *Marais de Dol* (15,000 hect.), jadis recouvert d'une forêt envahie par la mer. Ces marais, auj. terres fécondes, sont remplis d'arbres renversés, dont le bois, noir et durcissant à l'air, s'emploie dans l'ébénisterie du pays. Ils sont dominés au N. par le *Mont-Dol*, éminence granitique haute de 65 m. (belle vue au sommet), au flanc duquel est le v. du *Mont-Dol* (église en partie romane).]

De Dol à Dinan, Lamballe, Pontorson (Mont-Saint-Michel), R. 6; — à Avranches, Coutances et Granville, R. 9.

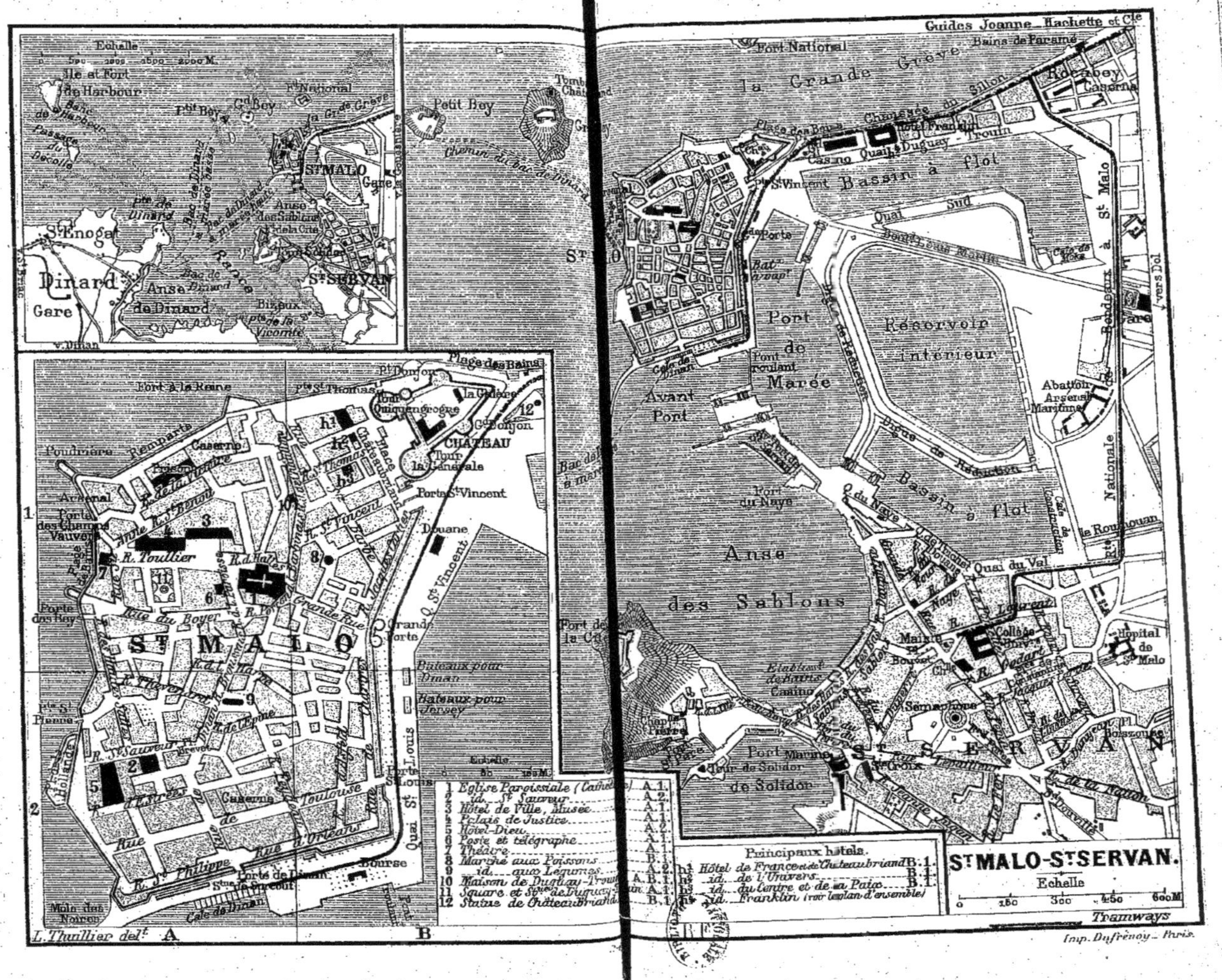
St MALO-St SERVAN.
Guides Joanne Hachette et Cie
Echelle
0 150 300 450 600 M.
Tramways
Église Paroissiale (Cathédrale) A.1.
2 id. St Sauveur A.2.
3 Hôtel de Ville, Musée A.1.
4 Palais de Justice A.1.
5 Hôtel-Dieu A.2.
6 Poste et télégraphe A.1.
7 Théâtre A.1.
8 Marché aux Poissons A.1.
9 id. aux Légumes A.2.
10 Maison de Duguay-Trouin A.B.1.
11 Square et Stue de Duguay-Trouin A.1.
12 Statue de Chateaubriand B.1.
Principaux hôtels.
h1 Hôtel de France et de Chateaubriand B.1.
h2 id. de l'Univers B.1.
h3 id. du Centre et de la Paix B.1.
h4 id. Franklin (voir le plan d'ensemble)
L. Thuillier delt
Imp. Dufrénoy - Paris.
Ile et Fort de Harbour
Ft National
Gd Bey
Pt St Bey
St MALO
St SERVAN
St Enogat
Dinard
Gare
Anse de Dinard
Rance
v. Dinan
Petit Bey
Port National
La Grande Grève
Bains de Paramé
Rocabey
Caserne
Chaussée du Sillon
Hôtel Franklin
Quai Duguay-Trouin
Casino
Plage des Bains
Bassin à flot
Quai Sud
Réservoir intérieur
Port de Marée
Avant Port
Anse des Sablons
Abattoir
Arsenal Maritime
Nationale
Bordeaux à St Malo
vers Dol
Quai du Val
Collège
Hôpital de St Malo
Sémaphore
Port Marine
Tour de Solidor
de Solidor
Fort de la Cité
Fort à la Reine
Poudrière
Remparts
Caserne
Arsenal
Porte des Champs Vauverts
Porte des Bey
R. Toullier
Rue du Boyer
Grande Rue
St MALO
CHATEAU
Tour la Générale
Tour Quiquengrogne
Gd Donjon
Pt Donjon
Plage des Bains
Porte St Vincent
Douane
Q. St Vincent
Grande Porte
Bateaux pour Dinan
Bateaux pour Jersey
Quai St Louis
Porte St Louis
Porte de Dinan
Cale de Dinan
Môle des Noires
Rue de Toulouse
Caserne
R. St Philippe
Bourse
Pte St Pierre
Plage de Hollande

On traverse le Marais de Dol.
- 442 k. *La Fresnais* (belle *glise* romane moderne).
447 k. *La Gouesnière-Cancale*, ation desservant (9 k. N.-E.; oit. publique) Cancale (*V.* p. 66) t (1,500 m. S.-E.) *la Gouesnière hâteau de Bonaban*, du XVIIIe s.; ue magnifique).

A Miniac, p. 64.

455 k. **Saint-Malo***, 11,486 hab., ncien évêché, port de mer et tation balnéaire très fréquen-ée, place de guerre, est bâti ur un îlot de granit comman-ant sur la rive dr. l'embou-hure de la Rance et relié au ontinent ainsi qu'au faubourg ndustriel de *Rocabey* par un sthme appelé le *Sillon*.

La gare (trams pour Saint-Ser-van, Saint-Malo, Paramé-Rothé-neuf et Cancale-la-Houle), située u faubourg du *Talard*, est reliée par le *boulevard Louis-Martin*, long de 800 m., à la porte Saint-Vincent, entrée principale de Saint-Malo. Si l'on prend le tram venant de Saint-Servan, on traverse Roca-bey et l'on suit la chaussée du Sillon, en longeant à g. l'hôt. Franklin et le **casino**, précédé d'un petit square orné de la *statue de Chateaubriand*, par Aimé Millet.

La *porte Saint-Vincent* donne accès sur la *place Chateaubriand* (kiosque de musique; dans l'hôtel de France, *chambre* où naquit Chateaubriand).

Le **Château**, à dr. de la place (on ne le visite qu'avec une permission du commandant de place), sert de caserne. On y remarque le *grand donjon* (XIVe s.), le *petit donjon*, les *tours* de *Quiquengrogne* et de *la Générale*. — Au fond de la place, à dr., la *porte Saint-Thomas* (auprès, bureau d'abonnement des bains) conduit à la *plage des bains*. Près de cette porte, un escalier monte sur les **remparts** (XIVe, XVe et XVIIIe s.), percés de 6 portes flanquées de grosses tours (à la tombée de la nuit on ne peut pas dépasser la poudrière). Des remparts on découvre une vue admirable, au S. sur la rade et le cours de la Rance, au S.-O. sur la côte accidentée, Dinard, Saint-Enogat, etc.; et, de l'O. au N., sur la mer, un archipel d'îlots parmi lesquels on distingue, à 5 k., *l'île de Cézembre* (fort) et, à 4 k., l'île de *la Conchée*, fortifiée par Vauban (1689). En suivant les remparts du N. au S., on passe à la *porte Saint-Pierre*, d'où l'on peut aller visiter (à pied, à marée basse) le **Grand-Bey**, rocher à 500 m. de la ville et sur lequel s'élève le *tombeau de Chateaubriand*.

Revenu à la porte Saint-Vincent, on prend en face la *rue Saint-Vincent* (au n° 3, *maison de la famille Lamennais*); on laisse à g. la *rue de la Poissonnerie*; plus loin, à dr., à l'entrée de la *rue Jean-de-Châtillon*, à g., *maison de Duguay-Trouin*. Contournant à g. la cathédrale, par la *rue Porcon-de-la-Barbinais*, on atteint à dr. la *rue de la Paroisse* (poste-télégraphe) et la cathédrale.

La **Cathédrale**, de l'époque de transition et de la Renaissance (tour centrale du XVe s., avec flèche en pierre de 1859; chœur élégant du XIVe s.; chapelles du XIVe au XVe s.). — A l'int. : aux piliers g. de la nef, peintures par Duveau, Doutreleau et Santerre; au maître-autel, trois statues en marbre blanc : la *Foi*, *St Benoît*, *St Maurice*.

En sortant de l'église, on voit à dr. la *place de l'Hôtel-de-Ville*. L'*hôtel de ville* (dans le vestibule, l'Hercule grec, marbre par Vasselot) renferme dans l'aile g. la *bibliothèque* et le *musée* (ouvert le jeudi et le dim., de 1 h. à 4 h.; les autres jours, s'adresser au concierge, de 9 h. à 6 h.).

La *rue Toullier* conduit à la *place Duguay-Trouin*, ornée de la *statue* en marbre du héros et bordée par la *sous-préfecture* et le *tribunal*. On suit la *rue de Boyer* (*maisons* anciennes) jusqu'à la *rue Broussais* (bel hôtel du XVIIIe s.); sur la place du même nom, la *maison d'argent* renferme des boiseries et des plafonds remarquablement ornementés. On croise la *rue de la Harpe* (*maisons* anciennes), on laisse à g. le *marché aux légumes*, puis la *rue de l'Epine* (*maison* natale de Desilles, qui, en 1790, fut tué en voulant éviter l'effusion du sang dans une révolte militaire) et, par la *place Brevet* et la *rue de Dinan*, on atteint la *porte de Dinan* et les *quais*. En face s'étend l'*avant-port*, protégé à l'O. par le *môle des Noires* (phare; belle vue) et communiquant avec les bassins à flot par des sas d'écluses et un canal. Ce canal est traversé par un *pont roulant* (10 c. et 5 c.), qui repose sur deux rails immergés, et que fait mouvoir une machine à vapeur. Saint-Malo arme surtout pour la pêche de la morue à Terre-Neuve.

Longeant le port, on suit les quais, où l'on rencontre successivement l'embarcadère des bateaux de Dinard, la *Bourse*, la *porte Saint-Louis*, les bureaux des bateaux de Dinan et de Jersey, la *Grande-Porte* et la *douane*, avant de regagner la porte Saint-Vincent, où l'on trouve des voit. tarifées pour Saint-Servan, Cancale, etc.

Saint-Servan * (on peut s'y rendre soit par le pont roulant, 10 c. ou 5 c.; soit en canot, soit par le tram partant de la porte Saint-Vincent et passant à la gare, soit en voit. de place par le boulev. Louis-Martin et la gare, soit à pied en traversant le pont mobile près de la porte Saint-Vincent), 12,240 hab., sur la rive dr. de la Rance, est comme le faubourg de Saint-Malo. — Du pont roulant, on passe sur les écluses du port, on longe à dr. le *fort de Naye* et l'anse des Bas-Sablons (belle vue sur Dinard). La *Grande-Rue*, qui s'ouvre à g., mène à la *place Bouvet* et à l'*hôtel de ville*. La *rue Ville-Pépin* (à g., chapelle du *collège universitaire*, un des plus beaux de France; à dr., *sémaphore*, jolie promenade, belle vue) conduit à la *place Roulais* (à g., *château de la Ballue*). Les *rues Haute*, *de la Fosse* et *des Fours-à-Chaux* mènent à l'*anse des Fours-à-Chaux* (établissement de bains; rochers pittoresques), dominée par l'*hôpital du Rosais*. On revient par la rue de la Fosse et la *rue Jeanne-Jugan* à l'*église* paroissiale (1742-1842), d'où, par la *rue de la Fontaine*, on gagne le *port de Solidor* (en face, Dinard; à dr., fort de la Cité), puis la **tour de Solidor** (pour visiter, s'adresser au gardien), bâtie en 1384 sur un rocher, à l'embouchure de la Rance.

On monte par la *rue d'Aleth* à la *place Saint-Pierre* (*chapelle* moderne *de Saint-Pierre d'Aleth*, sur l'emplacement de l'ancienne cathédrale du même nom). A g., une ruelle (restes de la vieille basilique et *puits des Sarrasins*) mène au *fort de la Cité*. La *rue Beau-Rivage*, la *rue des Hauts-Sablons* (à g., *bains de mer des Bas-Sablons*) et les *rues des Bas-Sablons* et *Dauphine* ramènent au pont roulant.

[De Saint-Malo a Cancale (15 k.; tram à vapeur, 1 fr. 35 et 1 fr., avec embranch. sur la Houle, 1 fr. 45 et 1 fr. 10; 50 c. et 30 c. jusqu'à la mairie de Paramé, 25 c., pour le casino. — 3 k. **Paramé** *, b. en arrière de la station balnéaire du *Nouveau-Paramé*, dont les villas, le *casino*, le *Grand-Hôtel* se développent le long d'une belle terrasse dominant la *plage* (établissement de bains de *Rochebonne*). A 3 k. 8 N.-E. de Paramé, *Rothéneuf* * (tram. 25 c.) est une station balnéaire assez fréquentée. — 10 k. *Saint-Coulomb* (à 3 k. N.-E., *fort Du Guesclin*; à 3 k., jolies grèves de *la Guimorais*). — 15 k. **Cancale** *, 6,540 hab., est célèbre par ses *huîtres* et ses *rochers*. Son port est situé à *la Houle*, au fond de la magnifique *baie de Cancale* (à marée basse, il est intéressant de visiter un parc aux huîtres).]

De Saint-Malo à Dinan, par la Rance, R. 6, p. 63.

DE PARIS A DINARD

A. Par Saint-Malo.

455 k. de Paris à Saint-Malo en chemin de fer (*V.* ci-dessus).

Bateau à vapeur de Saint-Malo à Dinard plusieurs fois par jour : trajet en 10 min.; prix, 50 c., 30 c. et 15 c. A marée basse, on s'embarque au Grand-Bey.

B. Par Dol et Dinan.

481 k. — Chemin de fer (gare Montparnasse), en 8 h. et 16 h. 45. — 44 fr. 90; 30 fr. 30; 19 fr. 75; billets d'aller et ret. valables 33 j., 56 fr. et 37 fr. 80. — Wagon-restaurant au rapide et au 1er express du matin.

432 k. de Paris à Dol (*V.* ci-dessus). — 28 k. de Dol à (460 k.) Dinan (R. 6).

Les trains directs ne vont pas jusqu'à Dinan; ils prennent à la Hisse le raccordement de l'embranch. de Dinan à Dinard sur la ligne de Lamballe à Pontorson.

464 k. *Saint-Samson*. — 471 k. *Pleslin-Plouer*. — A g., *Trémé-reuc* (château de *la Crochais*, près de la rivière de Frémur, qui forme des étangs pittoresques).

476 k. *Pleurtuit*.

481 k. Dinard (*V.* ci-dessous)

C. Par la Brohinière et Dinan.

470 k. — Chemin de fer, en 10 h. à 15 h. 20. — 44 fr. 90; 30 fr. 30; 19 fr. 75.

411 k. de Paris à la Brohinière (R. 4). — On traverse le Garun et la forêt de Montauban. 419 k. *Médréac*. — 426 k. *Plouasne-Bécherel*. — 432 k. *Le Quiou-Évran*. — On traverse la Rance.

434 k. *Saint-André-Saint-Juvat*. — 437 k. *Trevron*. — 444 k. *Le Hinglé*. — On rejoint le ch. de fer de Lamballe.

450 k. Dinan (R. 6). — 20 k. de Dinan à (470 k.) Dinard (*V.* ci-dessus, *B*).

Dinard *, 4,787 hab. (avec Saint-Enogat; nombreux Anglais), s'élève en amphithéâtre, principalement sur un promontoire appelé *Bec de la Vallée*, au-dessus d'une anse formée par la Rance, qui la sépare de Saint-Malo et de Saint-Servan. Grâce à la douceur de son climat, qui permet de cultiver en pleine terre la plupart des plantes du midi de la France, les étrangers y prolongent volontiers leur séjour jusqu'à la fin de l'automne. Les baigneurs et les touristes y affluent surtout entre le 4 août et le 4 septembre, époque des courses et des régates. On y voit de belles *villas*, dont un certain nombre couvrent le promontoire de *la Malouine*, dominant à l'O., comme la *pointe de Dinard* à l'E., la *grève de l'Ecluse*, avec établissements de bains et *casino*, à g. duquel se dresse une tour, haute de 45 m. (on peut y monter pour 50 c.), appelée le *Cristal-Casino*, établissement ayant diverses destinations : concerts, expositions de tableaux, etc. — Très belle vue de la terrasse précédant l'*église*, édifice moderne qu'avoisinent l'*hôtel de ville*, ancienne villa léguée par M. Levavasseur avec un parc de 8,000 m., et les ruines pittoresques d'un *prieuré* fondé en 1324 (tombeaux de chevaliers de Montfort).

Un boulevard relie Dinard à *Saint-Enogat* *, où les *villas* et l'*hôtel de la Mer* précèdent une belle plage (établissement de bains). — *Eglise* romane moderne. — A l'O., château construit au-dessus de la *Goule-aux-Fées*.

[*Pointe de la Vicomté* (2 h. env. aller et ret. en se faisant conduire en voit. à la ferme de la Vicomté, où l'on peut boire du lait), promontoire rocheux (ancien manoir restauré par M. Joyau; belle vue), le long duquel se développe un charmant sentier horizontal ombragé.

De Dinard a Saint-Briac (7 k.; tram à vapeur en 35 min.; 1 fr. 15 et 75 c., 1 fr. 50 et 1 fr. 25 aller et ret. — 4 k. *Saint-Lunaire* *, station balnéaire. Dans l'ancienne église, *tombeaux* (XIIIe et XVe s.) de seigneurs de Pontual et *tombe de St Lunaire* (XIIIe ou XIVe s.). Entre le village et la mer s'élève une nouvelle *église*, qui dessert le bourg balnéaire, formé de boulevards, de villas et d'hôtels, notamment le grand *hôtel de la Plage* (casino). Il y a deux plages, celle de Saint-Lunaire et celle de *Longchamps* (*hôtel de Paris*), séparées par les rochers du *Décollé* (*villa Constantine*) se prolongeant en mer par la *Pointe du Décollé* (près de la *grotte des Sirènes*, tir aux pigeons, entrée 50 c.), dont l'extrémité porte une croix de granit. — Les *bois de Pontual* (30 min.) et le parc de l'ancien château de ce nom, remplacé par la *villa Revault*, ainsi que la *pointe* et la *grotte de l'Hirondelle*, offrent d'agréables buts de promenade. — 7 k. *Saint-Briac* *, station balnéaire, à l'embouchure et sur la rive dr. du Frémur, qui, après avoir baigné les remparts du *château* ruiné de *Pont-briant*, se jette dans la mer au-dessous de la tour des *Ebihens*, en face des récifs de l'*île* d'*Ago*. L'*église*, moderne, est accolée à une jolie *tour* en granit (1671). Les baigneurs fréquentent la grève de *Fausse-Mort*, et surtout (route de voit.) celle de *la Chapelle* (maisons à louer), v. situé à 1 k., au bord d'une plage protégée par la presqu'île du *Necey* (château). A 15 min., petite plage de *Lancieux* (hôtel *Leroux*). Entre la plage de *Port-Hue* et le rocher du *Cromier* s'élève l'*hôtel des Panoramas*.

De Dinard au cap Fréhel (41 k.; voit. particulière, 20 fr.; en été, un bateau à vapeur, partant de Saint-Malo, fait des excursions au cap). — 10 k. *Ploubalay*, 2,538 hab. — 13 k. *Beaussais*, ham. d'où se détache à dr. la route de (4 k.) Saint-Jacut (*V.* p. 61).

— On laisse à dr. les ruines, parées de verdure, du *château du Guildo* (en face, curieux rocs appelés les *Pierres Sonnantes*), sur un rocher dont la base est baignée à marée haute par les flots de la mer remontant le cours de l'Arguenon. Après avoir franchi cette rivière, on laisse à dr. le chemin de Saint-Cast (*V.* p. 61). — 24 k. *Matignon* *, 1,553 hab. — 36 k. *Fort de la Latte* (déclassé), bâti en 937, transformé sous Louis XIV (donjon), séparé du phare par 5 k. d'une côte d'où l'on domine l'*anse des Sévignés*, où s'ouvre une énorme fissure appelée *Trou de l'Enfer*. — 41 k. **Cap Fréhel**, environné de rochers à pans rudement taillés, tantôt en prismes, tantôt en obélisques aux formes fantastiques, dans lesquels s'ouvrent des *grottes* très curieuses. Sur le cap s'élève un *phare* de 1er ordre (79 m. d'alt.). — Le cap est à 18 k. d'Erquy (*V.* p. 37).]

ROUTE 8

LE MONT-SAINT-MICHEL

DE VITRÉ AU MONT-SAINT-MICHEL.

87 k. — Ch. de fer jusqu'à Pontorson, en 3 h. 30. 8 fr. 75, 5 fr. 90, 3 fr. 85. — Tram à vapeur de Pontorson au Mont, en 30 min.; 1 fr. 15, 85 c. et 55 c.

A g., ligne de Rennes. *Viaduc* de 9 arches sur la Vilaine. — 7 k. *Gérard*. — 13 k. *Balazé*. — 19 k. *Châtillon-en-Vendelais*. — 25 k. *Dompierre-du-Chemin* (beaux rochers dits le *Saut de Roland*). — 28 k. *La Brebitière*. 34 k. *La Selle-en-Luitré*.

De la Selle à Mayenne et à Pré-en-Pail, R. 10, p. 76-77.

37 k. **Fougères** *, 20,952 hab., située sur une colline (136 m.) dominant le cours du Nançon, est curieuse par la physionomie pittoresque de ses anciens **remparts**, sur lesquels est entassé un fouillis inextricable de tours, de tourelles, de chaumières et de constructions du moyen âge. Des 4 avenues qui se joignent près de la gare, l'une, le *boulevard de la Gare*, mène à la bifurcation des *rues de Paris* et *du Tribunal*, qui aboutissent toutes deux à la *place d'Armes* (*tribunal*, de 1738). En continuant de suivre la rue du Tribunal au delà de la place, on atteindrait le *boulevard de Rennes*, qui, traversant en remblai les prairies du Nançon, conduit au château en contournant la ville, que l'on voit sous un aspect pittoresque. Sur la place d'Armes s'ouvre à dr. la *rue Porte-Roger*, aboutissant à la place du *Théâtre*, d'où part, à dr., la *rue de la Pinterie* (*maisons* à porches), qui descend à la *porte Saint-Sulpice*, la seule subsistante de l'enceinte, et au **Château** (XIIe-XVe s.; 13 tours), vaste ruine féodale en restauration sous la direction de M. Darcy (petit musée dans la tour Mélusine; dans les bâtiments de l'Avancée, musée d'hist. naturelle). Derrière le château est l'*église Saint-Sulpice* (XVe-XVIIIe s.; dans la chap. du bas-côté dr., *retable* en granit sculpté: bas-côté g., statue en granit de *N.-D. des Marais*, pèlerinage; 3e chap., *Descente de Croix* d'après Rubens; derrière le maître-autel, retable en bois sculpté avec peinture remarquable figurant l'Assomption), d'où l'on remonte sur la colline

par l'*escalier de la Duchesse-Anne*, qui mène au *Jardin public* (vue étendue) et à l'*église Saint-Léonard* (xve-xviie s.; 6 tableaux de Devéria; monument des mobiles d'Ille-et-Vilaine). A g., en sortant de l'église, on s'engage dans la *rue Nationale* (marché derrière lequel subsiste un *beffroi*, xve s.), communiquant, à dr., par une courte rue avec la *place du Marché* (*statue du général de Lariboisière*, œuvre de Récipon). De la place, la *rue du Marché* ramène à la place d'Armes, d'où l'on regagne la gare. — Fabr. importante de cordonnerie; exploit. de carrières de granit. — A 2 k. N., *forêt domaniale de Fougères* (1,660 hect.).

[De Fougères a Saint-Hilaire-du-Harcouet (36 k.; ch. de fer, en 1 h. 8 à 1 h. 30). — 9 k. *Parigné* (château de *la Villegontier*). — A g., *château de Monthorin*, du style Louis XIII (dans la chapelle, tombes de Raoul II de Fougères, † 1194, et de Françoise de Foix, urnes renfermant le cœur du général de Lariboisière et celui de son fils). — 19 k. *Louvigné-du-Désert*, 3,986 hab. (église du xve s.; mégalithe de la *Chaire-au-Diable*). — 26 k. *Les Loges-Marchis*. — On franchit la Sélune près de l'embouchure de l'Airon. — 36 k. Saint-Hilaire-du-Harcouet (R. 10).]

Tunnel sous la ville de Fougères. — 46 k. *Saint-Germain-en-Coglès*, 2,363 hab. On entre dans la vallée de l'Oysance. — 48 k. *La Touche*. — 51 k. *Saint-Etienne-en-Coglès*. — 55 k. *Saint-Brice-en-Coglès*, 1,899 hab. — 62 k. *Tremblay*, 2,341 hab. (église, xie-xiie s.). — Entre 2 ponts sur l'Oysance, tunnel de *la Hougrais*. — 68 k. *Antrain*, 1,550 hab.

D'Antrain, à Rennes, par Liffré, V. p. 35.

78 k. Pontorson (R. 6).

On laisse à g. *Moidrey* et à dr. *Beauvoir*, avant de s'engager sur la digue ou remblai qui relie le Mont-Saint-Michel au continent. A g. le Couesnon coule lentement dans les immenses grèves de la *baie du Mont-Saint-Michel*.

87 k. Le b. du **Mont-Saint-Michel*** est groupé en amphithéâtre sur une colline granitique ronde, ayant 900 m. de circuit, haute de 50 m., qui s'élève dans la baie formée par la réunion des côtes de la Normandie et de la Bretagne, au milieu d'une vaste plaine de sables mouvants que les flots recouvrent pendant de fortes marées. Cette colline présente au N. et à l'O. des rochers escarpés; à l'E. et au S. s'étagent des maisons qu'entoure une ceinture de remparts. Le sommet est occupé par l'église et l'abbaye.

Cette abbaye fut fondée au viiie s. par St Aubert, dans des circonstances miraculeuses. C'était une véritable ville forte, qui eut plusieurs sièges à soutenir. A partir de 1622, elle devint un lieu de détention pour les moines indisciplinés et, au xviiie s., une prison d'Etat où furent enfermées de nombreuses victimes des lettres de cachet. Après la Révolution on fit de nouveau du Mont une maison de détention; cette destination, qui lui fut maintenue jusqu'en 1863, donna lieu à des mutilations regrettables. Après diverses vicissitudes, les bâtiments de l'abbaye sont devenus la propriété de la Commission des monuments historiques, chargée de pourvoir à une restauration générale déjà commencée en 1838 et reprise en 1863, et dont la plus grande partie, jusqu'à présent, a été dirigée par M. Corroyer.

De l'extrémité de la digue, on

suit à g. une passerelle pour gagner l'unique entrée de la ville, protégée par deux ouvrages extérieurs, la *Barbacane* (xve s.) et l'*Avancée* (xvie s.), suivies de trois portes. La 1re s'ouvre dans la *cour de l'Avancée* (à dr., les *Michelettes*, pièces de canon abandonnées par les Anglais en 1429). La seconde *porte*, dite *du Boulevard*, amène dans la *cour de la Barbacane*, au fond de laquelle se présente la *porte du Roi* (xve s.), qui s'ouvre sur la ville.

L'unique rue de la **Ville** aboutit à l'abbaye par un escalier divisé en plusieurs rampes; elle est bordée de maisons du moyen âge (boutiques d'objets de piété, etc.), et en montant, on aperçoit à g. l'*église paroissiale* (1440). Au delà, tout en haut de la rue, on passe à g. au-dessous de la *maison* (restaurée; on la visite) que *Du Guesclin* avait fait bâtir en 1366 pour sa femme, Tiphaine Raguenel. Tout près de cette maison, dans un jardin que l'on peut apercevoir en gravissant le Grand-Degré, un portail roman et 3 grands cintres sont les restes de l'ancienne cité ou d'un couvent.

Après avoir pénétré dans la Barbacane et gravi l'entrée de l'**Abbaye** (visible en été de 8 h. à 11 h. matin, et de midi 30 à 6 h.) par l'escalier fortifié (dit *escalier du Gouffre*) sous le **châtelet** (xve s.), on entre, dans la *salle des Gardes* (xiiie s.), d'où l'on gagne, au fond à dr., la cour de la Merveille; là se trouve le gardien qui fait visiter le monument. La salle des Gardes, défendue par la *tour Perrine* (xiiie s.), forme avec cette tour et le Châtelet un groupe appelé la *Belle-Chaise* (xiiie s.). Un passage oblique conduit à la *cour de l'Eglise*, formée à dr. par l'église, à g. par les *bâtiments abbatiaux* (xiiie-xve s.). Le *logis abbatial* (charmante tourelle-escalier) est relié à l'église basse par un pont fortifié sous lequel on passe. De la cour, le *Grand-Degré* aboutit à la terrasse (75 m. d'altit. ; vue magnifique) appelée *Sault-Gaultier*, *Beauregard* ou *Mirande* (vue magnifique).

On pénètre dans **l'église** (1020-1135) par le portail latéral, ouvert (xiiie s.) dans le collatéral S. (au tympan, l'Apparition de St Michel à St Aubert, œuvre de Barré). La tour centrale, récemment refaite, est surmontée d'une flèche portant une statue de St Michel, en cuivre repoussé, haute de 4 m., œuvre de Frémiet. La nef (en restauration) a été fermée en 1780 par une façade incorrecte dans laquelle ont été encastrés des chapiteaux de l'ancienne façade romane. *Chœur* grandiose (1450-1521) du style ogival flamboyant avec chapelles où se voient un retable de 1400 (scènes de la Passion) et deux bas-reliefs en pierre de la Renaissance (les Évangélistes; Adam et Ève). — A dr. de la crédence, un escalier à vis monte à une petite plate-forme (belle vue) située au bas de l'*escalier de dentelle*, qui aboutit à la balustrade du comble (immense panorama). — De l'église on se rend sur la vaste plate-forme de l'O., ancien préau des prisonniers (belle vue sur la baie).

Par le côté g. de l'église on passe dans le **cloître** (1228, restauré de 1877 à 1881), bijou d'architecture (25 m. de long sur 14 de larg.), orné de 220 colonnettes. Dans la galerie S. se trouve le *lavatorium*. Les fenêtres regardent la mer à l'O., à plus de 100 m. d'alt. (vue admirable). Le cloître est de plain-pied avec l'église et le *dortoir* des religieux, vaste salle (1225) en restauration, élevée au-dessus du réfectoire et non voûtée. Le cloître et le dortoir occupent l'étage supérieur de la **Merveille** (1203-1228), immense construction en granit, aux façades imposantes, et soutenue par de puissants contreforts, dont la salle des Chevaliers forme l'étage intermédiaire, l'aumônerie et le cellier l'étage inférieur.

Après le cloître, le gardien fait visiter : l'ancien cloître ou *promenoir des moines* (commenc. du XIIe s.), au-dessous duquel s'étend la *crypte* ou *galerie de l'Aquilon*; — des cachots où furent détenus le cardinal La Balue et plusieurs prisonniers politiques; — l'*ancien charnier* ou *cimetière des religieux*; — l'ancienne *chapelle* mortuaire *des Trente-Cierges*, qui communique par une brèche avec la *chapelle Saint-Etienne* (XIIIe s.), et une immense *roue* en bois qui servait à monter les vivres, près d'une vaste ouverture par laquelle Barbès tenta de s'évader; — la place de la cage où, entre autres prisonniers, mourut rongé par les rats le gazetier Dubourg, qui avait écrit contre Louis XIV.

On gagne ensuite la **salle des Chevaliers** (1215-1220), primitivement salle du Chapitre (26 m. sur 18), divisée en 4 nefs. Dans l'angle N.-O. est l'entrée du *Chartrier*, où un petit *musée* est composé de diverses curiosités trouvées au cours des travaux de restauration de l'abbaye. — Dans l'angle S.-E. du chartrier une porte donne accès dans le grand porche qui précède le **réfectoire** (1215), où l'on revient après avoir vu la *crypte des Gros-Piliers* (XVe s.), creusée dans la roche au-dessous de l'église supérieure; vastes citernes. — Avant de regagner la salle des Gardes, on traverse le *cellier* ou *Montgommerie* et l'*Aumônerie*, salle où les moines recevaient les indigents. A côté de l'abbaye, *musée* dit *historique* (établissement privé; entrée 1 fr.).

En sortant de l'abbaye par la porte N. de la Barbacane, on peut suivre la ligne des **remparts** (XIVe-XVe s.) et de leurs *tours*, pour revenir à la porte du Roi. Dans un jardin au dessous de la *tour de la Liberté* *laurier* haut de plus de 10 m. Enfin on peut, à marée basse en contournant les rochers à l'O. et au N.-O., aller voir la *chapelle Saint-Aubert*.

Au N. du Mont (3 k. env.) se dresse, au milieu des sables l'îlot granitique de *Tombelain* (vestiges d'habitation et d'une forteresse).

ROUTE 9

DE PONTORSON A GRANVILLE

55 k. — Ch. de fer, en 1 h. 45 et 2 h. 30.

7 k. *Servon-Tanis*. A dr., *Se*

von (*église* au dôme bizarre renfermant des fonts baptismaux romans et des restes de peintures anciennes, notamment dans la sacristie; *château* du XVIe s., avec porte du XIIe). — On franchit la Sélune.

15 k. *Pontaubault*, sur la Sélune (pont de 12 arches), à la bifurcation du ch. de fer de Domfront (R. 10).

22 k. Avranches (R. 10). — On traverse la Sée.

29 k. *Montviron-Sartilly*. A g., *Montviron* (église avec portail du XIIe s.). A 3 k. O. (voit. publique, 75 c.), *Sartilly*, 1,202 hab.

35 k. *La Haye-Pesnel-la-Lucerne. La Haye-Pesnel*, 962 hab. (restes d'un château), occupe un coteau au pied duquel coule le Tar. Le v. de *la Lucerne-d'Outremer*, à 2 k. 5 S.-O., doit son nom à une *abbaye*, fondée en 1164 et dont il subsiste, dans la charmante vallée du Tar et à la lisière d'une forêt, des restes renfermés dans le beau domaine de M. Decauville. — On joint la ligne de Paris.

40 k. Folligny, et 15 k. de Folligny à (55 k.) Granville (R. 11).

ROUTE 10

DE PARIS A AVRANCHES

PAR ALENÇON

DE PARIS A CONDÉ-SUR-HUÎNE

141 k. — Ch. de fer, en 3 h. 30 à 4 h. 10. — 15 fr. 80; 10 fr. 65; 6 fr. 95.

141 k. de Paris à Condé-sur-Huîne (R. 1).

DE CONDÉ A ALENÇON

67 k. — Ch. de fer, en 1 h. 55 à 3 h. 15. — 7 fr. 50; 5 fr. 05; 3 fr. 30.

A dr., ligne de Chartres. — Ponts sur la Corbionne et l'Huîne. — 6 k. *Dorceau*.

9 k. *Rémalard*, 1,571 hab., sur l'Huîne (château de *Voré*, où séjourna Helvétius). — 14 k. *Boissy-Maison-Maugis*.

22 k. *Mauves-Corbon*. A Mauves, tombeau de Dureau de la Malle, membre de l'Institut († 1807), exécuté d'après les dessins de Girodet et de Percier. — A dr., lignes de Laigle et de Sainte-Gauburge (*V.* ci-dessous).

29 k. **Mortagne***, 3,967 hab., sur un coteau d'où jaillissent les sources de la Chippe. — De la gare, la *rue de Bellême* conduit à l'entrée de la ville, où elle se divise en deux. A g., la *rue Sainte-Croix* va à la *place des Halles*, à la *place d'Armes* et à la *rue d'Alençon* (*chapelle* moderne *des Dames-Blanches*; maison du XVe s. renfermant le *musée percheron*, ouvert le dimanche). A dr., la *rue de la Sous-Préfecture* va à la *Grande-Rue* (*hôpital* en partie du XVe s., avec tombe du président de Catinat, père du maréchal). Au delà de la place d'Armes, la *Petite-Rue* va à la *place Notre-Dame* et à l'**église Notre-Dame**, bâtie de 1494 à 1535, agrandie et remaniée en 1835 et en 1890 (élégant portail latéral N.; tribune en pierre de l'orgue, de 1624; voûtes remarquables de la Renaissance; stalles sculptées du XVIIe s.). — De la Petite-Rue, on gagne le *palais de Justice* (s'adresser au concierge pour visiter la *crypte* de l'ancienne

église Saint-André, XIVe s.). Dans les rues voisines, *maisons* anciennes. — Par la *place du Palais-de-Justice* on se dirige vers l'*arcade Saint-Denis* (XVe s.), reste d'un ancien fort. — Derrière l'*hôtel de ville*, jardin *public* (groupe en bronze par Frémiet figurant la Métamorphose de Neptune en cheval) d'où l'on a une très belle vue. — *Champ de courses* admirablement situé.

[De Mortagne a Laigle (41 k.; ch. de fer, en 1 h. 35; 4 fr. 60, 3 fr. 10, 2 fr.). — 9 k. *Feings* (chartreuse ruinée de *Val-Dieu*, du XIIe s., dans une situation pittoresque près de plusieurs étangs). — 14 k. *Tourouvre*, 1,592 hab. (à l'église, 2 bénitiers et stalles du XVe s., retable du XVIIe s. avec tableau de l'Adoration des Mages). — On parcourt la *forêt du Perche* (3,227 hect.), et l'on traverse l'Avre puis l'Iton. — 41 k. Laigle (R. 11).

De Mortagne a Sainte-Gauburge (36 k.; ch. de fer, en 1 h. 10 à 1 h. 40; 4 fr. 05, 2 fr. 70, 1 fr. 75). — 17 k. *Soligny-la-Trappe*, v. qu'une route relie à (4 k. N.-E.) l'**abbaye de la Trappe**, dans un site pittoresque, près d'un étang de la forêt du Perche. Le monastère (visible t. l. j., sauf les dim. et fêtes), entouré d'un domaine de 300 hect., occupe l'emplacement d'une abbaye fondée, vers 1140, par Rotrou III, comte du Perche, qui, dès 1132, avait fait construire en cet endroit un sanctuaire (ce premier oratoire sert auj. de boulangerie), après le naufrage de la *Blanche-Nef*, où avaient péri sa femme et son beau-frère Guillaume. Une grande partie de l'abbaye a été récemment reconstruite. On visite : l'*église*, style du XIIIe s.; la *salle capitulaire* (curieuse voûte plate); les *cloîtres*, de style roman; le tombeau des abbés; le préau (statue de la Vierge donnée par Mme Adélaïde, sœur du roi Louis-Philippe); la *chapelle des reliques*; l'*abbatiale* (portrait de l'abbé de Rancé, par H. Rigaud; bibliothèque de 20,000 vol. avec missel du XVIe s.), etc. Dans le voisinage se voit la *grotte de Saint-Bernard*, où, d'après la tradition, aurait prié l'illustre abbé de Clairvaux.

26 k. *Moulins-la-Marche*, 1,022 hab. (restes de retranchements du XIIe s. dits les *Fossés-du-Roi*). — 36 k. Sainte-Gauburge (R. 11).]

De Mortagne à Mamers et à Sillé-le-Guillaume, R. 4, p. 30.

34 k. *Les Carreaux*. — 39 k. *La Ménière*. — Pont sur la Sarthe.

44 k. *Le Mêle-sur-Sarthe*, 732 hab., doit son importance à l'élevage des chevaux. — Ruines du château de Sully. — Ecole de dressage.

53 k. *Neuilli-le-Bisson*, où l'on franchit la Vésone. La station est dans la forêt du *Ménil-Broût*. — 57 k. *Hauterive*. — 60 k. *Semallé*. — On joint les lignes de Caen et de Domfront.

67 k. **Alençon*** (buffet), 17,270 hab., ch.-l. du départ. de l'Orne, au confluent de la Sarthe et de la Briante. — La *rue de la Gare* mène à la *place de la Pyramide*, où on laisse à dr. le *champ de foire*. On suit, au S.-O., la *rue Saint-Blaise* (hôtels et cafés principaux; à dr., *Préfecture*, XVIIe s.), puis la *Grande-Rue*. Plus loin, à g., en face de la *rue du Bercail* (tribunal de commerce, XVIe s.) on atteint la *place de la Madeleine*, où s'élèvent la *Maison d'Ozé* (1450) et l'**église Notre-Dame**, dont le chœur, le transept et le clocher ont été rebâtis en 1744. La nef (XVe s.) est précédée d'un magnifique portail abrité sous un porche à 3 pans. Au-dessus de l'arcade centrale de ce

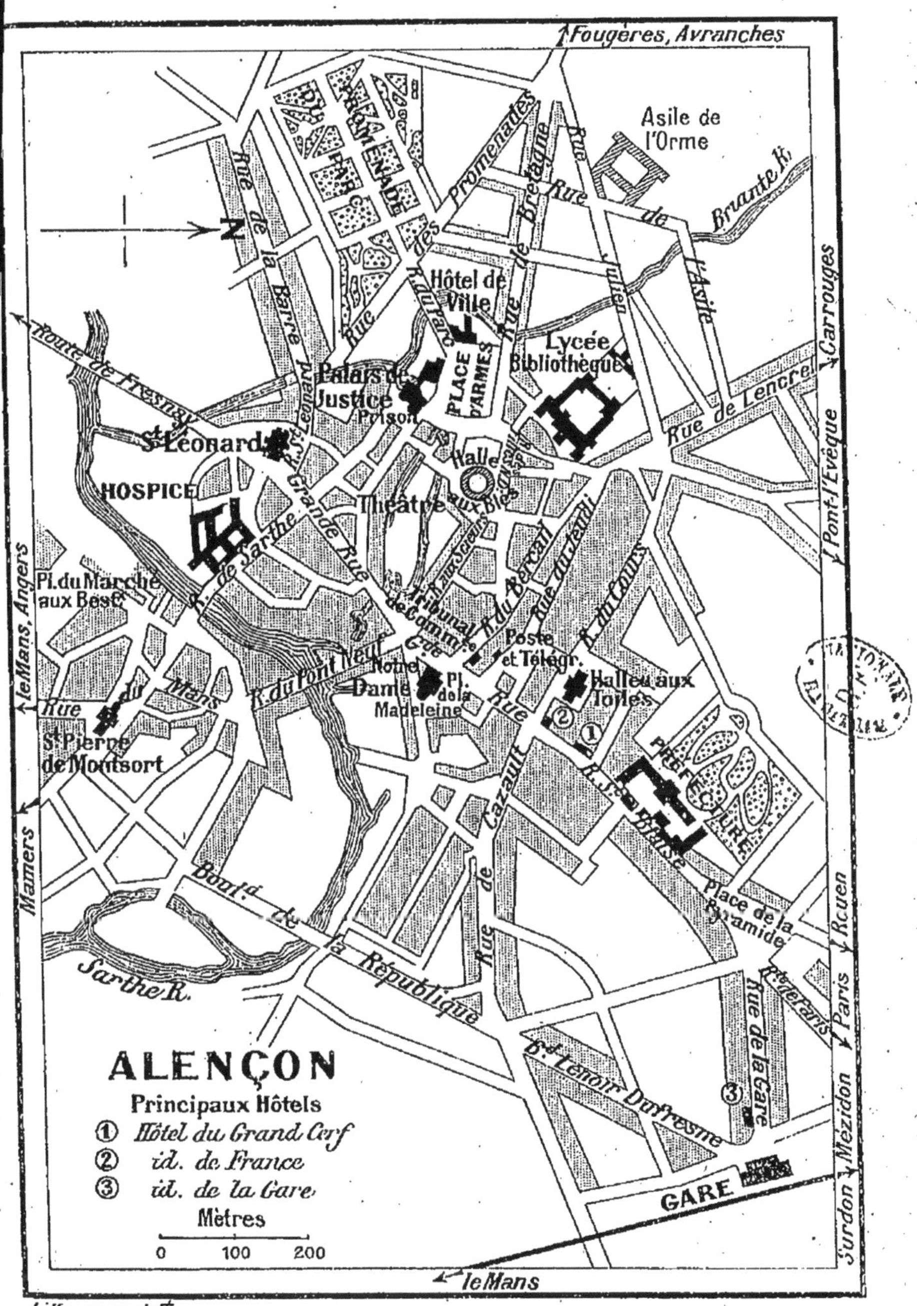

L. Hermann delt

porche, 6 statues représentent la Transfiguration; au pignon, le Père Eternel qui bénit son Fils. Tour bâtie sur les dessins de Perronnet. A l'int. : *voûtes* sculptées; *verrières* des xve-xvie s.; *buffet d'orgues* de la Renaissance.

De la Grande-Rue, la *rue aux Sieurs*, à dr., conduit à la *place de la Halle-au-Blé*, d'où, par la *rue des Filles-Notre-Dame*, on arrive à la *place d'Armes*, où se trouvent l'*hôtel de ville* (à dr., petit jardin avec le *buste de Léon de la Sicotière*), et le *palais de justice*, qui occupe, avec la *prison*, les restes et l'emplacement de l'ancien château, dont il subsiste deux *tours* (xive s.) et un grand pavillon précédé d'une porte (xve s.) flanquée de deux tours. L'hôtel de ville renferme un *musée* de peinture (1. *Jean Jouvenet*. Mariage de la Vierge), où se voit aussi une belle collection de dentelles en point d'Alençon.

Sur la place d'Armes s'ouvre la rue du *Lycée*, établissement dont la chapelle contient la *Bibliothèque publique* (20,000 vl. o; collection de sculptures), don la salle est garnie de 26 magnifiques armoires en chêne, provenant du Val-Dieu, et décorée de bas-reliefs en bois (les Evangélistes) attribués à Germain Pilon ou à Jean Goujon.

A côté de l'hôtel de ville, la *rue du Parc*, qui traverse la Briante, mène à la *promenade* (musique militaire 2 fois par semaine). — A l'extrémité de la Grande-Rue s'élève l'*église Saint-Léonard* (1489-1505; vitraux par Claudius Lavergne).

Fabr. de tulles, de dentelles dites « point d'Alençon »; de toiles; *école dentellière*. Carrières de granit dans lesquelles on rencontre le quartz enfumé dit « diamant d'Alençon ».

[A 13 k. S.-O., *Saint-Céneri-le-Gérei* (église romane; chapelle Saint-Céneri, du xve s., pèlerinage), bâti dans un site pittoresque, à l'extrémité N.-E. de la chaîne des Coëvrons, dans une presqu'île formée par la Sarthe qui y reçoit le Sarthon, est fréquenté par une colonie de peintres, et la salle à manger du petit hôtel Legagneux est décorée d'études par Harpignies, Donzel, etc.]

D'Alençon au Mans, à Argentan, Falaise, Mézidon et Caen, R. 15.

D'ALENÇON A DOMFRONT

69 k. — Ch. de fer, en 2 h. 35 env. — 7 fr. 75; 5 fr. 20; 3 fr. 40.

A dr., ligne de Caen. — Pont sur la Briante.

2 k. 5. *Damigni*. — 5 k. *Lonrai* (*château* du xviiie s., avec haras). — 12 k. *Saint-Denis-sur-Sarthon* (*église* de transition, avec clocher remarquable). — Pont sur le Sarthon; on longe la forêt de *Multonne* (*mont Souprat*, 385 m.).

17 k. *Gandelain*.

20 k. *La Lacelle*.

[A 11 k. N., *Carrouges* *, 865 hab., possède un *château* considérable des xve et xviie s., avec donjon entouré de fossés.]

28 k. *Pré-en-Pail*, 2,865 hab. (*église* romane moderne).

[De Pré-en-Pail a Fougères par Mayenne (de Pré-en-Pail à Mayenne: 46 k.; ch. de fer, 1 h. 31 à 1 h. 45; 5 fr. 15, 3 fr. 50, 2 fr. 25; de Mayenne à Fougères : 53 k., en 1 h. 45 à 2 h. 15; 5 fr. 95, 4 fr., 2 fr. 60). — A dr., ligne de Domfront. — 12 k. *Javron* (2 k. à dr.), 2,016 hab. — 20 k. *Villaines-la-Juhel* (3 k. 5 à g.) 2,558 hab. — 46 k. Mayenne (R. 14).

Pont sur la Mayenne. — 60 k. Châtillon-sur-Colmont. — A g., forêts de *Fontaine-Daniel* et de *Mayenne*. — 76 k. *Ernée**, 5,099 hab., sur l'Ernée (*château de Panard*, XVIe s.), est le grand marché du lin dans le bassin de la Mayenne. — 90 k. *Luitré*. — On joint la ligne de Vitré. — 99 k. Fougères (R. 8).]

36 k. *Saint-Aignan-Couptrain*. — Pont sur la Mayenne. — 41 k. *Neuilly-Saint-Ouen*. — A g., sur l'autre rive de la Mayenne, château de *la Bermondière*, où est mort Réaumur. — On franchit la Vée.

46 k. *Couterne**, au confluent de la Mayenne et de la Vée (à l'église, fonts baptismaux du XVe s.; à 3 k. N., *château* du XVIe s., dans le parc duquel se voit un *sapin* haut de 40 m. et de 5 m. de tour).

[De Couterne a Briouze (30 k.; ch. de fer, en 1 h. à 1 h. 35). — 8 k. **Bagnoles-les-Eaux***, station balnéaire renommée, comprenant un *établissement thermal* (2 sources sulfureuse et ferrugineuse; *casino*), plusieurs hôtels, de nombreuses villas et une petite église, formant ensemble, dans un *parc* de 40 hect., un ham. de la com. de *Tessé-la-Madeleine* (poste et télégraphe), est agréablement situé, à 163 m. d'altit., dans une gorge où la Vée coule entre d'énormes rochers de grès siluriens formant comme une ceinture de murailles autour de l'établissement. La rivière, s'épanouissant en un *lac* au débouché de la gorge, est dominée par le parc des Bains et par celui du château de la Roche. La station est entourée par la *forêt de la Ferté* (1,376 hect.) et la *forêt d'Andaine* (3,989 hect.). La route de Bagnoles à Tessé, dominée par le *Roc au Chien*, est bordée par le parc du *château de la Roche-Bagnoles*. Promenades : à (1,500 m. N.) la *chapelle de Saint-Ortaire*; à (8 k. E.-S.-E.) l'*oratoire de Saint-Antoine* (XIIIe s.); au dolmen du *Lit de la Grogne*; à la *gorge de Villiers* ou vallée d'Antoigny, par la *chapelle de Lignou* et le *château de Monceaux* (XVIIIe s.).

16 k. *La Ferté-Macé**, 6,467 hab., centre industriel (dans l'*église*, verrières et mosaïques; *hôtel de ville* en granit avec un petit musée de peinture). — 30 k. Briouze (R. 11).]

Sur la rive g. de la Mayenne, château de *Chantepie*, du XVIe s.

52 k. *La Chapelle-Moche*.

56 k. *Juvigny-sous-Andaine*, 1,310 hab. (*Phare de Bonvouloir*, XVe s., tours d'un château dans l'enceinte duquel subsistent une chapelle du XVIe s. et un puits de la Renaissance).

60 k. *La Baroche-sous-Lucé*.

66 k. *Saint-Front-de-Collières*. — Pont sur la Varenne.

69 k. **Domfront*** (buffet), 4,801 hab., pittoresquement située à l'extrémité d'un banc de rochers à strates obliques surplombant la Varenne de 70 m. En gagnant la ville depuis la gare, on dépasse à dr. l'*église Notre-Dame-sur-l'Eau* (XIe s.; tour romane sur la croisée), sur le bord de la rivière. — Ruines pittoresques d'un *château* du XIe s., dans une promenade publique d'où l'on jouit d'une vue admirable (au S., *mont Margantin*, 370 m.). — *Tours* (mutilées) des anciens remparts, dont l'une, la *tour de Godras*, a été restaurée.

A Mayenne, Laval, Flers et Caen, R. 14.

DE DOMFRONT A AVRANCHES

68 k. — Ch. de fer, en 2 h. 40 à 4 h. — 7 fr. 60; 5 fr. 15; 3 fr. 35.

7 k. *Saint-Roch-sur-Egrenne*. — 10 k. *Saint-Cyr-Saint-Mars*. — On croise la Sélune.

16 k. *Barenton*, 2,100 hab., à

2 k. N. La station dessert aussi (6 k. S.) *le Teilleul*, 2,012 hab.

25 k. *Mortain-Bion*, station reliée par des omnibus à la V. de Mortain (*V.* ci-dessous).

28 k. *Romagny*, à la bifurc. de la ligne de Mortain-Vire.

[De Romagny a Vire (41 k.; ch. de fer, en 1 h. 15 env.; 4 fr. 60, 3 fr. 10, 2 fr.). — A dr., hauteurs et beau site de Mortain. — 4 k. *Mortain-le-Neufbourg*.

Mortain *, 2,212 hab., dans une situation pittoresque, sur le penchant d'une montagne de 317 m. dont le sommet est couronné par des rochers de grès et au pied de laquelle coule la Cance (charmante vallée, cascades, notamment celle du *Pont du Diable*). — *Eglise*, beau spécimen du style de transition (la porte du S. est romane; *stalles* du XIVe s.). — *Petit séminaire* occupant l'ancienne *abbaye Blanche*, fondée en 1105 et dont il reste la salle capitulaire (XIIIe s.), une galerie du cloître, une salle voûtée du XIIe s., l'église (stalles du XVe s.) et une salle du XIIe s. servant de sacristie. Dans le parc, *chemin de la croix* parmi de pittoresques accidents de rochers dont un massif est surmonté d'une Vierge en bronze doré. — Du séminaire, des sentiers permettent de monter au sommet (belle vue) de la montagne, que couronne la *chapelle Saint-Michel*. On arrive aussi au sanctuaire par un chemin qui s'ouvre à g. de la façade de l'église de Mortain.

Le ch. de fer décrit d'immenses courbes pour franchir le massif de collines séparant la vallée de la Cance de celle de la Sée. — 17 k. *Sourdeval*, 3,572 hab. (fabr. de soufflets et de couverts en métal blanc). — On franchit la Virène. — 41 k. Vire (R. 11).]

32 k. *Fontenay-Milly*.

38 k. *St-Hilaire-du Harcouet* *, 3,775 hab., V. industrielle, d'où part à g. le ch. de fer de Fougères (*V.* p. 70). — 44 k. *Isigny-le-Buat*. — On suit la vallée de l'Oir. — 50 k. *Pont-d'Oir*.

57 k. *Ducey* *, 1,864 hab., sur la Sélune (château de 1624, avec le tombeau de Gabriel II de Montgomery). — On croise la Sélune avant de joindre à g. la ligne de Pontorson à Granville. — 62 k. Pontaubault (*V.* p. 73).

68 k. **Avranches** *, 7,384 hab., dans une position magnifique, sur un promontoire haut de 104 m. s'avançant entre la vallée de la Sée, au N., et la vallée de la Sélune au S., à l'E. de la baie du Mont-Saint-Michel.

De la gare on monte vers la ville par une longue rampe (à dr., chemin de piétons qui abrège). On longe à g. le *jardin public* (*statue* en marbre *du général Valhubert*, né à Avranches, 1764-1805) pour gagner, à g., la *place Littré*, où l'*hôtel de ville* renferme la *bibliothèque* (15,000 vol.; manuscrits précieux). Du jardin des rampes de charmilles donnent accès à la *plate-forme* (sous-préfecture), emplacement de l'anc. cathédrale, où se voit auj. le *monument* élevé aux Morts pour la patrie, par le « Souvenir français ».

De la place Littré partent la *rue de la Constitution*, la principale d'Avranches; la *rue du Pot-d'Etain*, allant à la *basilique Saint-Gervais* (*tour* en style Renaissance; *trésor* remarquable); la *rue des Champs* conduisant à l'*église Saint-Saturnin* (style des XIIe et XIVe s.) à *N.-D. des Champs*, style du XIIIe s. (beaux vitraux), et au **Jardin des Plantes**, belle promenade d'où l'on découvre une vue admirable sur le Mon

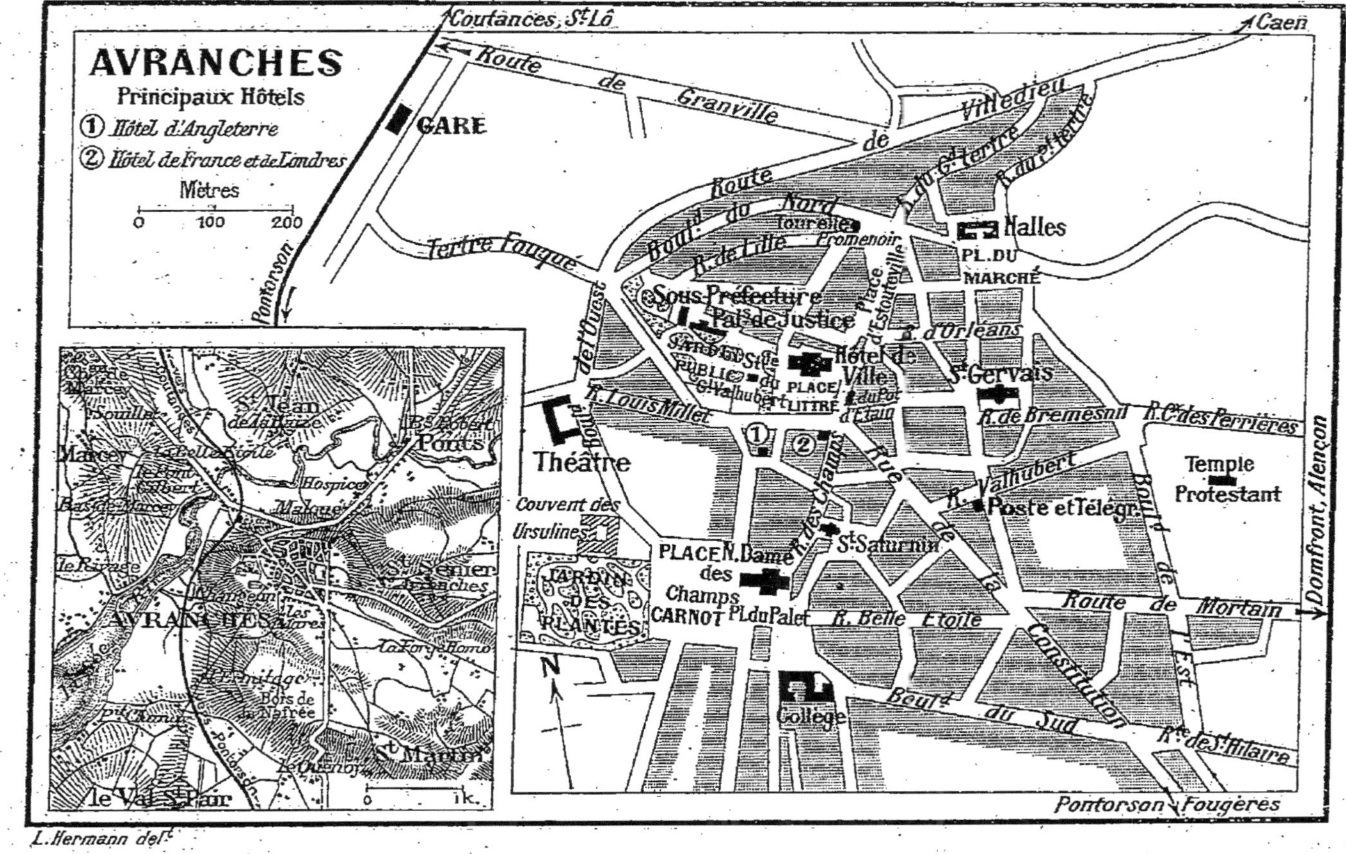
AVRANCHES
Principaux Hôtels
① Hôtel d'Angleterre
② Hôtel de France et de Londres
Mètres
0 100 200
GARE
Coutances, St Lô
Caen
Route de Granville
Route de Villedieu
Tertre Fouqué
Pontorson
Boul^d du Nord
R. de Lille
Tourelles
Promenoir
Halles
PL. DU MARCHÉ
Place d'Estouteville
Sous-Préfecture
Pal^s de Justice
Hôtel de Ville
PLACE LITTRÉ
R. d'Orléans
St Gervais
R. de Bremesnil
R. C^{de} des Perrières
Boul^d de l'Ouest
R. Louis Millet
Théâtre
Couvent des Ursulines
JARDIN DES PLANTES
PLACE CARNOT
N. Dame des Champs
Pl. du Palet
R. des Champs
St Saturnin
Rue de la Constitution
R. Valhubert
Poste et Télégr.
R. Belle Étoile
Route de Mortain
Temple Protestant
Boul^d de l'Est
Boul^d du Sud
Collège
R^{te} de St Hilaire
Pontorson
Fougères
Domfront, Alençon
N
St Jean de la Haize
Ponts
Marcey
Hospice
St Senier
AVRANCHES
Bois de la Nafrée
St Martin
le Val St Pair
0 1k.
L. Hermann del^t

Saint-Michel, la baie et ses rives. On remarque dans le jardin le *portail* roman *de Bouillé*. — Les *boulevards* forment autour de la ville de jolies promenades.

[D'Avranches a Saint-James (21 k.; ch. de fer, en 1 h. 15; 2 fr. 15 et 1 fr. 60). — 16 k. *Saint-Senier-de-Beuvron* (presbytère dans un ancien manoir, XIVe et XVIe s.). — 21 k. *Saint-James*, 2,996 hab., sur un promontoire dominant la vallée du Beuvron (*église* romane, remaniée aux XVe et XVIe s., avec restes de vitraux de la Renaissance; portail du cimetière, XIIIe s.; château de *la Paluelle*, XVIe s.).

Route de voit. (32 k.; admirable vue d'ensemble de la baie du Mont-Saint-Michel), desservie en été, d'Avranches à Granville (R. 11), par (16 k.) *Saint-Jean-le-Thomas*, stat. balnéaire (église en partie romane précédée d'un bel if), (21 k.) *Carolles* (bains de mer) et (25 k.) Jullouville (*V.* p. 88).]

A Granville et Pontorson par le ch. de fer, R. 9.

ROUTE 11

DE PARIS A GRANVILLE

328 k. — Ch. de fer, en 7 h. 45 à 11 h. — 36 fr. 75; 24 fr. 80; 16 fr. 15.

22 k. Saint-Cyr (R. 1). — 29 k. *Villepreux-les-Clayes*.

33 k. *Plaisir-Grignon*. A *Grignon* *, **école d'agriculture** dans un *château* (parc de 290 hect.) bâti sous Louis XIV.

A Maule et à Épône-Mézières, R. 19, p. 125.

40 k. *Villiers-Néaufle* (à 2 k. 5 S.-E., *château de Pontchartrain*, du XVIIe s., avec *parc* embelli par la Mauldre). — On franchit la Mauldre.

45 k. **Montfort-l'Amaury** *, 1,649 hab., à 3 k. S. — Belle *église* de la Renaissance avec *vitraux* de 1543 à 1614. — Ruines d'un *château* (XIe et XVe s.), sur un mamelon transformé en promenade. — *Cimetière* dans le préau d'un ancien couvent (XVe-XVIe s.; galeries à arcades). — *Porte Bardou* (XVIe s.). — *Buste* de l'économiste *de Quesnoy*.

49 k. *Garancières-la-Queue*.

54 k. *Orgerus-Béhoust*. — 56 k. *Tacoignières*.

63 k. **Houdan** *, 2,085 hab., sur une colline baignée au N. par la Vesgre et au S. par l'Opton. — **Donjon** du XIIe s. — *Église* des XVe et XVIe s.

On traverse la vallée de la Vesgre.

70 k. *Marchezais-Broué*. — 5 arches sur la vallée de l'Eure.

82 k. **Dreux** * (buffet), V. de 9,697 hab., dans la vallée de la Blaise, est dominé par un coteau (belle vue) portant l'enceinte ruinée d'une *forteresse* féodale qui renferme, au milieu d'un parc, la chapelle funéraire de la famille d'Orléans.

De la gare, le *boulevard Louis-Terrier* conduit à l'*hôtel de ville* style Renaissance (en face, *monument de Louis Terrier*, par Roger Marx et L. Avard), puis aboutit sur la *place Métézeau* qui s'étend entre l'église Saint-Pierre et l'ancien hôtel de ville.

Saint-Pierre date des XIIIe-XVIe s. (beau portail flanqué de tours; *verrières*; bénitier du XIIe s.; buffet d'orgues, 1644; stalles). — L'ancien hôtel de ville ou **Beffroi** (1512-1537) est un bel édifice du style de l première Renaissance. A l'int., gracieux pendentifs des voûtes, *escalier* en pierre, bibliothèque, tableaux et curiosités diverses.

En face de l'hôtel de ville on suit la *Grande-Rue* à g. de laquelle on aperçoit la *chapelle de l'Hôtel-Dieu* (1595). Un peu plus loin, à l'angle de la *rue d'Illiers*, maisons en bois du xve ou xvie s. A la hauteur de l'hôtel Paradis s'ouvre à dr. la *rue Parisis*, à l'entrée de laquelle on voit à dr. la *place Rotrou* (*statue de Rotrou*). On prend à g., dans la rue Parisis, la *rue du Tourniquet*, qui monte à la chapelle Royale.

La **chapelle Royale** (pour la visiter s'adresser au pavillon du concierge, à g. de la grille, de 9 h. à midi et de 1 h. à 5 h. du soir), destinée à la sépulture des membres de la famille d'Orléans, fut commencée en 1816 par la duchesse douairière d'Orléans, agrandie et achevée par Louis-Philippe.

A l'int. : orgue (1845); vitraux d'après les dessins de Larivière; belles coquilles servant de bénitiers; stalles en chêne sculpté; magnifiques *vitraux* du chœur exécutés à Sèvres d'après les cartons d'Ingres et d'après Viollet-le-Duc; dans l'enfoncement des tribunes, bas-reliefs par Chambord et Bonnassieux; vitrail de la coupole (la Pentecôte); cryptes; dans la chapelle de la Vierge, *niches* sculptées, bas-reliefs par Lavigne; beaux vitraux; *tombeaux* (séparés par une grille) du duc d'Orléans, par Loison, sur les dessins d'Ary Scheffer, et de la duchesse sa femme, par Chapu; tombeaux de la princesse Adélaïde, par Millet, de la duchesse douairière d'Orléans, par Barre fils, etc.; au centre, tombeau de Louis-Philippe et de la reine Marie-Amélie, avec beau groupe par Mercié. Dans une sorte de crypte supérieure, tombeaux de la duchesse de Bourbon-Condé, du duc de Penthièvre, de la princesse Marie (statue de la *Résignation*, dernière œuvre de cette princesse), de Mlle de Montpensier (jolie statuette de Pradier), du duc de Nemours, par de Campagne, de la duchesse d'Alençon, du prince Henri d'Orléans (statue par A. Mercié), de deux enfants du comte de Paris (statues par Franceschi), de deux fils du duc de Montpensier (statues par Millet), de la duchesse d'Aumale (statue par A. Lenoir), du duc d'Aumale (statue par Paul Dubois, etc. Dans le grand caveau situé sous la coupole et dans les cryptes inférieures : série de beaux vitraux (histoire de saint Louis), d'après Rouget, Jacquant, E. Delacroix, Wattier, H. Vernet, Bouton, H. Flandrin. — Couloirs de dégagement éclairés par cinq grandes glaces peintes, exécutées à la manufacture de Sèvres d'après les cartons de Larivière.

[Dreux est relié à Évreux (R. 13) par un ch. de fer (43 k., en 1 h. 20 à 1 h. 45; 4 fr. 80, 3 fr. 25, 2 fr. 10) qui dessert (18 k.) *Saint-André*, 1,614 hab., à 140 m., dans la *plaine de Saint-André* (restes d'un château ayant appartenu à Bayard).

Tram à vap. (24 k., en 1 h. 15; 1 fr. 85 et 1 fr. 35) pour *Brezolles*, 832 hab. (belle *église* du xiie s.).]

De Dreux à Maintenon, Châteauneuf et Chartres, R. 1, p. 3; — A Pacy-sur-Eure, Louviers, Elbeuf et Rouen, R. 20.

91 k. *Saint-Germain-Saint-Remy* (*filatures* et château). — 3 arches sur l'Avre.

97 k. *Nonancourt*, 2,054 hab., sur la rive g. de l'Avre. — Restes d'un château du xiie s. — *Eglise* et *vitraux* du xvie s.

[A 1 k. S., *Saint-Lubin-des-Joncherets*, rive dr. de l'Avre (à l'*église*, vitraux du xvie s., fonts baptismaux romans, statue en marbre du président de Grammont, par Coustou).]

108 k. *Tillières*, sur la rive g. de l'Avre (*église* dont le chœur a une magnifique voûte de la Renaissance; tréfileries et laminoirs de cuivre).

118 k. **Verneuil** *, 4,403 hab., dans le vallon de l'Avre, est entouré de belles *promenades*. La *rue de la Gare* conduit à la *place de la Madeleine*, où l'*église de la Madeleine* (XIIe-XVIe s.) est dominée par une **tour** du XVIe s. haute de 60 m. A l'int. : chaire, curieux ouvrage de serrurerie du XVIIe s.; mise au tombeau du XVe s. et groupe moderne de la Nativité; verrières anciennes, stalles du XVIe s.; dans la sacristie, monument funèbre, par David d'Angers, du comte de Frotté qui, en 1795, essaya de soulever la Normandie en faveur de Louis XVIII et fut fusillé près de Verneuil.

A dr. de l'église la *rue de la Poissonnerie* conduit à la *rue de la Madeleine* où se voit une *maison* de 1402, à l'angle de la *rue du Canon*, par laquelle on parvient à la *tour Grise*, ancien donjon du XIIe s. renfermant un petit musée, et à l'*église Notre-Dame* (XIIe et XVIe s.). On revient par la *rue du Pont-aux-Chèvres* (gracieuse *tourelle* d'une maison du XVe s.) et la *rue Thiers*.

[De Verneuil a Évreux (54 k.; ch. de fer, en 1 h. 50 à 3 h. 8; 6 fr. 05, 4 fr. 10, 2 fr. 65). — 15 k. *Breteuil*, 2,427 hab., à l'extrémité de la forêt du même nom, sur la rive dr. de l'Iton, qui y forme un étang (église romane; *buste* du banquier *Laffitte*, ancien propriétaire du château; à l'entrée d'une *promenade*, *monument*, du peintre *Théodule Ribot*, par MM. Auscher et Decorchemont; fabr. de tuyaux en grès et de creusets, d'articles de sellerie). — 20 k. *Condé-Gouville* (à Condé, château du XVIe s., avec parc de 143 hect., traversé par l'Iton, qui a été dessiné par Le Nôtre). — 28 k. *Damville*, 1,337 hab. (*église* du XVIe s.). — 54 k. Évreux (R. 13).]

De Verneuil à la Ferté-Vidame, Senonches et la Loupe, R. 1, p. 6.

127 k. *Bourth* (*église*, stalles du XVIe s.). — On traverse la *forêt de Laigle*. A dr., *Saint-Sulpice-sur-Risle* (église du XIIIe s.).

141 k. **Laigle** * (buffet), 5,205 hab., dans la vallée de la Risle, à l'entrée d'une belle forêt.—Nombreuses et importantes fabriques d'épingles, d'aiguilles, d'agrafes, etc. — *Saint-Martin*, des XIIe, XVe et XVIe s. (verrières anciennes). — *Saint-Jean* (XVe s.), avec tour ornée de statues et de sculptures. — *Saint-Barthélemy* (XIIe s.), au cimetière. — *Château* en briques du XVIIe s., auj. divisé en plusieurs habitations.

[De Laigle a Conches (39 k.; ch. de fer, 1 h. 5 à 1 h. 25; 4 fr. 35, 2 fr. 95, 1 fr. 90). — 11 k. *Rugles* *, 1,814 hab., dans la vallée de la Risle (*église* des XIIIe et XVIe s., avec *tour* du XVe; *château* du XVIIe s.; promenade de *la Garenne*), est avec Laigle le centre de l'industrie des épingles en France. — Forêt de Conches. — 38 k. Conches (R. 13).]

De Laigle à Mortagne, R. 10, p. 74.

147 k. *Rai-Aube* (usine à cuivre d'Aube; château moderne de *Boisthorel*). — 152 k. *Saint-Hilaire-Beaufai*.

157 k. *Sainte-Gauburge* (buffet), au point de croisement des lignes de Paris à Granville et de Mortagne à Bernay, Lisieux et Mézidon.

[De Sainte-Gauburge a Bernay (47 k.; ch. de fer, en 2 à 3 h.; 5 fr. 90, 4 fr., 2 fr. 60). — 6 k. *Echauffour* (à l'église, croix processionnelle de époque Louis XV; château du *Vieil-Echauffour*, XVIe et XVIIe s.), où se détache à g. la ligne de Mézidon et Caen (*V.* ci-dessous). — On parcourt la forêt de Saint-Evroult. — 27 k. *La Ferté-Frênel*, 442 hab., sur le plateau de l'Ouche, près d'une forêt de 400 hect. — Pont sur la Charentonne. — 31 k. *La Trinité-de-Réville*, d'où part à g. un embranch. pour Lisieux (*V.* R. 13, p. 96).

35 k. **Broglie** *, 963 hab., dans la vallée de la Charentonne, dont l'*église* (verrières du XVIIe s.) est en grande partie romane. A g. de l'église, *buste d'Augustin Fresnel*, l'inventeur des phares lenticulaires (1788-1827). Derrière l'église, *maison* à corniche en bois sculpté. Contre la mairie, *médaillon de Mérimée*, peintre, professeur de chimie à l'école polytechnique, né à Broglie en 1757. Le **château** (parc de 60 hect.), du temps de Louis XIV, occupe l'emplacement de la forteresse du moyen âge dont il subsiste notamment deux tours. A l'int. (visite interdite), portraits historiques, bustes antiques d'empereurs romains, bureau ayant appartenu à François Ier. La *bibliothèque* comprend 20,000 vol. La *chapelle* est décorée d'une mosaïque, copiée dans les catacombes de Rome, et de peintures murales de Savinien Petit.

47 k. Bernay (R. 13).

De Sainte-Gauburge a Mesnil-Mauger (63 k.; ch. de fer, en 2 h. 25 à 4 h.; 7 fr. 05, 4 fr. 75, 3 fr. 10). — 6 k. Echauffour (*V.* ci-dessus). — 17 k. *Gacé*, 1,740 hab. (restes d'un *château* du XVIe s., où naquit le maréchal de Matignon, 1647-1729). — 39 k. *Vimoutiers* *, 3,546 hab., sur la rive g. de la Vie, au milieu de riches pâturages (à l'*église*, statues de saints des XVIe et XVIIe s.; 2 *maisons* en bois, dont l'une, avec sculptures, du temps de Henri III; grand commerce de fromages de *Camembert*, v. situé à 5 k. S.-S.-O.). — 48 k. *Livarot* *, 1,813 hab., sur la Vie, qui arrose de vastes prairies dont les herbes donnent aux *fromages* et aux beurres du pays la saveur particulière qui les distingue (église en partie des XVe et XVIe s.; manoir de *la Pipardière*, fin du XVe s.). — 63 k. Mesnil-Mauger (R. 13).]

De Sainte-Gauburge à Mortagne, R. 10, p. 74.

162 k. *Planches*.

168 k. *Le Merlerault* *, 1,257 hab., dans une belle vallée, sur le bord de la rivière des Authieux, au centre de gras pâturages, est renommé pour son beurre et sa race chevaline.

173 k. *Nonant-le-Pin* (*château* moderne ayant remplacé une forteresse dont il reste une tour et une chapelle du XVe s.; devant l'église, *orme* remarquable). A 8 k. N.-O. (voit. publique), **haras du Pin** *, fondé en 1714, dans un domaine de 1,129 hect. Les directeurs habitent un *château* de grand style, bâti dans une situation grandiose au point de convergence de plusieurs avenues. Hippodrome, à 3 k.

182 k. *Surdon* (buffet), au point de jonction de la ligne d'Alençon et du Mans (R. 15).

186 k. *Almenèches* (à 2 k. à g.); *église* de la Renaissance.

[Corresp. pour (6 k. S.) *Mortrée*, 1,128 hab. (**château d'O**, XVIe et XVIIIe s.).]

Ponts sur l'Orne et le Don.

197 k. **Argentan** * (buffet), 6,291 hab., sur l'Orne, près du confluent de l'Ure. La sortie de la gare aboutit au *boulevard Carnot*. En suivant celui-ci à g., on arrive à la *rue de l'Orne*, qui traverse la rivière et monte ensuite, sous le nom de *rue de la Chaussée*, à la *place Henri IV* (maison du XVe s.), puis à l'*église Saint-Germain* (1424-1641), offrant, au bas du collatéral N., une belle entrée avec porche du XVe s. A l'int. :

Mariage de Ste Catherine, peinture par Navarretto; buffet d'orgue de la Renaissance; croisillon dr., verrières et stalles du XVIe s.

Sur le côté dr. de l'église la *place Saint-Germain* communique avec celle du *Marché*, d'où l'on aperçoit dans un jardin le *buste de* l'historien *Mézeray*, par Le Harivel-Durocher. Au delà, *place du Château* (XIVe s.; tribunal et prison), reliée par le *boulevard Mézeray* à l'*hôtel de ville* (petit musée), donnant d'un côté sur le champ de foire (caserne). Le champ de foire communique par la courte *rue Fontaine* avec la *place du Collège* (*buste de Levasseur*, par E. Leroux). De la place on gagne, par la *rue du Collège*, *l'Hôtel-Dieu* et la *rue de Paris*, par laquelle on revient à l'église Saint-Germain. En face du portail latéral N. commence la *rue de la Vicomté* (à dr., *tour Marguerite*), en haut de laquelle on suit à g. la *route Neuve*, puis à dr. la *rue Saint-Martin*, avec l'*église* du même nom (fin du XVe s.; verrières du XVIe), d'où l'on regagnera la place Henri IV par la *rue du Griffon* ou la gare par la *rue de la République*.

D'Argentan à Caen, R. 15.

Ponts sur l'Orne et la Cance.

207 k. *Ecouché*, 1,275 hab. (*chapelle* de l'hospice, avec beau retable en pierre; haras).

218 k. *Les Yveteaux-Fromentel*.

226 k. *Briouze**, 1,648 hab. (église Saint-Gervais, du XIe s., sur laquelle a poussé un if), d'où se détache à g. l'embranch. de la Ferté-Macé, Bagnoles et Couterne (R. 10, p. 77).

233 k. *Bellou-en-Houlme*. — 238 k. *Messei*, 1,080 hab. (ruines d'un château, Xe s.).

243 k. **Flers*** (buffet), 13,680 hab., V. industrielle (coutils, toiles, linge damassé, etc.) sur un coteau dominant un affluent du Noireau. — La *rue de la Gare* se continue par la *Grande-Rue*, montant à la *place Gambetta*; avant d'atteindre cette place on laisse à g. une rue menant à la *place de l'Hôtel-de-Ville* où sont le marché, l'ancienne mairie et l'*église Saint-Germain* (3 tableaux de Schnetz); de cette place la *rue de la Mairie* conduit à la *place* ou square *Delaunay* (statue du *Juif errant*, par Le Harivel-Durocher). Continuant la rue de la Mairie au delà du square, on prend la première rue à g. conduisant au **Château** (XVe-XVIIIe s.) appartenant, ainsi que son parc, auj promenade publique, à la ville de Flers, qui y a installé les services de la mairie et de la Chambre de Commerce, la *bibliothèque* (dans une ancienne orangerie) et, au 1er étage, le *musée*.

En continuant de suivre la Grande-Rue au delà de la place Gambetta, on laisse à dr. la *rue des Rivières* (postes et télégraphes) avant d'atteindre la *place Centrale*, d'où la *rue de Paris* à g., va à l'*église Saint-Jean Baptiste*, construite par Ruprich Robert dans le style roman (Décollation de St Jean, triptyque par Glaize). Sur la place Centrale s'ouvre aussi (à dr.) la *rue Blin*, allant vers une petite place où commence la *rue du Champ-de-Foire;* sur un des côtés du *Champ de Foire*, avec un *jardin anglais*, s'élève l

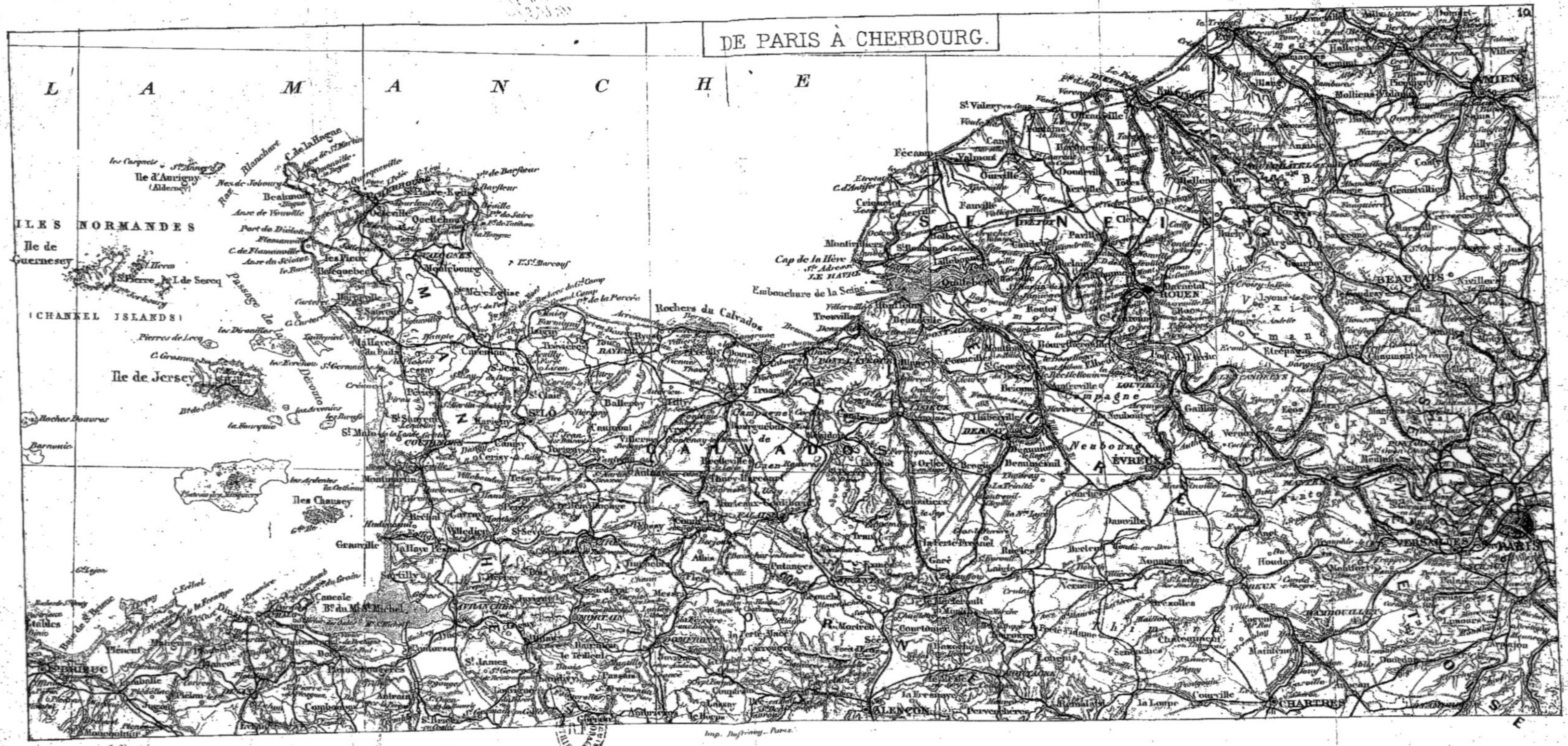
DE PARIS À CHERBOURG.
10
LA MANCHE
ILES NORMANDES
(CHANNEL ISLANDS)
Ile de Guernesey
Ile d'Aurigny (Alderney)
Ile de Jersey
Iles Chausey
Rochers du Calvados
Embouchure de la Seine
Cap de la Hève
CALVADOS
ROUEN
AMIENS
BEAUVAIS
CHARTRES
ALENÇON
Fécamp
Trouville
Granville
Imp. Dufrénoy. Paris.

Cercle (façade sculptée, avec bas-relief par Le Harivel-Durocher), contenant une belle bibliothèque. — Champ de courses de *la Lande-Patri* (beaux ifs au cimetière).

De Flers à Caen, Domfront, Mayenne et Laval, R. 14.

247 k. *Cerisi-Belle-Étoile*.

254 k. *Montsecret-Vassy* (à 6 k. N., *Vassy*, 2,120 hab.), station qu'un embranch. (8 k. en 22 min.; 85 c., 65 c., 45 c.) relie à *Tinchebray*, 4,421 hab. (chœur de l'anc. église Saint-Remy, XIIe s.; belle *église* ogivale *de l'institution Sainte-Marie*; à 5 k. O., *if* du *Ménil-Ciboult* ayant 10 m. de circonf.).

261 k. *Viessoix*.

271 k. **Vire*** (buffet), 6,517 hab., sur une colline escarpée que la Vire baigne de trois côtés. De la gare, la *rue du Calvados* monte à un carrefour d'où la *rue aux Fèvres* mène, à g., à l'*église Saint-Thomas*; à dr., à la *tour de l'Horloge*, surmontant une porte du XIIIe s., par laquelle on passe dans la *rue de la Saulnerie*. A dr., la *rue du Neufbourg* (maison du XVIe s. et hôtel d'Aigneaux, XVIIe s.) aboutit à la *rue Notre-Dame* (maison du XVIe s.), que l'on suit. A l'angle de la *rue Chênedollé*, *fontaine* monumentale (1784). On atteint la *place Nationale* (*fontaine* avec *buste du poète Chênedollé*, par Le Harivel-Durocher; *monument* commémoratif du centenaire de la Révolution, devant le palais de justice), où s'élève l'**église Notre-Dame**, des XIIIe-XVIe s. (à l'int., porte de la Renaissance, balustrade de la chapelle absidale). Sur le côté O. de la place Nationale s'étend, en un promontoire escarpé dominant le vallon des **Vaux-de-Vire** (maison dite d'Olivier Basselin), une vaste esplanade à l'extrémité de laquelle un massif de rochers granitiques porte les restes du *château* (XIIe s.). La *rue Chaussée* mène à la *place de l'Hôtel-de-Ville* (*statue* en bronze *de Castel*, par Debay). L'*hôtel de ville*, du XVIIIe s. (à l'entrée de la cour, fontaines monumentales), renferme la *bibliothèque* (44,000 imprimés) et le *musée* (ouvert les jeudi, dim. et jours fériés) consacré surtout aux souvenirs d'art ou d'histoire concernant la région viroise.

Derrière le musée, un jardin public contient une petite collection lapidaire, des statues tumulaires, etc. — De la place de l'Hôtel-de-Ville, la *Grande-Rue* conduit à l'*église Sainte-Anne*, moderne (style roman), à dr. de laquelle la curieuse *rue des Teintures* borde la rivière.

Carrières de granit, curieuses à visiter; fabr. de draps; filat. de laine.

[De Vire a Saint-Lô (48 k.; ch. de fer, en 1 h. 45 à 2 h. 35; 5 fr. 40, 3 fr. 65, 2 fr. 35). — Cette ligne a pour principales stations : (12 k.) *le Bény-Bocage* (château ruiné; église ogivale de 1630); (30 k.) *Torigni-sur-Vire*, 1,931 hab. (*hôtel de ville* dans l'ancien château du maréchal Jacques de Matignon, XVIe s., avec jardin public autour d'un étang), et (36 k.) *Condé-sur-Vire*, 1,504 hab. — 48 k. Saint-Lô (R. 13, p. 106).]

De Vire à Romagny, par Sourdeval et Mortain, *V.* p. 78; — à Caen, R. 13, p. 101.

Pont sur la Vire.

280 k. *Mesnil-Clinchamps*.

285 k. *Saint-Sever*, 1,387 hab.,

près d'une forêt de 1,690 hect. Ancienne *abbaye* du XVIIe s. (mairie, écoles, gendarmerie), dont l'*église* est un bel édifice du XIIIe s., en granit (curieuse coupole octogonale; vitraux anciens).

290 k. *Saint-Aubin-des-Bois*.

298 k. *Villedieu* *, 3,262 hab., dans la vallée de la Sienne, doit son importance à la fabrication des vases et ustensiles en cuivre dont quelques-uns ont un véritable cachet artistique.

[A 10 k. N.-N.-O., dans un site gracieux de la vallée de la Sienne, ruines imposantes de l'*abbaye d'Hambye*, fondée vers 1145.]

313 k. **Folligny** (buffet; château du XVIe s.), au point de croisement des ch.-de fer de Paris à Granville et de Lison-Saint-Lô-Cherbourg à Lamballe.

De Folligny à Avranches et Pontorson (Mont-Saint-Michel), R. 9; — à Coutances et Cherbourg, R. 12.

320 k. *Saint-Planchers*. — On descend dans la vallée du Bosq.

328 k. **Granville** *, 11,667 hab., port important sur la Manche, à l'embouchure du Bosq, bâtie en partie sur un promontoire abrupt, le *Roc de Granville*, presque séparé de la terre ferme par un large ravin artificiel appelé la Tranchée-aux-Anglais, se divise en Ville-Haute et Ville-Basse. La *Ville-Haute*, calme et triste, est entourée de murailles reconstruites en 1720; la *Ville-Basse*, reliée à la première par la rue aux Juifs et par des escaliers, est le quartier des affaires.

Par l'*avenue de la Gare* on vient suivre la *montée du Calvaire* et la *rue Couraye*, qui descend à dr. et franchit le Bosq. Entre la rue Couraye et la *rue Sainte-Geneviève* est la nouvelle *église Saint-Paul*. A g., *rue Lecampion*, qui va aboutir au port; à dr., *cours Jonville*. Prenant en face la *rue du Pont*, puis à dr. la *rue aux Juifs*, on atteint la *Tranchée-aux-Anglais* (passerelle), derrière laquelle est le *Casino* (café-restaurant), dominant une belle plage de sable fin, dominée comme lui par une belle falaise.

Suivant à l'O. la rue aux Juifs, on monte à la Ville-Haute et à l'*église Notre-Dame*, en granit, du style ogival flamboyant, qu'avoisine l'*hôtel de ville* (tableaux de Corot, Courbet, Maurice Orange, etc.).

On longe des casernes (grottes au-dessous; vaste citerne) et une corderie pour gagner l'extrémité du **Roc de Granville**, terminé par le *cap Lihou* et entouré de boulevards (beau panorama, surtout du cap Lihou; phare). — Le **port**, qui doit surtout son mouvement commercial à la pêche locale et à la pêche de la morue à Terre-Neuve, comprend un bassin d'échouage, 2 bassins à flot, un *môle* en granit, portant un phare, et deux jetées.

[Un sentier commençant non loin de l'escalier en fer montant à la passerelle de la Tranchée-aux-Anglais conduit en 20 min. à la plage de *Donville*, éloignée du v. du même nom (église en partie du XIIIe s.), situé sur la route de Coutances.

A 3 k. S.-E. (voit. publiques, 50 c.), *Saint-Pair* *, station balnéaire près d'une belle *plage* (vue admirable) où débouche la Saigue (à l'*église*, *statues* en pierre peinte de St Pair et

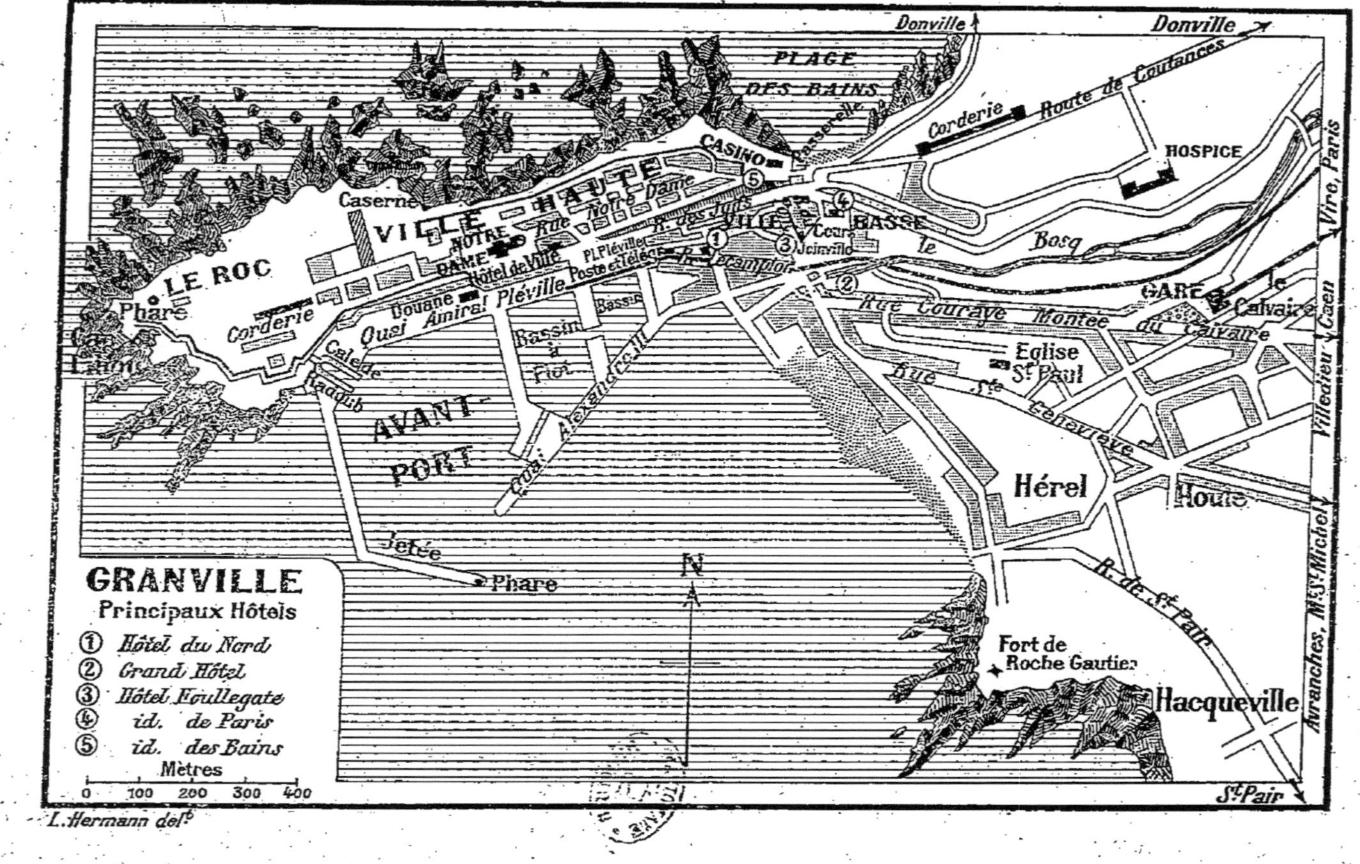
GRANVILLE
Principaux Hôtels
① Hôtel du Nord
② Grand Hôtel
③ Hôtel Foullegate
④ id. de Paris
⑤ id. des Bains
Mètres
0 100 200 300 400
L. Hermann delᵗ
LE ROC
Phare
Corderie
Caserne
VILLE HAUTE
NOTRE DAME
Rue Notre Dame
Hôtel de Ville
Douane
Quai Amiral Pléville
Pl. Pléville
Poste et Télég.
R. des Juifs
R. Lecampion
CASINO
PLAGE DES BAINS
Passerelle
VILLE BASSE
Cours Joinville
Le Bosq
Corderie
Route de Coutances
Donville
Donville
HOSPICE
GARE
Le Calvaire
Rue Couraye
Montée du Calvaire
Eglise Sᵗ Paul
Rue Sᵗᵉ Geneviève
Hérel
Route
Calle de Radoub
AVANT-PORT
Bassin à Flot
Bassin
Quai Alexandre III
Jetée
Phare
N
Fort de Roche Gautier
Hacqueville
R. de Sᵗ Pair
Sᵗ Pair
Avranches, Mᵗ Sᵗ Michel
Villedieu
Caen
Vire, Paris

St Scubilion, xve s., et, derrière le maître-autel, bas-relief en terre cuite). — A 4 k. au delà de Saint-Pair, *Jullouville* (service public depuis Granville, 1 fr. 50 aller et ret.), station balnéaire dont la belle plage de sable est limitée au S. par la Pointe de Carolles, est compris dans la com. de *Bouillon* (près de l'église, *pommier* phénoménal; menhir de *Vaumoisson* ou de la *Pierre-au-Diable*, sur un plateau d'où l'on a une vue étendue), v. situé à 1 k. 5 E., sur une colline dominant un petit lac appelé la *Mare de Bouillon*. De Jullouville à Carolles, Saint-Jean-le-Thomas et Avranches, *V.* p. 80.

De Granville, excursion très recommandée (1 j.; pour le bateau s'adresser à *Guillemot*, rue Lecampion) aux **îles Chausey** (2 hôtels), groupe fort nombreux d'îlots présentant un chaos de blocs de rochers fantastiques. La *Grande-Ile* (16 k. 5 de Granville), la seule habitée (source d'eau douce), renferme un phare, un fort, 2 églises, une école et une ferme avec beau jardin à la végétation méridionale. Du *Gros-Mont* on découvre l'archipel entier. L'industrie consiste dans la pêche du homard et de la crevette ainsi que dans l'exploitation du granit.]

De Granville au Mont-Saint-Michel et à Pontorson, R. 9; — à Avranches, Carolles et Saint-Jean-le-Thomas, R. 10; — à Coutances, Saint-Lô et Cherbourg, R. 12.

ROUTE 12

DE GRANVILLE A CHERBOURG

135 k. — Ch. de fer, en 4 h. 15 et 4 h. 30.

15 k. de Granville à Folligny (R. 11). — A dr., ligne de Paris.

21 k. *Hudimesnil*. — On gagne la vallée de la Sienne.

27 k. *Cérences*.

33 k. *Quettreville*.

36 k. *Orval-Hyenville*.

[D'ORVAL A RÉGNÉVILLE (9 k., en 18 min.; 1 fr., 70 c., 45 c.). — 6 k. *Montmartin-sur-Mer*, 1,027 hab., avec une belle plage. — 9 k. *Regnéville*, 1,527 hab., petit havre de la Manche (clocher du xive s.; restes d'un château). — La route de Régneville à (10 k.) Coutances traverse la Sienne au *pont de la Roque* (10 arches), dominé par le camp romain de *Montchaton*.]

On s'éloigne de la Sienne pour se diriger vers la Soulle.

43 k. **Coutances** * (buffet), V. de 6,994 hab., siège d'un évêché, bâtie sur une colline dominant la Soulle et d'où l'on découvre un beau panorama. On suit l'*avenue de la Gare* (à g., *hôpital* et *tour* du xve s.), à l'extrémité de laquelle on prend à dr. la *rue de la Croutte*, qui longe le *boulevard Legentil-de-la-Galaïsière* (belle vue), continué par le *boulevard Jeanne-Paynel*, lequel traverse la *place Duhamel* et conduit à une double rampe montant à un square (*ifs* remarquables), appelé *place Le-Brun*, entouré par le *palais de justice*, la *sous-préfecture*, la *gendarmerie*, et où se trouve la *statue*, par Etex, *de Le Brun*, duc de Plaisance. Au fond de la place à g. on aperçoit l'église Saint-Nicolas, que l'on peut contourner pour gagner la *rue Saint-Nicolas*, par laquelle on parvient à g. à la cathédrale.

La **Cathédrale**, située au sommet de la colline (92 m. d'alt.), est une des plus belles églises de France. Il ne reste de l'édifice du xie s. que le noyau des tours; le reste date du xiiie s. *Flèches* magnifiques hautes de

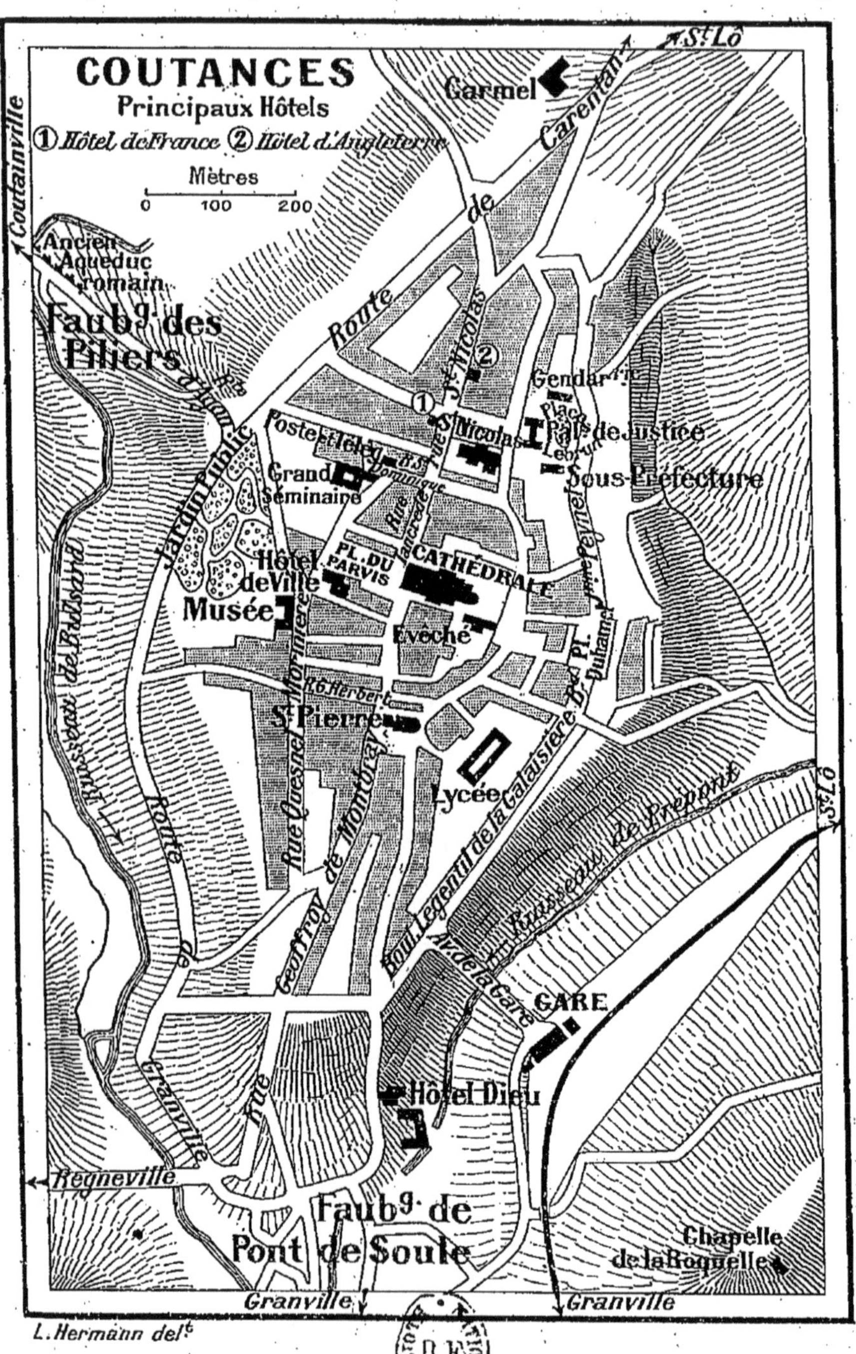

L. Hermann delt

77 et 78 m.; au-dessus de la croisée, **lanterne** octogonale (ascension recommandée, s'adresser au sacristain), appelée le *Plomb*. — A l'int. : tombeaux d'évêques; dans la 1re chap. à dr. du déambulatoire, fresque de 1384; maître-autel du XVIIIe s.; buffet d'orgues du XVIIe s.

En suivant à g., au sortir de la cathédrale, la rue Geoffroi-de-Montbray, on trouve bientôt l'*église Saint-Pierre* (XVe et XVIe s.; stalles et verrières du XVIe s.; chaire provenant de l'abbaye de la Lucerne). — Revenant sur ses pas, on ne tarde pas à rencontrer à g. la *rue Geoffroi-Herbert* (maisons anciennes), aboutissant à la *rue Quesnel-Morinière*, où est (n° 2) le charmant **jardin public**, donné à la ville par J.-J. Quesnel-Morinière, avec un hôtel qui renferme le *musée*.

Du musée on revient à g. à la place du Parvis en passant près de l'*hôtel de ville* (*bibliothèque* de 8,000 vol., riche en incunables des XVe-XVIe s.). De la place part à g. la *rue Tancrède*, où s'élève l'*église Saint-Nicolas* (XVIe-XVIIIe s.; Vierge du XIVe s., dans la chap. absidale; tableaux de Gomez et de Bichue).

A l'O. de la ville, restes d'un *aqueduc* (on y arrive par la rue de Saint-Malo ou route d'Agon) construit en 1232, restauré ou refait à la fin du XVIe s.

[EXCURSIONS : — (10 k.) *Agon*, port de pêche (commerce d'ardoises); — (12 k.; voit. publ. 1 fr. 25) *Coutainville* *, station balnéaire (château du XVe s. et chapelle du XIIIe), sur une éminence dominant une belle *plage* de sable fin.

Le ch. de fer DE COUTANCES A SAINT-LÔ (29 k., en 50 min. env.) a pour station principale *Canisy*, 691 hab. (château de *la Motte*, XVIIe s.; commerce de coutils).]

57 k. *Saint-Sauveur-Lendelin*, 1,388 hab.

63 k. *Périers*, 2,622 hab. (**église** des XIVe et XVe s.). — 66 k. *Millières*.

73 k. *Lessay* *, 1,179 hab., à l'entrée de la *lande de Lessay* (5,015 hect.), dans laquelle se tient, du 12 au 14 sept., une *foire* célèbre. **Eglise** romane, avec 6 stalles du XIVe s. — A 9 k. S.-O., bains de mer sur la plage de *Pirou* *.

77 k. *Angoville*.

82 k. *La Haye-du-Puits* * (bif. pour Carentan et Carteret), 1,420 hab. (restes d'un château; à l'église, tombeau du XVIe s.; à l'extrémité S. de la ville, *chêne* remarquable; à 3 k. N.-E., restes de l'*abbaye de Blanche-Lande*, fondée en 1155, avec église romane reconstruite au XVIIe s.).

De la Haye à Carentan, Portbail, Barneville et Carteret, R. 13, p. 107.

On traverse *Saint-Nicolas-de-Pierrepont* (église avec tour semblable à une forteresse).

88 k. *St-Sauveur-de-Pierrepont*.

95 k. *Saint-Sauveur-le-Vicomte* *, 2,525 hab., sur la Douve. Restes d'un château, auj. *hôpital*, et d'une *abbaye*.

99 k. *Néhou*.

108 k. *Bricquebec* *, 2,778 hab. (ruines d'un **château** des XIVe-XVIe s., dont le donjon octogonal à 4 étages, renfermant un petit musée, surmonte une motte haute de 17 m. 80; *église* des XIe et XVIe s.; *statue du général Lemarois*; belle *promenade*; à 2 k. N.-E., couvent de Trap-

ÉVREUX.

HACHETTE & Cie Paris.

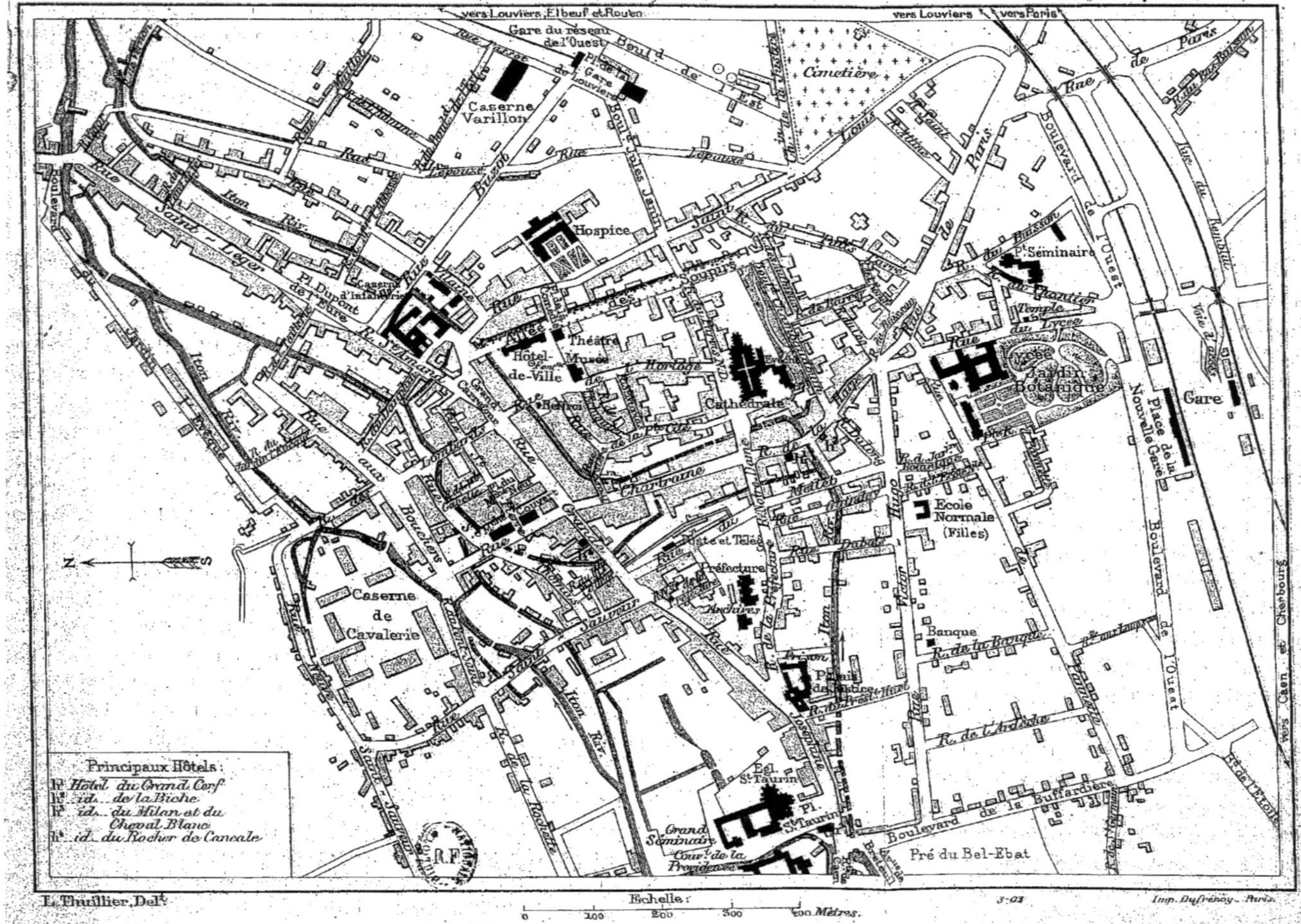
vers Louviers, Elbeuf et Rouen
vers Louviers
vers Paris
vers Caen et Cherbourg
Gare du réseau de l'Ouest
Pl. de la Gare de Louviers
Caserne Varillon
Cimetière
Hospice
Caserne d'Infanterie
Pl. Dupont de l'Eure
Théâtre
Musée
Hôtel-de-Ville
Cathédrale
P. Séminaire
Temple
Lycée
Jardin Botanique
Gare
Place de la Nouvelle Gare
Boulevard de l'Ouest
Ecole Normale (Filles)
Poste et Télég.
Préfecture
Archives
Banque
R. de la Banque
Palais de Justice
R. de l'Ardèche
Boulevard de la Buffardière
Pré du Bel-Ebat
Egl. St Taurin
Pl. St Taurin
Grand Séminaire
Cour. de la Providence
Caserne de Cavalerie
Rue Chartraine
Rue aux Bouchers
Rue Saint-Léger
Rue Victor Hugo
Rue de Paris
Rue Lepouzé
Rue Buzot
Principaux Hôtels :
Hl. Hôtel du Grand Cerf
Hl. id. de la Biche
Hl. id. du Milan et du Cheval Blanc
Hl. id. du Rocher de Cancale
Echelle :
0 100 200 300 400 Mètres.

L. Thuillier, Delt.

3-03

Imp. Dufrénoy, Paris.

pistes ou *prieuré de N.-D. de Grâce* : on peut visiter).

On joint la ligne de Paris à Cherbourg. — 116 k. Sottevast, et 19 k. de Sottevast à (135 k.) Cherbourg (R. 13).

ROUTE 13

DE PARIS A CHERBOURG

PAR ÉVREUX, LISIEUX ET CAEN

371 k. — Ch. de fer, en 8 h. à 13 h. — 41 fr. 55 ; 28 fr. 05 ; 18 fr. 30.

58 k. de Paris à Mantes (R. 19). — A dr., ligne de Rouen. — Tunnel de *Boissy-Mauvoisin* (1 k.).

71 k. *Bréval*. — Vallée du ru de Radon.

81 k. *Bueil*, sur la rive dr. de l'Eure, où l'on croise la ligne de Rouen à Dreux (R. 20).

De Bueil à Louviers, Elbeuf, Rouen et Dreux, R. 20.

Pont sur l'Eure. — 92 k. *Boisset-les-Prévenches*. — Tunnel de 300 m. — 102 k. *Saint-Aubin-du-Vieil-Evreux*.

108 k. **Evreux** * (buffet), 18,292 hab., ch.-l. du départ. de l'Eure, siège d'un évêché, situé sur l'Iton, près d'une vaste forêt.

De la gare on tourne à dr. pour contourner à g. le *jardin des Plantes* (musique militaire le dimanche en été ; statues en bronze par Keller provenant du château de Navarre ; fragments de l'enceinte gallo-romaine), si on ne le traverse pas, et suivre à g. la *rue du Lycée*. Laissant à g. le *lycée*, on suit la *rue de la Harpe*, puis la *rue Chartraine*, qui croise la Grande-Rue, passe devant les *halles* (1885) et aboutit à l'Iton, devant la *caserne Saint-Sauveur* (anciens bâtiments de l'*abbaye Saint-Sauveur*, XIIe-XVIe s.). Suivant au N.-E. la *rue Grande* (maisons anciennes) et, à dr., la *rue de l'Horloge*, on atteint la *place de la Mairie* (*fontaine* ornée d'un groupe par Decorchemont : l'Eure, le Rouloir et l'Iton), où se trouvent l'*hôtel de ville* (*bibliothèque* publique), à côté duquel est le *théâtre*, la **tour de l'Horloge** ou *beffroi* (XVe s. ; cloche de 1406) et le **Musée** (à g., *buste de Ph. Rousseau*, par Gérôme), ouvert, en été, le dimanche et le jeudi de midi à 4 h. ; les autres j., 50 c. par pers.

Statues modernes en marbre, bas-relief de la Renaissance italienne (lutte de 2 Amours). — SALLE JOUEN contenant une collection, léguée par un amateur, de faïences, meubles, médaillons de Luca della Robbia, grisailles de Boucher (?), mitre de l'archevêque Jean de Marigny (XIVe s.) ; salle des antiquités locales (belle statue antique, en bronze, de *Jupiter Stator*) ; au 1er étage, tableaux modernes.

Au S., la rue de l'Horloge aboutit à la **Cathédrale**, édifice de diverses époques (XIe-XIXe s.), ne présentant aucune unité, mais dont plusieurs parties considérées séparément offrent un véritable intérêt artistique. Façade de la Renaissance ; *chœur* grandiose du XIIIe s. ; *tour* centrale du XVe s. dont la flèche, en plomb, atteint 73 m.

A l'int. (grilles en bois sculpté et crédences des chapelles) : au bas de la nef, plafond à caissons du vestibule ; 3 lustres en cristal provenant du château de Navarre ; *chaire* provenant de l'abbaye du Bec. — Chœur : maître-autel moderne, style du XIVe s.; stalles du XIVe s.; vitraux des XIVe et XVe s. — Croisillon dr. : *vitrail* (XVIe s.) de la rosace. — Pourtour du chœur : 1re chapelle, grillée avec ferrure et marteau du XVe s., *armoire* destinée jadis à renfermer les objets précieux; chapelle de la Vierge (XVe s.), brillantes *verrières*. — Croisillon g. : rosace (le Jugement dernier). — Bas-côté g. : vitrerie des XIIIe et XIVe s. restaurée; saint-sépulcre.

A côté de la cathédrale, portion d'un *cloître* ogival relié au *palais épiscopal* (on ne visite pas l'intérieur; on peut seulement pénétrer dans la cour : entrée au fond de l'impasse où se dresse le grand portail de la cathédrale), construit en 1499 et garni de mâchicoulis du côté des anciens fossés (lucarnes et tourelles ornementées).

Par les *rues du Pont-Notre-Dame* et *de la Préfecture*, on gagne la *Préfecture*, située au milieu d'une sorte de parc (sur une pelouse, sarcophage gallo-romain) renfermant aussi le pavillon des *archives départementales* (manuscrits du XIIIe s., collection de sceaux). — Laissant à g. la *prison* et le *palais de justice* (restes du *séminaire des Eudistes*), on suit la *rue Joséphine*, qui conduit à **Saint-Taurin**, église d'une abbaye bénédictine fondée en 1026 et qui a conservé des parties romanes fort curieuses; le chœur, sur *crypte* romane (tombeau primitif de St Taurin), est du XIVe s.; la façade date du XVIIe.

A l'int. : bas-relief en marbre, de la Renaissance, dans la chap. de la Vierge; bénitier du XIIIe s.; groupe en terre cuite du *Crucifiement*, XVIe s.; restes de *vitraux* du XVe s. dans l'abside à dr. du chœur; verrières du XVIe s. (restaurées) aux fenêtres de l'abside. A la sacristie, *châsse de saint Taurin*, de 1209.

De la *place Saint-Taurin* partent le *boulevard de la Buffardière*, se continuant par le *boulevard de l'Ouest* jusqu'à la gare, l'*avenue de Breteuil*, qui conduit à Navarre, et l'*avenue de Caen*, ombragée de magnifiques ormes formant une superbe allée bordée, au S., de prairies baignées par l'Iton. A son extrémité, à dr., un mur (pierres en damier) percé de deux portes en cintre surbaissé faisait partie d'une dépendance du château de *Navarre*, château dont il reste le parc.

[Evreux est relié à (22 k.) Acquigny (R. 20) par un embranch. qui suit la vallée de l'Iton.]

D'Evreux à Dreux et à Verneuil, R. 11, p. 78; — au Neubourg, à Glos-Montfort, Pont-Audemer et Honfleur, R. 18, *B*.

La voie ferrée remonte la vallée de l'Iton. — 117 k. *La Bonneville*, près d'un étang (restes de l'abbaye de *la Noë*, XIIIe s.; à l'église, verrières du XVIe s.). — A dr., *Glisolles* (*château* du XVIIIe s. avec portraits historiques). — Tunnel.

126 k. **Conches** * (buffet), 2,204 hab., près d'une vaste forêt. — *Église Sainte-Foy*, du XVe s., avec clocher à flèche moderne; **verrières**, par Aldegrevers, élève d'A. Dürer; sacristie de la Renaissance renfermant un beau lutrin de cette époque. — Ruines d'un *donjon* (XIIe s.) entourées d'un jardin public (buste du Dr Lampérière)

communiquant par une porte ogivale avec la *rue Sainte-Foy* (*maisons* du xve s.). — *Hospice* sur l'emplacement d'une anc. abbaye.

De Conches à Laigle, R. 11, p. 79.

133 k. *Romilly-la-Puthenaye*. — Jolie vallée de la Risle.

144 k. **Beaumont-le-Roger** *, 1,915 hab., sur la Risle. — Au faubourg de *Vieilles*, *église* du xvie s. abandonnée. — *Saint-Nicolas*, des xive-xvie s. (2 *portails* du xve s.; au bas de la tour, *pierre tombale* de l'an 1300; vitraux du xve et du xvie s.; pendentifs sculptés). — Ruines du **prieuré de la Sainte-Trinité**. — A 1,500 m. N.-O., *clocher* (xve s.) de *Beaumontel*.

149 k. **Serquigny** (buffet), sur la Charentonne. — *Eglise*, xie-xvie s. (*portail* roman; vitraux de la Renaissance). — *Château* (xviie s.). — *Camp* romain appelé *fort Saint-Marc*.

[De Serquigny a Rouen (60 k.; ch. de fer, en 1 h. 20 à 2 h. 30; 8 fr. 20, 5 fr. 50, 3 fr. 60). — A dr., ligne de Paris. On franchit la Charentonne, pour descendre la charmante vallée de la Risle.

11 k. *Brionne* *, 3,521 hab. (à l'église, *retable* et statue de St Jérôme, xviie s.; clocher de l'anc. église Saint-Denis, xiie s.; restes d'un *donjon* roman, sur une colline).

16 k. *Pont-Authou*, d'où l'on pourrait aller visiter (2 k. 5 S.-E.) le Bec-Hellouin (R. 18, *B*, p. 123).

19 k. *Glos-Montfort* (buffet), au point de croisement du ch. de fer d'Evreux à Honfleur par Pont-Audemer. De Glos-Monfort à Cormeilles, *V.* p. 123. — Tunnel de 840 m. dans la forêt de Montfort.

26 k. *Saint-Léger-Boisset*. A 4 k. S.-E., beau *château de Boisset*, style Renaissance.

34 k. *Bourgtheroulde* (3 k. à dr.), 742 hab. (restes d'un château; à l'église, vitraux de la Renaissance).

41 k. *La Londe*, stat. établie à 3 k. du v. du même nom, sur la route de (3 k.) la Bouille à (5 ou 6 k. S.-O.) Bourgtheroulde, dans la *forêt de la Londe* (2,154 hect.) renfermant deux des arbres les plus remarquables de la Normandie : à 2 k. E. de la gare, le *Bel-Arsène*, cépée de hêtre composée de 11 bras d'une haut. de 22 m., plantée en 1773; à 3 k. env. E., le *Trois-Chênes* ou chêne de la *Côte-Rôtie*, âgé de 4 siècles et demi, d'une circonf. de 6 m. 33 à 1 m. du sol. — A 2 k. N. du ch. de fer, *la Maison-Brûlée*, ham. (café-restaurant) où un *monument* (garde mobile en bronze, par Millet) est consacré à la mémoire des combattants qui périrent au combat des Moulineaux (*V.* ce nom).

On croise la ligne de Rouen à Dreux (R. 20). — 48 k. *Orival*, v. dominé par des roches trouées de cavernes. — Tunnel. — Belle vue sur Elbeuf et la vallée de la Seine. — Viaduc en fer sur la Seine.

50 k. *Elbeuf-Saint-Aubin* (R. 20). — 57 k. *Tourville*. — On joint la ligne de Paris à Rouen.

59 k. Oissel, et 10 k. d'Oissel à (69 k.) Rouen (R. 19).]

159 k. **Bernay** *, V. de 8,159 hab., sur la Charentonne et le Cosnier. — Par le *boulevard Dubus*, la *rue de Morsan*, la *rue d'Alençon* (à côté du *collège*, *maison* du xve s.) et la *rue Thiers* (n° 6, *maison* du xvie s.), on gagne la *place Sainte-Croix*, que borde l'*église Sainte-Croix* (xive-xve s.) : maître-autel de 1685 (au tabernacle, enfant Jésus attribué à Puget); statues colossales d'Apôtres (xve s.), provenant de l'abbaye du Bec; pierres tombales (xve s.); chaire du xviie s.; à la sacristie, tableaux de Stella (?).

De la rue Thiers, la *rue Saint-Nicolas*, à dr., mène à la *place de l'Hôtel-de-Ville* (*statue*, par Guilloux, *de Jacques Daviel*, inventeur de l'opération de la cataracte), où subsistent les bâtiments (1628) d'une ancienne abbaye renfermant la mairie, la *sous-préfecture*, les *tribunaux* (salle du tribunal civil occupant l'ancien réfectoire, intéressant par ses voûtes à pendentifs et de charmantes consoles), la *bibliothèque* (10,000 vol.), la prison, etc. Le *musée* est installé dans le logis abbatial (XVe s.). L'*église* (XIe et XVIIe s.) sert de halle.

Revenu à la gare, on croise le ch. de fer pour aller visiter l'église *Notre-Dame de la Couture* (vitraux des XVIe et XVIIe s.), dont la tour est surmontée d'une flèche pittoresque (XVe s.).

De Bernay à Broglie et à Sainte-Gauburge, R. 11, p. 83.

Petit tunnel.

175 k. *Saint-Mards-de-Fresne.*

191 k. **Lisieux*** (buffet), 16,084 hab., aux rues pittoresques bordées de vieilles demeures, occupe le fond d'une vallée baignée par l'Orbiquet, la Touques et le Sirieux. — De la gare, on va prendre, à g., la *rue d'Alençon*, qui croise le boulevard, puis on suit la *rue Pont-Mortain* (maisons anciennes). A g., *rue du Marché-aux-Chevaux* et *halle au blé*; à dr., **rue aux Fèvres**, restée à peu près ce qu'elle était au moyen âge, avec ses maisons du XIVe au XVIe s., dont les plus remarquables portent les n°s 19, 21 et 33-35. La rue aux Fèvres conduit à la *halle au beurre*, en longeant à g. la *place Victor-Hugo*, très curieuse par ses vieilles demeures. Près de cette rue la *place du Marché-au-Beurre* est bordée par l'**église Saint-Jacques**, de 1496-1501. A l'int. : clefs de voûtes peintes (1552); chapelle Saint-Ursin (curieux tableau sur bois); *verrières* du XVIe s.; au chœur, 70 *stalles* sculptées, les unes de la Renaissance, les autres du style Louis XIV; boiseries de l'orgue modernes.

Regagnant la rue Pont-Mortain, on arrive à la *place Thiers*, traversée par la *Grande-Rue* (maisons anciennes), qui traverse la ville de l'E. à l'O. En la suivant à dr. (E.), on trouve à dr. l'*hôtel de ville*, en partie de 1713, et, au delà du boulevard, *rue de Paris*, l'*hospice* (dans la chapelle, ornements sacerdotaux de saint Thomas Becket). A g. (O.), la Grande-Rue mènerait à la *rue Gustave-David*, à g., et à l'*église Saint-Désir* (XVIIe s.; belle ornementation du maître-autel; trésor).

Sur la place Thiers s'élève l'ancienne **cathédrale Saint-Pierre**, construite de 1141 à 1182, agrandie, remaniée et complétée du XIIIe au XIVe s. Cette église fut la première construite en Normandie dans le genre gothique. La tour centrale (1452) forme lanterne. Sur la façade, 2 tours dont l'une a été surmontée en 1579 d'une flèche en pierre haute de 70 m.

A l'int. : grands tableaux par Lemonnier, de Rouen; restes de vitraux du XVe s.; dans la 5e chap. à dr., autel en argent plaqué (style du XIIe s.); au croisillon dr., tambour dont le plafond (XVIe s.) est formé de panneaux en chêne sculpté; stalles du XIVe s.; dans la chapelle absidale ou de la Vierge, restaurée par l'évêque Pierre Cauchon, un des

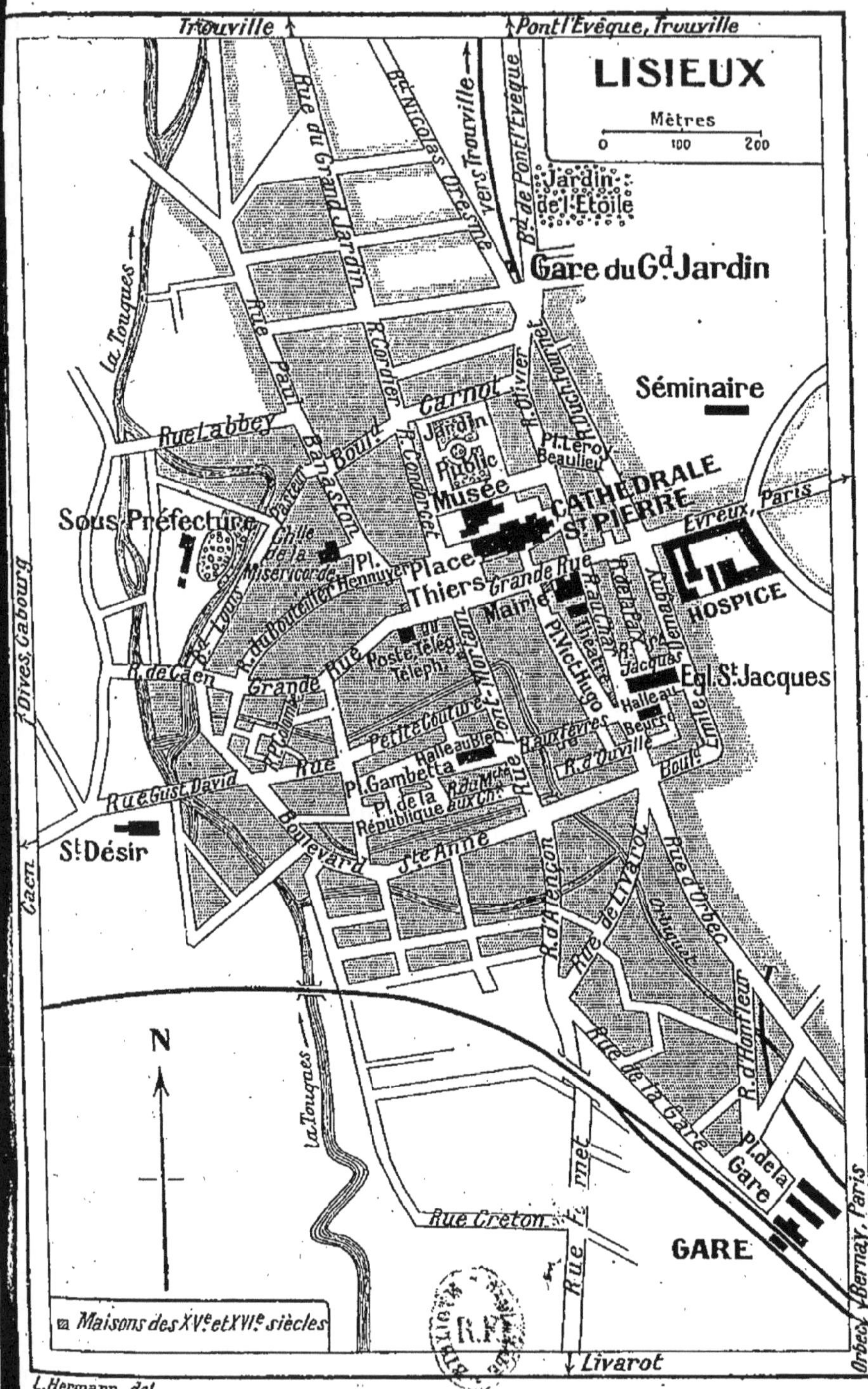

L. Hermann, del.

juges iniques de Jeanne d'Arc, bas-reliefs du XVe s.

A g. de l'église se trouve l'entrée de l'ancien **évêché** (XVIIe-XVIIIe s.; escalier monumental; belles stalles; tableaux), dont le *jardin public*, auquel on arrive directement de la place Thiers par la *rue Condorcet*, a remplacé les anciens jardins et qui renferme le tribunal, la prison, la *bibliothèque* (12,000 vol.) et le **Musée** (ouvert le dim., de midi à 4 h.).

On y remarque des toiles de *Carrache* (les Pestiférés), *Coignard* (Bestiaux à l'abreuvoir), *Hippolyte Flandrin* (le Christ aux enfants), *Dubufe* (Tobie ensevelissant les morts); quelques bonnes gravures, des collections minéralogique et d'antiquités, etc.

On regagne la gare par la place Thiers. — L'industrie lexovienne consiste principalement dans les cuirs et le travail de la laine, des déchets surtout, destinés à obtenir des tissus à bas prix appelés « renaissance ». Grand commerce de bestiaux, fruits, œufs, cidres, beurre et fromages.

[A 11 k. O., restes de l'**abbaye du Val-Richer** (on visite), fondée en 1167, reconstruite au XVIIe s., et transformée en château par Guizot; importante exploitation agricole.

DE LISIEUX A LA TRINITÉ-DE-RÉVILLE (32 k.; ch. de fer, 1 h. 17 à 1 h. 48; 3 fr. 60, 2 fr. 40, 1 fr. 60). — Le ch. de fer d'Orbec se détache de la ligne de Caen à Paris à la halte de *Glos* pour remonter la riante vallée où coule la rivière d'Orbec (nombreuses usines). — 6 k. *Le Mesnil-Guillaume* (château du XVIIe s.). — 11 k. *Saint-Pierre-de-Mailloc* (*château de Mailloc*, XVIIe s. : *galerie* de tableaux, meubles précieux, tapisseries, objets d'art, etc.). — 19 k. *Orbec**, 2,933 hab., V. industrielle près de l'Orbiquet, a conservé des *hôtels* des XVIIe et XVIIIe s. Dans la *rue Grande*, qui (à dr.) va aboutir à l'église, donnent les *rues Guillonnière* et *Geôle* (maisons du XVIe s.), le beffroi de l'*hospice* (XVIe s.; chapelle du XVe s.) et l'*hôtel de l'Equerre*, XVe s. A l'*église Notre-Dame* (XVe s.; tour des XIVe et XVIe s.), *vitraux* du XVIe s.
23 k. *La Folletière* (*if* énorme au cimetière), près de la source principale de l'Orbiquet. — Le ch. de fer s'élève sur un plateau aride. — 26 k. *La Chapelle-Gauthier*. — On descend vers la vallée de la Charentonne pour joindre le ch. de fer de Bernay à Sainte-Gauburge. — 32. k. La Trinité-de-Réville (*V.* p. 83).]

De Lisieux à Pont-l'Evêque et Trouville-Deauville, R. 16; — à Villers-sur-Mer, Houlgate-Beuzeval et Cabourg, R. 17; — à Honfleur, R. 18.

Tunnel de la Motte (3 k.); pont sur la Vie.
209 k. *Le Mesnil-Mauger* (à l'*église*, *tour* romane, fonts baptismaux en plomb du XVe s., belles statues du retable; *ferme du Coin*, XVe-XVIe s.), à la bif. de la ligne d'Echauffour et Sainte-Gauburge (*V.* R. 11, p. 83).
Pont sur la Dives. — A g., ligne d'Alençon et du Mans (R. 15); à dr., ligne de Dives et Cabourg (R. 17).
216 k. **Mézidon** (buffet), 1,234 hab., sur la Dives, au point de raccordement des lignes de Dives-Cabourg et de Falaise-Argentan avec celle de Paris à Caen.

A Falaise, Argentan, Alençon et au Mans, R. 15; — à Cabourg, R. 17.

On franchit le Laizon, près de *Canon* (*château* moderne, où est mort Elie de Beaumont; *parc* renfermant le *château Bérenger*, du temps de Louis XIV).

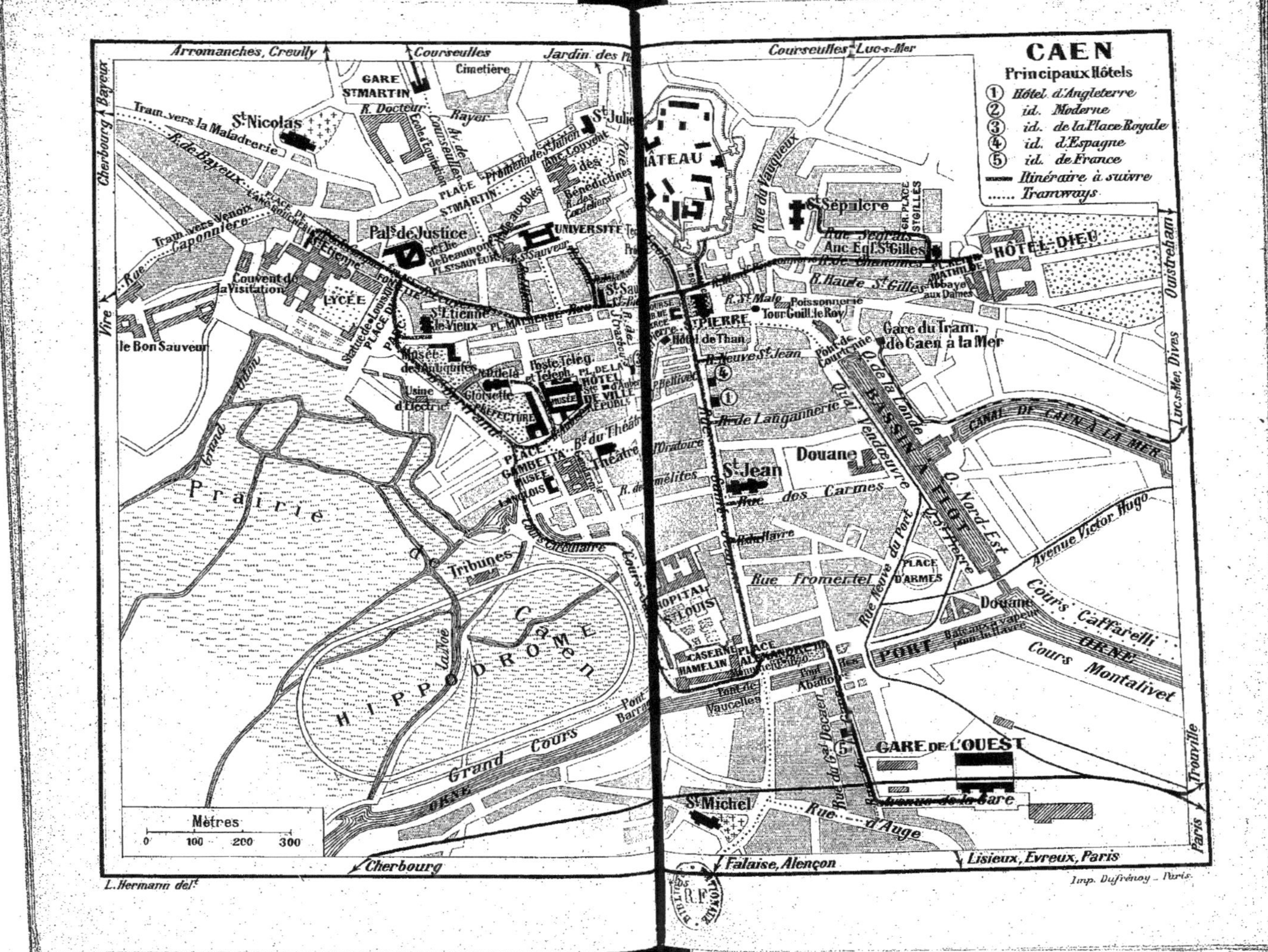

CAEN
Principaux Hôtels
① Hôtel d'Angleterre
② id. Moderne
③ id. de la Place Royale
④ id. d'Espagne
⑤ id. de France
Itinéraire à suivre
Tramways
Arromanches, Creully
Courseulles
Jardin des Pl
Courseulles
Luc-s-Mer
Cherbourg
Bayeux
Vire
Ouistreham
Luc-s-Mer, Dives
Trouville
Paris
Lisieux, Evreux, Paris
Falaise, Alençon
Cherbourg
GARE ST MARTIN
Cimetière
St Nicolas
Tram. vers la Maladrerie
R. de Bayeux
Tram. vers Venoix
Caponnière
Couvent de la Visitation
LYCÉE
le Bon Sauveur
Pals de Justice
PLACE ST MARTIN
UNIVERSITÉ
CHÂTEAU
Rue du Vaugueux
St Sépulcre
GR. PLACE ST GILLES
HÔTEL-DIEU
R. Haute St Gilles
Abbaye aux Dames
St Etienne le Vieux
PL. MALHERBE
ST PIERRE
Tour Guill. le Roy
Poissonnerie
Hôtel de Than
R. Neuve St Jean
Gare du Tram. de Caen à la Mer
Musée des Antiquités
Poste Télég. et Téléph.
HÔTEL DE VILLE
PRÉFECTURE
Usine d'Électricité
R. de Langannerie
Bd du Théâtre
Théâtre
PLACE GAMBETTA
St Jean
Douane
Rue des Carmes
Q. Vendeuvre
BASSIN À FLOT
Q. Nord-Est
Avenue Victor Hugo
CANAL DE CAEN À LA MER
Prairie
Tribunes
HIPPODROME
La Noë
Cours Circulaire
Rue Fromentel
PLACE D'ARMES
Rue Neuve du Port
Douane
Cours Caffarelli
ORNE
Cours Montalivet
PORT
HOPITAL ST LOUIS
CASERNE HAMELIN
PLACE ALEXANDRE III
Grand Cours
ORNE
GARE DE L'OUEST
Avenue de la Gare
St Michel
Rue d'Auge
Rue du Gal Decaen
Mètres
0
100
200
300
L. Hermann delt
Imp. Dufrénoy _ Paris.

225 k. *Moult-Argences.*
231 k. *Frenouville-Cagny.*
239 k. **Caen** * (buffet), 44,794 hab., ch.-l. du départ. du Calvados, siège d'une cour d'appel et d'une académie, à 16 k. de la Manche, sur l'Orne, dont une dérivation reçoit le Grand et le Petit-Odon.

La gare du ch. de fer de l'Ouest est située dans le faubourg de *Vaucelles*, dont l'*église* date des xve et xvie s. (tour latérale romane; peintures de la Renaissance) et qui est séparé de la ville par le *pont de Vaucelles*, donnant accès sur la *place Alexandre-III* (*monument*, par Le Duc et Aug. Nicolas, élevé à la mémoire des enfants du Calvados tués à l'ennemi en 1870). C'est sur cette place que commence la *rue Saint-Jean*, la principale et la plus animée; de même que les rues qui en partent, elle contient beaucoup de maisons intéressantes. Laissant à g. la *rue Saint-Louis*, qui longe l'*hôpital Saint-Louis* et aboutit au cours Sadi-Carnot, à dr. la *rue des Carmes* (n° 44, ancien *hôtel de l'Intendance*, où séjournèrent les Girondins), qui mènerait au port, on trouve à dr. l'

Eglise Saint-Jean, des xive et xve s. A l'int. : boiserie de l'orgue (1774); Vierge du xvie s., dans la 1re chapelle de dr. — Plus loin, à g., dans une impasse, *hôtel de Than* (xvie s.).

On atteint le *boulevard*, la *place* et l'**église Saint-Pierre** (nef des xive-xve s.; chœur du même temps, avec **abside** très remarquable et chapelles du xvie s.; **clocher** de 1308; flèche en pierre, haute de 78 m., avec clochetons dégagés et balustrade en encorbellement; à l'int. : abside centrale à 4 pans; curieux chapiteaux; sculptures). — Au S.-O. de la place est l'*hôtel de Valois* ou *d'Escoville* (1538), servant de *bourse* et de *tribunal de commerce*. — Dans la *rue de Geôle*, qui fait face à la place Saint-Pierre, une *maison* (xvie s.) dite *des Quatre-Fils-Aymon* (n° 17) est, dit-on, celle de Jean Marot.

A l'E. de la place, le boulevard aboutit au **port**, qui se compose d'un *port d'échouage* (partie de l'Orne comprise entre le pont du chemin de fer et le Rond-Point), d'un *bassin à flot* et d'un autre bassin, en aval, le tout relié par un canal à l'avant-port d'Ouistreham (p. 101). A g. de l'entrée du canal, gare du tram de Bénouville - Cabourg - Lion - Luc. — Au N.-E., les *rues Montoir-Poissonnerie* et *des Chanoines* mènent à la *place de la Reine-Mathilde*, où s'élève l'

Eglise de la Trinité ou *de l'abbaye aux Dames* (en semaine on n'y entre pas de midi à 2 h.), fondée en 1062 par la reine Mathilde, femme de Guillaume le Conquérant, pour une abbaye dont les bâtiments, reconstruits de 1704 à 1726, servent d'*Hôtel-Dieu*. A l'int. l'église est coupée en deux : le chœur (tombe de la reine Mathilde) et le transept sont réservés aux religieuses. Chœur sans déambulatoire; sur le croisillon S., charmante chapelle du xiiie s.; crypte (pour visiter, s'adresser au concierge de l'Hôtel-Dieu). — A l'angle N.-O. de la place, restes de l'*église Saint-Gilles* (xiie et xve s.; portail du xvie s.).

Revenant à la place Saint-

Pierre, on gagne, par la *place du Marché-au-Bois* et une petite rue, le **Château** (auj. caserne; on ne le visite qu'avec une autorisation du commandant), élevé par Guillaume le Conquérant et Henri Ier d'Angleterre, rebâti par Louis XII et François Ier. De la place Saint-Pierre, on suit la *rue Saint-Pierre* (*maisons* curieuses aux nos 18-20, 52-54 et 78), communiquant par la *cour de la Monnaie* avec la rue de la Monnaie, la rue Froide et la *cour de l'Ancienne-Halle* (curieux restes d'anciens édifices construits au XVIe s. par *Etienne Duval de Mondrainville*). On prend à dr. la *rue Froide* (*maisons* intéressantes aux nos 4 et 35), à l'angle de laquelle est l'**église Saint-Sauveur** (2 nefs des XIVe-XVIe s.; dans l'abside de g., autel surmonté d'une *Assomption* par Molchnecht).

Suivant la rue Froide, on trouve à g. les bâtiments de l'**Université**, de 1701, mais augmentés de nos jours; sur la façade, statues en bronze de Malherbe, par Dantan aîné, et de Laplace, par Barre; au 1er étage, *muséum d'histoire naturelle* (s'adresser au concierge). — Par la *rue Elie-de-Beaumont*, l'*avenue de Bagatelle*, au delà du *boulevard Saint-Julien*, et la *rue Desmoueux*, on pourrait gagner le **Jardin des Plantes** (serres, beaux herbiers). — A l'O. de l'Université sont l'*église Saint-Sauveur*, qui sert de halle, et la *place Saint-Sauveur* (*statue* en bronze *d'Elie de Beaumont*, par Rochet). — De la place Saint-Sauveur une rue conduit à la *place Saint-Martin* (à l'O., *école d'équitation*, d'où l'*avenue de Courseulles* mène à la *gare Saint-Martin* (ligne de Courseulles), qu'avoisine (à l'O.) l'*église Saint-Nicolas* de 1083, excepté la tour (XVe s.). — Traversant la *place Fontette* (à dr., *palais de Justice*, XVIIIe s.), on suit la *rue Guillaume-le-Conquérant*, à g. de laquelle est

Saint-Etienne, un des plus beaux édifices religieux de la Normandie, église de l'ancienne *abbaye aux Hommes*, fondée vers 1064 par Guillaume le Conquérant. Cette église, complétée au XIIe s., refaite en partie vers 1210, dévastée au XVIe s., a été restaurée suivant son style primitif au commenc. du XVIIe. La *façade O.* est flanquée de 2 *tours* dont les flèches (XIIe ou XIIIe s.) atteignent 90 m.

A l'int. (long. 115 m.; haut. 24 m.) : buffet d'orgues de 1741; maître-autel dont les anges sont attribués à Coysevox; dans le croisillon dr., portes en chêne sculpté de la sacristie, occupant une jolie chap. du XIIIe s. et renfermant un portrait de Guillaume le Conquérant; plusieurs autels exécutés sur le modèle des autels primitifs dont l'un est conservé dans une chap. de dr.; dans le croisillon g., grand cadran d'horloge de 1744.

Dans les bâtiments de l'abbaye sont installés l'*Ecole normale de jeunes filles* dans un bâtiment du XIIIe s., et le **Lycée** (s'adresser au concierge), reconstruit au XVIIIe s. (cloîtres; réfectoire avec boiseries en chêne sculpté, tableaux de Lépicié, Restout, etc.; chapelle renfermant des tableaux par Bourdon et Mignard; à la sacristie, lambris sculptés et tableau de Mignard).

De la place Fontette, on traverse la *place du Parc* (*statue en bronze de Louis XIV*, par Petitot), pour suivre la *rue de Caumont*. A g., le *Vieux Saint-Étienne*, du XVe s. (tour octogonale formant lanterne à l'int.), renfermant une collection de débris lapidaires (s'adresser au concierge). A dr., *musée des Antiquaires*, ouvert les jeudi et dimanche, de midi à 4 h., et comprenant des débris d'architecture, des œuvres d'art et des curiosités de toutes les époques. — La rue de Caumont aboutit à la *place Malherbe* (à l'angle de la *rue de l'Odon*, *maison de Malherbe*, rebâtie). — Suivant la *rue Saint-Laurent*, on laisse à g. l'*église de la Gloriette* ou *des Jésuites* (XVIIe s.; chandeliers du temps de Louis XVI; l'*Assomption*, fresque par Perrodin; derrière l'autel, du XVIIIe s., bas-reliefs en terre cuite; grilles; reliquaires; tableaux de Jeaurat). — A g., la *rue de l'Hôtel-de-Ville* conduit à la **place de la République** (*statue d'Auber*, par Delaplanche; square; concerts militaires).

L'**Hôtel de Ville**, ancien séminaire des Eudistes (XVIIe s.), renferme le musée et la bibliothèque; dans la cour, groupe par Le Duc; dans la salle du Conseil, portraits de Normands célèbres.

Musée (ouvert t. l. j. aux étrangers).

Rez-de-chaussée. — SALLE CHARLES CHIBOURG. — Collection d'émaux, de curiosités de la Chine et du Japon, de tapisseries et de meubles légués par Mme Chibourg, veuve d'un ancien capitaine au long cours.

SALLE MONTARAN. — 10. *Van Dyck.* Portrait. — 37. *Le Guide.* Enfant endormi sur une tête de mort. — 38. *Van der Helst.* Portrait. — 43. *Mignard.* La Vierge (Anne d'Autriche) et l'Enfant Jésus.

On monte au 1er étage.

PALIER. — 253. *Aligny.* Reddition de Châteauneuf-Randon. — 182. *Martin des Batailles.* Siège de Besançon par l'armée de Louis XIV. — 251. *Abel de Pujol.* Le Vieillard et ses enfants. — 298. *Forestier.* Funérailles de Guillaume le Conquérant.

1er étage. — 1re SALLE (de dr. à g.). — 206. *Baron Gérard.* Achille jurant de venger la mort de Patrocle. — *Thomas Couture.* Damoclès. — *Gaston Mélingue.* Les Vendeurs de chair humaine. — 289. *Ch. Landelle.* La Statue de Strasbourg. — *Tattegrain.* Grande marée d'octobre. — 310. *Binet.* Lisière de bois. — 292. *Harpignies.* Paysage. — 254. *Debon.* Entrée de Guillaume le Conquérant à Londres.

2e SALLE. — *A. del Sarto.* St Sébastien. — *D. Feti.* Naissance de la V. — 102. **Erasme Quellyn le Vieux. La V. donnant une étole à St Hubert. — 3. Vitale de Bologne. Madone. — 9. Carpaccio. Madone et Enfant avec des saints dans un paysage.** — 176. *Blain de Fontenay.* Portrait d'une jeune femme.

3e SALLE. — 293. *Karl Daubigny.* Marine. — 250. *Jeanron.* Les petits patriotes. — *Moteley.* L'automne sur l'Orne. — 313. *Lecomte du Nouy.* Polyptique sur Victor Hugo. — 264. *Luminais.* Pâtre de Korlat. — 295. *Chartran.* Le Cierge. — 280. *Ribot.* L'Huître et les Plaideurs. — 302. *Lemarié des Landelles.* Les Chênes de Bernay-sur-Orne. — 307. *Krug.* Feyen-Perrin. — 112. *Van Bloemen.* Paysage. — 133. *Brakemburg.* Intérieur hollandais. — 103. *Bosschaert.* Portrait de femme âgée. — 143. *Victoor.* Une écaillère. — 139. *Stevens.* La Danse. — 252. *Debon.* Départ du duc Guillaume pour l'Angleterre. — 133. **Hondekoeter. Poule avec ses poussins. — 138. Van der Helst. Portrait de femme.** — 90. *Franck le Jeune.* **Les Esclaves des fureurs de l'Amour.** — 136. *Ferd. Bol.* Portrait d'un magistrat. — **86. Snyders. Intérieur d'un office. — 88: Paul de Vos. Cheval dévoré par des loups.** — 79. *Frans*

Floris. Portrait d'une femme âgée. — 82. **Rubens. Melchissédec offrant le pain et le vin à Abraham.** — 87. **Snyders. Combat de chiens et d'ours.** — 109. *Van der Meulen.* Préparatifs du passage du Rhin par l'armée de Louis XIV. — 83. *Rubens.* Portrait d'homme décoré de l'ordre de la Jarretière. — 97. *Ph. de Champaigne.* Le Vœu de Louis XIII. — 110. *Van der Meulen.* Passage du Rhin. — 98. 99. *Ph. de Champaigne.* L'Annonciation. La Samaritaine. — 77. *P. Breughel le Jeune.* Le Paiement de la dîme. — 80. *Van Balen* et *Breughel de Velours.* Les quatre Éléments. — 189. *Jean Restout.* Le Lavement des pieds.

4e salle. — 154. *La Champagne Le Feye.* Martyre de Ste Ursule. — 186. *Tournières.* Portrait du graveur Audran. — 166. *J. Jouvenet.* Apollon et Téthys. — 184. **Tournières. Chapelle et Racine.** — 20. *P. Véronèse.* Judith. — 185. **Tournières. Portrait d'un magistrat.** — 40. *Panini.* Réception des Cordons bleus. — 167. *J. Jouvenet.* St Pierre guérissant les malades. — 60. *Filippo Lauri.* Le Retour de l'Enfant prodigue. — 76. *Zurbaran.* Ste Claire prenant le voile. — 42. *Panini.* Paysage. — 50. *Le Guerchin.* La V. et l'Enf. J. — 17. *Le Tintoret.* Descente de croix. — **Le Pérugin. Mariage de la Vierge.** — 21, 22, 23. **Paul Véronèse. La Tentation de St Antoine.** Épisode de la Fuite en Egypte. J.-Ch. donnant les clefs à St Pierre. — 69, 71. *Ribera.* Le Couronnement d'épines. St Pierre. — 179. **H. Rigaud. Portrait de Marie Cadenne,** femme du sculpteur Desjardins.

5e salle. — *Brascassat.* Vache au pâturage. — *Morel-Fatio.* Naufrage d'une corvette anglaise. — 239. *Ary Scheffer.* Portrait du Dr Duval. — 190. *Jean Restout.* Portrait d'un Prémontré. — 255. *Debon.* Alfred Guillard, ancien conservateur du musée. — 140. *A. Cuyp.* Paysage et animaux.

6e salle. — 170. *Jos. Parrocel.* Sobieski devant Vienne. — 165. *Le Bourguignon.* Un champ de bataille. — 49. *Le Guerchin.* Didon abandonnée. — 168. *Fr. Jouvenet.* Portrait de l'architecte François Romain. — 78. *P. Breughel le Jeune.* Fête flamande. — 205. *Fleuriau.* Tête de vieillard. — 54. *Michel-Ange des Batailles.* Bohémiens jouant aux cartes. — 187. **Oudry. Chasse au sanglier.** — 195. **Nicolas Lesueur. Salomon devant l'Arche.** — 48. *Le Guerchin.* Coriolan. — 70. *Ribera.* St Pierre. — 148. *Fr. Moucheron.* Paysage. — 131. *Corneille de Haarlem.* Vénus et Adonis. — 113. *Van Bloemen.* Paysage. — 162. *Ch. Lebrun.* Baptême de J.-C. — 145. *Droogsloot.* Paysage. — 141. *Salomon Ruysdael.* Paysage. — 222. *Horace Vernet.* Le frère Robustien.

7e salle (Collection Lefébure de Sancy). — Emaux, miniatures, porcelaines de Saxe; bijoux, tapisserie allemande du xve s.

On revient à la 5e salle pour entrer à dr. dans un cabinet de dessins et aquarelles, d'où un escalier monte à la *collection Mancel* (ouverte les dim. et jeudi après midi), donnée à la ville de Caen par M. Mancel, ancien libraire (manuscrits, livres rares, 60,000 gravures).

Bibliothèque (à l'étage supérieur de l'hôtel de ville; 100,000 vol.; 623 manuscrits, autographes, portraits).

Sortant du musée dans la rue Saint-Laurent, on laisse à dr. la *Préfecture* et l'on atteint la *place Gambetta*, près de laquelle, dans la *rue Daniel-Huet*, le *musée Langlois* se compose de tableaux de genres divers exécutés par le colonel Langlois qui les a légués à la ville. De la place Gambetta (à g., le *boulevard du Théâtre* et le *Théâtre*) part le *cours Circulaire*, que l'on suit, ainsi que le *cours Sadi-Carnot*, pour rejoindre, par le *quai de Juillet*, le pont des Abattoirs et la gare. Les cours encadrent une magnifique prairie servant de *champ de courses*.

[Caen est relié au Havre par un serv. quotidien de bateau (traj. en

3 h.; 1re cl. 5 fr. 65, 2e cl. 2 fr. 65; aller et ret. valable 4 j., 7 fr. 30 et 5 fr. 30) qui descend jusqu'à son embouchure, sur une longueur de 18,290 m., dans une vallée verdoyante, la rivière d'Orne, doublée sur la rive g. par le CANAL DE CAEN A LA MER, long de 14,780 m., qui croise le tramway de Dives-Cabourg à Luc (*V.* ci-dessous) et finit au port d'Ouistreham (*V.* ci-dessous).

Le ch. de fer DE CAEN A VIRE (75 k. en 2 h. 15 à 2 h. 50; 8 fr. 40, 5 fr. 65, 3 fr. 70) a pour station principale (27 k.) *Villers-Bocage*, ch.-l. de c. de 1,047 hab., dans une charmante contrée boisée, près de l'Écanet, ruisseau qui, non loin de là, va tomber dans la Seuline. A côté de l'église, un *jardin* est rempli de grands ifs bizarrement taillés. Sur la place se voit la *statue de Richard Lenoir*, célèbre industriel, né dans un v. du canton, Epinay (1765-1839). Villers doit son surnom à la région qui l'entoure, *le Bocage*, pays auquel ses granits, ses grès rouges, ses schistes, ses plateaux semés de grands blocs de rochers, ses maisons construites en matériaux sombres, donnent une physionomie particulière.

DE CAEN A DIVES-CABOURG : *A*, *par Dozulé* (32 k.; ch. de fer, en 1 h. 10 à 1 h. 35; 3 fr. 60, 2 fr. 40, 1 fr. 60). — 10 k. *Sannerville-Banneville* (*château* de Banneville, avec beau parc et porte, XIVe s., de l'anc. abbaye de Troarn). — 13 k. *Troarn*, 662 hab. (restes d'une abbaye fondée au XIe s.). — 16 k. *Bures*, dans la *vallée d'Auge*, célèbre par ses beaux herbages et sa race bovine. — On franchit la Dives. — 25 k. Dozulé-Putot, et 7 k. de Dozulé à (32 k.) Cabourg (R. 17, p. 120).

B, *par Benouville* (25 k.; tram sur route Decauville, en 1 h. 37 à 1 h. 43; 3 fr., 2 fr. 25, 1 fr. 50). — La gare du tram est située quai de la Londe, près du bassin à flot. On longe à dr., dans la vallée de l'Orne, le canal de Caen à la mer (*V.* ci-dessus). — 4 k. *Hérouville* (église du XIe s.; château de *Lébisey*). — A g., *Beauregard*, à l'entrée du vallon du Dan. — 7 k. *Blainville* (église romane).

10 k. *Bénouville* (*château* du XVIIIe s., avec un parc magnifique), station à la bifurc. de l'embranch. d'Ouistreham et Luc (*V.* ci-dessous). — On traverse l'Orne et le canal de Caen à la mer. — 11 k. *Ranville*. — 14 k. *Sallenelles*, v. en vue duquel se trouve le *banc des Oiseaux*, où se réunissent toutes les variétés de palmipèdes connues sur ces côtes. — 17 k. *Merville* (tour d'un anc. château). Au N.-O. s'avance dans l'emboucb. de l'Orne la *Pointe de Merville*, qui sert à la garnison de Caen de champ de tirs à longue portée. Près de là, une nouvelle station balnéaire est en formation sous le nom de *Franceville-Plage*. — 21 k. *Le Hôme*. — 24 k. 3. Cabourg (R. 17). — On franchit la Dives. — 25 k. Dives (R. 17).

DE CAEN A LUC-SUR-MER PAR OUISTREHAM ET LION-SUR-MER (24 k.; tram à vap., en 2 h. à 2 h. 25; 2 fr. 90, 2 fr. 15, 1 fr. 45). — 10 k. de Caen à Bénouville (*V.* ci-dessus). — A dr., tram de Cabourg-Dives. — 15 k. *Ouistreham* * (église du style roman de transition), port maritime où le canal de Caen débouche à dr. de la plage où se trouve la station balnéaire très prospère de *Riva-Bella* *. — 20 k. *La Brèche d'Hermanville* (beaux chalets dans le style des anc. manoirs normands). *Hermanville* (*église* en partie romane, avec chœur du XIIIe s.) forme une station de bains de mer très fréquentée, qui se confond avec celle du Bas-Lion et dont les villas bordent le long de la grève un beau chemin en terrasse muni de bancs et éclairé le soir. — 21 k. *Lion-sur-Mer* *, 1,057 hab. (*église* des XIe et XIVe s.; *château* Renaissance). — 24 k. Luc-sur-Mer (*V.* ci-dessous).

DE CAEN A COURSEULLES (31 k.; chem. de fer, gare spéciale avec buffet à Caen, à 300 m. N.-O. de la place Saint-Martin; 1 h. 30 à 1 h. 40; 3 fr. 20, 2 fr. 40, 1 fr. 75). — 15 k. *Mathieu*, patrie de Jean Marot, père du poète Clément Marot. — 20 k. *Douvres-la-Délivrande*. *Douvres* (1,678 h.);

beau clocher des XIIe et XIIIe s. A 500 m., *la Délivrande* * : **chapelle Notre-Dame**, fondée au VIIe s., reconstruite de nos jours dans le style du XIIIe s., avec « Vierge miraculeuse », but de pèlerinage. — 23 k. *Luc-sur-Mer* *, petit port (établiss. de bains de mer; *casino* avec restaurant, café, bains chauds et hydrothérapie; *laboratoire d'histoire naturelle*; villas dont la plus remarquable est celle de M. Larivière, style Louis XIII; au large, les *Roches de Lion*). De Luc part un tram à vap. pour Caen et Dives-Cabourg par Ouistreham et Bénouville (*V.* ci-dessus). — 24 k. 5. *Langrune* * : établiss. de bains de mer; *église* du XIIIe s. (belle tour). Au large, rochers des *Essarts de Langrune*, où les baigneurs vont en partie de pêche. — 26 k. *Saint-Aubin-sur-Mer* * (bains de mer; casino). — 28 k. 5. *Bernières* *, à 500 m. de la mer; *église* avec tour du XIIIe s., haute de 67 m.

31 k. **Courseulles** *, petit *port* à l'embouch. de la Seulles dans la Manche; établiss. de bains de mer; parcs aux *huîtres*. — Excursions : (1,500 m. S.-O.) *Bois des Roches*, cirque de rochers qu'avoisine un camp romain; (6 k. S.) *Fontaine-Henri* (*château* de la Renaissance, avec curieuses carrières dans le *parc*); (8 ou 10 k.) *Creully*, 639 hab., sur une hauteur dominant la Seulles (*église* en partie romane, avec tombeaux; *château*, du XIIe au XVIe s., avec caves romanes; à 2 k. 5 S.-O., ruines du *prieuré de Saint-Gabriel*, fondé au XIe s.). — Courseulles est relié à (10 k. O.) Asnelles (*V.* p. 104) par un tram à vap. (traj. en 40 min.; 1 fr. 10, 90 c., 60 c.) qui passe à (4 k.) *Ver-sur-Mer* (*clocher* du XIe s.), v. à 1,500 m. duquel la plage de Ver (villas; hôt.-pension et café-rest.) est dominée par le *Mont-Frugy* (phare).

De Caen a Falaise. *A. Par Coulibœuf* (51 k.; ch. de fer, en 1 h. 15 à 1 h. 50; 5 fr. 80, 3 fr. 95, 2 fr. 55). — 43 k. de Caen à Coulibœuf, et 8 k. de Coulibœuf à (51 k.) Falaise (*V.* p. 114).

B. Par Bretteville (46 k.; ch. de fer, en 3 h. 20 à 4 h.; 5 fr. 05, 4 fr. 15 et 2 fr. 75). — 9 k. *Saint-Martin-de-Fontenay* (église romane, avec tour du XIIIe s.). — 12 k. *Fontenay-le-Marmion* (clocher roman; avec château de la famille de Marmion converti en ferme). — On descend vers le vallon de la Laize. — 16 k. *Fresney-le-Puceux* (église à portail roman; *château* de 1580, avec parc de 100 hect.). — 19 k. *Bretteville-sur-Laize*, 966 hab., est dominé par la *forêt de Cinglais*, vaste de 1,965 hect. (château de *la Bijude*). — A dr., château d'*Outrelaize* (XVIe s.). — 21 k. *Gouvix* (église du XIIIe s. à porte romane). — 32 k. *Potigny-la-Brèche-au-Diable*. La *Brèche-au-Diable*, déchirure du sol où le Laizon coule entre des murailles de granit, est dominée par le *Mont Joly*, portant le *tombeau de Marie Joly*, actrice de la Comédie Française † 1798. — 35 k. *Ussy* (belles pépinières). — 37 k. *Villers-Canivet* (ancienne abbaye de *Villers*, XIIe s.). — 46 k. Falaise (*V.* p. 114).]

De Caen à Flers, Domfront et Laval, R. 14; — à Argentan, Alençon et au Mans, R. 15.

Ponts sur l'Orne, le Grand-Odon et le Petit-Odon. — 247 k. *Carpiquet*. — 253 k. *Bretteville-Norrey*. A *Norrey* (à g.), église des XIIIe et XIVe s. — 259 k. *Audrieu* (*église* avec chœur et tour centrale du XIVe s.). — Pont sur la Seulles.

269 k. **Bayeux** *, 7,806 hab., siège d'un évêché, à 500 m. de la station, sur l'Aure. De la gare, l'*avenue Sadi-Carnot*, par un long circuit, va aboutir à la *rue Tardif* à laquelle fait suite la *rue Larcher* qui, passant au chevet de la cathédrale, à g., longe l'*hôtel de ville* (*musée Doucet*), ancien évêché (dans la cour, *statue* en marbre du célèbre archéologue *Arcisse de Caumont*, par Le Harivel-Durocher). L'ancienne chapelle (Renaissance) de l'évêque a été

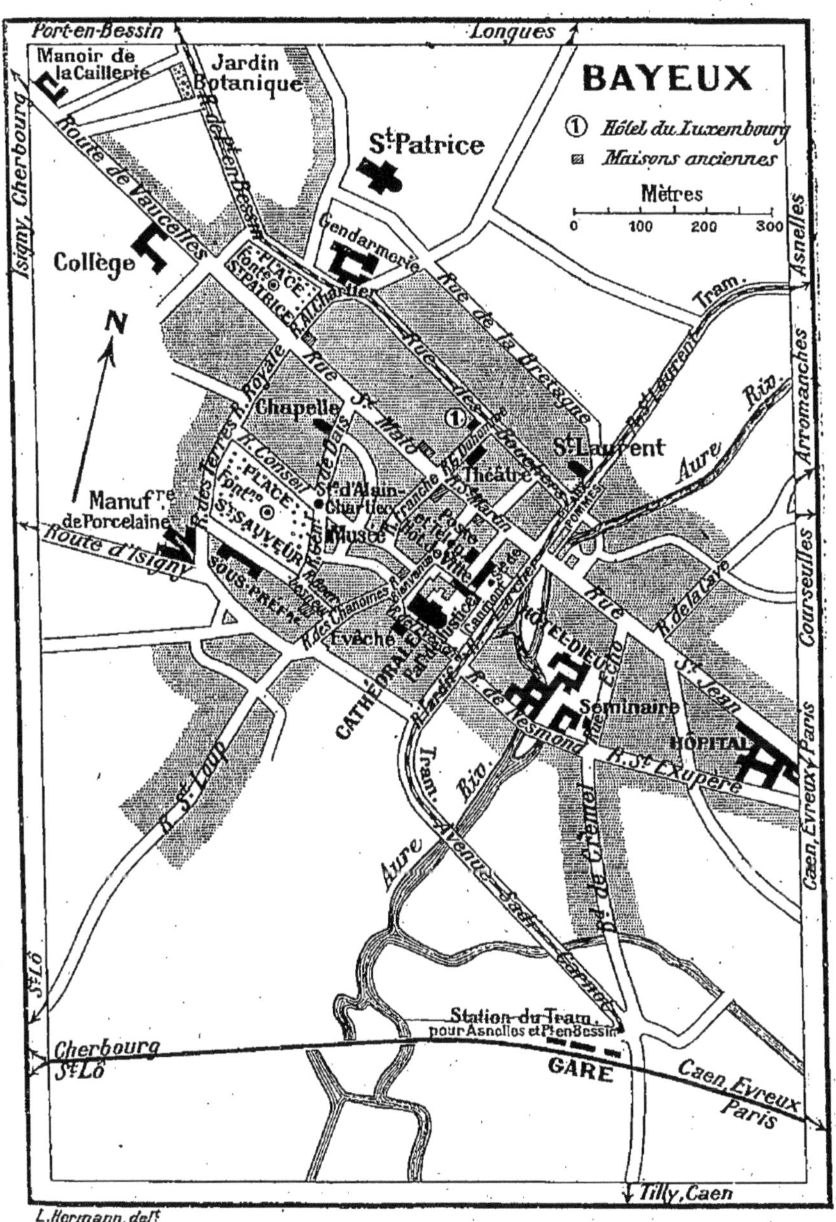

L. Hermann, delt

transformée en *palais de justice*. Sur la place, entre le palais et la cathédrale, superbe *platane*.

La rue Larcher aboutit à un carrefour. Prenant à g. la *rue Saint-Martin* (*maison* du XIVe s.), et à g. la *rue des Cuisiniers*, puis la *rue Bienvenue* (*maison* du XIVe s.), on atteint la *place de la Cathédrale*.

Cathédrale, rebâtie au milieu du XIIIe s. sur les restes d'une église romane, dont il subsiste notamment les deux tours (XIIe s.; flèches du XIIIe), hautes de 75 m.; la tour centrale, octogonale, à coupole, des XVe et XIXe s., est haute de 80 m.

A l'int. : belles arcades romanes de la nef; gracieuse ornementation et grilles (XVIIe s.) du chœur; 52 belles stalles du XVIe s.; vitraux du XVe s. et modernes; peintures murales anciennes; *crypte* du XIe s.; pavage émaillé de la *salle capitulaire* (XIIIe-XIVe s.; coffret avec inscription arabe); armoire du XIIIe s. à la sacristie; beaux vitraux du XVe s. ou modernes.

On revient suivre, à g., la rue Saint-Martin, puis la *rue Saint-Malo* (*maisons* remarquables, en bois ou en pierre, des XVe-XVIe s.). Plus loin, la *rue Alain-Chartier*, à dr., conduit à la *place du Marché-aux-Bestiaux* (fontaine de Moutier, avec statue de la Ville de Bayeux), au fond de laquelle est l'*église Saint-Patrice*, édifice moderne avec tour élégante à 7 étages. — De l'extrémité de la rue Saint-Malo, la *rue du Général-de-Dais*, à l'extrémité de laquelle est la *statue* (par Tony Noël et Le Duc) du chroniqueur et poète *Alain Chartier* (1386-1449), donne accès sur la *place du Château* ou *Saint-Sauveur* (fontaine sculptée par Decorchemont), où sont la *manufacture de porcelaine* et le bâtiment contenant la bibliothèque et le musée.

Musée renfermant des antiquités, des tableaux et, dans la 2e salle, la célèbre **tapisserie de la Reine Mathilde** (haut. 50 cent.; long. 70 m.), qui retrace, en 58 groupes, l'histoire de la conquête de l'Angleterre par Guillaume le Conquérant. Cette tapisserie, chantée par les trouvères et rappelée par tous les historiens de la Normandie, a été, d'après la tradition, brodée par cette princesse aidée des dames de sa cour. — *Bibliothèque* (25,000 vol.; 2 mausolées du XVIIe s.; médaillier; sceaux de Lothaire, de Guillaume le Conquérant, de saint Bernard; antiquités, etc.).

Sur la route de Port-en-Bessin, *Jardin botanique*.

[DE BAYEUX A ASNELLES (13 k.; ch. de fer, en 1 h. env.; 1 fr. 55, 1 fr. 25, 85 c.). — 9 k. *Ryes*, 418 hab. (église, XIe-XIIIe s.), d'où part à g. l'embranch. d'Arromanches (*V.* ci-dessous). — 13 k. *Asnelles* *, à 700 m. de la mer, possède la plage la plus belle et la plus vaste de toute la région; église romane; jolies villas. Au large, N.-O., rochers du *Calvados*. D'Asnelles à Courseulles, *V.* p. 103.

DE BAYEUX A ARROMANCHES (13 k.; ch. de fer en 1 h. à 1 h. 10; 1 fr. 55, 1 fr. 25, 85 c.). — 9 k. Ryes (*V.* ci-dessus). — 13 k. **Arromanches** *, dans un vallon abrité des falaises qui bordent la côte jusqu'à Port-en-Bessin. Bains de mer sur une belle plage entre les falaises et la *brèche de Tracy*. Au large, 2 k. 5 N.-E., rocher dit *Tête du Calvados*.

DE BAYEUX A PORT-EN-BESSIN (11 k.; ch. de fer, en 40 min.; 1 fr. 20, 1 fr., 65 c.). — Dominant la vallée de la Dromme, on longe à dr. le parc du

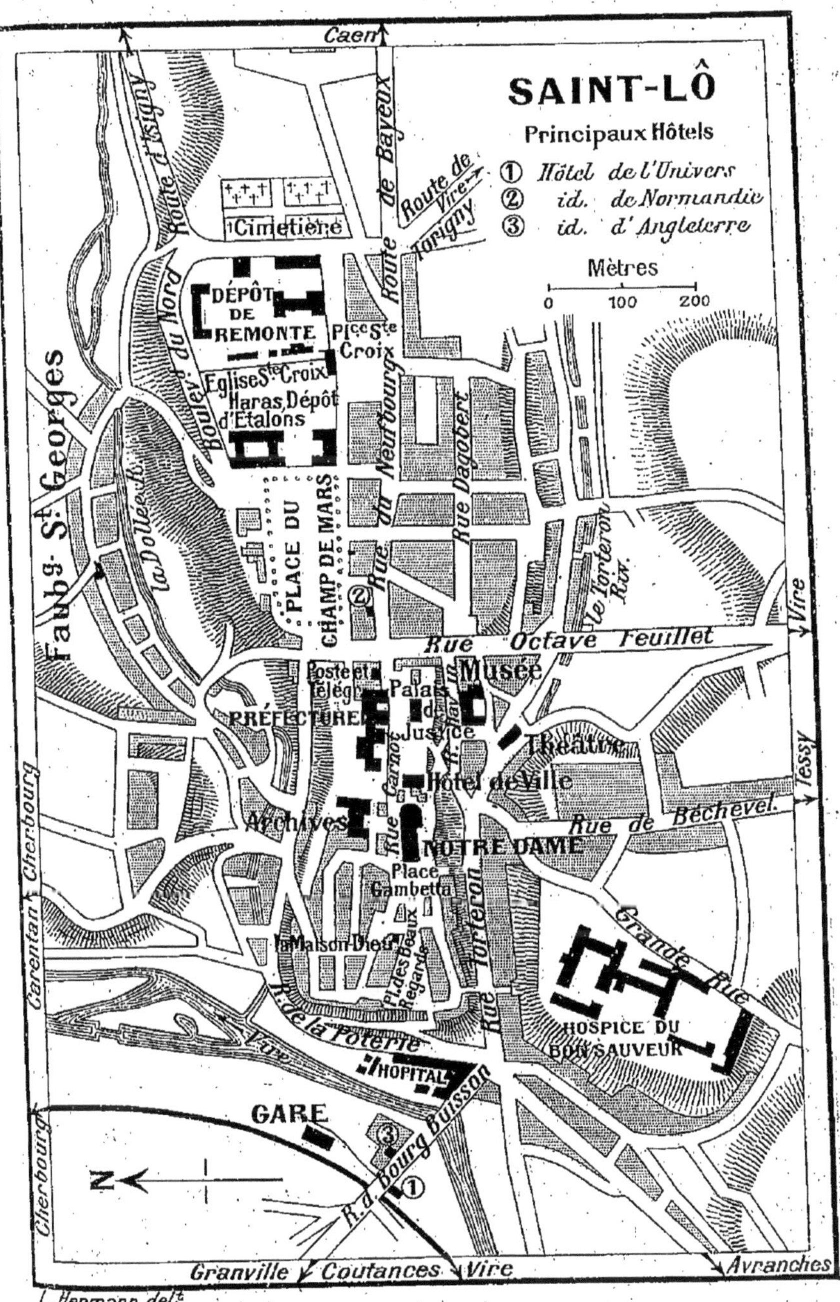
SAINT-LÔ
Principaux Hôtels
① Hôtel de l'Univers
② id. de Normandie
③ id. d'Angleterre
Mètres
0 100 200
Caen
Route d'Isigny
Route de Bayeux
Route de Vire
Torigny
Cimetière
DÉPÔT DE REMONTE
Plce Ste Croix
Eglise Ste Croix
Haras, Dépôt d'Etalons
Boulevd du Nord
Faubg St Georges
La Dollée R.
PLACE DU CHAMP DE MARS
Rue du Neufbourg
Rue Dagobert
Le Torteron Riv.
Rue Octave Feuillet
Vire
Poste et Télég.
Palais de Justice
Musée
PRÉFECTURE
Théâtre
Hôtel de Ville
Tessy
Rue de Bechevel
Archives
NOTRE DAME
Place Gambetta
Rue Carnot
Carentan Cherbourg
La Maison Dieu
Pl. des Beaux Regards
Rue Torteron
Grande Rue
HOSPICE DU BON SAUVEUR
R. de la Poterie
Vire
HOPITAL
GARE
R. d. Bourg Buisson
N
Cherbourg
Granville
Coutances
Vire
Avranches
L. Hermann delt

château de *Sully* (*if* magnifique au cimetière). — 7 k. *Maisons*, avec château (XVe ou XVIe s.) près duquel sont les *Fosses-du-Soucy*, ouvertures naturelles où disparaît l'Aure, dont les eaux vont reparaître en partie à 3 k. env. de là, au pied des falaises de Port-en-Bessin. — 11 k. **Port-en-Bessin** *, dans une coupure des falaises; petit port à l'embouchure de la Dromme, avec 2 môles en granit et 2 phares. Belle *poissonnerie*. Excellentes crevettes. Du *sémaphore*, situé sur la falaise O. (64 m. d'altit.), panorama très étendu. A 11 k., Saint-Laurent-sur-Mer (*V.* ci-dessous).]

De Bayeux a Balleroy (16 k.; ch. de fer, en 1 h. 5; 1 fr. 75, 1 fr. 45, 95 c.). — *Balleroy*, 1,050 hab., sur un coteau qui borde la rive dr. de la Dromme, est relié par une terrasse ou remblai au *château* (on visite le mercredi), bâti de 1626 à 1636 par Mansart, décoré de peintures par Mignard, et entouré d'arbres magnifiques. De Balleroy au Molay-Littry, *V.* ci-dessous).]

Ponts sur l'Aure et la Dromme. — 277 k. *Crouay*.

283 k. *Le Molay-Littry*.

[Du Molay-Littry a Balleroy (11 k.; ch. de fer, en 45 min.). — Pour Balleroy, *V.* ci-dessus.

Du Molay-Littry a Isigny (42 k.; ch. de fer, en 2 h. 45 et 3 h.; 4 fr. 75, 3 fr. 80, 2 fr. 50). — 11 k. *Trévières*, 1,005 hab., près du confl. de la Tortonne et de l'Aure (*église* des XIIe, XIVe et XVIe s. avec belle tour romane). — 15 k. *Formigny* (beau clocher du XIIIe s.), v. célèbre par la bataille gagnée sur les Anglais par le connétable de Richemont et le comte de Clermont; une chapelle gothique et un monument en face de la mairie rappellent ce fait d'armes. — 19 k. *Saint-Laurent-sur-Mer* ou *Plage d'Or* * (église romane avec tour du XIIIe s.), station balnéaire au débouché de la vallée du Ruquet (chalets), abritée par des collines d'où sourdent des sources, doit son surnom à la couleur du sable de sa plage. Saint-Laurent est à 11 k. de Port-en-Bessin (*V.* ci-dessus). — 21 k. *Vierville-sur-Mer*, station balnéaire (église du XIVe s.; château du XVIIe; manoir de *Vomicel*). — 26 k. *Saint-Pierre-du-Mont* (2 châteaux; belles falaises). — 28 k. *Cricqueville-en-Bessin* (église du XIIIe s.; *château* du XVIe). — 31 k. Grandcamp, et 11 k. de Grandcamp à (42 k.) Isigny (*V.* p. 107).]

296 k. **Lison** (buffet), d'où part la ligne de Saint-Lô, Coutances, Avranches, Pontorson, Dol, Dinan et Lamballe.

[De Lison a Saint-Lô (19 k.; ch. de fer, 30 min. env.; 2 fr. 15, 1 fr. 45, 95 c.). — On remonte la rive dr. de la Vire. — 11 k. *Pont-Hébert* (château de *Thères*). — 19 k. **Saint-Lô** *, 11,604 hab., ch.-l. du départ. de la Manche, bâti en partie sur une colline rocheuse qui domine à l'O. la rive dr. de la Vire. — De la gare, on vient passer le pont de la Vire. Laissant à g. l'*hôpital* (chapelle du XIIIe s.), on suit la *rue Torteron*, très commerçante. Laissant à g. la *rue Porte-Torteron*, qui monte à Notre-Dame, on gagne un carrefour. A g., on prend la *rue Havin*, pour se rendre, dans la *rue des Halles*, au *musée* (ouvert le jeudi et le dimanche; les autres jours, s'adresser au concierge, rue Saint-Thomas, 23), près de l'entrée duquel un *monument* a été élevé à *Léonor Havin*, anc. directeur du journal « le Siècle ».

Laissant à g. une rampe qui monte à l'hôtel de ville, la rue Havin va aboutir dans la *rue Octave-Feuillet*, que l'on suit à g. et dans laquelle on voit bientôt s'ouvrir à dr. la *rue du Neufbourg*, qui mène à la *place Sainte-Croix*. L'*église Sainte-Croix*, rebâtie (1860) dans le style roman, conserve la porte principale de l'ancienne église. Plus loin, à l'E., se trouve le nouveau *dépôt d'étalons*: au N. de Sainte-Croix est le dépôt de remonte.

Revenant à l'O. (à g. de l'église), on laisse à dr. l'ancien *haras* ou dépôt d'étalons, et l'on atteint le *Champ de Mars*, dont le côté N. domine la jolie vallée de la Dollée et sur lequel donne l'entrée du *boulevard du Nord*. Du Champ de Mars on gagne à l'O. la *rue Carnot*, à g. de laquelle on laisse la *prison* et le *tribunal civil*, à dr. la *préfecture*, et l'on atteint à g. l'*hôtel de ville*; dans le vestibule on voit le fameux *marbre de Torigny*, piédestal gallo-romain, surmonté du *buste* de Le Verrier, par Pradier.

L'église Notre-Dame (derrière l'hôtel de ville), des XIVe-XVIe s., a deux tours dont les flèches ajourées sont du XVIIe s. (chaire extérieure, du XVe s., en pierre sculptée; restes de verrières du XVe s.). De l'église on gagne, par la *place Gambetta*, la *place des Beaux-Regards* (fontaine avec statue de Laitière normande par Leduc; concerts les dim. et jeudi; vue sur le cours de la Vire), d'où l'on rejoint la gare, après avoir visité, *rue du Poids-de-Ville*, 4, la *Maison-Dieu* (XVe s.), très ornementée. — De Saint-Lô à Vire, R. 11, p. 85; à Coutances, R. 12, p. 90.]

On suit la rive dr. de l'Elle jusqu'à son embouchure dans la Vire.

305 k. *Neuilly* (château des XIVe et XVe s.; église des XIIe-XIIIe s.).

[DE NEUILLY A ISIGNY ET A GRANDCAMP (31 k.; ch. de fer, 8 k., de Neuilly à Isigny, en 17 min.; 90 c., 60 c., 40 c.; tram à vap. d'Isigny à Grandcamp, en 40 et 45 min., 1 fr. 30, 1 fr. et 65 c.). — 6 k. *Pont-du-Vey*, station près de la grande *baie des Veys*, où débouchent l'Aure, l'Aurelle, la Vire, la Taute et la Douve; cette baie, en partie conquise à l'agriculture, est remarquable par la beauté et la qualité de ses pâturages. — 8 k. **Isigny** *, 2,606 hab. (*église* des XIIIe-XVIIIe; château du XVIIIe s. servant d'*hôtel de ville;* port sur l'Aure-Inférieure; beurre renommé; importantes scieries). — 19 k. *Grandcamp* *, petit b. de pêcheurs intéressant par sa population laborieuse et héroïque, et station de bains de mer. Belles *villas*. *Café-casino Adelus*, avec terrasse (vue de la mer et des bateaux pêcheurs). A l'*hôtel de la Croix-Blanche*, collection de peintures. De Grandcamp à St-Laurent-sur-Mer et au Molay-Littry, *V.* p. 106.]

Ponts sur la Vire et la Taute.

314 k. **Carentan** *, 3,968 hab., port, au milieu de prairies marécageuses qu'arrosent la Douve et la Taute. — *Eglise*, de 1466 avec tour un peu plus ancienne; stalles de la Renaissance; vitraux des XIVe et XVe s.; statues du XVe s.; chaire du XVIIe s., etc. — Anciennes *maisons* pittoresques. — Beau port (export. considérable de beurre) communiquant avec la mer par un chenal bordé d'une sextuple rangée de grands ormes. — Race chevaline estimée.

[A 16 k. O., bains de mer de *Sainte-Marie-du-Mont* *, v. sur une hauteur (belle vue); église romane avec statue tombale du baron de Gye, † 1607; restes d'un château.

DE CARENTAN A CARTERET (43 k.; ch. de fer, 1 h. 30; 4 fr. 80, 3 fr. 25, 2 fr. 10). — On traverse la Sèves. — 9 k. *Baupte* (à 3 k. N.-O., anc. château de *Coigny*, transformé en *école pratique d'agriculture et de laiterie*; 1,500 m. plus loin, *château de Franquetot*, autrefois résidence des ducs de Coigny, XVIIIe s., et auquel on parvient par une admirable avenue de chênes séculaires). — 23 k. La Haye-du-Puits (R. 12). — 31 k. *Denneville* *, stat. de bains de mer. — On croise la rivière d'Olonde. — 33 k. *Saint-Lô-d'Ourville*, stat. balnéaire en formation. — 34 k. *Portbail* *, sur la Manche, au fond d'un grand havre, dans lequel débouche l'Olonde, fait un commerce de cabotage très actif avec Jersey. *Eglises Notre-Dame* (abside romane; tour du XVe s.) et *Saint-Martin* (XIIe-XVe s.). Près de Notre-Dame commence un pont en pierre de 13 arches continué par une longue chaussée perreyée conduisant au port, en avant duquel est une plage de bains. Du port un chemin à dr. conduit au bel *hôtel de la Mer*, puis, au delà, à *la Caillourie*, où quelques cabines sont disposées sur une grève auprès d'un ancien sémaphore. — 41 k. *Barneville* *, 854 hab. (*église* romane, avec tour du XVe s.); la plage est à 1,500 m. env. — On traverse la Gerfleur. — 43 k. *Carteret* *, station de bains de mer, à l'embouchure de la Gerfleur (port), au milieu de jardins, est protégé des vents d'O. par une montagne escarpée (phare haut de 80 m. au-dessus de la mer), le *cap Carteret* (magnifiques falaises granitiques), à laquelle le v. doit la douceur de son climat. Au pied du cap s'étend une admirable *plage*.

Excursion à Jersey. — Bateau à vapeur t. l. j. (traj. en 80 min; 7 fr. 55 et 5 fr. 05; aller et ret. valables un mois, 11 fr. 25 et 7 fr. 50) de Carteret à *Gorey*, port de l'île de Jersey relié par un ch. de fer (traj. en 25 min.; 90 c. et 70 c., 1 fr. 55 et 1 fr. 25 aller et ret.) à *St-Hélier*. On délivre à Carteret des billets comprenant le prix du bateau et du ch. de fer (8 fr. 20 et 5 fr. 70; aller et ret., valable 35 j., 12 fr. 50 et 8 fr. 75).]

La voie ferrée traverse un canal inachevé, puis la Douve, pour entrer dans des prairies marécageuses célèbres par la beauté de leur race bovine, puis remonter la vallée du Merderet.

326 k. *Chef-du-Pont* (église romane). — 332 k. *Fresville*.

335 k. *Montebourg*, station reliée par un embranch. au (4 k.) bourg du même nom et à (8 k.) Saint-Martin-d'Audouville, gare du ch. de fer de Valognes à Barfleur (*V.* ci-dessous). *Montebourg*, 2,164 hab., sur le penchant du *Mont-Castre* (belle vue; camp romain ?), a une église du XIVe s. (beau clocher).

343 k. **Valognes** *, 5,963 hab., sur le Merderet, au centre de la presqu'île du Cotentin, a conservé d'assez beaux hôtels, habités autrefois par des marquis et des barons qui singeaient les mœurs des grandes villes. — *Eglise* en partie du XVe s., avec dôme gothique de 1612, tour carrée Renaissance et beau porche O. à vantaux sculptés (XVIe s.). — *Bibliothèque* de 20,000 vol. (*sarcophages* antiques). — A 1,500 m. env., restes de constructions romaines, dites le *Vieux-Château*, *arènes* et *balnéaire*, derniers vestiges de la ville d'*Alauna*, auj. *Alleaume* (à l'église N.-D. de la Vie, pèlerinage).

[DE VALOGNES A SAINT-VAAST ET A BARFLEUR (36 k.; ch. de fer, 1 h. 45; 3 fr. 70, 2 fr. 80, 2 fr. 05). — 9 k. *Saint-Martin-d'Audouville*, station reliée par un embranch. au b. et à la gare de Montebourg (*V.* ci-dessus). — 14 k. *Lestre-Quinéville*. *Quinéville*, à 3 k. E. (voit. publique, 50 c.), domine une magnifique plage (bains de mer et villas au ham. des *Grèves*). De la hauteur où s'élève l'*église*, en partie romane, vue admirable. *Château* du XVIIIe s. La *Grande-Cheminée* (XIIe s.), mon. dont on ne connaît pas la destination. Ruines de la *chapelle Saint-Michel* (XIIIe s.). A (4 k. 5) *Fontenay*, beau *château* du XVIIe s., ancienne résidence des grands baillis du Cotentin, entouré d'un *parc* magnifique. A 7 k., *Saint-Marcouf* (belle plage; église en partie romane, partie des XIIIe et XVe s., avec crypte des XIe et XIIe s. et fontaine, but de pèlerinage). A 9 ou 10 k. au large, *îles Saint-Marcouf* (fort et phare). — 21 k. *Morsalines*. — 22 k. *Quettehou* *, 1,186 hab. (*église* du XIIIe s., avec portail Renaissance).

24 k. **Saint-Vaast-de-la-Hougue** *, port (belle jetée de granit) protégé par le fort de l'île *Tatihou* (on y va à pied sec à marée basse), dont l'anc. citadelle a été convertie en *laboratoire de zoologie marine*. *Chapelle* romane au fond du port. *Villa*

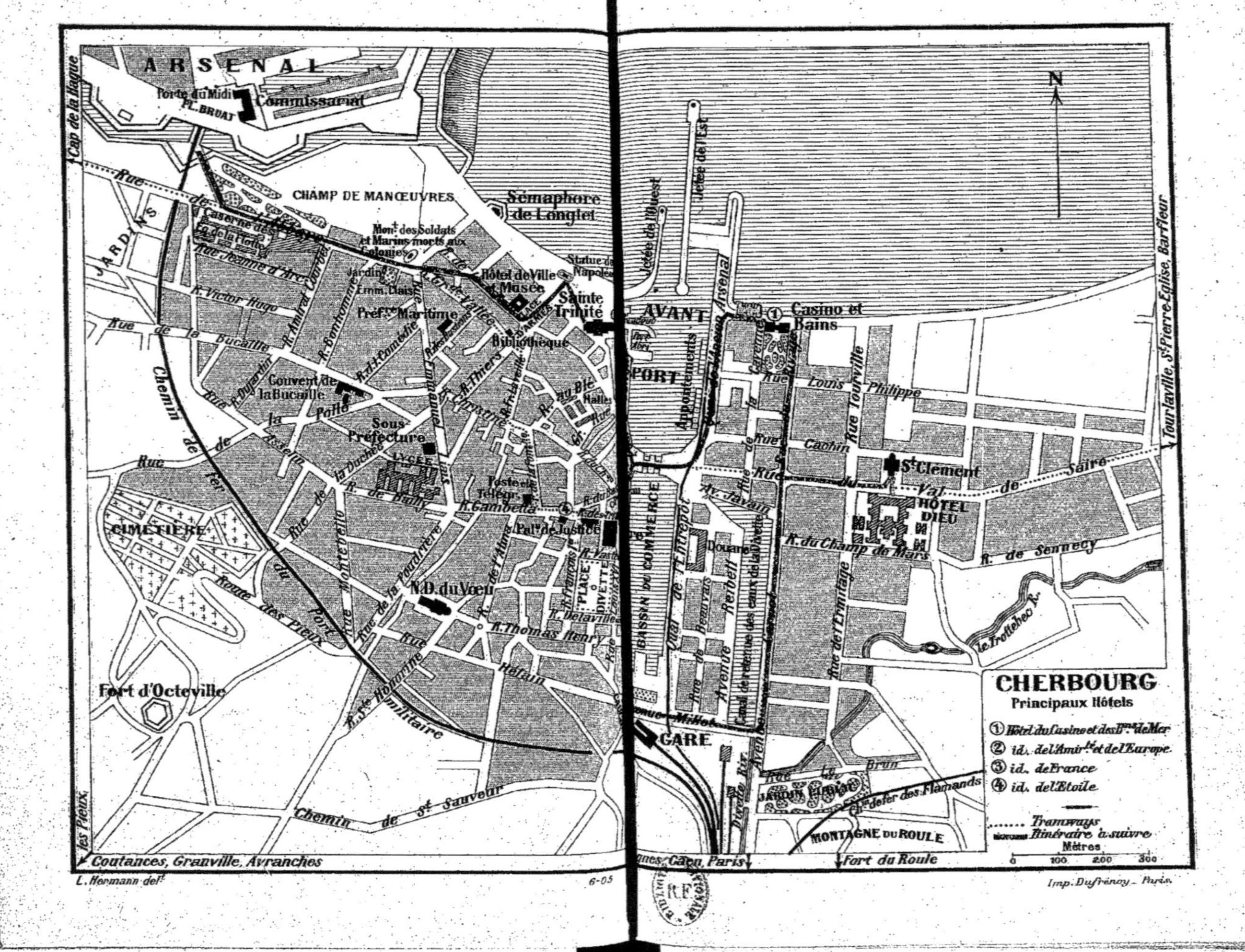
CHERBOURG
Principaux Hôtels
① Hôtel du Casino et des Bns de Mer
② id. de l'Amirté et de l'Europe
③ id. de France
④ id. de l'Etoile
Tramways
Itinéraire à suivre
Mètres
0 100 200 300
N
ARSENAL
Porte du Midi
Pl. Bruat
Commissariat
Cap de la Hague
CHAMP DE MANŒUVRES
Sémaphore de Longlet
Jetée de l'Ouest
Jetée de l'Est
JARDINS
Mont des Soldats et Marins morts aux Colonies
Hôtel de Ville et Musée
Statue de Napoléon
Sainte Trinité
AVANT PORT
Apponnements
Arsenal
Casino et Bains
Préfre Maritime
Bibliothèque
R. Victor Hugo
Rue de la Bucaille
R. Amiral Courbet
R. Bonhomme
R. de la Comédie
R. Thiers
Couvent de la Bucaille
Sous Préfecture
Lycée
Poste et Télégr.
R. Gambetta
Pal. de Justice
R. de Bailly
R. de l'Alma
CIMETIÈRE
Route des Pieux
Rue Montebello
Rue de la Poudrière
N.D. du Vœu
R. François Ier
PLACE DIVETTE
R. Delaville
R. Thomas Henry
Rue Hélain
R. Ste Honorine
Chemin de fer
Rue militaire
Fort d'Octeville
Chemin de St Sauveur
les Pieux
Coutances, Granville, Avranches
BASSIN DU COMMERCE
Quai de l'Entrepôt
Douane
Rue de Beauvais
Avenue Rerbell
Canal de retenue des eaux de la Divette
Av. Javain
GARE
Divette Riv.
Rue Louis Philippe
Rue Tourville
Rue Cachin
St Clément
Val de Saire
HÔTEL DIEU
R. du Champ de Mars
R. de Sennecy
Rue de l'Ermitage
le Trottebec R.
Rue Le Brun
Jardin Public
Ch. de fer des Flamands
MONTAGNE DU ROULE
Fort du Roule
Caen, Paris
Tourlaville, St Pierre-Eglise, Barfleur
L. Hermann delt
6-05
Imp. Dufrénoy. Paris.

Louis-Lacombe, portant une inscription consacrée au souvenir de ce compositeur († 1884). Parcs aux huîtres. Saint-Vaast est relié par une jetée au (20 min.) pittoresque *fort de la Hougue* (XVIIe s.), élevé à la suite de la désastreuse bataille navale perdue par Tourville sur les flottes anglaise et hollandaise (1692).

29 k. *Réville* (église romane et du XVe s.).

36 k. **Barfleur** *, port; bains de mer. — A 3 k. N., *phare de Gatteville*, haut de 71 m., signalant la côte dangereuse où périt corps et biens (1120) le navire *la Blanche-Nef*, qui portait presque toute la famille de Henri Ier, roi d'Angleterre.]

De Barfleur à Cherbourg, *V.* p. 111.

353 k. *Sottevast* (château du XVIIe s.), à la jonction du ch. de fer de Coutances et Granville (R. 12). — 360 k. *Couville*.

365 k. *Martinvast*, dans un vallon pittoresque (église du XIe s.; *château* de M. Schickler, entouré d'un parc magnifique, ouvert au public le dim. de midi à 6 h.; haras; dans la ferme-école, *donjon* d'un anc. château; dolmen de *l'Oraille*). — Tunnel. — Vallon pittoresque de Quincampoix.

371 k. **Cherbourg** *, 42,938 hab., place de guerre, 1er arrond. et préfecture maritimes, sur la Manche, à l'embouchure de la Divette et à l'extrémité de la presqu'île du Cotentin. Cette ville se divise en deux parties : à l'O., Cherbourg proprement dit; à l'E., le Val-de-Saire. Les deux parties sont séparées par le bassin du Commerce et l'avant-port, entre lesquels est un pont tournant faisant communiquer les deux quartiers. Pour saisir l'ensemble de Cherbourg il faut monter au **fort du Roule** (permission de la Place pour entrer), soit (15 min.) par la route, soit (10 min.) par le chemin de piétons, commençant tous deux près du *jardin public* (*monument* du peintre *Millet*).

En allant de la gare à la ville, on laisse à g. la *rue Thomas-Henry*, qui mène à *l'église Notre-Dame du Vœu*, édifice moderne de style roman, et à la *rue Montebello* (au n° 44, *jardin de la Société d'Horticulture*, consacré à l'acclimatation des plantes exotiques). Le *quai Alexandre-III* borde le *bassin du Commerce*, partie du *port marchand*, relié à la mer par un chenal de 600 m. Du quai, deux rues conduisent à la *place Divette*. Plus loin, à g., s'ouvre la *rue des Tribunaux*, allant à la *place du Château* (fontaine monumentale), bordée par les tribunaux et le *théâtre*, décoré à l'intér. de peintures par Clairin, Wauthier, Baquette, Rubé et Chaperon. En suivant le quai, on longe *l'avant-port*, on dépasse la *place Briqueville* (*buste* en bronze du général *de Briqueville*, par David d'Angers), et l'on gagne, à g., *l'église de la Trinité* (1450; portail sculpté; à l'int., balustrade de la nef, pendentifs des voûtes, tableau de G. de Crayer ou de Ph. de Champaigne, représentant les Saintes Femmes au tombeau). En sortant de l'église, on se trouve sur la *place Napoléon* (musique militaire le dimanche), ornée d'une *statue* équestre en bronze *de Napoléon Ier*. Cette place communique avec la *place d'Armes* (*obélisque* monolithe servant de fontaine), que borde *l'hôtel de ville*, renfermant le musée et la bibliothèque.

Le **Musée** (ouvert t. l. j. aux étrangers), appelé *musée Henry*, du nom de son fondateur, occupe le 1er étage.

1re SALLE (de dr. à g.). — Projets de monuments équestres par *Le Véel*. — *Clodion*. Quatre bas-reliefs en terre cuite.

2e SALLE. — Faïences.

3e SALLE. — 76. *Roger*. Triptyque sur bois, du XVe s. — 66. *Jean Messys*. Buveurs. — 48. *Van Dyck*. Méléagre et Atalante. — 106. *Demarne*. Déjeuner à la ferme. — 83. *D. Teniers*. Au cabaret. — 61. *Jordaens*. Adoration des Mages. — 17. *Guerchin*. Tancrède et Herminie. — 198. *A. Leleux*. Le Grand-père. — 129. *Lépicié*. La Demande accordée. — 7. *Caravage*. La Mort d'Hyacinthe. — 45. *L. Cranach*. Frédéric III et Jean, électeurs de Saxe. — 124. *Largillière*. Portrait. — 143. *Rigaud*. Montmartel et sa femme. — 74. *F. Pourbus*. François II de Médicis et sa fille. — 16. *Luca Giordano*. St Pierre pleurant.

2e ÉTAGE. Collections d'*histoire naturelle* et d'*antiquités* (monnaies et médailles chinoises), visibles le dimanche, de midi à 3 h.

Les *rues de la Paix* et *de l'Abbaye* (à dr., *monument* des marins et soldats morts aux colonies) mènent au port militaire et à l'*hôpital de la Marine*. Dans la rue de l'Abbaye, n° 9, s'ouvre une entrée du *parc Emmanuel-Liais*, portant le nom de son donateur, savant et astronome, et planté d'arbres ou autres végétaux presque tous exotiques. L'*ancien hôpital de la Marine* occupe l'anc. abbaye du Vœu, fondée par la reine Mathilde et dont il reste une salle capitulaire du XIIIe s. ainsi que des caves du XIIe s. De la rue de l'Abbaye, en face de la caserne des équipages de la flotte, un chemin va aboutir à la porte de l'arsenal. Après avoir franchi le fossé plein d'eau et l'enceinte on voit à g., sur la *place Bruat* (bureaux du *commissariat*), la *Majorité* (bibliothèque), où est délivrée (entre 1 h. et 2 h. 30), sur une pièce d'identité, la permission de visiter.

La **rade**, fermée par la Digue, présente une superficie de 1,000 hect. Les travaux du **port** et de sa défense se composent de trois ordres d'ouvrages distincts : la Digue, le port militaire et les ouvrages de défense.

1° La **Digue** (5 k. du pont tournant du port de commerce; on trouve dans le port des bateaux à volonté pour aller visiter la digue : 3 fr.), construite au N. de la rade, qu'elle protège, est divisée en deux parties par un fort central : la branche O. a 2,080 m. de longueur, la branche E. 1,526 m. La digue est séparée, à l'E., de l'île Pelée par une passe large de 500 m., appelée la *petite passe*. La passe de l'O., entre la digue et le fort Chavagnac, large de 1,000 m., est la passe des grands navires de guerre.

Récemment on a fermé les passes qui existaient entre l'île Pelée et la terre, et entre Querqueville et la roche Chavagnac, dans le but d'abriter les vaisseaux contre les tempêtes du N.-E. et du N.-O. et contre les attaques des torpilleurs.

2° Les travaux du **port militaire** consistent en trois bassins : un *avant-port*, un *bassin à flot*, dit *de Charles X*, et le *bassin Napoléon III*.

3° Les *ouvrages de défense*. Une ligne de 7 forts défend les approches du côté du large et ferme l'entrée des passes de la rade. Deux forts défendent l'entrée des bassins militaires.

Le parcours de l'arsenal présente surtout un intérêt technique. Au simple visiteur nous signalerons principalement le *musée naval*, la *salle d'armes* et, à la Direction des travaux hydrauliques, la *salle des modèles* (pierres du tombeau de Napoléon à Sainte-Hélène).

Après avoir visité l'arsenal, on reviendra sur ses pas le long de l'avant-port pour le traverser sur l'écluse qui le sépare du bassin à flot et visiter le quartier du Val de Saire. On côtoie à g. le port sur le *quai de l'Ancien-Arsenal* pour gagner le **Casino** ou *hôtel des Bains de mer* (cabines de bains).

En suivant à g. du Casino la *rue du Rivage*, puis à g. encore la *rue du Val-de-Saire*, on atteindra l'*église Saint-Clément*, moderne, située en face de l'*Hôtel-Dieu* (au frontispice, statues emblématiques des Vertus théologales).

On revient à la gare par la rue du Val-de-Saire, puis (à g.) par l'*avenue Carnot*, qui longe le canal de retenue, entouré d'une *promenade*.

[De Cherbourg a Barfleur (27 k.; route et serv. de voit., 2 fr. 10; tram jusqu'à Tourlaville, 25 c.). — La route remonte la rive dr. du Trottebec. — 4 k. *Tourlaville*, dont le *château* (fin du XVIe s.), remarquable par son ornementation intérieure (visite interdite), offre la double physionomie des forteresses féodales et des habitations de la Renaissance. A 2 k. N., *port du Béquet* (plage fréquentée). — 17 k. *Saint-Pierre-Eglise*, 1,842 hab. (église avec tour en partie du XIIIe s. et porte romane; château du XVIIe s.). — 22 k. *Tocqueville* (château). — 27 k. Barfleur (*V.* p. 109).

De Cherbourg au cap de la Hague (26 k.; route et serv. de voit.; tram jusqu'à Querqueville). — 4 k. 5. A g., route de (6 k.) *Querqueville* (au cimetière, chapelle du IXe s.; fort et phare), (11 k. 5) *Landemer* *, ham. bordé d'une belle plage de sable fin (maisons de campagne; belle vue de l'hôt.-restaurant), (15 k.) *Gréville* (*statue*, par Marcel Jacques, du peintre *Millet*, né à Gruchy, ham. voisin; falaises pittoresques; *Tour de Sainte-Colombe* dans le rocher de *Castel-Vendon*) et (19 k.) *Omonville-la-Rogue*. — 17 k. *Beaumont*, 606 hab. (restes du *Hague-Dyck*, retranchement datant des premières invasions des Normands). A 3 k. S.-O., *Vauville* (manoir des XVe et XVIe s.), au bord d'une baie ou anse (prieuré avec chapelle du XIIIe s.; les *Pouquelets*, allée couverte sur une colline d'où la vue est magnifique). A 3 ou 4 k. de Vauville, l'*église de Biville* (XIIIe-XVIe s.) attire par les reliques du B. Thomas Hélye († 1257) un nombre considérable de pèlerins. — — 23 k. 5. *Jobourg* *, dont les belles *falaises* (4 k. O.; prendre un guide à l'auberge Lecouvey), percées de grottes, sont hautes de 125 m. (immense panorama). — 26 k. *Auderville*, v. dominant le port de *Goury*, forme l'extrémité de la presqu'île de la Manche et comprend le *cap de la Hague*, en avant duquel est le *phare du Raz*.

De Cherbourg aux Pieux (20 k.; route et serv. de voit.). — La route passe au pied de la *Roche-qui-Pend*, puis remonte la vallée de la Divette. — 11 k. *Virandeville* (ruines d'un château et château du XVIIe s.). — On franchit la Divette. — 15 k. A g., château (XVIIe s.) de *Sotteville*. — 17 k. *Benoitville*, où l'on franchit la Diélette. — 20 k. *Les Pieux* *, 1,319 hab., à 123 m. d'alt. A 4 k. S.-O., *le Rozel* (*château*, du XIIIe ou du XIVe s., renfermant des collections intéressantes). A 5 k. O.-N.-O., *Flamanville* (*château* du XVIIe s., entouré de vastes étangs, de bois séculaires et de magnifiques pelouses; dolmen de la *Pierre-au-Roi*) est célèbre par ses *falaises* granitiques, hautes de 70 à

100 m., offrant une diversité d'aspects tous grandioses et imposants. Trouées de cavernes (*Trou-Baligan*), ces falaises en certains endroits sont exploitées en carrières, dont les blocs sont embarqués au (3 k. N. de Flamanville) petit port de *Diélette* *, à l'embouchure de la Diélette (mines de fer).]

De Cherbourg à Coutances et Granville, R. 12.

ROUTE 14

DE CAEN A LAVAL

157 k. — Ch. de fer, en 5 h. 5 à 6 h. 40. — 17 fr. 60; 11 fr. 85; 7 fr. 75.

Deux ponts sur l'Orne. — 9 k. *Feuguerolles-Saint-André*. A 600 m. E., *Saint-André-de-Fontenay* (église, du XIIIe ou du XIVe s., dont le chœur remarquable semble se rattacher à une école d'architecture étrangère au pays; débris de l'abbaye de Fontenay).

14 k. *Mutrécy*, à 2 k. S. (*église* romane offrant un spécimen curieux de l'appareil « en arête de poisson » et des crédences ogivales). — On côtoie la rive dr. de l'Orne (vallée pittoresque). *Forêt de Grimbosq*, tenant à celle de *Cinglais*.

22 k. *Grimbosq*. —Petit tunnel.

28 k. *Croisilles-Harcourt*. A 3 k. N.-E., *Croisilles* (église du XIIIe s., avec peintures murales). A 500 m. E. (omnibus, 30 c.), *Thury-Harcourt*, 1,127 hab. (église, *façade* du XIIIe s.; *château*, des XVIIe-XVIIIe s., remarquablement situé). — La voie ferrée franchit deux fois l'Orne (charmants paysages).

34 k. *Saint-Remy* (mines de fer). — 37 k. *La Serverie*. — 42 k. *Clécy*. — Pont sur l'Orne. — Tunnel des *Gouttes* (1,744 m.). — Vallée du Noireau.

46 k. *Berjou-Cahan*.

[De Berjou a Falaise (29 k.; chem. de fer, 1 h. 20; 3 fr. 25, 2 fr. 20, 1 fr. 45). — On côtoie le Noireau. — 3 k. *Cahan*. — 6 k. *Le Ménil-Hubert-Pont-d'Ouilly*, près du confluent de l'Orne et du Noireau; à *Pont-d'Ouilly*, pont du XVe s. — On franchit l'Orne. — A dr., *les Isles-Bardel* (château entouré d'un parc aux arbres gigantesques). — Tunnel. — 15 k. *Le Ménil-Vin* (aux environs : menhir de *la Rousselière*; château de *la Forêt-Auvray*, du XVIe s., dans la vallée rocheuse de l'Orne, près duquel, dans la cour d'une ferme, se voit un chêne de 8 m. de circonf.). — 20 k. *Martigny*. — 29 k. Falaise (R. 15).]

La vallée du Noireau prend en se resserrant un aspect de plus en plus pittoresque.

51 k. *Pont-Erambourg*.

53 k. **Condé-sur-Noireau** *, 6,594 hab., V. industrielle, au confluent de la Drouance et du Noireau. — De la gare une avenue mène à l'*église Saint-Martin*, du XIe s., souvent remaniée (bas-relief, *Saint Martin*, par Le Harivel-Durocher; verrière en partie du XVe s.). — A dr., la *rue du Vieux-Château* aboutit à la *place Dumont-d'Urville* (*statue* en bronze *de Dumont d'Urville*). — A dr., une rue conduit à l'*église Saint-Sauveur* (XVe et XIXe s.).

58 k. *Caligny*. — On joint la ligne de Granville (R. 11). — 62 k. *Cerisi-Belle-Etoile*.

66 k. Flers (buffet; R. 11). — 71 k. Messei (R. 11). — Vallée de la Varenne. — 76 k. *Le Châ-*

tellier. — 79 k. *Saint-Bomer-Champsecret.*

89 k. Domfront (buffet; R. 10). — 96 k. *Torchamp.* — 100 k. *Ceaucé.*

111 k. *Ambrières*, 2,395 hab., près du confluent de la Varenne et de la Mayenne (*château* ruiné du XIe s.; *église* du XIIe s.).

114 k. *Saint-Loup-du-Gast.* — Pont sur la Mayenne. — 119 k. 5. *Saint-Fraimbault-de-Prières.*

126 k. **Mayenne***, 10,125 hab., est irrégulièrement bâtie sur le penchant de deux coteaux qui dominent la Mayenne. La *rue de la Gare*, puis, à dr., la *rue de Paris* conduisent à la *rue Saint-Martin*, communiquant par une petite rue (à g.) avec l'*église Saint-Martin*, édifice roman dont la nef a été remaniée. Par le *quai de la République* et le *pont Notre-Dame* (charmante perspective), on atteint la *Grande-Rue* et, à dr., l'*église Notre-Dame* (XIIe-XVIIe s.), dont le *chœur* a été somptueusement reconstruit dans le plus beau style de transition (crypte sous l'abside). En face, la *rue Neuve* mène à la *place des Halles*, près de la *promenade du Château* (*halle aux toiles* et *théâtre*). Le *château* (prison), bâti sur un rocher escarpé (promenade), a 8 tours et une chapelle du XIIIe s. De la place des Halles, la *rue d'Oisseau* rejoint la Grande-Rue, en haut de laquelle, sur la *place de la Mairie*, est l'*hôtel de ville*. Au 1er étage, petit *musée* (s'adresser au concierge, du côté de la place Cheverus). Derrière l'édifice, *place Cheverus* ornée d'une *statue* en bronze *du cardinal Cheverus*, avec bas-reliefs, par David d'Angers (1844). A g. de la place est le *séminaire*, ancien couvent (1655) avec parc. De la place, la *rue Saint-Vincent* mène aux casernes, au haut de la *route Neuve*, d'où, par le *Pont-Neuf* et la *rue d'Orléans*, on gagne la route de Paris et, à dr., la gare. — Fabr. de toiles (5,000 ouvriers).

De Mayenne à Pré-en-Pail et à Fougères, R. 10, p. 76.

Viaduc de 7 arches sur l'Aron. — 134 k. *Commer.* — 139 k. *Martigné.* — On joint la ligne de Brest.

146 k. La Chapelle-Anthenaise, et 11 k. de la Chapelle à (157 k.) Laval (p. 30).

ROUTE 15

DE CAEN AU MANS

167 k. — Ch. de fer, en 3 h. 40 à 6 h. 5. — 18 fr. 70; 12 fr. 65; 8 fr. 25.

23 k. de Caen à Mézidon (R. 13, en sens inverse). — A g., lignes de Paris et de Dives. Plaine baignée par la Dives.

31 k. *Saint-Pierre-sur-Dives**, 2,179 hab. — La station est reliée à la ville par le *boulevard Collas*, qui franchit la Dives et à g. duquel une courte rue conduit à l'*église* (XIIe-XVIe s.), reste d'une ancienne abbaye, avec trois belles tours, dont une a conservé sa flèche, un *carrelage* émaillé du XIIIe s., des stalles du XVe s., une belle *salle capitulaire* (s'adresser au sacristain) du XIIIe s., et d'autres bâtiments du XVIIe s. — *Halles* du XIIIe s.

37 k. *Vendeuvre-Jort* (*château* de Vendeuvre, de 1751).

43 k. *Coulibœuf* dépend de *Morteaux*, à 2 k. E., rive g. de la Dives, 657 hab. (*château* dont le parc est traversé par la Cantereine).

[DE COULIBŒUF A FALAISE (6 k.; chem. de fer, 16 min.). — 6 k. **Falaise***, 7,657 hab., dans un pays accidenté, est agréablement situé sur une espèce de promontoire dont les falaises de grès quartzeux dominent la petite rivière d'Ante. — De la gare, on va prendre la *rue d'Argentan*, qui monte à g. vers le faub. de Guibray et que l'on suit à dr. A g., *rue de l'Amiral-Courbet* (au bout, Hôtel-Dieu de 1764; chapelle du XIIIe s.). On atteint la *place* (fontaine; au *café du Musée*, collection intéressante de M. Malfilâtre) et l'*église Saint-Gervais*, des XIe-XVIe s. (tour centrale romane; beaux arcs-boutants du chœur, de la Renaissance; clefs de voûte à pendentifs; nombreuses pierres tumulaires).

La *rue de la Pelleterie* (*palais de Justice*) et la *Grande-rue Saint-Gervais* (n° 84, *maison* du XVe s.) conduisent à l'*église de la Trinité* (XIIIe-XVIe s.). La façade principale offre, à la place d'un grand portail dont on voit de magnifiques restes, une chapelle triangulaire (des fonts baptismaux), de sorte qu'on entre dans l'église par le portail N. (joli porche de la Renaissance). Au chevet, contrefort sculpté du XVIe s.; belle balustrade en pierre dans le pourtour de l'église. A l'intér., chapiteaux ornementés de la nef. A la sacristie, fragment d'un retable du XVe s. — A l'O. de l'église, *place* avec *statue* équestre *de Guillaume le Conquérant*, par Rochet (1851), et *hôtel de ville* près duquel un chemin monte aux ruines du château, bâti sur un promontoire de grès quartzeux, regardé comme le lieu de naissance de Guillaume le Conquérant et occupé en partie par le collège. C'est une des plus importantes constructions militaires (XIIe s.) de la Normandie : enceinte entière avec 12 tours; deux portes flanquées chacune de deux autres tours; donjon (murs de 3 m. 50 d'épaisseur), au bord du précipice qui sépare la ville des rochers escarpés du *Mont-Mirat*; belle *tour Talbot* (5 étages), haute de 35 m., bâtie de 1418 à 1450, restaurée; *tour de la Reine* (brèche qui livra passage à Henri IV); petite chapelle du XIIe s.

En sortant du château on ira visiter la *fontaine d'Arlette*, soit en descendant à la promenade du *Cours*, dominée par l'*hôpital*, pour contourner à dr. le pied de la vieille forteresse; soit en regagnant la place Guillaume-le-Conquérant, puis la *place de Belle-Croix* d'où une ruelle passant par la *porte Philippe-Jean* descend au val d'Ante.

On peut aussi aller à la fontaine directement de la place Saint-Gervais, par la *rue* et la *porte des Cordeliers* ou *porte Ogise* (XIIIe s.).

La rue d'Argentan (à g., *jardin public*) monte au faubourg de *Guibray* (grande foire aux chevaux du 10 au 16 août), *église* romane et du XVe s.; chœur défiguré au XVIIIe s. La place Saint-Gervais est reliée par la *rue de Brébisson* à la *porte Comte* et au *faubourg Saint-Laurent* (*église* romane et du XIIIe s.). — De Falaise à Berjou, R. 14, p. 112.]

47 k. *Fresné-la-Mère*. — 58 k. *Montabard* (à 4 k. env. N., la *Cheminée-au-Loup*, gorge pittoresque située au confluent du Risbec et de la Philène : rochers, grotte aux Fées, brèche de la *Venelle-au-Loup*). — On joint la ligne de Granville (R. 11). — Pont sur l'Orne.

67 k. Argentan (buffet); — 77 k. Almenèches; — 81 k. Surdon (buffet; *V.* R. 11).

89 k. **Sées*** (on prononce *Sais*), 4,165 hab., évêché, près de la source de l'Orne. — **Cathédrale** des XIIIe et XIVe s., restaurée (le chœur a été reconstruit de nos jours), avec deux flèches gothiques hautes de 70 m.

A l'int. : *verrières*; Vierge en marbre du XIIIe s.; derrière le maître-autel, admirable *bas-relief* en marbre blanc (extraction des reliques de St Gervais et de St Protais); jolie Vierge en pierre, dite *N.-D. des Champs*, pèlerinage; tombeau de Mgr Rousselot et statue tombale de Mgr Trégaro, par Et. Leroux.

Evêché (1778; portraits des évêques). — *Grand séminaire* dans l'ancienne abbaye de *Saint-Martin* (*église* avec sculpture en bois peint et doré de la fin du XVIe s.). — *Chapelle du petit séminaire* (pèlerinage), du style roman, somptueusement décorée. — Devant l'hôtel de ville, *statue de Conté*, un des savants de l'armée d'Égypte et l'inventeur des crayons Conté.

A dr., coteaux de la forêt d'*Ecouves*. — 100 k. *Vingt-Hanaps*.

111 k. Alençon (buffet; R. 10). — Pont sur la Sarthe. — 116 k. *Champfleur*. — 119 k. *Bourg-le-Roi*.

125 k. *La Hutte-Coulombiers*.

A Sillé-le-Guillaume, à Mamers et à Mortagne, R. 4, p. 30.

130 k. *Piacé-Saint-Germain*. — 136 k. *Vivoin-Beaumont*. A 1,200 m. O. (omnibus), *Beaumont-sur-Sarthe*, 1,908 hab. (château en ruine, prison; jolie promenade sur la *Motte à Madame*; pont suspendu).

141 k. *Mareschè* (château de *la Bussonnière*). — 144 k. *Teillé*. — 146 k. *Montbizot* (tram pour *Antoigné* et *Ballon*, 1,529 hab., où se voient les ruines d'un *château* dans une belle situation). — On franchit l'Orne Saosnoise.

150 k. *La Guierche*. — 156 k. *Neuville-sur-Sarthe*. — Pont sur la Sarthe.

167 k. Le Mans (R. 1).

ROUTE 16

DE PARIS A TROUVILLE-DEAUVILLE

220 k. — Ch. de fer, en 4 h. à 6 h. 15. — 24 fr. 65; 16 fr. 65; 10 fr. 85. — Wagon-restaurant aux trains de 5 h. et 6 h. 30 soir.

191 k. de Paris à Lisieux (R. 13). — A g., ligne de Caen. — Tunnel long de 1,000 m. — Vallée de la Touques. — 193 k. *Le Grand-Jardin*. — 201 k. *Le Breuil-Blangy*. — 203 k. *Fierville-les-Parcs* (dans l'église des *Parcs-Fontaines*, magnifique *retable* du XVIIe s.).

208 k. **Pont-l'Évêque** *, 2,956 hab., au confluent de la Touques et de la Calonne. — *Eglise* (XVe ou XVIe s.) dominée par une énorme tour d'un caractère étrange; beaux pendentifs des voûtes; *verrières* du XVIe s. — *Sous-préfecture* dans un bel hôtel du XVIIe s. — Ancien *hôtel* (XVIIe s.) de Mlle de Montpensier. — Fromages renommés.

[A 6 k. O., *Beaumont-en-Auge* *, sur une colline (120 m.; belle vue sur la vallée de la Touques), possède les restes d'un prieuré, dont il subsiste notamment l'*église*. Un petit monument, avec des vers de Chênedollé, est consacré à la mémoire de l'astronome *Laplace*, né à Beaumont (1749-1827). Sur l'emplacement de sa maison natale, le peintre Krug, son compatriote, a réuni dans un *musée* des toiles de divers peintres, notamment du *colonel Langlois*, né aussi à Beaumont (1789-1870) et dont la *statue* se voit près de l'église.]

De Pont-l'Evêque à Honfleur, R. 17, A.

Pont sur la Calonne. A dr., ligne de Honfleur. — Vallée de la Touques.

217 k. *Touques* (2 églises dont les parties les plus remarquables sont du XIIe s.; halles anciennes; manoir de *Meautrix*, XVIe et XVIIe s., dans le domaine d'un haras).

[A 1,500 m. S.-E., ruines du *château de Bonneville* (entrée 50 c.), qui fut une des résidences favorites de Guillaume le Conquérant.]

220 k. *Trouville - Deauville* (buffet à la gare; omnibus des hôtels; voit. de place, 1 fr. 50; commissionnaires). — Pour aller à Trouville, tourner à dr. et passer la Touques; pour Deauville, prendre à g.

Trouville *, V. de 6,137 hab., port, sur la rive dr. de la Touques et à son embouchure dans la Manche, au pied de collines couvertes de villas et de jardins. — Longeant à g. le *port* d'échouage, on suit, au delà du *quai Joinville*, le *quai Tostain*, d'où la *rue Notre-Dame* monte à *l'église Notre-Dame des Victoires* (maître autel somptueux; fresques), et qui se termine à la *Poissonnerie*. En face de ce marché, on laisse à dr. la *rue des Bains*, la plus animée de Trouville, par laquelle on pourrait gagner *Notre-Dame de Bon-Secours*. La Poissonnerie dépassée, on se trouve sur le *quai Vallée*, aboutissant à la *place de l'Hôtel-de-Ville* (plusieurs hôtels dont le principal est celui de Bellevue). Dans la salle du Conseil de la mairie se voient 2 paysages par *Ch. Mozin* et *Isabey*. A g. de la mairie, halle, marché, bac de Deauville et embarcadère des bateaux du Havre (traj. 35 à 50 min.; passerelle 3 fr., 1res 1 fr. 60, 2es 85 c.). De cette place partent la *rue Carnot*, allant à l'hôtel de Paris, et la *rue de la Plage*, où s'ouvre l'entrée principale du Casino.

Si, au lieu de suivre une de ces rues, on continue à côtoyer le port, on arrive à un vaste terre-plein (jardin anglais) appelé *la Cahotte*, à la *jetée* (promenade très fréquentée le soir) et à la **plage**, sur laquelle une bande en partie macadamisée, partie formée de planches, constitue le « boulevard » de Trouville. En suivant la plage on rencontre successivement un café-restaurant, des galeries en bois ouvragé abritant des bazars ou magasins et sous lesquelles se trouvent l'entrée du café-concert l'*Eden-Casino* et celle du Cercle de Trouville, les stand et salle d'armes de la société de tir de Trouville, un établissement de bains chauds et d'hydrothérapie, un gymnase, le **Salon** ou **casino**, la grande tente des bains de mer, le bel hôtel de Paris avec jardin-terrasse, l'Hôtel-Excelsior, de nombreuses villas, l'hôtel des Roches-Noires, près duquel sont d'autres bains de mer, et enfin la *jetée-promenade* (entrée 10 c.) ou *jetée des Anglais*, à l'entrée de laquelle le *Grand-Hôtel de la Jetée-Promenade* occupe une grande construction dans le style des anciennes habitations normandes. — Plusieurs des villas de Trouville sont remarquables; une des plus anciennes et des plus connues est le

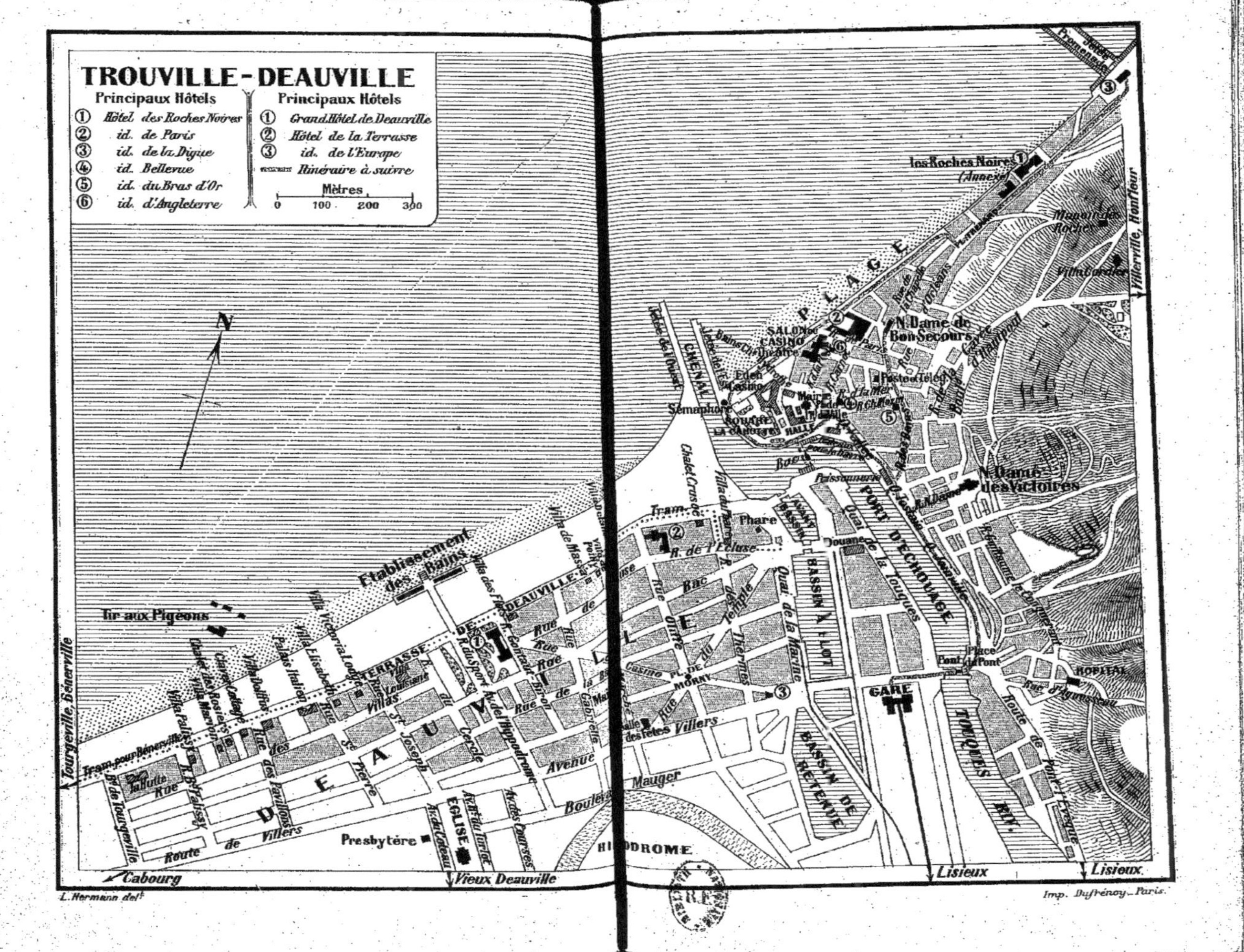

L. Hermann del[t]

Imp. Dufrénoy_Paris.

chalet Cordier. — Charmants points de vue du *parc Aumont*.

Deauville *, 2,874 hab., séparé de Trouville par la Touques (bac, 5 c.; omnibus partant de la jetée des Anglais, avec stations à la place de la Cahotte et à la gare, 15 c. par station) et par le bassin à flot, se compose de deux localités : l'ancien village, le *Vieux-Deauville* (église à abside romane), dont l'origine est ancienne, et la ville moderne (église du style roman avec fresques par Bordier et Jos. Girard, créée en 1862 grâce à l'initiative du docteur Olliffe et à l'appui du duc de Morny. Celle-ci, formée de rues larges et régulières, rayonnant de la *place Morny* (fontaine), est composée en partie de magnifiques villas et de délicieux jardins. Elle s'étend sur une longueur de 1,800 m. parallèlement à la mer, que borde une **terrasse** (que suit un tramway allant aux bains de Tourgéville) large de 20 m., éclairée au gaz et bordée de belles constructions des styles les plus divers. En face du *Grand-Hôtel* est un établissement de bains de mer. De la plage, une belle avenue conduit au *champ de courses* (réunion dans la 1re quinzaine du mois d'août). Tir aux pigeons; jeux de polo et de lawn-tennis. La terrasse est suivie par un tram (10 c. par section) desservant les bains de *Tourgéville* et le *bas Bénerville*.

[8 k. (service d'automobile) de Deauville à Villers-sur-Mer (*V.* p. 118) par *Bénerville* (église du XIe s.), situé sur une hauteur (belle vue) et par les *Bains de Blonville* ou *Rue de la Mare*.

De Trouville à Honfleur (15 k.; charmante route de voit.; serv. publics, 2 fr. 10 et 1 fr. 60; en voit. particulière, on doit aller par Villerville et revenir par la *forêt de Touques* ou *de Saint-Gatien*). — La route monte vers un des points les plus élevés de la côte du Calvados (123 m.). — 2 k. *Lieu-Godet*. — 3 k. *Hennequeville* * (vue magnifique; falaises intéressantes pour les géologues), où se crée une station balnéaire (cabines, tente et café-buffet). — On longe les *Creuniers*, hautes falaises stratifiées et crevassées. — 4 k. *Grand-Bec*, ham.

6 k. **Villerville** *, b. de 1,091 hab., sur une falaise coupée à pic vers la mer, est une station de pêche entourée de verdure et placée à une partie saillante de la côte appelée *pointe de Villerville*. Établissement de bains de mer sur une estacade; casino. — *Église* moderne sauf une partie du chœur (XIIe s.). — Château du *Manoir*. — Villas et chalets. — A 4 h. 5 en mer, îlot rocheux du *Ratier*, sur lequel on pêche, à marée basse, d'excellentes moules.

8 k. *Cricquebœuf* (près d'un étang, *église* pittoresque du XIIe s., en partie revêtue de lierre; vieux manoir renfermant des collections intéressantes). — On laisse à dr. le *chalet Guttinguer*, bâti sur une élévation (vue admirable) et près duquel débouche un chemin descendant à la *fontaine Virginie*, tout entourée de mousse et de verdure. A 200 m. du chemin du chalet, riche propriété de *Blosseville*. — 11 k. *Pennedepie* (église bâtie par les Templiers). — 13 k. *Vasouy* (église des XIIe et XVIe s.; château avec beau parc). — 15 k. Honfleur (R. 18). — En revenant par la forêt, on passe près du *château d'Aguesseau*, du temps de Louis XIII.

Excursion (3 h. env.) de Trouville à Touques et à Bonneville (p. 116), d'où l'on pourrait revenir par les ruines (XIe s.) du prieuré de *Saint-Arnoult* et Deauville.]

De Trouville à Villers-sur-Mer, Houlgate-Beuzeval et Dives-Cabourg, R. 17.

ROUTE 17

DE PARIS A DIVES-CABOURG

A. Par Trouville-Deauville.

243 k. — Ch. de fer, en 5 h. à 9 h. 30. — 27 fr. 25; 18 fr. 40; 12 fr. — Wagon-restaurant entre Paris et Trouville.

220 k. de Paris à Trouville-Deauville (R. 16). — A g., ch. de fer de Lisieux. — On franchit le vieux bras de la Touques. A dr., mont Canisy.

226 k. *Tourgéville* (à l'église, *retable* du XVIIe s.). — 228 k. *Blonville*.

231 k. **Villers-sur-Mer***, b. de 1,441 hab., relié à la gare par une avenue longue de 1,200 à 1,500 m. (omnibus, 50 c.), stat. balnéaire très fréquentée, avec de charmantes villas, est situé à l'extrémité d'une vallée bien arrosée et couverte d'une belle végétation. Sa situation est charmante; la plage est belle et commode; les environs offrent de délicieuses promenades; la vie y est moins chère qu'à Trouville. — *Eglise* moderne, style du XIIIe s., avec de belles verrières. — Entre l'ancien casino et l'*établissement des bains*, placé sur une estacade près du débouché de la rue du Casino, la plage est bordée par une terrasse ou *digue-promenoir*. — Magnifique *château* du style Louis XIII.

Haute tranchée dans laquelle est la stat. de

234 k. *Gonneville-Saint-Vaast*. — On débouche dans le vallon du douet Drochon.

240 k. **Houlgate-Beuzeval** *, 1,274 hab., est une gracieuse station balnéaire située au débouché sur la mer de la vallée du douet Drochon, entre la Butte de Houlgate (120 m.) et l'embouchure de la Dives. Le plus grand nombre des maisons sont des habitations de plaisance : villas, chalets, cottages des styles les plus variés et les plus originaux, manoirs normands entourés d'ombrages touffus, de jardins anglais.

La **plage**, qui s'étend en pente douce, est couverte d'un sable fin et doux. Il y a deux *établissements de bains* : celui du Casino et celui de Beuzeval, près du passage à niveau du ch. de fer. Les cabines sont rangées sur une *terrasse* au-dessous de laquelle, du chalet Dupont de l'Eure jusqu'à la digue-promenoir du ch. de fer, près de l'hôtel de la Mer, une promenade en planches est très fréquentée.

La *digue-promenoir* (belle vue), par laquelle on parvient de Beuzeval au port de Dives, est contiguë et parallèle au ch. de fer, coupé par plusieurs petits passages de piétons la mettant en communication avec la route de Dives.

Grand-Casino, avec jeu de petits chevaux et établissement hydrothérapique; *casino de Beuzeval*, en bois. — *Eglise*, style du XIVe s. — *Temple protestant*. — Hôtels de proportions monumentales. — *Maison évangélique*, où les personnes appartenant au culte réformé trouvent à des prix tarifés un logement simple mais suffisant. — Sur le penchant de la Butte de Houlgate, des allées bordées d'ormes servent de promenades.

VILLERS-SUR-MER

Principaux Hôtels

1. *Hôtel des Herbages*
2. *id. du Casino*
3. *id. de Paris*

Mètres

0 100 200 300 400

A *Agence F. Lemonnier* B *Agence V. Duprez*

les Vaches Noires
Établissement des Bains
PLAGE
PLAGE
Promenoir
Route de Trouville
Digue
Casino
R. du Casino
R. de la Mer
Rue du B.
Rue de Dives
R. de Strasbd.
R. Paris d'Ullins
Villa de la Plage
Poste et Télégr.
Mairie
Marché
R. Pigeory
Rte de l'Église
Église
Vers la Gare
Chemin du Chaos
Manoir d'Auberville
Route de Dives
← Cabourg
N
St Vaast
Trouville
Honfleur

DE LA GARE À LA PLAGE

0 Mètres 400

Bains
Rte de Trouville
Rte de Dives
N
GARE
Trouville
Dives

L. Hermann, delt.

[Promenades : — (2 k. E.) *le Manoir*, château princier élevé pour feu Victor Lecesne, dans le style de la Renaissance, sous la direction de Michel Pelfresne, architecte de Caen; — (2 k. E.) le *Vieux-Beuzeval* (restes d'une église du XIIe s.; belle vue); — le *bois de Boulogne* et (15 à 20 min.) le *sémaphore*; — *route de la Corniche* (9 k. env. aller et ret.); — 10 k. environ aller et retour) *le Désert*, vaste chaos produit par l'éboulement d'une portion des *Vaches-Noires*, falaises sombres, riches en fossiles et offrant les aspects les plus bizarres et les plus pittoresques; — (20 min. S.-S.-O.) la *Butte Caumont* (130 m.), portant le *château* de Mme Foucher de Careil et la *colonne* commémorative (vue magnifique) érigée en 1861, par les soins de l'archéologue A. de Caumont, en face du point qu'occupait le port présumé de Dives, au moment où l'armée de Guillaume le Bâtard fit voile pour l'Angleterre; — (3 k. S.-E.) *Trousseauville* (église ruinée parée de verdure; fontaine Saint-Laurent dont l'eau passe pour guérir les maux d'yeux); — (7 k. E.) la *croix d'Heuland* (auprès, restaurant), qui au XVIe s. en a remplacé une plus ancienne qui était l'objet de nombreuses légendes. On peut revenir par (8 k. de la croix) Dives, dont la route court sur les riantes collines (130 m. env.) appelées *hauteurs de Bassebourg* (panorama grandiose).]

La voie ferrée traverse une partie de Houlgate-Beuzeval, puis court le long de la plage, et du port de Dives.

243 k. Dives-Cabourg (*V.* ci-dessous, *B*).

B. Par Mézidon.

244 k. — Ch. de fer, en 5 h. 25 à 9 h. 30. — 27 fr. 35; 18 fr. 45; 12 fr. 05.

216 k. de Paris à Mézidon (R. 13). — 220 k. *Magny-le-Freule*. — 222 k. *Bissières*. — 223 k. *Lion-d'Or-Croissanville* (château de *la Chapelle*, XVIIe s.).

225 k. *Méry-Corbon*. — Pont sur la Dives. — Belle vallée d'Auge.

230 k. *Hotot-en-Auge* (*église* des XIIe et XVe s.; *château* du XVIe s.). — 232 k. *Beuvron-en-Auge* (de la *Motte de Clermont*, magnifique panorama).

237 k. *Dozulé-Putot*. A 3 k. E., *Dozulé*, 906 hab.

De Dozulé à Caen, R. 13, p. 101.

241 k. *Brucourt-Varaville* (à Brucourt, source saline ferrugineuse; à Varaville, château du XVIe s.).

244 k. Dives-Cabourg. Près de la gare est la tête de ligne du tram Decauville de Dives à Luc et à Caen (*V.* R. 13, p. 101).

Cabourg *, 1,644 hab., situé au bord de la mer, sur la rive g. et près de l'embouch. de la Dives, bordée par la *digue* communale qui régularise la plage, est une station balnéaire célèbre, créée, pour ainsi dire, du jour au lendemain, à côté d'un modeste v. de pêcheurs, appelé auj. le Vieux-Cabourg, sur un plan régulier, en forme d'éventail, dont les branches rayonnent d'une grande place au fond de laquelle s'élève le Casino.

En quittant la station, située à 800 m. env. de la mairie, il faut tourner à dr. pour gagner la route de Caen, que l'on suit aussi à dr. pour franchir la Dives sur un *pont* en pierre de 5 arches. Près de l'*église* (style du XIVe s.), on voit s'ouvrir à dr. l'*avenue de la Mer* (1,500 m. de long.), plantée de tilleuls et que bordent des hôt., des cafés et des magasins. A l'entrée de l'avenue, à dr., s'élève la *mairie* (en face, *poste-télégraphe*).

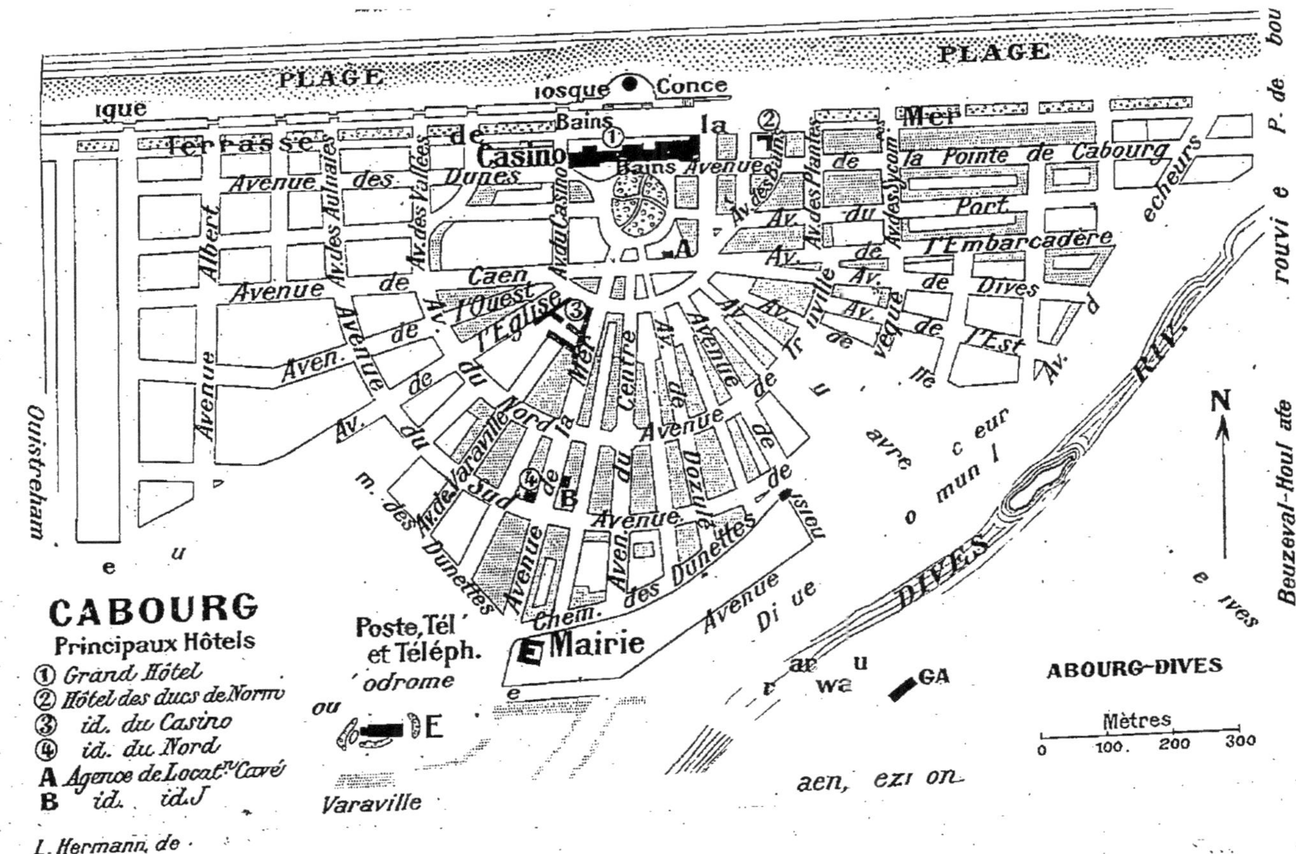

CABOURG
Principaux Hôtels
① Grand Hôtel
② Hôtel des ducs de Norm
③ id. du Casino
④ id. du Nord
A Agence de Locat.on Caré
B id. id.
L. Hermann, de
ABOURG-DIVES
Mètres
0 100 200 300
N
PLAGE
PLAGE
Casino
Bains
Mairie
Poste, Tél et Téléph.
Terrasse de la Mer
Avenue des Dunes
Avenue Albert
Av. des Aulnaies
Av. des Vallées
Av. du Casino
Avenue de Caen
Av. de l'Ouest
Aven. de l'Eglise
Avenue de la Mer
Avenue du Centre
Av. de Varaville
Avenue du Sud
Avenue des Dunettes
Chem. des Dunettes
Av. des Bains
Av. des Plantes
Av. des Sycom.
Av. du Port
Av. de l'Embarcadère
Av. de Dives
Av. de l'Est
Avenue de la Pointe de Cabourg
Avenue Dozulé
Ouistreham
Varaville
DIVES
Beuzeval-Houlgate

L'avenue aboutit à la *place du Casino*, entourée par des villas, le *Casino* et le *Grand-Hôtel*.

Du côté N., le Casino et le Grand-Hôtel donnent sur la *promenade de la Mer*, terrasse bordée de villas, au-dessous de laquelle se développe la *plage* (établissement de bains de mer avec kiosque de concert et jeu de petits chevaux). Sur cette terrasse, en la suivant depuis la *Pointe de Cabourg* (bac sur la Dives, 15 c.), môle naturel du port de Dives, on rencontre l'hôtel des Ducs de Normandie, un petit *établissement de bains chauds* d'eau de mer et d'eau douce, puis des magasins divers.

[A 3 k. O., *le Hôme*, dont la plage est la continuation de celle de Cabourg, est un ensemble de villas éparses dans les dunes, avec un hôtel près duquel ont lieu au mois d'août les courses de Cabourg. On s'y rend soit par la grève, soit par le tram de Luc, qui au Hôme dessert 2 haltes.]

Si, de la gare de Dives-Cabourg, on se rend à Dives, il faut tourner à dr. et, parvenu à la route de Caen, la suivre à g.

Dives *, 3,450 hab., bâti au pied de la Butte Caumont (*V.* p. 109), sur la rive dr. de la Dives, petit fleuve qui le sépare de Cabourg, forme avec sa voisine un contraste absolu. Ses rues et ses places inanimées, les proportions et la richesse décorative de son *église* (XIVe et XVe s.; au-dessus de la porte principale, à l'int., liste des guerriers notables qui prirent part à l'expédition de Guillaume le Conquérant; Christ miraculeux), les *halles* (XIVe-XVIe s.), le caractère de certaines habitations (Hostellerie de Guillaume le Conquérant) révèlent une cité déchue. Et, en effet, c'est de son port que l'armée de Guillaume le Bâtard partit pour la conquête de l'Angleterre. Ce port, depuis le moyen âge, s'est transformé de fond en comble, car la mer s'est retirée fort loin, et à l'embouchure de la Dives, l'accumulation des sables a créé un promontoire, appelé Pointe de Cabourg (*bac*, 15 c.), qui barre l'ancienne entrée du fleuve.

Dans le voisinage du port la *Société française d'électro-métallurgie* a créé une usine où sont fabriqués, à l'aide de l'électricité, des tubes en cuivre sans soudure, des planches et fils de cuivre, etc.

Une route bordée de villas, de chalets, de prairies, relie Dives à Houlgate; elle est desservie par des omnibus-tram.

De Dives-Cabourg à Benouville, Ouistreham, Luc-sur-Mer et Caen, R. 13, p. 101.

ROUTE 18

DE PARIS A HONFLEUR

A. Par Lisieux.

233 k. — Ch. de fer, en 4 h. 25 à 8 h. 50. — 26 fr. 10; 17 fr. 60; 11 fr. 50.

208 k. de Paris à Pont-l'Evêque (R. 16). — A g., embranch. de Trouville. A dr., vallée de la Calonne.

217 k. *Saint-André-d'Hébertot* (au cimetière, tombe du chimiste Vauquelin; *château d'Hébertot*, du XVIIIe s., avec donjon de 1612). — *Tunnel d'Hébertot* (plus de 3 k. de long.).

221 k. *Quetteville* (*clocher*, XIIIe ou XIVe s.), à l'embranch. du ch. de fer de Pont-Audemer (V. ci-dessous, *B*). — Vallon de la Morelle. — On vient longer la Seine.

230 k. *La Rivière-St-Sauveur* (fabr. de dynamite d'Ablon), à l'embouchure de la rivière l'Orange.

233 k. Honfleur (*V.* ci-dessous, *C*).

B. **Par Evreux et Glos-Montfort.**

200 k. — Ch. de fer, en 8 h. 50 à 9 h. 45. — 22 fr. 40; 15 fr. 10; 9 fr. 85.

108 k. de Paris à Evreux (R. 13). — A g., ligne de Caen. On traverse l'Iton.

116 k. *Gauville-la-Campagne.* — La voie se développe sur le plateau du Neubourg.

121 k. *Bacquepuis.* — 124 k. *Quittebeuf.* — 128 k. *Sainte-Colombe-la-Campagne.*

133 k. *Le Neubourg**, 2,437 hab., à 140 m., sur un plateau fertile. — *Eglise* du XVIe s., dont les collatéraux se rejoignent en formant un angle derrière le chœur. — *Statue de Dupont de l'Eure*, par Decorchemont. — Restes d'un château converti en *école d'agriculture.* — Marchés aux grains considérables.

138 k. *Villez-Sainte-Opportune.* — 144 k. *Harcourt-La-Neuville-du-Bosc*, stat. desservant (2 k. S.) *Harcourt*, berceau de l'illustre famille de ce nom (restes d'un *château*). — On descend le vallon du Bec.

145 k. *Calleville.* — 149 k. *Saint-Martin-Brionne.*

151 k. *Le Bec-Hellouin*, au pied d'une colline boisée (131 m.), dans un joli vallon, conserve de son célèbre monastère, fondé en 1035 et converti en dépôt de remonte, une tour du XVe s., la maison abbatiale (XVIIe s.) et de vastes bâtiments du XVIIe transformés en caserne. A l'*église* (XIVe s.), tombe du B. Herluin, fondateur de l'abbaye, superbe émail et sculptures des XVe-XVIe s.

On débouche dans la vallée de la Risle, où l'on joint, au delà de (153 k.) *Pont-Authou-les-Essarts*, le ch. de fer de Serquigny à Rouen.

156 k. *Glos-Montfort* (buffet).

[Ch. de fer (31 k., en 1 h. 40; 2 fr. 55 et 1 fr. 90) pour *Corneilles*, 1,208 hab., sur la Colonne, bordée d'usines et de plantureux herbages.]

A Serquigny et à Rouen, R. 13, p. 93.

159 k. *Montfort-Saint-Philbert.*

161 k. *Appeville.*

163 k. *Condé-sur-Risle.*

166 k. *Corneville-Saint-Paul.*

171 k. **Pont-Audemer***, 5,908 h., sur le ruisseau de Tourville et la Risle, entre deux collines boisées, port à 16 k. de l'estuaire de la Seine. — *Eglises Saint-Ouen* (XIe, XVe et XVIe s.; vitraux) et *Saint-Germain*, en partie romane (vitrail du XVe s.). — *Bibliothèque-musée*, dans la Grande-Rue. — Bateau à vapeur pour le Havre par la Risle.

175 k. *Toutainville.* — Vallon de la Corbie.

179 k. *Saint-Maclou.*

184 k. *Beuzeville*, 2,599 hab., près des sources de la Morelle. — On joint le ch. de fer de Pont-l'Évêque. — 188 k. Quetteville, et 12 k. de Quetteville à (200 k.) Honfleur (*V.* ci-dessus, *A*).

C. **Par Oissel et Glos-Montfort.**

210 k. — Ch. de fer, en 6 h. 20 à 8 h. 50. — Mêmes prix que par Évreux et Glos-Montfort.

126 k. de Paris à Oissel (R. 19). — 40 k. d'Oissel à (166 k.) Glos-Montfort (R. 13, p. 93). — 44 k. de Glos-Montfort à (210 k.) Honfleur (*V.* ci-dessus, *B*).

Honfleur *, V. de 9,610 hab., est située sur la rive g. de la Seine, près de son embouchure, en face du Havre, sur la Claire. Elle est abritée vers l'O. par le promontoire qui porte la chapelle de N.-D. de Grâce, et au S. par la *côte Vassal*. Aussi son *port* (4 bassins à flot, vaste bassin de retenue) est l'un des plus utiles de la Manche comme port de relâche. Du *quai Beaulieu* (débarcadère des vapeurs, hôtels, cafés, voit.), on aperçoit la *Lieutenance*, reste d'un château du XVIe s. dans lequel est enclavée l'ancienne *porte de Caen*. Contournant la Lieutenance (à dr.), il faut franchir l'écluse du bassin de l'Ouest pour gagner l'*hôtel de ville* (*bibliothèque*; *musée*), derrière lequel sont la *Poissonnerie* et la *poste-télégraphe*. Le quai longeant le bassin de l'Ouest, près de la mairie, est le *quai Saint-Étienne*, sur lequel l'anc. *église Saint-Étienne* (XVe et XVIe s.) a été transformée en *musée normand*. Dans la petite *rue de la Prison*, que longe le flanc dr. de l'église, une vieille *maison* en bois (1550) a été transformée par la *Société du Vieux-Honfleur* en *musée d'ethnographie normande*. À l'extrémité de ce quai, il faut tourner à g. pour arriver à la *place Thiers* (*théâtre*), où s'ouvre la rue Notre-Dame, allant à l'*église Saint-Léonard* (XVIIe s.; *portail* du XVIe s.; tour octogonale du XVIIIe s.; lutrin en cuivre jaune; vitraux modernes; tableau de Krug). En face de l'église, la *rue Cachin* va aboutir à la *rue de la République*, qu'il faut suivre à g. pour gagner l'*avenue de la République* (3 k.), plantée d'arbres séculaires (belle vue à l'extrémité). — Revenant sur ses pas, on prend à g., à l'extrémité de la rue de la République, la *rue du Dauphin*, aboutissant à l'*église Sainte-Catherine*, curieux édifice en bois (style flamboyant), séparé de sa tour par une rue (panneaux de la Renaissance à la tribune de l'orgue; tableaux de Jordaens et d'Érasme Quellin; Ste Catherine de ou d'après Zurbaran; lutrins). Dans la *rue Gambetta* (n° 15), qui commence place *Hamelin*, *maison* du XVIe s. en face de laquelle une ancienne maison d'armateur renferme le *musée maritime* et l'*école des marins* de la Basse-Seine.

La rue Gambetta aboutit, à l'O., à la *place Félix-Chasle*, sur laquelle se trouvent l'*hospice* et le *phare de l'Hôpital*, près duquel est un établissement de bains de mer. Entre cette place et la jetée de l'Ouest on a conquis récemment sur la mer un large terre-plein, sur lequel on a été tracés le *square* et le *boulevard Carnot* (*buste*, par M. Guilbert, du peintre *Eugène Boudin* né à Honfleur, 1825-1899). Du quai, 20 à 25 min. pour monter à la *côte de Grâce* et à la *chapelle Notre-Dame* (pèlerinage), bâtie sous des ormes séculaires ombrageant une pelouse (belle vue, surtout de l'observatoire,

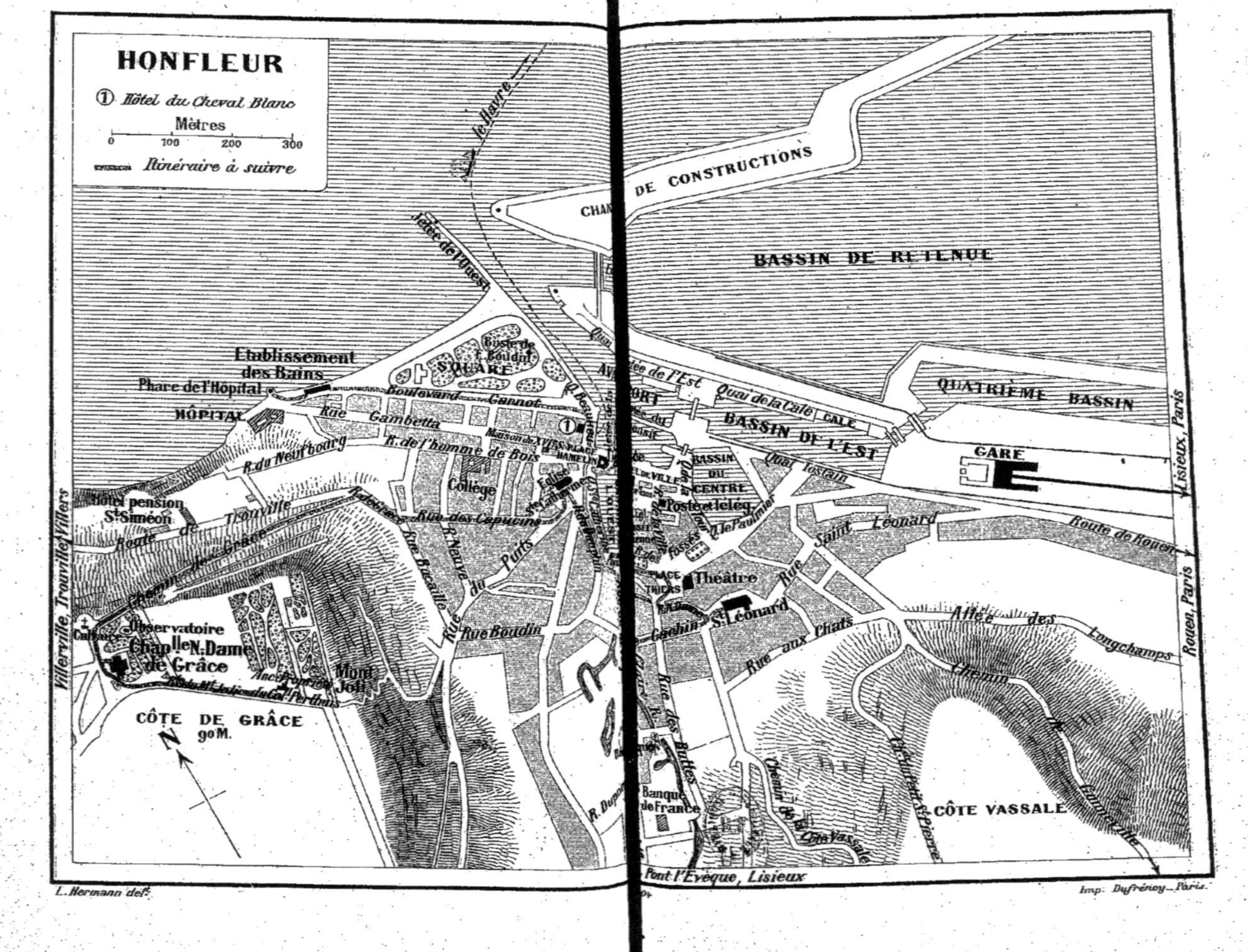
HONFLEUR
① Hôtel du Cheval Blanc
Mètres
0 100 200 300
Itinéraire à suivre
le Havre
Jetée de l'Ouest
DE CONSTRUCTIONS
BASSIN DE RETENUE
Etablissement des Bains
Phare de l'Hôpital
HÔPITAL
SQUARE
Boulevard Cannot
Rue Gambetta
R. de l'homme de Bois
R. du Neubourg
Collège
Hôtel pension St Siméon
Route de Trouville
Chemin de Grâce
Rue des Capucins
Rue Bucaille
R. Neuve
Rue du Puits
Rue Boudin
Observatoire
Chap. lle N. Dame de Grâce
Mont Joli
CÔTE DE GRÂCE
90 M.
N
Villerville, Trouville, Villers
Quai de la Cale
CALE
BASSIN DE L'EST
QUATRIÈME BASSIN
GARE
BASSIN DU CENTRE
Quai Tostain
Poste et Téléq.
Q. le Paulmier
Rue Saint Léonard
Route de Rouen
Théâtre
PLACE THIERS
St Léonard
Rue aux Chats
Allée des Longchamps
Rue des Buttes
Banque de France
Chemin de la Côte Vassale
CÔTE VASSALE
Lisieux, Paris
Rouen, Paris
Pont l'Évêque, Lisieux
L. Hermann delt
Imp. Dufrénoy, Paris.

et fondée en exécution d'un vœu par Robert le Magnifique, père de Guillaume le Conquérant. De la côte, des allées ombreuses descendent à la route de Trouville et à la *ferme Saint-Siméon* (hôt.-pension). — Des bateaux à vapeur relient Honfleur au Havre (52 à 30 min.; passerelle 2 fr., 1res 1 fr., 2es 60 c.).

De Honfleur à Villerville et à Trouville, R. 16, p. 117.

ROUTE 19

DE PARIS A ROUEN

Ch. de fer, desservant à Rouen la gare du faubourg Saint-Sever, ou rive g. de la Seine, et celle de la rue Verte, ou rive dr. de la Seine. Les prix sont les mêmes pour les deux gares; mais on prend généralement son billet pour Rouen-Rive dr., la seule où s'arrêtent les trains rapides et les trains express. — 136 k. de Paris-Saint-Lazare à Rouen-Saint-Sever; 140 k. de Paris à Rouen-Rue Verte. — Trajet en 2 h. à 4 h. suivant les trains. — 15 fr. 25; 10 fr. 30; 6 fr. 70.

DE PARIS A MANTES

A. Par Poissy.

58 k. — Traj. en 53 min. à 1 h. 38. — 6 fr. 50; 4 fr. 40; 2 fr. 85.

Pont sur la Seine. — 9 k. *La Garenne-Bezons.* — 13 k. *Houilles-Carrières-Saint-Denis.*— 16 k. *Sartrouville* (*église* en grande partie du XIIIe s.). — On franchit de nouveau le fleuve.

17 k. *Maisons-Laffitte*, sur la rive g. de la Seine, près de la forêt de Saint-Germain. **Château** bâti par Mansart. Champ de courses. — On traverse en tranchée la forêt de Saint-Germain.

22 k. *Achères* (buffet), à la jonction des lignes de Dieppe par Pontoise (R. 26, *B*) et de Versailles par Saint-Germain (R. 30). Champ de courses.

27 k. **Poissy** *, 7,406 hab., sur la rive g. de la Seine (*pont* de 24 arches, fondé par St Louis). — **Eglise** du XIIe s. (deux tours romanes; saint-sépulcre; cuve en pierre passant pour avoir été celle qui servit au baptême de St Louis, né à Poissy). Sur la place qui la précède, *statue* du peintre *Meissonier*, par Frémiet. — Débris d'une *abbaye* où eut lieu en 1561 le Colloque de Poissy. — *Maison centrale de détention.*

30 k. *Villennes.* — 35 k. *Vernouillet.* — 41 k. *Les Mureaux.* — 46 k. *Aubergenville.*

49 k. *Epône-Mézières* (*château* des Créqui; *église* avec beau clocher octogonal roman), à l'entrée de la jolie vallée de la Mauldre.

[VALLÉE DE LA MAULDRE (16 k.; ch. de fer, en 40 min. env.). — 1 k. *Nezel-Aulnay* (château de *la Falaise*). — 4 k. Maule (*V.* p. 168). — 6 k. *Mareil-sur-Mauldre* (église avec belle statue de la Vierge; tour d'un anc. château). — 10 k. *Beynes* (à l'église, *retable* de la Renaissance). — 16 k. Plaisir-Grignon (*V.* p. 80).]

57 k. *Mantes-Station.* — 58 k. *Mantes-Embranchement* (buffet), station à la séparation des lignes de Rouen et de Cherbourg, est seule desservie par tous les trains et par les omnibus de corresp.

Mantes *, 8,034 hab., sur la rive g. de la Seine, reliée à

Limay par deux ponts appuyés sur une île; en amont du second, *pont* ruiné des XIIe et XVe s. — **Notre-Dame** date des 20 dernières années du XIIe s., avec remaniements et additions des XIIIe et XIVe s.; 3 magnifiques portails, à la façade, couronnée d'une curieuse galerie que surmontent 2 tours hautes de 66 m. et dont l'une a été refaite de nos jours. — *Tour Saint-Maclou* (XIVe-XVIe s.), reste d'une église. — *Hôtel de ville*, restauré au XVIIe s., à côté de l'anc. *auditoire royal* (XVe s.), auj. le tribunal, que précède une *fontaine* de la Renaissance.

Sur la rive dr. de la Seine, *Limay* (1 k.; omnibus, 50 c.), 1,661 hab. (*église* des XIIe et XVe s., avec cuve baptismale sculptée du XIIIe s. et 2 tombeaux, dont l'un de Jean Le Chenut, grand écuyer du roi Charles V).

De Mantes à Evreux, Bernay, Lisieux, Caen, Bayeux, Saint-Lô et Cherbourg, R. 13.

B. Par Argenteuil.

Mêmes prix que par Poissy.

4 k. Asnières (R. 27, *A*). — 6 k. *Bois-de-Colombes*. — 8 k. *Colombes*. — Pont sur la Seine.

10 k. *Argenteuil*, 17,375 hab., sur la rive dr. de la Seine (pont de 7 arches). — Eglise moderne, du style roman (châsse renfermant la *tunique* du Christ). — Vignoble important; asperges renommées; carrières de plâtre.

On croise le ch. de fer de Grande-Ceinture.

17 k. *Cormeilles* (à l'*église*, crypte de 1130; *buste de Daguerre*, un des inventeurs de la photographie, né à Cormeilles, 1787-1851). — On suit la vallée de la Seine.

18 k. *La Frette-Montigny*. — 20 k. *Herblay*. — 26 k. *Conflans-Sainte-Honorine*, sur la rive dr. de la Seine, en amont du confl. de l'Oise (église avec des reliques de Ste Honorine); à dr., ligne de Pontoise. — 27 k. *Fin-d'Oise*, station au point de croisement de la ligne d'Achères à Pontoise. — On franchit l'Oise. — 28 k. *Maurecourt*. — 30 k. *Andrésy-Chanteloup*. — On traverse une presqu'île de la Seine.

34 k. *Triel* (pont suspendu). — 38 k. *Vaux*. — 41 k. *Thun*. — Tunnel de 467 m.; viaduc sur l'Aubette. — 43 k. *Meulan*, 2,681 hab., relié aux Mureaux (*V.* ci dessus, *A*) par deux ponts du XVe s. (*église* en partie du XIIe s.; près de l'*hôtel de ville*, *maison* du XIVe s.). — 47 k. *Juziers*. — 50 k. *Gargenville*. — 55 k. Limay (*V.* ci-dessus, *A*).

58 k. Mantes (*V.* ci-dessus).

DE MANTES A ROUEN

63 k. (de Paris). *Rosny-sur-Seine* (*château* bâti par le duc de Sully, ministre de Henri IV; dans la chapelle de l'*orphelinat*, monument, par Rutxiel, renfermant le cœur du duc de Berri). — A g., forêt de Rosny; tunnel de *Rolleboise* (2,046 m.).

69 k. *Bonnières*, 1,155 hab.

[A 8 k. N.-E. (voit. publique, 85 c.), *la Roche-Guyon*, sur la rive dr. de la Seine (pont suspendu), v. dominé par les restes d'un château fort (XIIe et XIIIe s.), dont il reste notamment le *donjon*, chef-d'œuvre d'architecture militaire. Dans le château actuel, bâti au pied d'une falaise, *tapisseries* des Gobelins, portraits, etc. A l'*église*, *stalles*, tombeau de Fr. de Silly, duc de la Roche-Guyon († 1627). *Fontaine* monumentale (1717). *Maison de convalescence* pour les enfants sortis des hôpitaux de Paris, fondée par M. le comte de La Rochefoucauld.]

80 k. **Vernon** *, 8,757 hab., sur la rive g. de la Seine (pont de 7 arches en amont du pont en fer du ch. de fer de Gisors), entre la forêt de Vernon, au N., et celle de Bizy, au S. (ensemble 3,300 hect.). L'**église Notre-Dame** date principalement des XVe et XVIe s. (vitraux anciens; *autel* du XVIIIe s.; *tombeau* de la femme d'un magistrat; *tapisseries* du XVIIe s.; *Résurrection*, par A. Carrache?). — Presque en face de l'église est l'*hôtel de ville* (auprès, *buste d'Adolphe Barette*, ancien maire de Vernon), où il faut s'adresser pour se faire conduire à la *tour Grise* (XIVe s.), renfermant les archives. — L'*avenue de l'Ardèche* aboutit au *monument* des gardes mobiles de l'Ardèche tués en novembre 1870, près de Vernon, et au *château* moderne *de Bizy*. — En face de Vernon, sur la rive dr. de la Seine, *Vernonnet* (immenses carrières; *donjon* du XIIe s.) possède une station du ch. de fer de Vernon à Gisors.

[Ch. de fer DE VERNON A PACY-SUR-EURE (20 k.; traj. en 48 min.; 2 fr. 25, 1 fr. 50, 1 fr.) et DE VERNON A GISORS; ce dernier (40 k., en 1 h. 38 à 3 h.), qui suit la charmante vallée de l'Epte (rivière dont la descente en barque est particulièrement recommandée), dessert notamment : (17 k.) *Bray-Ecos* (château ruiné de *Beaudemont*; à 5 k. N.-O., *Ecos*, 550 hab., dont dépend le *château du Chesnay-Hayuest*, fin du XVe s., reconstruit de nos jours dans le même style), (20 k.) *Aveny-Montreuil* (dolmen de *Dampmesnil*), (25 k.) *Bordeaux-Saint-Clair* (ruines d'un château) et (30 k.) *Dangu* (château de 1567; *haras* dans un domaine de 1,100 hect.).]

94 k. *Gaillon* *, à 2 k. de la station, 2,769 hab. — *Maison centrale* ayant remplacé un *château* construit au XVIe s. par les cardinaux Georges d'Amboise et de Bourbon et dont il reste le porche (4 tourelles), une tour d'escalier, le beffroi de l'horloge, de belles arcades murées et la chapelle basse.

Tunnels du *Roule* (1,720 m.) et de *Vénables* (399 m.).

107 k. *Saint-Pierre-du-Vauvray*, d'où part à g. l'embranch. de (8 k.) Louviers (R. 20).

[DE SAINT-PIERRE AUX ANDELYS (16 k.; ch. de fer, en 35 à 50 min.). — Après avoir suivi la ligne de Paris jusqu'au delà du tunnel de Vénables, on la laisse à dr. pour franchir la Seine. — 6 k. *Muids*. — La voie ferrée, d'où l'on aperçoit à dr. le Château-Gaillard, court entre la rive dr. de la Seine et de hautes falaises.

16 k. **Les Andelys** *, 5,715 hab., se composent de deux villes distantes de 1 k. : le Grand-Andely et le Petit-Andely. Elles communiquent par un boulevard sur lequel donne la place de la gare. En quittant la station, il faut tourner à dr. pour aller au Petit-Andely, à g. si l'on veut se rendre au GRAND-ANDELY, situé entre deux coteaux, dans la vallée du Gambon et au débouché du vallon de *Paix*. Dans ce dernier cas, on longe à dr. un *square* en avant duquel est le *buste* du peintre *Chaplin*, par Leroux. Le boulevard aboutit sur la place de l'*Hôtel-de-Ville* (à l'int., « Coriolan fléchi par sa mère », magnifique tableau de Poussin), où s'élève la *statue de Nicolas Poussin* (né près des Andelys), par Brian.

A g. la Grande-Rue conduit, en passant devant l'*hôtel du Grand-Cerf* (XVIe s.), à l'**église Notre-Dame** (XIIIe et XVIe s.) : à l'int., *verrières* du XVIe s., *buffet d'orgue* Renaissance, saint-sépulcre du XVIe s., peintures de Quentin Varin, J. Stella, Léger, Léonard; stalles du XVe s.; beaux autels, etc.

Au S. de la ville (se faire accompagner par M. Ferjus Caron, marchand d'objets de piété, en face de l'église), à l'ombre d'un *tilleul* séculaire, jaillit une *source* (entrée 30 c.) but d'un pèlerinage (le 2 juin).

A 1,500 m. en amont du Grand-Andely, dans la vallée du Gambon, *école d'enfants de troupe.*

Au PETIT-ANDELY : *église Saint-Sauveur*, bâtie en 1197 (porche du XIVe s.; autels remarquables), et *hospice Saint-Jacques*, fondé en 1784 par le duc de Penthièvre. De là un chemin monte au sommet du promontoire portant les ruines du **Château-Gaillard**, fondé par Richard Cœur-de-Lion en 1196 et démantelé en 1603 par ordre de Henri IV.]

On côtoie l'Eure jusqu'à son embouchure. Sur la rive g., *N.-D. du Vaudreuil* (statue, par Decorchemont, *de Raoul Duval*, anc. député de Louviers) et *forêt de Pont-de-l'Arche* ou *de Bord* (3,524 hect.). — 114 k. *Léry-Poses.* — Pont sur la Seine.

119 k. *Pont-de-l'Arche* *, à 1,500 m. S., 1,890 hab., sur la rive g. de la Seine (*pont* de 9 arches). — *Eglise* du XVe s.

Vitraux des XVIe-XVIIe s.; pendentifs; au maître-autel, retable du XVIIe s. et groupe en marbre de N.-D. des Arts, œuvre et don de Mme la duchesse d'Uzès; stalles sculptées; buffet d'orgues, style Louis XIII; cuve baptismale sculptée du XVIe s.; dans le bas-côté g., curieuse toile (Institution du Rosaire) de l'époque Louis XIII; à la sacristie, peinture (la Résurrection) de Le Tourneur.

Sur une place, *buste* du dessinateur *Langlois.* — A l'*hôtel de Normandie*, collection de peintures.

[A 1,500 m. O., ancienne *abbaye de Bon-Port*, fondée en 1190 par Richard Cœur-de-Lion (réfectoire de 1250, ancienne cuisine, bibliothèque, etc.).

DE PONT-DE-L'ARCHE A GISORS (54 k.; ch. de fer, en 2 h. env.; 6 fr. 05, 4 fr. 10, 2 fr. 65). — La ligne remonte la vallée de l'Andelle. — 7 k. *Romilly-sur-Andelle*, v. industriel dominé au S.-O. par la *côte* légendaire *des Deux-Amants* et relié par un embranch. à (3 k.) *Poses*, petit port sur la Seine (*barrage* mobile remarquable). — 10 k. *Pont-Saint-Pierre* (château du XVe s.). — 14 k. *Radepont* (*château* de la fin du XVIIIe s., dans un joli paysage, cascade; ruines du *vieux château*, du XIIe s., non loin duquel, au fond d'une gorge, sont les ruines de l'*abbaye de Fontaine-Gérard*, fondée vers 1198). — 16 k. *Fleury-sur-Andelle*, 1,494 hab. (à l'église, Couronnement de la Vierge, peinture par Courbet; filat. de coton). — 18 k. *Charleval*, b. industriel. — On quitte la vallée de l'Andelle pour remonter celle de la Lieure.

22 k. *Ménesqueville*, stat. desservant (7 k. N.; voit. publique, 1 fr.) *Lyons-la-Forêt* *, 1,157 hab. (dans l'église, romane, « la Pentecôte », tableau de Jean Jouvenet; dans le local de la justice de paix, belles tentures en fil; à *Castel-Vieil*, habitation de l'inspecteur des forêts, tour du XIIIe s., marronnier de 7 m. de circonf. et tilleul superbe), est un excellent centre de promenade dans la *forêt* domaniale (10,608 hect.; c'est la plus belle hêtraie de France) qui l'entoure et dans la vallée de la Lieure. — 25 k. *Lisors-Verclives* (ruines de l'abbaye de *Mortemer*, XIIe s.).

30 k. *Saussay-Ecouis.* A 6 k. O., *Ecouis*, dont l'église, bâtie sur un des points culminants du Vexin (160 m.), a été fondée par Enguerrand de Marigny et consacrée en 1313 (tombeau de Jean de Marigny, archevêque de Rouen et frère d'Enguerrand, † 1351). — Le ch. de fer descend dans le vallon de la Bonde.

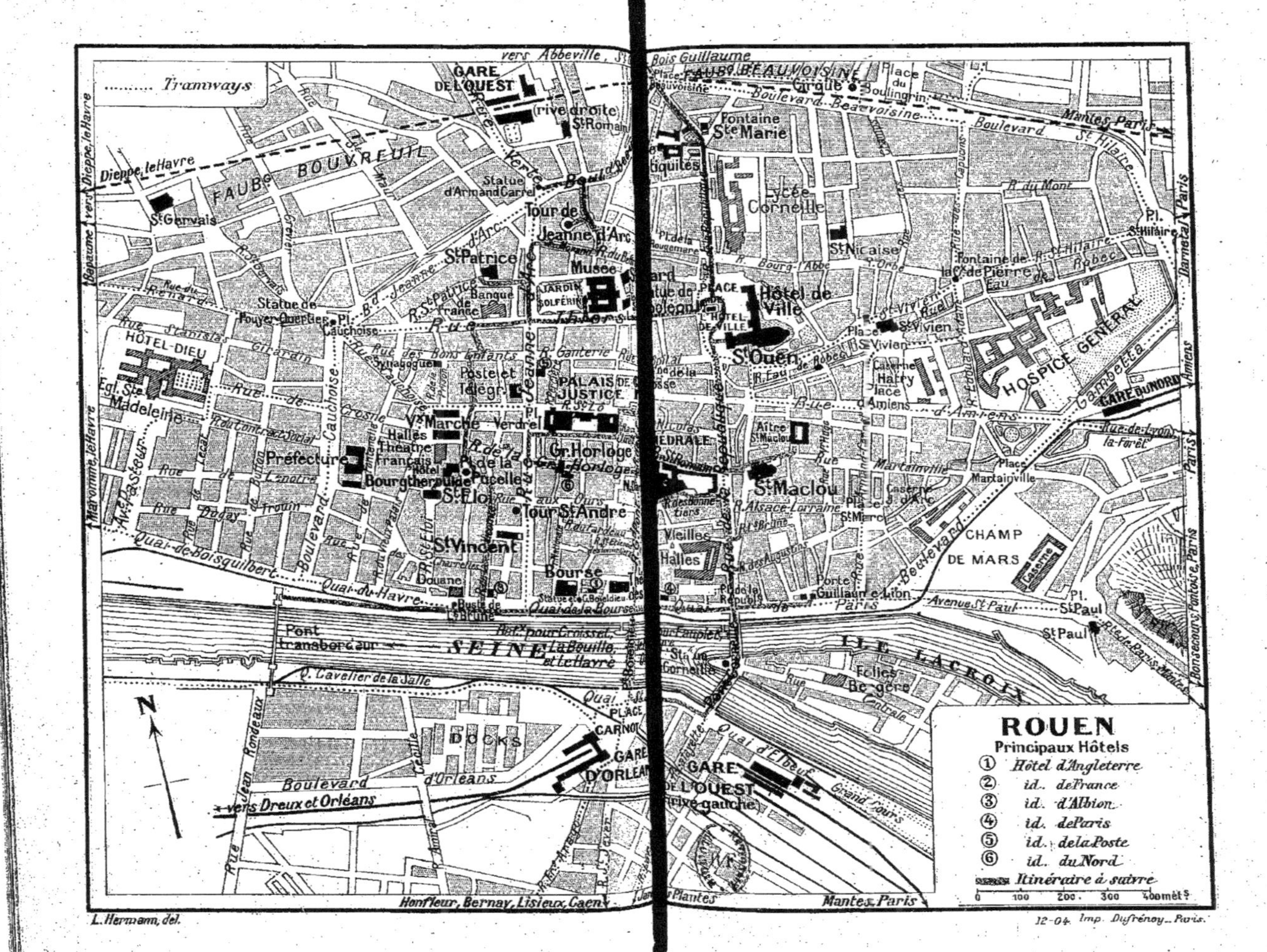

L. Hermann, del.

12-04. Imp. Dufrénoy _ Paris.

— 38 k. *Etrépagny* *, 2,177 hab. (à l'église, statue tumulaire du XIVe s.; hôtel de ville de style Louis XIII; château du XVe s.). — 46 k. *Bézu-Saint-Eloi*, près du confl. de la Bonde et de la Levrière, rivière que domine plus loin à dr. *Neaufles-Saint-Martin* (ruines d'un donjon du XIIe s.; à côté, château des XVIIe et XVIIIe s. transformé en haras). — On débouche dans la vallée de l'Epte. — 54 k. Gisors (R. 26, *B*).]

Tunnel de 400 m. — Pont sur la Seine.

126 k. *Oissel* (buffet; filat. de coton), 4,280 hab.

D'Oissel à Elbeuf, Pont-Audemer et Serquigny, R. 13, p. 93.

A g., *forêt de Rouvray* (3,359 hect.). A dr., la Seine forme des îles nombreuses et boisées. Sur la rive dr., hautes collines crayeuses.

130 k. *Saint-Etienne-du-Rouvray*, 5,656 hab. (grande filature), est aussi relié à Rouen par un tram. — A g., asile d'aliénés de *Quatremares et de Saint-Yon*. — Sur la rive dr., *Belbeuf*. On voit à dr. la montagne de Blosseville et l'église de Bonsecours.

134 k. *Sotteville-lès-Rouen* (tram pour Rouen), 18,535 hab., com. industrielle. A g., embranchement qui aboutit à (136 k.) la *gare Saint-Sever* (buffet), dans le faub. de ce nom, sur la rive g., près du pont Corneille. La voie franchit la Seine et l'île de Brouilly sur un beau *pont* de 8 arches, de 40 m. d'ouv. (belle vue), traverse la montagne Sainte-Catherine dans un *tunnel* de 1,040 m. et, après avoir passé au-dessus du ch. de fer d'Amiens, la vallée de Saint-Hilaire sur un viaduc haut de 19 m. et long de 600 m. Elle passe ensuite, par un tunnel de 1,460 m., sous les boulevards Saint-Hilaire et Beauvoisine.

140 k. Rouen, rue Verte (buffet).

ROUEN

Rouen *, 116,316 hab., ch.-l. du départ. de la Seine-Inférieure, siège d'un archevêché, sur la rive dr. de la Seine, au pied d'un hémicycle de collines, est une des principales villes de France par sa population, son industrie (filature et tissage du coton, confection de « rouenneries »), son commerce (*port* fréquenté annuellement par 5,000 navires), et l'une des plus curieuses par ses monuments. Sur la rive g. de la Seine se trouve le *faubourg Saint-Sever*, que 3 ponts mettent en communication avec la rive dr.

De la gare de la rive dr., près de laquelle est l'*église Saint-Romain* (tombeau du saint, VIIe s.; vitraux anciens; bas-reliefs des *fonts baptismaux*, Renaissance), la *rue Verte* (à l'extrémité, *statue d'Armand Carrel*) aboutit à la **rue Jeanne-d'Arc** (à dr., *boulevard Jeanne-d'Arc*, allant au *faubourg Cauchoise*; sur la *place Cauchoise*, *monument de Pouyer-Quertier*; à g., *boulevard Beauvoisine*, allant au *faubourg* du même nom). — On suit la rue Jeanne-d'Arc. A dr., *rue Saint-Patrice*, est l'**église Saint-Patrice**, de 1525 (**vitraux** de 1538 à 1625, dont un des plus beaux, dans le bas-côté g., attribué sans preuves à Jean Cousin, représente le *Triomphe de la Loi de Grâce*; peintures de Poussin et Mignard). — A g., *square de Solférino* (*buste* du littérateur *Guy de Maupassant*, par Verlet; concert le jeudi et le dim., de 3 h. à 4 h.), puis *rue Ganterie*, continuée par la *rue de l'Hôpital* (à l'angle de la rue des Carmes, *fontaine de la Crosse*, moderne style du xve s.). — On croise la rue Thiers et on laisse à dr. la *poste-télégraphe*.

Plus loin, à g., s'élève le **Palais de Justice** (pour visiter, s'adresser au concierge, à dr. dans la cour; rétribution), chef-d'œuvre de l'architecture gothique et de la Renaissance qui se compose d'un bâtiment principal, construit en 1499 par Louis XII pour l'*Echiquier* de Normandie (cour souveraine indépendante composée de magistrats inamovibles), et de deux ailes. Celle de g. date de 1493; celle de dr. a été rebâtie de 1842 à 1852. L'aile en façade sur la place Verdrel a été construite en 1885 pour le tribunal civil. L'architecture civile des xve et xvie s. n'a rien produit de plus riche ni de plus délicat que l'ornementation de la *façade* principale (66 m. de long.), dont le milieu est occupé par une tourelle octogonale et où l'on voit des statues figurant les différentes classes de la société à la fin du xve s.

Aile dr. — A dr., salle des appels correctionnels (*Christ*, par Ph. de Champaigne, et *Jugement de Salomon*, par Mignard). — Au centre, *salle des Audiences solennelles* : plafond peint par Lauger (*la Justice invoquée*); panneaux en tapisseries des Gobelins (*la Justice*) par Lavaux et (*l'Indulgence*) par Flament. — A la *cour d'assises* : plafond doré et sculpté, du temps de Louis XII; médaillons de Louis XII et de G. d'Amboise.

Aile g. — *Salle des Procureurs* ou *des Pas-Perdus*, la partie la plus ancienne de l'édifice. Voûte en bois remarquable; à l'extrémité est la *Table de Marbre*, siège de la juridiction des eaux et forêts où Pierre Corneille fut avocat.

Le Palais de Justice donne d'un côté sur la *rue Saint-Lô*, où se voient (n° 22) le *portail* de l'ancienne *église Saint-Lô* (xve s.) et (n° 40, B) l'*hôtel des Sociétés savantes*, avec *musée commercial*.

A dr., la *rue de la Grosse-Horloge* mène à la *place du Vieux-Marché* bordée au S. par le *Théâtre-Français*, qui s'élève sur l'emplacement où fut brûlée Jeanne d'Arc. A l'O. s'ouvre la *rue Pierre-Corneille*, où se trouvaient les *maisons* natales de Pierre et de Thomas Corneille (inscription) et qui conduit à la *Préfecture*. — Du Vieux-Marché, on descend, au S., à la *place de la Pucelle* (*fontaine* sculptée au xviiie s. par Paul Slodtz et surmontée d'une statue de Jeanne d'Arc), où se trouve l'**hôtel du Bourgtheroulde**, de la Renaissance (bas-reliefs et sculptures dans la cour). — Près de là, l'*église Saint-Eloi*, du xvie s., sert de temple protestant.

On revient croiser la rue Jeanne-d'Arc par la *rue de la Grosse-Horloge*. A dr., **tour de la Grosse-Horloge** ou du Beffroi (1389; 2 cloches du xiiie s., dont une d'argent); une arcade (1511), avec *sculptures* sous la voûte, traverse la rue et relie la tour à l'*ancien hôtel de ville* (1680). A l'angle de l'arcade et de la *rue des Vergetiers*, *fontaine* monumentale (au fronton, Alphée et Aréthuse) adossée à une petite loggia de la Renaissance. Dans la rue de la Grosse-Horloge se voit à dr., à l'angle de la *rue Thouret*, une partie de l'*ancien hôtel de ville* (1680; à la façade, buste de Thouret, député de Rouen aux États généraux de 1789). Au n° 73, dans le *passage Délancourt*, une cour est entourée de 13 grandes statues en plâtre de dieux et déesses. Reprenant la rue Jeanne-d'Arc, on trouve à dr., à l'angle de la *rue aux Ours*, la *tour Saint-André*, reste d'une église du XVIe s., dans un petit square. — La *rue de la Vicomté*, où débouche la rue aux Ours, contient, comme beaucoup d'autres rues voisines, des *maisons* anciennes et curieuses; dans la rue aux Ours se trouvent les *maisons* natales de Boïeldieu (n° 61; *buste*) et du chimiste Dulong (n° 56).

La rue Jeanne-d'Arc (à dr., *Saint-Vincent*, église du XVIe s. célèbre par ses **vitraux**) aboutit au *quai de la Bourse*, qui borde, avec le *quai du Havre*, la partie la plus animée du **port** et celle où se trouvent les plus gros navires. Du quai du Havre on aperçoit en aval le *pont à transbordeur* (1re cl. 10 c., 2e cl. 5 c.). — Sur le quai du Havre, en aval de la rue Jeanne-d'Arc, est située la **Douane** (façade avec deux bas-reliefs de David d'Angers; à l'int., charmant bas-relief de Coustou). — Sur la rive g. s'étendent les vastes bâtiments des docks de Saint-Sever.

En remontant le quai de la Bourse, planté d'arbres, bordé de restaurants et de cafés, on voit à g. la *Bourse* (1735; statue de Louis XV; beau Christ de Dumont et quelques autres tableaux; plafonds peints par M. Paul Baudouin). La Bourse renferme le bureau central des télégraphes et des téléphones, ainsi qu'un bureau auxiliaire des postes. Plus loin, le quai longe le **cours Boïeldieu**, où s'élève la *statue de Boïeldieu*, en bronze, par Dantan jeune. On laisse à dr. le *pont Boïeldieu*, à g. le théâtre des Arts et la rue Grand-Pont, et l'on remonte le *quai de Paris*, à g. duquel, à l'entrée de la rue de la République, la *place de la Basse-Vieille-Tour* communique par un passage voûté avec la *place de la Haute-Vieille-Tour*, où sont les anciennes *halles*. Le passage qui fait communiquer les deux places s'ouvre sous le *monument de Saint-Romain*, de la Renaissance (1542). — En continuant de suivre le quai de Paris, on trouve à g. la *porte Guillaume-Lion* (1747; sculpture de Leprince).

Laissant à g. la *place de la République*, d'où part la *rue de la République* (à dr., *rue des Augustins*, avec l'anc. *église* du même nom, XIVe s., au n° 44, puis *rue Louis-Brune*, avec une *maison* en bois sculpté du temps de Henri II), on prend à dr. le *pont Corneille*, dont le terre-plein, extrémité O. de l'*île Lacroix*, porte la *statue* en bronze *de Pierre Corneille*, par David d'Angers. Le pont aboutit sur la rive g. à la jonction du *quai d'Elbeuf*, sur lequel s'étend, à g., la *gare de Saint-Sever*, et du *quai de Saint-Sever*. Au S.-O. est située la gare du ch. de fer de Rouen à Orléans, et, à l'O., s'étendent les *docks de Saint-Sever*. Dans le quartier Saint-Sever, sur la place Saint-Clément, s'élève le *monument de l'abbé de La Salle* (par De Perthes, Falguière et Legrain), le fondateur de l'institut des Frères des Ecoles chrétiennes. C'est au S. du faub. Saint-Sever que se trouve le *Jardin des Plantes* (on s'y rend par un tram qui passe sur le pont Corneille et suit la rue Lafayette).

On revient à la rive dr. par le pont Boïeldieu, pour monter la *rue Grand-Pont* : à g., **théâtre des Arts**, reconstruit (1876) par Sauvageot (fronton par Chapu; à l'int., peintures de Glaize, P. Baudouin, etc.) et en face duquel la *rue de la Savonnerie* conserve (n° 31) le *Logis des Caradas* (xve s.) et la *fontaine Lisieux* (1518), très mutilée. — A dr., *place Notre-Dame* (à l'angle de la rue du Petit-Salut, **Bureau des finances**, de 1510; à l'entrée de la rue des Carmes, n° 14, ancien *Hôtel de la cour des Comptes*, de la Renaissance).

La **cathédrale Notre-Dame** fut commencée en 1201 ou 1202 sur l'emplacement d'une église romane détruite par un incendie. Mais jusqu'au commenc. du xvi s., l'église fut sans cesse embellie, agrandie et même modifiée dans son plan général. *Grand portail* (trois portes, nombreuses sculptures et statues, la plupart mutilées), flanqué de la *tour de Beurre* (1485-1507), au S., et de la *tour Saint-Romain* (xie, xiie et xve s.), au N., hautes de 75 m. Les portails (xiiie s.) des croisillons, dits *portail de la Calende* et *portail des Libraires*, sont flanqués chacun de 2 tours inachevées, percés d'une belle rose et décorés de bas-reliefs. **Tour centrale** (xiiie et xve s.), avec flèche en fonte, haute de 148 m. De la lanterne, admirable panorama; les pers. accompagnées par le gardien, quel qu'en soit le nombre, doivent collectivement 2 fr. de rétribution.

Intérieur remarquable par la grandeur et l'harmonie de ses proportions (long. totale, 135 m.). — 130 fenêtres avec **vitraux** précieux du xiiie au xvie s., et 3 grandes roses. — A dr., 10e travée, tombeau de Rollon (statue du xiiie s.). — Chœur (s'adresser aux suisses) : 96 stalles (xve s.) en bois sculpté; dans le pourtour, tombeau moderne avec statue (style du xiiie s.) renfermant le cœur de Richard Cœur-de-Lion, et monument du cardinal de Bonnechose, avec statue du prélat par Chapu. — **Chapelle de la Vierge** (xive s.) renfermant : le magnifique **tombeau de Louis de Brézé** (1535-1544), sénéchal de Normandie, élevé par sa veuve, Diane de Poitiers, dont on voit la statue à côté de celle de son mari; à g., le *tombeau de Pierre de Brézé* (1488-1492), refait de nos jours; le **tombeau des cardinaux Georges d'Amboise**, oncle et neveu, chef-d'œuvre de la Renaissance, exécuté sur les dessins de Rouland Le Roux (statue de Georges d'Amboise, archevêque de Rouen et ministre de Louis XII, par Jean Goujon); la tombe de Cambacérès et le monument du cardinal de Cröy (1844): au-dessus de l'autel, *Adoration des Bergers*, par Ph. de Champaigne. — Transsept g. : charmant escalier en pierre du xve s. — Bas-côté g., *tombeau de Guillaume Longue-Epée* († 943; statue du xiiie s.).

On contourne l'*archevêché*, des xve et xvie s., remanié par Mansart, qui refit la porte (à l'int., vues de Rouen, du Havre, de Dieppe et de Gaillon, par Hubert Robert). — On croise la *rue de la République* et l'on atteint à dr., dans la *rue Martainville*, l'église **Saint-Maclou** (xve-xvie s.), dont le *presbytère* est une élégante maison en bois du xve s. Façade précédée d'un porche à 5 pans abritant 3 portes dont deux remarquables par leurs vantaux de 1541-1560 (le panneau dormant de la porte g. est de Jean Goujon). Sur la tour centrale, formant lanterne à l'int., belle flèche en pierre (1868), haute de 88 m. — A l'int., *buffet d'orgues* (1521) supporté par 2 colonnes en marbre noir, avec chapiteaux en marbre blanc, sculptées par Jean Goujon, et accessible par une charmante tourelle d'escalier. — A l'angle N. de la façade, *fontaine*, très dégradée, dont les plans sont dus à Jean Goujon.

En suivant la rue Martainville, qui longe l'église à g., on voit, au n° 188, une porte cochère donnant entrée (s'adresser au concierge) dans une vaste cour entourée de galeries en bois (xvie et xviie s.), soutenues par des colonnes de pierre à chapiteaux historiés dont les sculptures figurent la *Danse macabre* : c'est l'*aître* (*atrium*) *Saint-Maclou*, cimetière de la paroisse avant 1790.

Revenant à la rue de la République, on la remonte jusqu'à la *place de l'Hôtel-de-Ville* (*statue* équestre *de Napoléon I*^{er}, par Vital Dubray).

Saint-Ouen est l'église d'une anc. abbaye dont l'église romane fut remplacée (sauf l'abside, encore visible au croisillon S. avec une petite tour du xie s. à 2 étages, appelée la *Chambre aux clercs*, au croisillon N.), en 1318, par l'édifice actuel, considéré comme le type classique du style ogival parvenu à son complet développement technique. *Façade* (belle rose), élevée de 1846 à 1852 avec ses deux tours hautes de 76 m. 50; *tour* centrale, haute de 82 m. Au croisillon S., *portail des Marmousets*, sous un porche du xve s. (clefs de voûte; statues de souverains bienfaiteurs du monastère).

A l'int. (chœur du xive s., nef du xve), long de 137 m. sur 33 de haut : bénitier plein d'eau où se reflète toute l'église; belles **grilles** (xviiie s.) entourant le sanctuaire; dans les chap. du chœur, tapisseries du xvie s. et **vitraux** des xive, xve et xvie s.; dans la 3e chap., *Mort de St François*, par Lesueur; dans la 9e, *Flagellation*, par Marigny.

Le *jardin de l'Hôtel-de-Ville* (ancien cimetière), qui entoure l'église de trois côtés, contient un groupe, par Schœnewerk, deux statues en bronze et la *statue*, en pierre, *de Rollon*. Musique militaire en été, le dim., à 8 h. soir.

L'Hôtel de Ville, du xviiie s., anciens dortoir et réfectoire de l'abbaye de Saint-Ouen, présente une façade massive, élevée sous la Restauration (sculptures de Dantan).

A l'int. : *salle des Cérémonies* (portraits de célébrités rouennaises); statues en marbre de P. Corneille, par Cortot, et de Jeanne d'Arc, par Feuchère; *escalier* en pierre (statue de Louis XV enfant, par Lemoine); *escalier* (*rampe* en fer forgé) conduisant à la bibliothèque.

A g. de l'hôtel de ville une annexe renfermant au 1er étage la salle des délibérations du conseil municipal est décorée de *peintures* de M. P. Baudouin relatives à l'histoire de Rouen.

A l'E. de Saint-Ouen, la *rue Saint-Vivien* conduit à la *place* et à l'*église Saint-Vivien*, des XIVe-XVIe s. (buffet d'orgues attribué à l'un des frères Anguier; grande verrière moderne, représentant les principaux épisodes de la vie de saint Vivien). Non loin de la place, *fontaine de la Croix-de-Pierre*, de 1515, remarquablement refaite en 1870 par M. Barthélemy, sur le modèle de l'ancienne fontaine, reportée dans le jardin du musée d'antiquités. La *rue Eau-de-Robec*, qui longe la place, est une des plus curieuses par ses *maisons* anciennes. — Revenu à la place de l'Hôtel-de-Ville, on prend la *rue Thiers*, qui conduit au musée-bibliothèque. A l'angle de la rue Thiers et de la *rue de la Bibliothèque*, une *fontaine* adossée au Musée porte un *buste* du littérateur *Louis Bouilhet*, par Guillaume.

Le **Musée-Bibliothèque** offre à la façade (sur le square Solférino) les bustes de Restout, Houel, Jouvenet et Lasne. Un escalier extérieur est décoré des statues de Michel Anguier et de Nicolas Poussin. A l'ext., dans le jardin, contre le mur du bâtiment de dr., une stèle en marbre (charmante statue de *l'Histoire*), œuvre de Chapu, est consacrée à la mémoire de *Gustave Flaubert*. Le musée est ouvert t. l. j., de 10 h. à 5 h. en été, à 4 h. en hiver (le lundi à midi). L'entrée est gratuite les jeudis, dim. et jours fériés; les autres jours on paie 1 fr. Œuvres principales (les indications sont données de dr. à g.):

VESTIBULE. — **Sculpture.** — *Gustave Doré.* Statue d'Alexandre Dumas père. — **Ernest Dubois. Le Pardon.** — *Allouard.* Beaumarchais.

Aile dr. — Galerie de sculpture. — De dr. à g. : *Guilloux.* Orphée expirant (marbre). — *David d'Angers.* Armand Carrel. — *Caffieri.* Corneille. — *Marquet de Vasselot.* Le Christ mort. — *Gérôme.* Béatitude. — *Léon Cugnot.* Fileuse. — *Allouard.* Héloïse au Paraclet. — **Etex. Statue funéraire du peintre Géricault**, couchée sur un sarcophage orné d'un bas-relief en bronze figurant le Radeau de la Méduse. — *David d'Angers.* Statue tombale du général Bonchamps (l'original est à l'église de Saint-Florent-le-Vieil, Maine-et-Loire). — *Gérôme.* La Douleur. — *Charpentier.* Les Lutteurs.

Au milieu de la salle : *Félix Martin.* Mort d'un jeune tambour. — *Jules Destrez.* Un Prisonnier. — **Caffieri. Statue de Pierre Corneille.** — *Pradier.* Bacchante.

Au fond de la salle, un escalier donne accès sur un palier où sont des toiles de *Diaz y Carreño*, d'après *Velasquez* (Buveurs) et *Rubens* (Fontaine d'amour).

Salle de peinture ancienne. — SALLE I (à dr.). — De dr. à g. : — 70. *P. Bril.* Paysage. — 518. *Sal. Ruysdael.* Paysage. — 349. *Lely.* Portrait de femme.

SALLE II. — 264. *Huysmans.* Ravin dans une forêt. — 552. 553. *Thulden.* Albert, archiduc d'Autriche, et sa femme. — 517. *Jacob Ruysdael.* Un torrent.

SALLE III. — 34. *Berghem.* Concert sur une place publique. — *Salomon Ruysdael.* Paysage. — 423. *P. Mignard.* Repos de la Ste-Famille. — 563. *De Troy.* Assomption. — 203. *Fragonard.* Les Blanchisseuses. — 654. *Inconnu.* Enfant pleurant. — 498. *Rigaud.* Louis XV. — 587. *Volaire.* Eruption du Vésuve en 1779. — 422. *P. Mignard.* Mme de Maintenon. — 455. *Netscher.* Concert.

SALLE IV. — 592-597. *Martin de Vos.* Histoire de Rébecca. — 480. *Porbus le Jeune.* Une fête chez le duc de Mantoue. — 110-111. *Coninxlo.* Circoncision. Scène de la vie du Ch. — 348. *Lely.* Henriette de France. — 482. *Erasme Quellyn.* La Circoncision.

SALLE V. — 536. *Sneyders.* Chasse au sanglier. — 377. *Lesueur.* Songe de Polyphile. — 284. *Jouvenet.* Mort de saint François. — 490. *Restout*. Portrait d'un chartreux. — 481. *Poussin*. Vénus et Enée. — *Louis David*. Mme Vigée-Lebrun. — 421. *P. Mignard*. Ecce Homo. — 648. *École française de Fontainebleau*. Diane au bain. — 491. *Restout*. Présentation de la V. — 274. *Jordaens*. Tête de vieillard. — 303. *De Keyser*. Leçon de musique. — 210. *Gérard David*. La V. et l'Enf.-J. entourés d'anges et de saintes. — 573. *P. Véronèse*. Vision. — 5. *Caravage*. Philosophe. — 572. *P. Véronèse*. St Barnabé guérissant les malades. — 472-474. *Pérugin*. Adoration des Mages. Baptême de J.-C. La Résurrection. — 84. *Annibal Carrache*. St François d'Assise. — 236. *Le Guerchin*. Visitation. — 570. *Velasquez*. L'Homme à la Mappemonde. — 494. *Ribera*. Le Bon Samaritain.

Salle VI. — Dessins de maîtres, notamment de *Watteau*; portrait au pastel, par *Jos. Vivien*, de Samuel Bernard, le riche banquier de Louis XIV.

Salle VII. — 541. *Stella*. Ste Anne conduisant la V. au temple. — 204. *Fragonard*. Songe de Plutarque. — *Sacquespée*. Martyre de St Adrien. — 559, 560. *Tournières*. L'Automne; L'Été. — 501, 503. *Hubert Robert*. Cascades de Tivoli. Marine. — 283. *Jouvenet*. Jésus présenté au Temple. — 337. *Mme Vigée-Lebrun*. La cantatrice Grassini. — 590. *Voiriot*. Fontenelle. — 316. *Lancret*. Baigneuses. — 457. *Oudry*. Chevreuil poursuivi par des chiens. — 312. *Lahire*. Descente de croix. — 165. *Desportes*. Chasse au cerf. — 310. *Lahire*. Nativité. — 321. *Largillière*. Portrait d'une princesse de Rohan. — 285. *Jouvenet*. Son portrait. — 319. *Largillière*. Portrait d'homme. — 504, 505. *Hubert Robert*. Monuments et ruines. — 281. *Jouvenet*. Un ex-voto. — 577. *Vien*. Tête de vieillard. — 322. *Largillière*. Portrait. — *Tournières*. Portrait de jeune fille.

Salle VIII. — 4. *Caravage*. Saint Sébastien soigné par Irène. — 194. *Feti*. Le Christ mort. — 250. *Herrera*. Vision de St Jérôme. — 20. *Bassan*. Adoration des Bergers.

Salle IX. — Dessins de *Géricault*.

Salle X. — 49. *Boilly*. M. de Fontenay, ancien maire de Rouen. — 506. *Hubert Robert*. Paysage composé.

On revient au vestibule d'entrée.

Aile g. — Galerie de sculpture. — De dr. à g. : *Marqueste*. Cupidon. — *Bernstamm*. Buste en marbre de Gustave Flaubert. — *Mathieu Meusnier*. Louis Bouilhet. — *Simart*. Oreste (marbre). — *Marquet de Vasselot*. Corot. — *Gérôme*. Philippe Rousseau. — *Carlier*. L'Industrie (statuette offerte à Pouyer-Quertier). — *Guilloux*. Jacques Daviel. — *Rude*. Statue tombale de Godefroy Cavaignac. — *Marquet de Vasselot*. Chloé. — *Iselin*. L'abbé Cochet. — *Iguel*. Le peintre Court.

Au milieu de la salle : *Leroux*. Rachel. — *Le Harivel-Durocher*. La Jeune Fille et l'Amour. — *Pollet*. Eloa, la sœur des anges. *Marioton*. Chactas. — *Guillaume*. Les Gracques.

On monte au péristyle sur lequel s'ouvrent des salles de peinture.

Péristyle. — 450. *Ch. Mozin*. Le Port de Rouen en 1855. — 260. *Paul Huet*. Rouen en 1831. — Médailles et plaquettes par *Roty* et *Chaplain*.

Salles de peinture moderne. — Salle I. — *Géricault*. Les Suppliciés. Portrait d'Eugène Delacroix. — *Renouf*. Le Pilote. — 604. *Ziem*. Stamboul. — *Albert Pasini*. Pâturage sur la route de Téhéran à Tébriz. — 438. *Palizzi*. Traite des veaux en Normandie. — 97. *Chaplin*. Partie de loto. — *Rosa Bonheur*. Cheval dans un pré. — *Meissonier*. Cheval bai (étude). — 252, 253. *Hildebrandt*. Après l'orage. Soleil couchant. — 516. *Roybet*. Tête de jeune homme, costume Henri III. — 123. *Court*. Portrait de son père. — 196. *Flameng*. Les Vainqueurs de la Bastille. — 148. *Daubigny*. Bords de l'Oise. — 495. *Ribot*. Supplice d'Alonzo Cano. — 136, 138. *Court*. Portraits de Boissy d'Anglas et de M. de Bondy. — 147. *Daubigny*. Écluse dans la vallée d'Optevoz. — 104. *Cibot*. Mort de Prétextat, évêque de Rouen. — 177. *Dubufe*. Étude. — 120. *G. Courbet*. Paysage (étude). — 249. *Hermann-Léon*. Chiens couplés. — 566. *Troyon*. Vaches à l'abreuvoir. — 124. *Court*.

Boissy d'Anglas présidant la Convention le 1er prairial an III. — 544. *Stevens*. Métier de chien. — 548. *Tabar*. Supplice de Brunehaut. — 396. *Pelouse*. La Seine à Poses. — 323. *De la Rochenoire*. Marché d'animaux. — 507. *Rochegrosse*. Andromaque. — 605. *Ziem*. Trinquetaille au crépuscule. — 216. *Géricault*. Cheval arrêté par des esclaves (étude). — *J.-Fr. Millet*. Officier de marine. — 152. *Eugène Delacroix*. Justice de Trajan (un des plus beaux tableaux du maître). — *Géricault*. Étude de cheval et le Cheval du plâtrier. Officier de carabiniers. — 106. *Clairin*. Massacre des Abencérages. — 326. *Laurens*. Jardins abandonnés d'Aschref (Perse). — *Corot*. Étangs de Ville-d'Avray. — *Jules Lefebvre*. Grisélidis. — 206. *Fromentin*. Moisson en Provence. — 116. *Corot*. Vue à Ville-d'Avray. — *Luc-Olivier Merson*. St Isidore, laboureur. — 16. *Barillot*. La Barrière. — 30. *Benner*. Baigneuses. — 606. *Ziem*. Environs de la Haye. — 588. *Vollon*. Le Singe du peintre. — 192. *Ferrier*. Ste Agnès, martyre. — 139. *Couture*. Le Fou. — 265. *Ingres*. Portrait de la belle Zélie. — *E. Delaunay*. Diane. — 539. *Sorieul*. Passage du défilé de Ponari. — *Cormon*. Les Vainqueurs de Salamine. — *Bellangé*. Charge de Kellermann à Marengo. — *Julien Dupré*. Un chemin au Mesnil. — *Couture*. M. Berger, président de la Cour des Comptes. — 58. *Boulanger*. Supplice de Mazeppa.

Salle II. — Dessins d'*Eug. Delacroix*. — *Checa*. Course de chars (aquarelle). — *Biva*. Dahlias (aquarelle). — *J. Aviat*. Portrait au pastel. — *E. Lévy*. Enfant couchée (pastel). — Dessins de *Puvis de Chavannes*. — *Galbrund*. La Grand'Mère. — *Machard*. Jeune fille surprise (pastel). — *Lévy*. Portrait de sa fille (pastel). — *Le Gout-Gérard*. Enterrement de marin, la veuve et le cortège (pastel). — *Émile Minet*. Vues de Rouen.

Salle III. — 132. *Court*. Portrait de M. Blouet, architecte. — 142. *Daliphard*. Mélancolie. — 466. *Patrois*. Jeanne d'Arc conduite au supplice. — *Aviat*. Charlotte Corday. — 440. *Morel-Fatio*. Incendie de la « Gorgone ». — 531. *Sebron*. Rue de New-York (peinture curieuse comme scènes de mœurs). — 324. *De La Rochenoire*. Vaches au pâturage. — 522. *Saint-Jean*. La Lecture. — 133. *Court*. Portrait. — 370. *Le Poittevin*. La Montée de Bénouville. — 223. *Giraud*. Joueurs de boules à Pont-Aven. — 82. *Calame*. Étude de torrent. — 6. *Appian*. Environs de Carqueranne, près d'Hyères (Var). — 176. *Dubufe*. Mme Rampal. — 151. *Defaux*. Plateau de Belle-Croix. — 368. *Le Poittevin*. Les Amis de la ferme. — 224. *Glaize*. La Pourvoyeuse Misère. — *Leman*. Groupe d'amis autour d'une table d'atelier. — 456. *Nozal*. Fin de journée. — 2. *Agache*. Énigme. — 603. *Zacharie*. La Femme aux pigeons.

Salle IV. — 399. *Luminais*. Retour de la chasse. — 215. *Géricault*. Académie d'homme. — 448, 449. *Ch. Mozin*. Entrée et sortie du port de Trouville. — 213. *Géricault*. Chevaux de postillon.

Salle V. — Tableaux par *Azé* et *Lottier*. — Études par *Delacroix*, *Devéria*, *Géricault*, *Robert Fleury*, etc. — *Ziem*. Crépuscule.

Salle VI. — *Court*. M. Hébert, ancien garde des Sceaux. — *Léon Glaize*. Auguste Vacquerie. — 528. *Ary Scheffer*. Le général Lafayette. — *Harpignies*. Les Dénicheurs de nids. — *De la Rochenoire*. Têtes de vaches. — *Sautai*. Le Dante exilé.

On se retrouve dans la grande salle d'entrée, d'où l'on revient au vestibule d'entrée du

Musée de céramique. — On y accède par un grand escalier orné, au premier palier, d'une statue de *P. Puget* (Hercule terrassant l'Hydre de Lerne) et d'une fresque de *Puvis de Chavannes* (*Inter artes et naturam*); au 2e palier, à dr. et à g. de l'entrée du musée céramique, de deux panneaux du même artiste représentant la Poterie grossière et la Poterie artistique. Le musée de céramique comprend : une belle collection de faïences rouennaises, où l'on peut observer les phases successives de la fabrication de la faïence vernissée ou émaillée à Rouen (xvie-xviiie s.); des spécimens de faïences ou porcelaines françaises et étrangères, des globes terrestres peints par Pierre Châtel en 1725, etc.

Salles de peinture, à la suite des salles de dr. de la céramique.

Salle I. — 325. *Latouche*. Décembre (Normandie). — *Triquet*. Les Communiantes (printemps). — 330. *Laurent-Desrousseaux*. La Première communion. — 403. *Maignan*. Hommage à Clovis II. — 134. *Court*. Mirabeau et M. de Dreux-Brézé. — 51. *De Boisfremont*. Mort de Cléopâtre. — 122. *Court*. Le prince de Croy, archevêque de Rouen. — 530. *Sebron*. Intérieur de Saint-Marc à Venise. — 512. *Ronmy*. Siège de Paris par Henri IV. — *Boissard de Boisdenier*. Épisode de la retraite de Russie.

Salle II. — *Brispot*. Les Comices. — *Jules Boquet*. Un décès. — 29. *Bellel*. Le Héron. — 569. *Carle Vanloo*. La V. et l'Enf. — 492. *Restout*. Résurrection de Lazare. — 314. *Court*. Martyre de Ste Agnès. — 77. *Cabasson*. St Romain domptant la gargouille. — 342. *Ch. Lefebvre*. Mort de Guillaume le Conquérant. — *Binet*. Au soleil. — *Mme Muraton*. Fleurs.

Salle III. — *Ary Scheffer*. Armand Carrel mort. — *Blanche*. Fillette au chapeau. — 451. *Mme Muraton*. Le Panier renversé. — *Laugée*. Le Cierge à la Madone. — 469. *Pelouse*. Effet de lune (Bretagne). — 266. *Isenbart*. Le Ruisseau du Val-Noir (Doubs). — 329. *Laugée*. Truand. — 80. *Cabat*. Lac en Italie. — 584. *Viollet-le-Duc* Vallée de Jouy. — 127. *Court*. Glaneuse. — *A. Rigolot*. Batteuse. — *Luigi Loir*. Crue de la Seine à Paris.

Salle IV. — 28. *Bellel*. Souvenir du Dauphiné. — 69. *Brascassat*. Étude de chèvre. — *Bellangé*. Gustave de Maupassant, le père de l'écrivain. — *Sevestre*. Folie de Biblis.

Salle V. — *Protais*. A l'aube. — *Lapostolet*. Avant-port de Dunkerque. — *Dawant*. St Bonaventure et la pourpre cardinalice. — *Bréauté*. L'Ouvrière. — *A. Fourié*. Mort de Mme Bovary. — 345. *Legrip*. Mort du poète Malfilâtre. — *Demarest*. Aux péris en mer. — 532. *Sebron*. Chutes du Niagara. — 328. *Laugée*. Ste Elisabeth lavant les pieds aux pauvres. — 125. *Court*. Portrait.

Salle VI (salle Marguerin-Scheffer). — Études et dessins de maîtres modernes (*Flandrin*, *Troyon*, etc.).

On revient à la salle II pour parcourir la

Salle VII. — *Besson*. Le Christ consolateur. — *Dameron*. Le Petit bras de la Seine à Villennes. — *Schnetz*. L'Inondation. — *Thivier*. Les Mercenaires au défilé de la Hache. — *Hoffbauer*. Les Gueux. — *Diéterle*. Le Calvaire de Criquebeuf. La Valleuse — *Le Poittevin*. Lever de lune. — *Fourié*. Repas de noces à Yport. — *Binet*. Matinée de septembre à Saint-Aubin. — 251. *Hillemacher*. Les Assiégés de Rouen en 1418.

Salle VIII. — Dessins d'architecture de *Chédane*, *Lecœur*, *Sauvageot*, *Paulme* (Monuments du pays), etc.

On sort par les salles g. de la céramique.

La *bibliothèque* a son entrée rue de la Bibliothèque, derrière le Musée (dans l'escalier, *peintures* de M. P. Baudouin représentant l'Histoire du Livre); 133,000 vol., 3,600 manuscrits, dont un Graduel gr. in-f°, merveille d'art et de calligraphie.

A l'E. du musée, l'ancienne *église Saint-Laurent* (xve-xvie s.) est devenue un magasin. Près de là, *Saint-Godard*, du xve ou du xvie s. (peintures murales par Le Hénaff; *vitraux* du xvie s. ou modernes; dans la chapelle de la Vierge, tombeaux avec statues de deux magistrats).

Du square de Solférino, la *rue Bouvreuil* mène à la **tour de Jeanne-d'Arc** (musée), où l'héroïne fut enfermée pendant son procès; ce donjon cylindrique est le reste du château fort de Philippe Auguste (1205).

On regagne l'hôtel de ville, d'où la rue de la République conduit, à dr., au **lycée Corneille**, occupant l'ancien collège des Jésuites et un bâtiment de l'ancien séminaire (dans l'église, dont le portail est orné des statues de Charlemagne et de St Louis, à g., *mausolée* en marbre du cardinal de Joyeuse). — A g., la *rue Dulong* mène à la *rue Beauvoisine*, où sont groupés *l'école de Médecine* et, dans un ancien couvent (XVIIe s.), le *Muséum d'histoire naturelle* (ouvert dim. et fêtes, de midi à 4 h.; les autres j., 50 c.) et le **Musée départemental d'antiquités** (ouvert t. l. j., sauf les lundi et samedi, de 10 h. à 5 h.), où l'on remarque surtout deux *mosaïques* gallo-romaines, découvertes dans la forêt de Brotonne et à Lillebonne.

On laisse à dr. la *fontaine Sainte-Marie*, château d'eau monumental surmonté d'un groupe en pierre (la Ville de Rouen entre le Génie de l'Industrie et le Génie du Commerce), par Falguière, à l'extrémité de la rue de la République, qui aboutit à la *place Beauvoisine*. De là, par le boulevard, à g., on rejoint la gare.

[DE ROUEN A LA CHAPELLE DE BONSECOURS. — 2 itinéraires : 1° tram électrique de Mesnil-Esnard (65 c. aller et ret.), partant du pont de pierre toutes les 10 min. et dont le parcours offre une fort belle vue; on descend près de la mairie de Blosseville, d'où un court chemin conduit en 5 min. à l'église. En sortant de Rouen, le tram passe près de l'*église Saint-Paul*, reconstruite en style roman par Barthélemy; à côté, le sanctuaire primitif (XIe s.) sert de sacristie; — 2° par le funiculaire. On prend sur le quai de Paris, presque à égale distance du pont Corneille et du pont Boïeldieu, le bateau du funiculaire (prix 10 c.), que l'on quittera à la 2e escale, celle d'*Eauplet*. A l'extrémité du petit chemin s'ouvrant en face du débarcadère, on tourne à dr. pour gagner la gare du **chemin de fer funiculaire** (traj. en 3 ou 4 min.; montée 15 c., desc. 10 c., 20 c. aller et ret.), long de 363 m. 30 (la différence de niveau entre le point de départ et le point *terminus* est de 129 m.), qui monte au plateau de Bonsecours, transformé en un parc ou square avec pièce d'eau; à dr. se dressent l'église de Bonsecours et le monument de Jeanne d'Arc; à g. est le café-restaurant du Casino (déj. 2 fr. et 2 fr. 50, dîner 3 fr.). *L'église* (1840-1842) a été construite par Barthélemy dans le style ogival (au portail, sculptures de Jean Duseigneur; tour haute de 50 m.; intérieur somptueusement décoré). En avant de l'église s'élève le *monument de Jeanne d'Arc*, dessiné par M. Juste Lisch dans le style de la Renaissance (statues de la Pucelle, par Barrias, de St Michel, par Thomas, Ste Marguerite, par Pépin, et Ste Catherine, par Verlet), au-dessous duquel la *chapelle N.-D. des Soldats* recouvre une crypte. Du monument on découvre une belle vue sur la Seine, qui coule à 150 m. au-dessous. En avant de Bonsecours s'avance la *côte Sainte-Catherine*.

DE ROUEN A AMIENS (117 k.; ch. de fer; gare spéciale dans le faub. Martainville; un tramway y conduit; trajet en 2 h. 5 à 4 h. 8; 13 fr. 10, 8 fr. 85, 5 fr. 75). — On passe sous la ligne de Paris. — Viaduc sur l'Aubette.

6 k. *Darnétal**, 6,826 hab., V. industrielle au fond d'une vallée étroite, traversée par les rivières de Robec et de l'Aubette. — *Eglise de Long-Paon* (XVIe s.), avec voûtes en bois décorées de peintures. — *Tour de Carville* (1514).

On traverse la rivière de Robec pour s'engager dans une étroite vallée. — 7 k. *Saint-Martin-du-Vivier*. — 11 k. *Préaux-Isneauville* (dans la forêt de *Préaux*, belle allée d'épicéas conduisant aux ruines du château du même nom).

16 k. *Morgny-la-Pommeraye*. — 20 k. *Longuerue-Vieux-Manoir*. — 27 k. *Montérollier-Buchy*, stat. à la jonction du ch. de fer du Havre à

Amiens par Motteville et Clères (R. 21, p. 152). — Tunnel de 1,488 m.

36 k. *Sommery* (clocher des XIIIe et XVIIe s.). — Vallée de Bray.

45 k. *Serqueux* (buffet), à la jonction du ch. de fer de Paris à Dieppe par Gisors et Neufchâtel.

52 k. *Gaillefontaine* (à 4 k. N.; corresp., 50 c.). — *Église* du XIIIe s. (beau retable). — Sur les restes d'un *château*, jolies promenades (belle vue).

On quitte la vallée de Bray pour s'élever à 228 m. d'alt., puis on parcourt un plateau.

60 k. *Formerie*, 1,341 hab. (église du XVIe au XVIIIe s., renfermant de jolis pendentifs et une corniche élégante), est relié par un embranchement à Milly, stat. du ch. de fer de Beauvais au Tréport.

66 k. *Abancourt* (buffet), station où passe la ligne directe de Paris au Tréport.

69 k. *Romescamps*. — 72 k. *Fouilloy* (château ruiné).

78 k. 5. *Sainte-Segrée*.

86 k. *Poix*, 1,099 hab. (beau viaduc). — 91 k. *Famechon*. — 97 k. *Namps-Quevauvillers*. — 104 k. *Bacouel*. — On joint à dr. la ligne de Beauvais à Amiens.

109 k. *Saleux*. — A g., ligne de Boulogne. — 114 k. *Saint-Roch*, faub. industriel d'Amiens.

117 k. Amiens (*V.* le Réseau *Le Nord*).]

De Rouen à Elbeuf, Louviers et Dreux, R. 20; — à Caudebec, Lillebonne, à Yvetot et au Havre, R. 21; — à Étretat et à Yport, R. 23; — à Fécamp et à Saint-Pierre-en-Port, R. 24; — aux Petites-Dalles, à Veulettes, Saint-Valery-en-Caux et Veules, R. 25; — à Dieppe, R. 26, *A*.

ROUTE 20

DE ROUEN A DREUX

PAR ELBEUF ET LOUVIERS

113 k. — Ch. de fer, en 3 h. à 4 h. 25. — 12 fr. 65; 8 fr. 55; 5 fr. 55. — Dép., à Rouen, de la gare d'Orléans, située place Carnot, au faub. St-Sever, en face du pont Boïeldieu. — Parcours très intéressant à cause des beaux points de vue que l'on a sur la vallée de la Seine.

3 k. *Le Petit-Quevilly*, gros bourg industriel (*chapelle* de l'hospice, avec peintures des XIIe-XIIIe s.).

5 k. *Le Grand-Quevilly* (château de *Montmorency*, XVIIIe s.; ferme du *Grand-Aulnay*, appartenant aux hôpitaux de Rouen, qui la reçurent en don de Richard Cœur-de-Lion en 1197), près de la *forêt de Rouvray* (3,359 hect.).

8 k. 5. *Petit-Couronne* (*maison* de la famille de Corneille, transformée en *musée Cornélien*, ouvert de 9 h. à 6 h.).

13 k. *Grand-Couronne*, 1,419 h.

15. k. *La Bouille-Moulineaux*. La Bouille (*V.* p. 147) est à 3 k. O. *Moulineaux* possède une *église* du XIIIe s. (vitrail donné par Blanche de Castille; fonts baptismaux du XIIIe s.; jubé et boiseries du XVIe s.; au cimetière, if de 2 m. 30 de circonf.) et une maison du XIIIe s. Un *monument*, œuvre de MM. Franquet et Foucher, y a été élevé aux soldats tués pendant la guerre franco-allemande. La colline dominant le v. a con-

servé quelques vestiges du *château* légendaire *de Robert le Diable*, autour duquel un combat fut livré en 1870.

17 k. *Le Hêtre à l'Image*, halte ainsi nommée d'un arbre voisin dont le tronc a 3 m. 60 de circonf. — Tunnel dans la *forêt de la Londe*. — 18 k. 5. *Elbeuf Rouvalets*. — Tunnel.

23 k. **Elbeuf***, V. de 19,050 hab., est situé sur la rive g. de la Seine, qui y reçoit le Puchot, au pied de hauteurs couvertes de forêts qui forment autour d'un méandre du fleuve un hémicycle d'un grand caractère. La Seine y est traversée par deux ponts : en aval, un *pont suspendu*; en amont, le *Grand-Pont* ou *Pont-Neuf*, qui font communiquer la ville avec le v. de Saint-Aubin et (1,500 m. env.) la gare d'*Elbeuf-Saint-Aubin* (les trams qui la desservent passent sur le Pont-Neuf), stat. du ch. de fer de Rouen à Serquigny. — La *fabrication des draps et nouveautés* forme à Elbeuf une industrie considérable. Une *école manufacturière* est destinée à former des contremaîtres et à initier les fils des industriels aux connaissances techniques indispensables aux chefs d'usines.

En sortant de la gare d'*Elbeuf-Ville*, située près de la *place Lécallier* (*monument Dautresme*, œuvre de MM. L. Chrétien et Brisson, consistant en une fontaine surmontée du buste en bronze de Lucien Dautresme, homme politique et compositeur, né à Elbeuf), on descend par un grand escalier à l'*avenue Gambetta* (à dr., *église Notre-Dame de l'Immaculée-Conception*, moderne, style du XIIIe s.), qui va aboutir à la rue de la Barrière, près de la place ou carrefour du *Calvaire*. La *rue de la Barrière*, qui traverse la ville dans toute sa longueur, est la plus commerçante et la seule animée. En la suivant à g., on y rencontre le théâtre, l'hôtel de l'Univers et la *poste-télégraphe*, puis, plus loin, à g., l'*église Saint-Etienne* (1517-1708; *verrières*; *pendentifs* des voûtes; saint-sépulcre et buffet d'orgue du XVIe s.; cuve baptismale de 1750 faite avec des marbres rapportés d'Herculanum).

Après être revenu sur ses pas jusqu'à la poste, on prend à g. la *rue Saint-Jean*, conduisant au pont suspendu en passant devant l'*église Saint-Jean* (*vitraux* des XVe et XVIe s.). Près du pont on voit à dr. le *port*, sur lequel donne le *jardin public* (*buste de Victor Grandin*, célèbre manufacturier) entourant l'*hôtel de ville* (*musée d'histoire naturelle*). En contournant l'édifice on parvient sur une place bordée à g. par le *Cercle du Commerce*, en face duquel s'élève le *Grand-Hôtel*.

D'Elbeuf à Rouen par Oissel, à Glos-Montfort, à Serquigny, R. 13, p. 93; — à Pont-Audemer et à Honfleur, R. 18, *C*.

24 k. *Caudebec-lès-Elbeuf* (fabr. de draps, filat. de laine).

25 k. *Saint-Pierre-lès-Elbeuf*, sur l'Oison, que l'on y franchit, à la lisière de la forêt de Pont-de-l'Arche (filat. de laine, fabr. de draps).

32 k. *La Haye-Malherbe*. — 34 k. *Tostes*. — On traverse la *forêt de Louviers* (1,141 hect.).

41 k. *Saint-Germain-de-Louviers*.

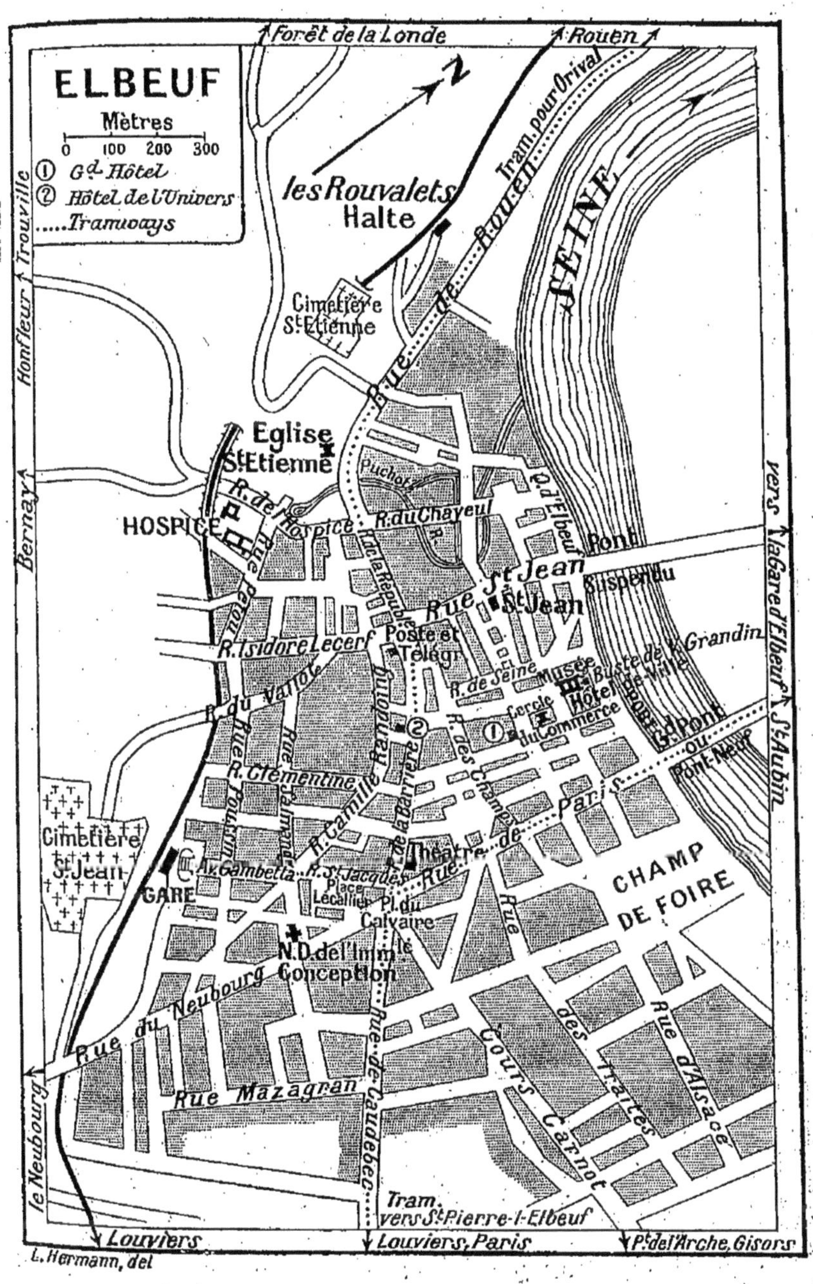
ELBEUF
Mètres
0 100 200 300
① Gd. Hôtel
② Hôtel de l'Univers
.....Tramways
Forêt de la Londe
Rouen
N
Tram. pour Orival
les Rouvalets Halte
Rue de Rouen
SEINE
Cimetière St. Etienne
Trouville
Honfleur
Bernay
Eglise St. Etienne
HOSPICE
R. de l'Hospice
R. du Chayeul
Puchot
Q. d'Elbeuf
Pont Suspendu
Rue St. Jean
St. Jean
R. Isidore Lecerf
Poste et Télégr.
R. du Valloi
R. de Seine
Musée
Buste de V. Grandin
Hôtel de Ville
Cercle du Commerce
Gd. Pont ou Pont Neuf
vers la Gare d'Elbeuf St. Aubin
R. Clémentine
R. Camille Randoing
R. des Champs
Rue de Paris
Théâtre
Cimetière St. Jean
GARE
Av. Gambetta
R. St. Jacques
Place Lécallier
Pl. du Calvaire
CHAMP DE FOIRE
N.D. de l'Imm.le Conception
Rue du Neubourg
Rue Mazagran
Rue de Caudebec
Cours Carnot
Rue des Traités
Rue d'Alsace
le Neubourg
Tram. vers St. Pierre-l-Elbeuf
Louviers
Louviers, Paris
Pt. de l'Arche, Gisors
L. Hermann, del

43 k. **Louviers** * (buffet), 10,249 hab., V. industrielle connue pour ses draps et nouveautés, est située dans un vallon fertile entouré de bois, arrosé par l'Eure que bordent de jolies habitations. Elle est entourée de *boulevards*. La vieille ville est bâtie en bois. De la *place de la Gare* part la rue du même nom, qui, après avoir franchi deux bras de la rivière, débouche sur la *place de la République*, d'où part à g. la *rue du Quai*. 50 m. plus loin, cette rue débouche au chevet de l'église, que contourne la *rue Grande*. La rue Grande, se continuant à g., rencontre à dr. la *rue* montante *du Matrey* (*hôtel du Grand-Cerf*, maison ancienne restaurée). A l'angle de cette rue et de la *place de la Halle*, au n° 18, *maison* de l'époque Louis XII.

L'église Notre-Dame est un beau monument du XIIIe s., rhabillé avec luxe aux XVe et XVIe s.

A l'int. (vitraux des XVe-XVIe s. et modernes) : — bas-côté dr., tombeau et bas-reliefs du XVe s. (la Passion) en marbre peints et dorés ; — bas-côté g., chapelle avant le portail latéral. S., Mise au tombeau du XVe s., sous l'autel, et sculptures en bois du XIVe s. ; à l'extrémité, bas-reliefs en bois peint et doré (fin du XVe s.), encastrés dans un autel moderne. — Nef : statues des Apôtres (XVIe s.).

En faisant face au grand portail de l'église, on a à g. la rue de l'*Hôtel-de-Ville*, édifice renfermant la *bibliothèque* (14,000 vol.). A côté est le *musée*, en façade sur la *place de Rouen* (*caisse d'épargne*), que la *rue Saint-Louis* relie à la place de la République.

A St-Pierre-du-Vauvray, R. 19, p. 127.

Pont sur l'Eure.

48 k. *Acquigny* (*château* du XVIe s.), relié à Évreux par un embranch.

Pont sur l'Eure. — 52 k. *Heudreville*. — 57 k. *La Croix-Saint-Leufroy*. — 60 k. *Autheuil-Authouillet*. — 62 k. *Chambray* (*château* bâti sous Henri IV).

65 k. *Jouy-Cocherel* (*pyramide* rappelant la bataille gagnée en 1364 sur les Anglais par Du Guesclin). — 69 k. *Menilles* (château du XVIe s. ; portail de l'*église*, du temps de Louis XII).

72 k. **Pacy-sur-Eure** *, 2,021 hab. — *Eglise* (XIIIe-XIVe s.). — *Maison* du XVIe s. (rue des Moulins).

De Pacy à Vernon, R. 19, p. 127.

77 k. *Hécourt*. — 79 k. *Breuilpont* (*château* du XVIIIe s). — On passe au-dessus de la ligne de Paris à Caen (R. 13).

83 k. *Bueil*. — Pont sur l'Eure.

88 k. *Ivry-la-Bataille*, sur la rive g. de l'Eure. — *Obélisque* en mémoire de la victoire de 1590, remportée par Henri IV sur le duc de Mayenne, commandant de la Ligue. — Restes d'une *abbaye*. — *Église* dont un portail est attribué à Philibert Delorme. — Fabr. d'instruments de musique.

92 k. *Ezy-Anet*. Près d'*Ezy*, chapelle de *Saint-Germain-la-Truite*, du XIIIe s., dont la légende attribue l'origine à un miracle de St Germain. A 3 k. (omnibus), sur l'autre rive de l'Eure, **Anet**, 1,316 hab., entre l'Eure et la Vesgre, près de la *forêt de Dreux* (3,256 hect.), est célèbre par son **château**, bâti en 1552, sur les plans de Phili-

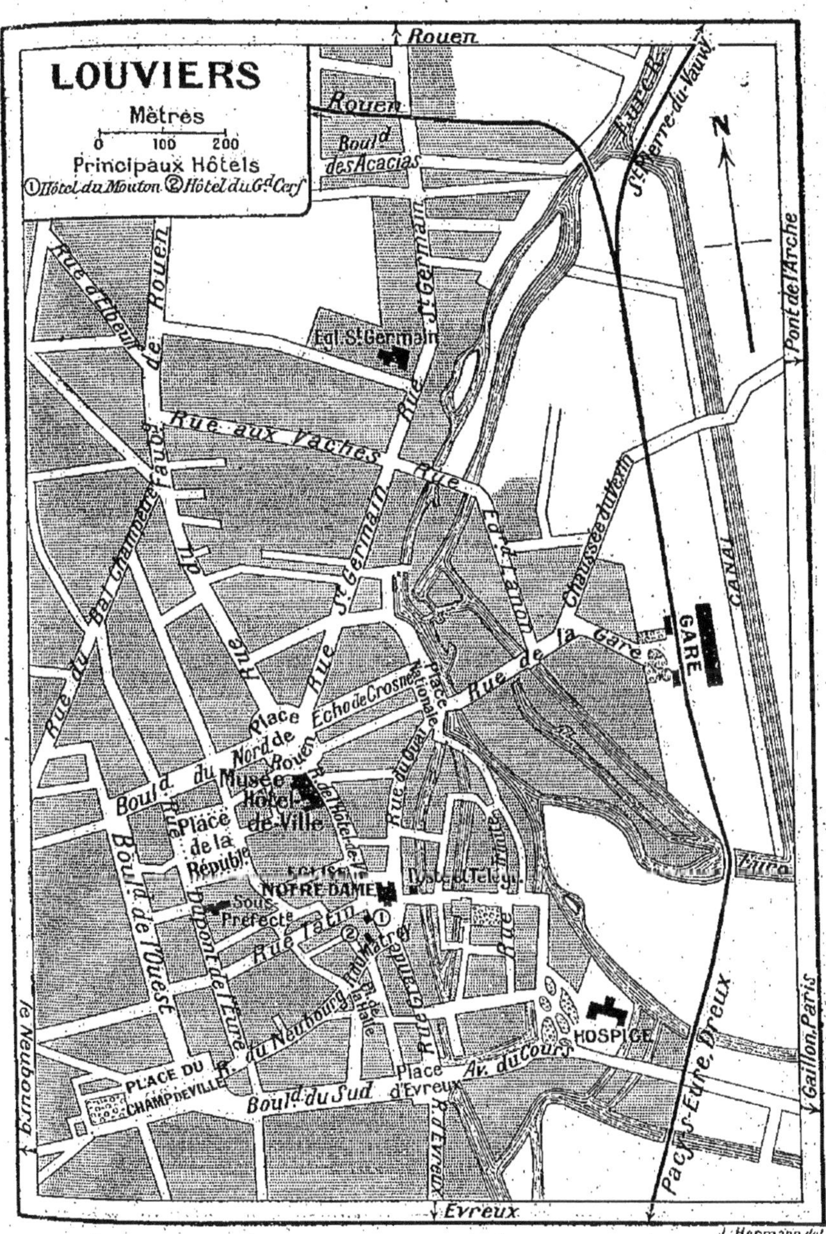
LOUVIERS
Mètres
0 100 200
Principaux Hôtels
① Hôtel du Mouton ② Hôtel du Gd Cerf
Rouen
Boulᵈ des Acacias
Rue St Germain
Egl. St Germain
Rue d'Elbeuf
Rue de Rouen
Rue aux Vaches
Rue Fond Lanon
Chaussée du Vexin
Rue de la Gare
GARE
CANAL
Pont de l'Arche
St Pierre-du-Vauvr.
N
Place Nationale
Echo de Crosne
Place de Rouen
Boulᵈ du Nord
Musée Hôtel-de-Ville
Place de la République
Rue du Bal Champêtre
NOTRE DAME
Poste et Télég.
Sous Préfecte
Rue Tatin
Boulᵈ de l'Ouest
R. du Neubourg
PLACE DU CHAMP DE VILLE
Boulᵈ du Sud
Place d'Evreux
Av. du Cours
HOSPICE
Pacy-s-Eure, Dreux
Gaillon, Paris
le Neubourg
Evreux
R. d'Evreux
Eure
L. Hermann del.

bert Delorme, par Henri II, pour Diane de Poitiers, et détruit à partir de la Révolution. Il en reste notamment la *porte* d'entrée, richement sculptée, et la *chapelle* (coupole avec peintures du XVIe s. et sculptures de Jean Goujon). On peut visiter le château le jeudi et le dim., de 2 h. à 5 h., pendant le mois de juillet. A l'int., magnifique *escalier*, faïences, tapisseries, meubles anciens, frise sculptée, beau plafond du salon de Diane, etc. La *chapelle sépulcrale*, bâtie par Diane de Poitiers pour recevoir son tombeau, offre une belle façade avec incrustations de marbre.

96 k. *Croth-Sorel.*

100 k. *Marcilly-sur-Eure.* — Restes de l'*abbaye du Breuil-Benoît* (XIIe s.), restaurés par M. de Reiset, qui a créé dans le manoir abbatial (XVIe s.) un musée (dans l'église, *châsse* de St Eutrope, XIVe s.).

104 k. *Saint-Georges-Motel*, à la bifurc. de l'embranchment d'Evreux. — Le ch. de fer franchit l'Avre. A g., *Montreuil* (*aqueduc* de 30 arches pour le canal portant à Paris les eaux de l'Avre). — 108 k. *Fermaincourt.*

109 k. Les *Osmeaux-Abondant.*

113 k. Dreux (R. 11).

ROUTE 21

DE PARIS AU HAVRE

228 k. — Ch. de fer, en 3 h. 30 à 7 h. suivant les trains. — 25 fr. 55; 17 fr. 25; 11 fr. 25. — Wagon-restaurant au train de 8 h. matin et à celui de 7 h. soir (restaurant 1re cl., déj. 3 fr. 50, dîner 5 fr. vin non compris; rest. 2e cl., 2 fr. 25 et 3 fr. 50). — Billets d'aller et ret. de Paris-Saint-Lazare à Rouen et au Havre et de Rouen au Havre ou *vice versa*, donnant aux voyageurs le droit d'effectuer une seule fois, à l'aller ou au ret., le traj. de Rouen au Havre par les bateaux omnibus de Rouen (embarcadère quai de la Bourse). Prix des places: de Paris au Havre, 32 fr. et 23 fr.; de Rouen au Havre ou *vice versa*, 13 fr. et 9 fr. La durée de validité de ces billets est de 3 j. pour ceux de Rouen au Havre ou *vice versa* et de 5 j. pour ceux de Paris au Havre ou *vice versa*. Ils sont délivrés aux gares de Paris-St-Lazare, Rouen rive dr. et du Havre, ainsi que sur les bateaux de la Cie des Bateaux-omnibus de Rouen.

140 k. de Paris à Rouen (R. 19).

DE ROUEN AU HAVRE

A. Par le chemin de fer.

88 k. — Trajet en 1 h. 22 à 2 h. 51 suivant les trains. — 9 fr 95; 6 fr. 75; 4 fr. 40.

Au sortir de la gare de la rue Verte, on s'engage dans un *tunnel* de 1,134 m., qui passe sous les faubourgs de Bouvreuil, de Cauchoise, et sous le cimetière Saint-Gervais. — Belle vue sur Rouen et sur la Seine.

146 k. (de Paris). *Maromme*, 3,860 hab. — Jolie vallée du Cailly.

149 k. **Malaunay** (buffet), d'où part l'embranch. de Dieppe (R. 26, *A*). — Viaduc long de 170 m. (8 arches), sur la vallée du Cailly. — Tunnel de *Notre-Dame-des-Champs* (2,200 m.). — Vallée de Sainte-Austreberte, sur laquelle est jeté le *viaduc de Barentin*, long de 500 m., haut de 33 m. (27 arches).

157 k. **Barentin.**

[De Barentin a Caudebec (31 k.; chem. de fer, 1 h.; 3 fr. 25, 2 fr. 20, 1 fr. 40). — 5 k. *Barentin-Ville*. — Vallon de Sainte-Austreberte. — 15 k. *Duclair* *, 2,039 hab., petit port de relâche sur la rive dr. de la Seine (bac à vapeur). *Eglise* (portail de la Renaissance; clocher roman; à l'int., statues du XIIIe s. et colonnes antiques avec chapiteaux en marbre). A Rouen par la Seine, *V.* ci-dessous, *B.* — 20 k. *Yainville-Jumièges*. A 3 k. S. (corresp.), ruines célèbres (visibles t. l. j.; rémunération au gardien) de l'abbaye de **Jumièges** *, conservées avec soin dans un parc à la végétation luxuriante. Ce monastère, fondé au VIIe s. et fameux au moyen âge, a subsisté jusqu'en 1790. Le portail de l'*église Notre-Dame* (XIe s.) et ses deux tours subsistent; la nef conserve ses gros piliers, ses bas-côtés et une partie de ses murs latéraux; on admire surtout le grand arc en plein cintre qui soutient un pan entier de l'ancienne tour centrale (41 m. de haut.). Près du croisillon S., une porte s'ouvre dans l'*église Saint-Pierre*, rebâtie en 930, puis au XIVe s. Sur le côté dr. de cette église s'ouvre la *chapelle Saint-Martin* (XVe s.). La *salle capitulaire* (XIIIe s.) renferme des tombes d'abbés. Au pied de la tour du S., *salle des Gardes* de Charles VII, romano-ogivale; sous cette salle et sous une partie des ruines, *caves* du XIIIe s. Dans le *musée lapidaire* on remarque surtout les pierres tombales de plusieurs abbés de Jumièges parmi lesquelles celles de Nicolas Leroux, 59e abbé, l'un des juges de Jeanne d'Arc; la pierre avec épitaphe qui recouvrait le cœur d'Agnès Sorel; les statues tombales des Enervés, fils de Clovis II, etc.

29 k. *Saint-Wandrille*. Dans un beau parc, où l'on entre librement, restes d'une **abbaye**, fondée vers 645 par St Wandrille : beaux bâtiments d'habitation, XVIIe s.; *cloître*, XIVe et XVIe s.; débris de sculptures; *lavabo* de la Renaissance à l'entrée du *réfectoire* (XIIe et XVe s.); beaux restes de l'*église*, XIIIe-XIVe s. — *Eglise* paroissiale romano-ogivale.

31 k. **Caudebec** *, 2,416 hab., sur la rive dr. de la Seine, qui y forme un petit port où les navires ne sont pas toujours en sûreté à cause de la **Barre**, grosse vague atteignant parfois 4 m. de hauteur et une vitesse de 6 à 10 m. par seconde, qui précède le flot montant les jours de grande marée. Le spectacle de ce phénomène attire un grand nombre de curieux amenés par des trains spéciaux. Un bac à vapeur relie la ville à la rive g. de la Seine, sur laquelle s'étend la *forêt de Brotonne*. — **Eglise** des XVe et XVIe s.; façade O., un des chefs-d'œuvre du style ogival flamboyant (balustrade à cariatides, surmontée d'une galerie en lettres gothiques formant des invocations à la Vierge). A dr. de la façade se dresse la **tour** (54 m.), la plus belle de la Normandie après la tour de Beurre de Rouen, qu'elle dépasse en hauteur avec sa flèche en pierre dentelée, reconstruite de 1883 à 1886, à la suite d'un coup de foudre. Les fragments les plus intéressants de l'ancienne flèche ont été recueillis dans le *musée* (à l'hôtel de ville). A l'int. : *vitraux* anciens, crédences, retables, etc. — Deux *maisons* du XIIIe et du XIVe s. (rue de la Halle et Grande-Rue).

A 4 k. O. de Caudebec (route charmante), *Villequier* a une *église* connue pour la magnificence de ses *verrières* et dont le cimetière renferme le tombeau de Mme Vacquerie, fille de Victor Hugo, noyée en 1843 dans la Seine, en face du petit port.]

159 k. *Pavilly*, 3,022 hab. (charmants paysages; *chapelle de Sainte-Austreberte*, du XIIe s.; *château* du XVe s.). — Tunnel débouchant sur un plateau accidenté.

170 k. *Motteville*, à l'embranch. des ch. de fer de Clèves et de Saint-Valery-Cany (*château* du temps de Henri IV; *if* séculaire, au cimetière).

De Motteville à Clères et à Amiens, V. p. 152; — aux Petites-Dalles, à Veulettes, à Saint-Valery-en-Caux et à Veules, R. 25.

178 k. **Yvetot** *, 7,352 hab., est situé à peu près au centre du *pays de Caux*, plateau agricole de 100 à 200 m. d'altit., de formation calcaire, dont les habitations isolées sont entourées de grands arbres. — A l'*église* (XVIIIe s.), autel en marbre, boiseries et chaire intéressantes.

184 k. *Allouville-Bellefosse.* Près de l'église, célèbre *Chêne-Chapelles d'Allouville*, âgé de 8 siècles.

189 k. *Foucart-Alvimare.*

197 k. *Bolbec-Nointot*, stat. reliée par des voit. (50 c.) à (4 k. S.-S.-O.) la V. de Bolbec (*V.* ci-dessous). — *Viaduc de Mirville*, en briques, long de 524 m., haut de 35 m.; 48 arches.

203 k. **Bréauté-Beuzeville** (buffet), gare d'où partent les embranch. de Lillebonne et de Fécamp.

[De Bréauté a Lillebonne (14 k.; chem. de fer, en 28 à 45 min.; 1 fr., 70 c., 45 c.). — On passe sous le viaduc de Mirville. — 6 k. **Bolbec** *, 11,820 hab., V. industrielle (tissages de calicots, filat. de coton, fab. de mouchoirs), agréablement située à la jonction de 4 vallons et sur la rivière de Bolbec. Beaux retables dans l'*église*. Dans le *jardin de l'hôtel de ville*, **fontaines** avec *statues* en marbre, provenant de Marly. — 10 k. *Gruchet-la-Valasse* (restes de l'*abbaye du Valasse*, fondée vers 1157).

14 k. **Lillebonne** *, 6,425 hab., dans une jolie vallée, à 6 k. de la Seine, fut jadis la capitale des Calètes, rebâtie par Auguste, qui la nomma *Juliobona*. De la ville romaine il subsiste notamment des restes d'un *théâtre*. — Dans un joli parc, ruines d'un *château* construit par Guillaume le Conquérant (*donjon* du XIIIe s.). — L'*église*, reconstruite de nos jours dans le style du XIVe s., a conservé du XVIe s. un portail gothique et un clocher haut de 55 m. A l'int., verrières anciennes et bas-reliefs en marbre.

Le chemin de fer doit être prolongé jusqu'à *Port-Jérôme*, situé en face de Quillebeuf (*V.* ci-dessous, *B*), auquel le relie un bac à vapeur.

Lillebonne est la stat. de ch. de fer la plus voisine de (7 k. S.-O.) *Tancarville*, v. dominé par les ruines d'un *château* (pour les visiter, s'adresser au concierge) du XIIIe s., bâti sur une falaise haute de 50 m. et appartenant à M. de Lambertye. Sur la *grande terrasse* (vue magnifique) s'élève le *Château Neuf*. — En amont et en aval de Tancarville, le cours de la Seine a été profondément modifié de nos jours, et, pour faciliter la navigation, a été creusé à travers les alluvions de la rive dr. le canal *de Tancarville au Havre* (25 k.).]

De Bréauté-Beuzeville à Etretat et à Yport, R. 23; — à Fécamp et à Saint-Pierre-en-Port, R. 24.

208 k. *Virville-Manneville.* — 211 k. *Etainhus-Saint-Romain*, gare reliée par un tram (40 c.) à (4 k. S.-E.) *Saint-Romain-de-Colbosc*, 1,873 hab. — Le ch. de fer descend dans le vallon de Saint-Laurent, par lequel il va déboucher dans la vallée de la Seine. — 218 k. *Saint-Laurent-Gainneville.*

222 k. **Harfleur** * (d'où part le ch. de fer de Montivilliers et Dieppe, R. 22), sur la Lézarde et près de la rive dr. de la Seine. — **Eglise** (XVe et XVIe s.), avec grand portail de 1635, dominé par une magnifique tour (83 m.) que couronne une flèche en pierre ajourée du XVe s.; portail latéral précédé d'une *croix* monumentale du XVe s. A l'int., buffet d'orgues de la Renaissance. — *Château* du XVIIe s., restauré par Viollet-le-Duc. — Sur la promenade, *statue de Jean de Grouchy*, qui chassa les Anglais en 1435.

Viaduc sur la Lézarde.

226 k. *Graville-Sainte-Honorine* (*V.* p. 151). — La voie ferrée, parallèle au canal d'Harfleur, laisse à g. des forges, le bassin Vauban, le quai Colbert et des usines.

228 k. (88 k. de Rouen). Le Havre (buffet; *V.* ci-dessous, *B*).

B. Par la Seine.

Bateau de la Basse-Seine, tous les 2 j. du 31 mai au 30 sept., avec escales à Caudebec et à Quillebeuf seulement (l'embarquement et le débarquement aux deux escales est à la charge des voyageurs); embarcadère : à Rouen, quai de la Bourse; au Havre, quai Notre-Dame. Traj., à la descente, en 6 h. 30 à 7 h.; à la remonte, en 5 h. à 5 h. 30 (le vapeur profitant du jusant ou de la marée jusqu'à Quillebeuf). — 1re cl. 6 fr., 2e cl. 4 fr.; 2 fr. de supplément sur le prix de la 1re cl. pour les places de passerelle; les vélocipèdes paient 1 fr., les chiens, 1 fr. Restaurant à bord, à la carte et à prix fixe : déj., vin compris, 4 fr.; dîner, 5 fr. L'horaire des bateaux est publié dans l'*Indicateur Chaix* hebdomadaire. — Billets d'aller et ret. valables 3 j. (13 fr. et 9 fr.), donnant le droit d'effectuer, à l'aller ou au ret., le trajet par le ch. de fer. — Voyage très agréable et très intéressant par le beau temps.

A g., le Petit-Quevilly (R. 20). A dr., château et église de *Canteleu*, Villas.

Rive dr.: *Croisset*, *Dieppedalle*, *Biessard* et *Quenneport*.

Rive g. : le Grand-Quevilly, Petit-Couronne, Grand-Couronne (R. 20). La Seine forme une vaste baie.

Rive dr. : *Val-de-la-Haye* (*colonne* rappelant la translation des cendres de Napoléon en 1840); *Hautot-sur-Seine*; *Soquence* (*château* moderne); *Sahurs*.

Rive g. : Moulineaux (R. 20); derrière Moulineaux, *forêt de la Londe*.

20 k., rive g. : **La Bouille** *, v. dans une charmante position (villas).

Rive g. : *Caumont* (*château* moderne; carrières pittoresques, dont une, *la Jacqueline*, renferme une grotte à stalactites; au *Haut-Caumont*, *poirier* phénoménal). — La Seine, décrivant une grande courbe, longe, à g., la *forêt de Mauny*.

Rive dr. : *Saint-Pierre-de-Manneville*; *Quévillon*, sur la lisière O. de la forêt de Roumare (château dit *la Rivière-Bourdel*, XVIIe s.).

Rive dr. : *Saint-Martin-de-Boscherville*. — Restes magnifiques de l'**abbaye de Saint-Georges** (XIe s.), où l'on va généralement en voit. particulière depuis Rouen : *église* surmontée au centre d'une belle tour romane; à l'int., piscines du XIIIe s.; *salle capitulaire* du XIIe s. (s'adresser dans la maison aux volets verts, à dr. de la façade de l'église); belle vue sur la vallée; dans la forêt de Roumare, arbre phénoménal, appelé *le Chêne-à-Leu*.

Rive g. : *Bardouville*; *Ambourville*; *Berville*.

Rive dr. : au delà de Saint-Martin commence une chaîne de collines rangées symétriquement et séparant de beaux vallons.

38 k. 5, rive dr. : Duclair (*V.* ci-dessus, *A*).

Rive g. : *Yville-sur-Seine*. — Le fleuve, tournant au N., longe, à g., des collines boisées dont une porte le château du *Landin*.

55 k. 5, rive dr. : Jumièges (*V.* ci-dessus, *A*).

Rive dr. : *Yainville; le Trait*, sur la lisière O. de la forêt du même nom.

Rive g. : *Guerbaville-la-Mailleraye*; *Notre-Dame-de-Bliquetuit* (*château*; église des XIe-XVIe s.; au ham. de *Wuy*, *orme* haut de 27 à 28 m. et dont le tronc a 6 m. 80 de tour); *Saint-Nicolas-de-Bliquetuit*.

70 k., rive dr. : Caudebec (*V.* ci-dessus, *A*).

Rive dr. : Villequier (*V.* ci-dessus, *A*), v. dans un des plus beaux sites de la Normandie.

Rive g. : *Vatteville* (au ham. de *l'Angle*, arbre phénoménal appelé le *chêne à la Vierge*); *Aizier*, à l'extrémité de la forêt de Brotonne; *Vieux-Port* (*if* magnifique).

Rive dr. : *la Norville* (beau *clocher* du XVe s.); *Saint-Maurice-d'Etelan* (église et château du XVe s.); *Petiville*.

93 k., rive g. : **Quillebeuf**, sur un promontoire; port de pêche, en face de Port-Jérôme (*V.* p. 146), auquel le relie un bac à vapeur (30 c.). — *Eglise* romane. — *Maisons* du XVe s. — C'est entre Quillebeuf et le méandre de Caudebec que la *barre* de la Seine atteint sa plus grande force. — De Quillebeuf, on voit se dérouler un immense horizon : à g., le *marais Vernier*, plaine marécageuse où se voient de beaux jardins maraîchers et de vastes pâturages, forme un demi-cercle depuis la *pointe de Quillebeuf* jusqu'à celle *de la Roque*, au pied de laquelle la Risle se jette dans la Seine.

Rive dr. : *Notre-Dame-de-Gravenchon*; *le Mesnil*; Lillebonne (*V.* ci-dessus, *A*); *Radicatel*, Tancarville et son canal (*V.* p. 146). En face de *la Roque* (phare), le fleuve devient un vaste estuaire.

Rive g. : *Berville-sur-Mer*; rocher et fanal du *Godin*; *Roches à Gervais*; phare de *Fatouville*.

Rive dr. : *cap du Hode*; *Sandouville*; vallée d'*Oudalle*; château de Gonfreville-l'Orcher (*V.* p. 152).

124 k., rive dr. : Harfleur (*V.* ci-dessus, *A*); — *pointe du Hoc* (phare; champ de courses du Havre); Graville, fort de l'Eure et Ingouville.

Rive g. : Honfleur (R. 18).

133 k. **Le Havre***, 130,196 hab., sur la Manche, à l'embouchure et sur la rive dr. de la Seine, est bâti dans une plaine bordée au N. par une chaîne de falaises couvertes de villas et de jardins. Il faut monter sur *la Côte* ou *coteau d'Ingouville* (ch. de fer funiculaire, 10 c., partant de la place Thiers) si l'on veut jouir d'une belle vue et surtout se former une idée exacte de la configuration de la ville.

En quittant la gare, d'où partent des trams qui permettent de visiter la ville rapidement, on laisse à dr. le *cours de la République* (*cercle Franklin* ou Bourse du travail) par lequel on pourrait gagner la belle *caserne des Douanes* et *l'église Sainte-Marie*. Suivant le *boulevard de Strasbourg*, on longe à g. des casernes, à dr. le *Palais de Justice* avec statues de la Force et de la Justice par Lenoir, puis *la Sous-Préfecture*, située en face de la **Bourse** renfermant un musée-type des divers produits du Globe.

Après avoir dépassé à g. l'hôtel des *Postes et télégraphes*, on

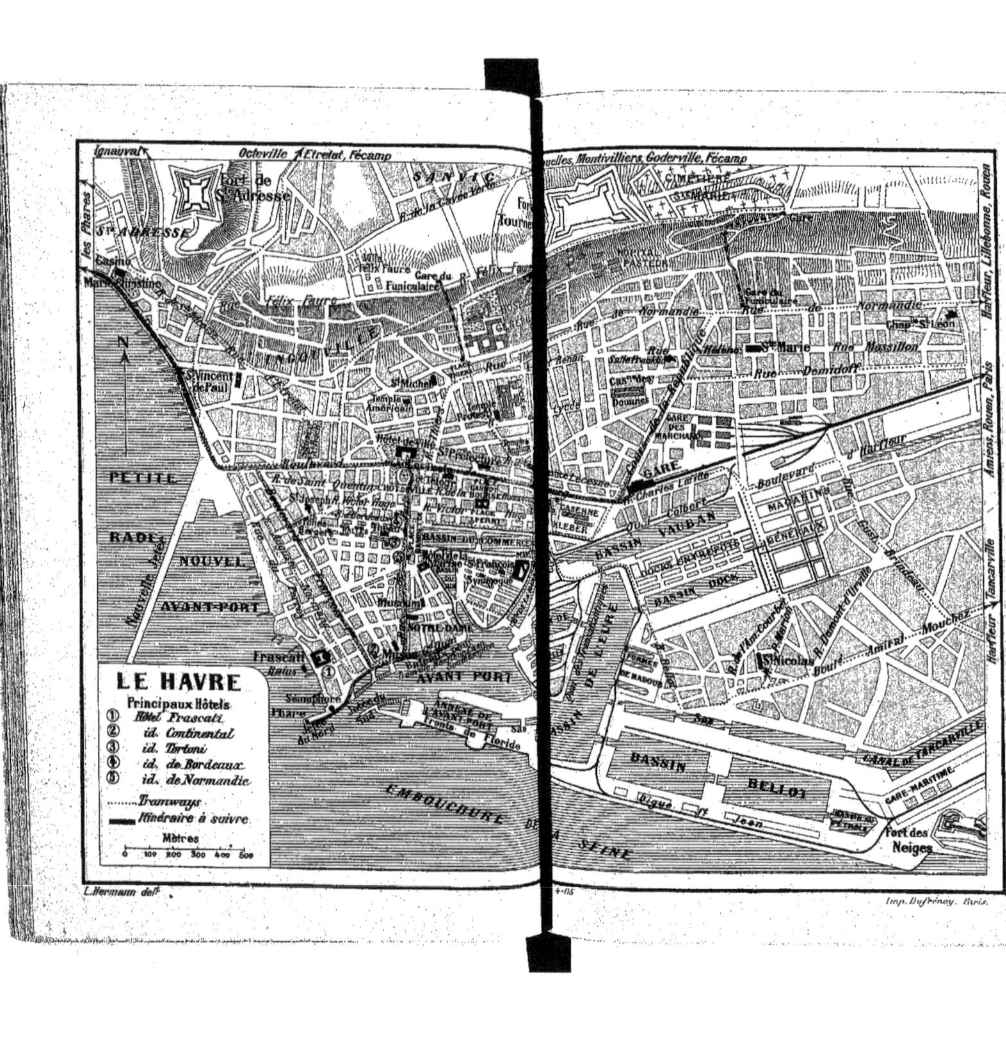
LE HAVRE
Principaux Hôtels
① Hôtel Frascati
② id. Continental
③ id. Tortoni
④ id. de Bordeaux
⑤ id. de Normandie
Tramways
Itinéraire à suivre
Mètres
0 100 200 300 400 500
Octeville Etretat, Fécamp
Montivilliers, Goderville, Fécamp
Fort de Sᵗᵉ Adresse
SANVIC
Sᵗᵉ ADRESSE
Casino
INGOUVILLE
PETITE
RADE
NOUVEL
AVANT-PORT
AVANT PORT
BASSIN DU COMMERCE
BASSIN VAUBAN
BASSIN DOCK
BASSIN BELLOT
GARE
GARE MARITIME
CANAL DE TANCARVILLE
EMBOUCHURE DE LA SEINE
Fort des Neiges
Harfleur, Lillebonne, Rouen
Amiens, Rouen, Paris
Harfleur Tancarville
L. Hermann delᵗ
Imp. Dufrénoy. Paris.

parvient à la **place de l'Hôtel-de-Ville**, entourée de belles constructions (Crédit Lyonnais, Comptoir d'Escompte) et occupée en grande partie par un *jardin public* (musique militaire le jeudi). La place, au delà de laquelle le boulevard longe à dr. le *square Saint-Roch* (musique militaire le jeudi), est reliée par la **rue de Paris** (beaux magasins), la plus fréquentée du Havre, à la place Gambetta et au Grand-Quai de l'avant-port.

La **place Gambetta**, dont le *théâtre* et des maisons à arcades (beaux cafés) occupent la partie O., est plantée, en partie, d'arbres en quinconce sous lesquels se tient un marché aux fleurs. Dans sa partie E., limitée par le *bassin du Commerce* (5 hect.), dont la partie O. est réservée aux yachts, s'élèvent les *statues* en bronze *de Bernardin de Saint-Pierre* et *de Casimir Delavigne*, par David d'Angers.

A g. de la rue de Paris, *place du Vieux-Marché*, où se trouve le *Muséum*, ouvert les dim. et jeudi de 10 h. à 5 h., puis *église Notre-Dame*, de 1574-1636 (buffet d'orgues donné par Richelieu, panneaux peints du XVIIe s. dans la chap. absidale; beaux vitraux modernes).

Parvenu à l'extrémité de la rue de Paris, on aperçoit à dr. le **Musée**, dont la façade est ornée de statues de la *Peinture*, l'*Histoire*, la *Science* et la *Sculpture*.

Rez-de-chaussée. — VESTIBULE (SCULPTURE). — A dr., bas-relief en pierre du XVIe s. (Portement de la croix par Ste Hélène); *Mulot*, Armide). — **Mathurin Moreau**. Les Exilés. — A g., cheminée de l'ancien logis du Roi (en bois garni de faïences), construite sous Charles IX. — **Bustes de célébrités normandes** : *Deloye*. Buste de Frédérick Lemaître.

PÉRISTYLE D'ENTRÉE. — *Nozal*. Canal du Loing (pastel). — *Granchy-Taylor*. La Leçon du vieux. — *Luminais* (*Evariste-Vital*). Famille vendéenne en prière. — *Buland*. Offrande à la Vierge. — *Boutet de Monvel*. Deux orphelins.

Entresol. — SALLE DE G., dite SALLE DU HAVRE. — Documents d'art et d'histoire locale (portraits, vues, plans, gravures). — *Willenich*. Catastrophe du 26 mars 1882, où périt le canot de sauvetage de Le Croisey. — Etudes d'artistes havrais : *Lecourt*, *Fauvel*, *Rotig*, *Lamy*, *Bénard*, *Courchë*, *Potier*, *Ausset*, *Maurice Courant*, *Hermann Léon* (Lice au Chenil). — *Pelouse*. Paysage. — *Yvon*. Les 7 Péchés capitaux (dessins), etc. — **Collection Boudin**, offerte au Musée par le père du maître honfleurais : paysages, marines, animaux.

SALLE DE DR. — Spécialement consacrée à la gravure. — **Collection des œuvres d'Alphonse Lamotte.** — **Le plafond de Mignard**, gravure du XVIIIe s., par *Audran*, don de M. Victor Berchut. — Décoration des Invalides de Ch. Le Brun.

GRAND ESCALIER. — *Dumont*. François Ier. — *Saint-Marceaux*. Félix Faure (buste). — *Mme Muraton*. Un banc de jardin. — *Jeannin*. Le Pot cassé. — *Verlat*. Chiens jouant. — *Renouf*. Pont de Brooklyn. — *Roll*. Scène d'inondation à Toulouse. — *Yvon*. Le Christ chassant les marchands du temple.

1er étage. — VESTIBULE. — A dr., dessins de *Lépicié*, aquarelles de *Th. Rousseau*, *Bonington*. — A g., 2 dessins de **Boucher**; **Greuze**, dessin à la sépia pour « l'Accordée de village »; dessins de *Troyon*, *Jacque*, *Isabey*; pastels de *Laurent Desrousseaux* et *Galbrun*.

SALLE A G. — Collection de monnaies depuis l'antique Egypte et Ecole française moderne.

SALLE A DR. — Cette salle renfermera des tableaux pris dans les autres salles, qui se trouveront ainsi moins encombrées.

GRANDE SALLE. — De dr. à g. : *Luini.* La V. et l'Enf. J. — *Tiepolo.* Esquisse d'un plafond. — *A. del Sarto.* Ste Famille. — *Guardi.* Place Saint-Marc à Venise. — *Primatice.* Adam et Eve. — *Dom. Zampieri.* Ste Cécile. — *Pérugin.* Ste Marguerite en prière. — *Solimena.* Simon le Magicien. — *Allori.* Jeune orfèvre florentin. — *Le Guide.* Ste Catherine. — *Carlo Maratti.* La Présentation de Jésus au temple. — *Ribera.* St Pierre repentant. — *Inconnu.* (éc. espagnole). Un gentilhomme. — **Van Dyck. St Sébastien.** — *D'Artois.* Paysage avec figures de *D. Teniers.* — *Van Balen.* Retour de chasse. — *Paul Bril.* Paysage (sur cuivre). — *Van de Velde.* 3 Marines. — *Jongkind.* L'Aube. — *A. Cuyp.* Petite fille conduisant une chèvre. — *Mengs.* Le poète Gianni. — *Maes.* Portrait d'un amiral. — *Faes.* Charles Ier d'Angleterre. — *Couture.* Le Fou. — *Largillière.* Portrait d'homme. — *Géricault.* La Charbonnière. — *Fragonard.* Tête de jeune homme. — *Schnetz.* Vieille femme italienne. — *Poussin.* Paysage. — *Géricault.* Bouledogue. — *Guérin.* Andromaque. — *C. Nanteuil.* La Tentation. — *Baudoin.* Etude. — *Courbet.* Clairière au cerf. — *Ch. Delafosse.* Glorification de la V. — **J. Clouet. Jeune fille.** — *Troyon.* Soleil couchant. — *Vien.* Loth et ses filles. — *Chaplin.* Portrait de sa mère. — *Le Grand.* Vieille Bretonne. — *Lépicié.* Vieillard lisant. — **Troyon. Paysage aux environs de Sézanne.** — *J.-P. Laurens.* L'Interdit. — *Gagliardini.* Le Lac Majeur. — *Petitjean.* Entrée du port de la Rochelle. — *Boudin.* Etudes. — *Tauzin.* Environs de Paris. — *Lerolle.* Moissonneuse. — *Renouf.* La brèche du mur à Guernesey. — Très beau bureau par *Boulle.* — Canapé indien en bois de teck (XVIIIe s.). — Au centre de la salle, vitrine de médailles des XVIIe, XVIIIe et XIXe s. ; médaillons de *Chapu.*

SALLE DU BORD DE L'EAU. — *Ciceri.* Intérieur d'écurie. — *Pointelin.* Soir dans le Jura. — *Couturier.* La Corvée de l'eau. — *Lhullier.* Café des Turcos. — *Héreau.* Récolte du varech. — Faïences.

Le musée s'est enrichi récemment d'une collection provenant du LEGS LANGEVIN-BAZAU, disposée provisoirement dans le grand salon et dans la galerie du S. Parmi les curiosités les plus remarquables nous signalerons les suivantes. Peinture et dessins : *Fr. Millet*, portrait de M. Langevin ; *Teniers*, Les Buveurs ; *Wouverman*, la Halte ; dessins d'*A. Carrache* (sépia) et *Boilly* ; carton de l'Orgie romaine, de *Couture* ; page de missel du XVIe s. dont les enluminures figurent la Passion. — Meubles et céramique : commode Louis XVI ; crédences gothique et de la Renaissance ; collection exceptionnelle d'assiettes, tasses et soucoupes en vieux Chine ; porcelaines ou faïences de vieux Saxe, de Strasbourg, de Rouen et du Japon.

Dans une galerie de sous-sol, à g. de la porte d'entrée, **musée Cochet ou archéologique.**

Au débouché de la rue de Paris, on voit à g. l'embarcadère des bateaux de Honfleur et de Trouville, à dr. la jetée du N., où les étrangers vont assister à l'entrée et à la sortie des navires, notamment, le samedi, à la sortie des Transatlantiques. A dr. de la jetée, bains de mer de l'**établissement Frascati.** De là on peut monter à Sainte-Adresse et aux phares de la Hève (*V.* ci-dessous) par le tram qui suit le *boulevard François Ier* et le *boulevard Maritime.*

Le **port** se compose d'un chenal large de 185 à 280 m., entre deux jetées, d'un *avant-port* (1,985 m. de quais), de 10 *bassins à flot*, d'un sas, de 15 *écluses* de navigation et de 6 formes de radoub. Parmi les bassins nous mentionnerons : le *vieux bassin* ou *bassin du Roi* (11,800 m. de superficie et 835 m. de quais), réservé aux steamers ; le *bassin du Commerce* (*V.* p. 134) ;

le *bassin de l'Eure* (21 hect.), à l'E. de la citadelle, dans lequel débouche le canal du Havre à Tancarville, et communiquant avec le *bassin-dock* (555 m. de long., 80 de largeur), autour duquel s'élèvent les *docks-entrepôts* (23 hect.). Le public est admis à visiter, dans le bassin de l'Eure, les paquebots de la Cie Transatlantique qui ne sont pas en chargement (prendre un ticket au bureau situé sous la tente, 50 c.).

Le **commerce** du Havre, qui est le grand marché au coton, s'élève au quart ou au 5e de celui de la France.

Des services réguliers de paquebots à vapeur et à voiles sont établis entre le Havre et les principaux ports de commerce des cinq parties du monde.

Le Havre possède de magnifiques usines pour la construction des machines. Le premier établissement industriel du Havre est celui de la *Société des forges et chantiers de la Méditerranée.*

[SAINTE-ADRESSE; PHARES DE LA HÈVE. — **Sainte-Adresse** *, 3,084 hab., dans un vallon, est composé de villas et d'une ligne de maisons le rattachant au Havre, le tout au pied d'un *fort*. Pour se rendre dans le bourg, il faut prendre le tram qui part du rond-point du cours de la République, suit le boulevard de Strasbourg, puis, après avoir contourné le square Saint-Roch, la *rue d'Etretat* pour aboutir à *Ignauval*. Mais les étrangers n'ont rien de curieux à y visiter. Ce qu'il y a d'intéressant à Sainte-Adresse consiste dans le casino et les établissements de bains de mer, où l'on arrive plus commodément par le boulevard Maritime, desservi par le tram de la jetée à la Hève jusqu'aux bains Buillet. Le *casino Marie-Christine* (petits chevaux, café; belle vue), ancienne villa de la reine d'Espagne, comprend une rotonde sur la mer, servant de théâtre, de salle de concerts et de bal, un jardin d'hiver, un cercle, un restaurant, une terrasse longue de 200 m. et un parc de 20,000 m. carrés.

Au delà des *bains Buillet*, où s'arrête le tram, on monte en dominant une batterie, à une bifurcation : en face, le *boulevard du Président Félix-Faure* monte, en contournant la falaise et en décrivant un lacet, aux phares de la Hève; à dr., l'ancienne route des phares décrit un lacet pour monter à la *chapelle de Notre-Dame des Flots*, pèlerinage pour les marins. A côté de la chapelle se trouvent le *stand* de la Société havraise de Tir et le *Pain de sucre*, sorte de cénotaphe élevé par la veuve du général Lefebvre-Desnoëttes, à la mémoire de son mari, mort dans un naufrage sur les côtes d'Irlande en 1822.

15 à 20 min. de marche suffisent pour aller, en continuant de suivre la route, de la chapelle aux **Phares de la Hève** (1775), bâtis sur des falaises (ne pas trop approcher du bord à cause des éboulements), que la mer ronge incessamment, à 98 m. de distance l'un de l'autre, et élevés de 20 m. au-dessus du sol (121 m. d'altit.). On monte par un escalier de 102 marches à la plate-forme de la tour S. (rémunération au gardien). La lumière électrique (feu tournant à éclipses de 5 en 5 secondes), adoptée pour le phare N., projette sa lueur à 51 milles.

GRAVILLE-SAINTE-HONORINE (3 kil. E.).— On va à Graville soit par le ch. de fer, soit par un tram qui suit la rue Thiers, puis la *rue de Normandie*, soit encore par le tram de la Jetée du Nord (quai des Etats-Unis) à Montivilliers. *Graville-Sainte-Honorine*, com. de 9,344 hab., connue par ses magnifiques jardins maraîchers et ses vergers de poiriers abritant d'innombrables plants de fraisiers, conserve les restes d'une abbaye du XIe s.

L'église est accotée d'une tour romane, en partie ruinée. A dr. est l'entrée de la cour du prieuré (bâtiments de 1633; beau balcon en fer forgé), qui forme une terrasse d'où l'on a une vue magnifique (*statue* en bronze dite la *Vierge Noire*, élevée à *N.-D. de Grâce* par les habitants du Havre en reconnaissance de sa protection pendant l'invasion de 1870-1871). Le cimetière renferme notamment, à g. de l'église, les sépultures de Léon Buquet, l'auteur de la « Normandie poétique », et de la famille Lefèvre, qui doit principalement une certaine notoriété à l'amitié de Victor Hugo. — On peut revenir au Havre (3 k. d'une belle route) par Harfleur.

GONFREVILLE-L'ORCHER (9 k. E.). — Pour se rendre au château d'Orcher, on va d'abord à Harfleur par le ch. de fer ou par le tram. On sort d'Harfleur au S.-E. par un chemin qui traverse le ham. de *la Pêcherie*, laisse à dr. la ferme de *Saint-Dignefort* (anc. prieuré et chapelle des XIIIe et XVe s.), puis, montant sur le plateau, conduit à (3 k. d'Harfleur) *Gonfreville-l'Orcher*, v. pittoresquement situé dans un vallon débouchant sur la rive dr. de la Seine. Le *château d'Orcher*, propriété du duc de Mortemart (rémunération au portier du parc, puis au concierge du château, si l'on veut pénétrer dans la cour et les jardins), construit au XVIIe s. sur les ruines d'une forteresse (XIIIe s.) dont il reste un donjon et entouré d'un beau parc, est magnifiquement situé. De la terrasse qui le précède, beau panorama.

DU HAVRE A HONFLEUR. — 2 ou 3 bateaux par j., dont l'heure de départ varie avec celle de la marée; traj. en 25 à 30 min.; passerelle 2 fr., 1re cl. 1 fr., 2e cl. 60 c.

DU HAVRE A TROUVILLE. — 3 ou 4 bateaux par j., en 40 à 45 min.; 3 fr., 1 fr. 60, 85 c.

DU HAVRE A AMIENS (190 k.; ch. de fer en 5 h. 5 à 7 h. 38; 21 fr. 35, 14 fr. 40, 9 fr. 40). — 59 k. du Havre à Motteville (*V.* p. 145-147). — A dr., ligne de Rouen. — 65 k. *Saussay-Yerville*. — 72 k. *Saint-Ouen-du-Breuil*. — On joint et l'on suit, l'espace de 5 k., la ligne de Rouen à Dieppe. — 85 k. Clères (R. 26, *A*). — A g., ligne de Dieppe. — 91 k. *Bosc-le-Hard*. — 95 k. *Critot*. — On joint la ligne de Rouen à Amiens. — 102 k. Montérollier-Buchy, et 88 k. de Montérollier à (190 k.) Amiens (*V.* p. 139).]

Du Havre à Rouelles, Montivilliers, Etretat, Fécamp et Dieppe, R. 22.

ROUTE 22

DU HAVRE A DIEPPE

112 k. — Ch. de fer, en 5 h. env. — 13 fr.; 8 fr. 75; 5 fr. 70.

6 k. Harfleur (*V.* p. 132). — On remonte la vallée de la Lézarde (à dr., château de *Colmoulins*). — 8 k. *Rouelles* (château d'*Eprémesnil*, XVIIIe s.). — 9 k. *Demi-Lieue*. A 2 k., le *château d'Ecures* (restaurant), avec son parc, ses bois, sa vallée, est un but de promenade très fréquenté des Havrais.

10 k. *Montivilliers**, 5,491 hab. (*église*; reste d'une abbaye fondée en 682; curieux *cimetière de Brise-Garet*, fin du XVIe s.; aux halles, *musée-bibliothèque*; restes des remparts). — On passe dans une tranchée couverte.

14 k. *Epouville* (église des XIe-XIIIe s.). — 16 k. *Rolleville* (pèlerinage à la statue et à la fontaine de Sainte-Clotilde). — A g., *Saint-Martin-du-Bec* (à l'église, mausolée des Romé de Fresquienne, présidents au parlement de Rouen; à la source de la Lézarde, *château du Bec*, XVe s.). — Quittant la vallée de la Lézarde, le ch. de fer s'élève sur un plateau. — 20 k. *Turretot-Gonneville*.

24 k. *Criquetot-l'Esneval*,

1,364 hab. (clocher roman; château du temps de Louis XII; château de *Mondeville*). — 28 k. *Ecrainville*.

32 k. *Goderville*, 1,404 hab. (à l'église, anges en marbre, XVIe s.; gendarmerie, XVe s.). — On joint la ligne de Bréauté à Fécamp.

38 k. Les Ifs (R. 23). — 7 k. des Ifs à (45 k.) Fécamp (R. 24). — On remonte à l'E. la vallée de Valmont. A dr., vallée de Ganzeville. — 47 k. 5. *Fécamp-Saint-Ouen*. — 51 k. 5. *Colleville-Sainte-Hélène*. Au-dessous du château de *Hougerville*, en partie du temps de Henri III, vallon d'Orival, où des substructions romaines sont appelées *la ville d'Orival*.

55 k. *Valmont**, 809 hab. A dr. de l'*église* (7 statues en pierre du XVIe s.), entrée du parc du *château* des sires d'Estouteville, reconstruit aux XVe et XVIe s., moins le donjon, du temps de Guillaume le Conquérent. L'abbaye (visite interdite), fondée au XIIe s., offre une entrée du XIIIe s. Les bâtiments, rebâtis au XVIIIe s., ont été transformés en une habitation moderne entourée d'un charmant jardin. Le chœur de l'église abbatiale est un précieux spécimen, assez rare dans une église cistercienne, du style de la Renaissance du temps de François Ier. La chapelle de la Vierge ou *chapelle de Six-Heures*, charmante construction du XVIe s., contient des vitraux de 1552, un groupe en pierre attribué à Germain Pilon (la *Salutation angélique*), une jolie piscine et les remarquables *tombeaux* gothiques des sires d'Estouteville.

Le ch. de fer quitte la vallée pour s'élever vers l'E.

60 k. *Ourville*, 1,002 hab., à 2 k. 5 E. — 64 k. *Grainville-la-Teinturière*, à 2 k. 5 S.-E. (à l'église, sépulture de Jehan de Béthencourt, qui acheva la découverte des îles Canaries). — On descend la vallée de la Durdent.

67 k. Cany, et 7 k. de Cany à (74 k.) Saint-Vaast-Bosville (R. 25). — A dr., ch. de fer de Motteville. — 82 k. *Héberville*. — 87 k. *Saint-Pierre-le-Viger-Fontaine-le-Dun*. — 92 k. *Luneray*. — La voie descend vers la vallée de la Saâne. — 96 k. *Gueures-Brachy*. — 99 k. *Ouville-la-Rivière*.

104 k. *Offranville*, 1,696 hab. (dans l'église, de 1517-1616, dont on aperçoit à g. la flèche en charpente, belles *verrières*; à dr. du portail, *if* dont le tronc a 6 m. 45 de circonf.; château de 1737; au ham. du *Bout-de-la-Ville*, *aubépine* haute de 11 m. 60 et dont le tronc a 3 m. 95 de circonf.). — On descend vers la jolie vallée de la Scie, rivière que l'on domine à dr. avant de la franchir pour joindre le ch. de fer de Rouen à Dieppe.

108 k. *Petit-Appeville*, ham. où commence le tunnel construit au XVIe s. pour conduire à Dieppe les eaux de Saint-Aubin. — Tunnel d'Appeville (*V*. p. 160).

112 k. Dieppe (R. 26).

ROUTE 23

DE PARIS A ÉTRETAT ET A YPORT

DE PARIS A ÉTRETAT

230 k. — Ch. de fer, en 4 h. 35 à 6 h. 35. — 25 fr. 75; 17 fr. 40; 11 fr. 35. — Wagon-restaurant aux trains de 8 h. matin et 7 h. soir.

203 k. de Paris à Bréauté-Beuzeville (R. 21). — On laisse à dr. la ligne de Paris et celle de Bolbec-Lillebonne, pour suivre à g. l'embranch. de Fécamp.

209 k. *Grainville-Ymauville.*

215 k. *Les Ifs* (ham., avec un château du XVIe s. dont le parc est contigu à la voie ferrée), stat. à la jonction des lignes de Fécamp, du Havre à Dieppe et d'Etretat.

A Dieppe et au Havre, R. 22; — à Fécamp et à Saint-Pierre-en-Port, R. 24.

L'embranch. d'Etretat laisse à dr. la ligne de Fécamp, pour se diriger vers l'O. — 220 k. *Froberville-Yport*, station desservant (4 k. N.-O.; omnibus, 50 c.) les bains d'Yport (*V.* p. 155).

224 k. *Les Loges-Vaucottes-sur-Mer*. A 4 k. 5 N., Vaucottes (p. 155). — 227 k. *Bordeaux-Benouville.* — On descend à Etretat par le Petit-Val.

230 k. **Etretat***, b. de 1,944 hab., station de bains de mer très fréquentée, est situé sur la Manche, au N.-E. du cap d'Antifer et au débouché de deux vallons qui aboutissent à la mer, entre deux falaises hautes de 90 m. C'est pour les pêcheurs un havre d'échouage. Les vieilles embarcations, appuyées sur des cales et couvertes d'un toit de chaume, servent de magasins aux pêcheurs et s'appellent des *caloges*. La plage de galets, à pente assez raide, forme un arc de cercle terminé à ses extrémités par deux falaises à pic, percées chacune d'une porte naturelle. — *Casino* (salle de spectacle et de bal, jeu de petits chevaux, café, restaurant, cercle, etc.) précédé d'une grande terrasse. — *Eglise Notre-Dame* (XIe et XIIIe s.). — *Jardin public*, à g. de la route de Criquetot.

[Etretat doit sa célébrité à ses **falaises**. En parcourant le sommet de la *falaise d'Aval*, on aperçoit ou l'on peut visiter successivement : les fontaines dites *Pisseuses*; la grotte du *Trou à l'Homme*, la *Porte d'Aval*; l'*Aiguille d'Etretat*, haute de 70 m.; l'immense arcade appelée la *Manneporte*, la *valleuse d'Aval* et la grotte légendaire dite *Chambre aux Demoiselles*. Par la *falaise d'Amont*, on visite la *chapelle Notre-Dame* (86 m. d'alt.), le sémaphore, le *Banc-à-Cures* (où l'on peut descendre par la *valleuse d'Amont*); le *Chaudron*, au-dessus duquel on parvient par un tunnel perçant la falaise; la *Fontaine aux Mousses*, l'*Aiguille de Belval* ou *de Bénouville* et la *Porte d'Amont*. — Parmi les autres excursions d'Etretat, nous indiquerons : (4 k. E.) *Bénouville* (château du XVIIIe s.; *café de Paris*), d'où la *valleuse* de Bénouville ou *de Saint-Ange* descend à la plage; — (10 min.) le petit *bois de la Passée* et (4 ou 5 k.) le *bois des Loges*; — (11 k. S.) *Gonneville*, où l'on va déjeuner chez Aubourg (musée); — (10 k. S.) *Saint-Jouin* * (voit. 15 à 20 fr.), v. de pêcheurs, situé sur un plateau près de la mer, vers laquelle on descend par une valleuse. L'*hôtel de Paris*, tenu par Mme Ernestine

Aubourg, possède un véritable musée. Chaos de falaises appelé l'*Éboulement*. On doit revenir à Étretat par la gorge pittoresque de (3 k.) *Bruneval* * (belles villas); — (2 à 3 h. à pied aller et retour) le *cap d'Antifer*, haut de 110 m. (vue très étendue) et surmonté d'un phare.]

DE PARIS A YPORT

224 k. — De Paris à Froberville, ch. de fer, en 4 h. 40 à 6 h. 10 : 24 fr. 65, 16 fr. 65, 10 fr. 85. — De Froberville à Yport, route de voit.; omnibus, 50 c.

220 k. de Paris à Froberville, par Bréauté et les Ifs (*V.* p. 154). La gare de Froberville est reliée directement à Yport (2 k. 9) par une route qui joint celle de Fécamp. La route de Froberville à Yport par le v. de Froberville laisse à dr., chez *Pitron*, la route de Fécamp et descend par un vallon le long du bois des Hogues. Chalets et maisons de plaisance.

224 k. **Yport** *, 1,784 hab., sur le bord de la mer, au débouché d'un vallon, au pied d'une haute falaise en promontoire, est un petit port d'échouage, recevant des barques de pêcheurs, et une station balnéaire. — *Casino* et établissement de bains sur une plage qui se modifie sans cesse sous l'action de la mer. — Belles villas.

[Promenades du *bois des Quarante-Acres* et du *bois des Hogues*. — A 3 k. O., dans un « fond », petite station balnéaire de *Vaucottes*.]

ROUTE 24

DE PARIS A FÉCAMP ET A SAINT-PIERRE-EN-PORT

DE PARIS A FÉCAMP

222 k. — Ch. de fer, en 4 h. 10 à 7 h. 20. — 24 fr. 85; 16. fr. 80; 10 fr. 95.

215 k. de Paris aux Ifs (R. 23). — La voie ferrée entre dans une longue vallée, puis traverse deux petits tunnels.

222 k. **Fécamp** *, 15,381 hab., sur la Manche et la rivière de Fécamp, dont l'embouchure est dominée par de hautes falaises; la ville a env. 4 k. de long. — De la gare, l'*avenue Gambetta* (à g., *caisse d'épargne*) conduit à la *place* et à l'*église Saint-Étienne* (XVIe s.; *la Flagellation*, tableau par Lemettay); à dr. est la *place Thiers*, d'où la *rue Alexandre-Legros* mène à l'église de la Trinité et à l'hôtel de ville, en laissant à g. la *rue de l'Inondation*, chemin de la *fontaine du Précieux-Sang* (rue de l'Aumône, n° 10), à l'eau de laquelle sont attribuées des vertus miraculeuses.

De l'**abbaye de la Sainte-Trinité**, fondée en 658 par St Waninge, il subsiste une portion du grand dortoir, l'office, la salle capitulaire, des restes de remparts romans et l'**église** (1175-1225; tour centrale haute de 64 m.; façade du XVIIIe s.; crypte romane).

Croisillon dr. : Mort de la Vierge, groupe en pierre de 1519, à dr. duquel un tabernacle (XVe s.) recouvre la pierre portant l'empreinte du pied de l'ange qui vint assister à la dédicace de l'église de Guillaume Longue-Épée. — Pourtour du chœur : *clôtures* et retables en pierre de la Renaissance; bas-reliefs du XIIIe s. (scènes de la vie de Jésus); tombeaux d'abbés (XIIIe et XIVe s.); belle *chapelle de la Vierge* (au-dessous, crypte du XIIe s.), du XVIe s., avec verrières anciennes et, sur la paroi des boiseries de dr., « Christ voilé »; en face de la chapelle, tabernacle en marbre, ouvrage italien du XVIe s., renfermant la relique du Précieux-Sang (pèlerinage), relique qui, d'après la légende, fut apportée miraculeusement de Jérusalem au Ier s. — Croisillon g. : horloge de 1667.

Les restes de l'*abbaye* (XVIIIe s.) sont occupés par la *mairie*, d'autres services publics, la *bibliothèque* (18,000 vol.; faïences, bronzes et ivoires) et le *musée* (ouvert les lundi, jeudi, samedi, dim. et fêtes, de 2 h. à 5 h.). De la place Thiers, la *rue Théagène-Bouffart* mène à la *distillerie* (liqueur des moines Bénédictins de l'abbaye de Fécamp) *de la Bénédictine*, somptueuse construction moderne dont l'architecture est un mélange des styles moyen âge et Renaissance (*musée* : curiosités, objets d'art), à l'*établissement de bains de mer* (casino très complet) et à une belle *plage*. Les falaises de Fécamp (126 m. d'altit.) sont les plus hautes de la côte de Normandie; elles portent un beau *phare* et la chapelle *N.-D. du Salut* (pèlerinage). A leur base la mer a creusé des grottes curieuses (*Trou-au-Chien*, *Porte-au-Roi* et *Porte-à-la-Reine*). Le **port**, le plus profond de la Manche (armements pour la grande pêche et la pêche côtière), comprend un avant-port et 4 bassins. On longe le *bassin de Bérigny* pour rejoindre la gare. Importantes scieries.

DE PARIS A SAINT-PIERRE-EN-PORT

235 k. — Ch. de fer de Paris à Fécamp. — Route de voit. de Fécamp à Saint-Pierre-en-Port : service public, 1 fr. 50.

222 k. de Paris à Fécamp (V. p. 140). — La route s'élève sur un plateau où elle dépasse à g. *Senneville*, v. d'où l'on peut descendre au bord de la mer par une valleuse appelée *Echelle de Senneville*. On atteint 128 m. d'altit. à (5 k. de Fécamp) *Bondeville*. — 6 k. 5. *Sainte-Hélène*. 13 k. (235 k. de Paris) *Saint-Pierre-en-Port**, 1,255 h. (église : clocher du XIIIe s.; mon. funéraire d'un curé, XVIe s.), sur un plateau (90 m.), d'où l'on descend en quelques min., à l'O., dans un joli vallon planté de hêtres, à une plage avec établissement de bains de mer, hôtel et petit casino.

ROUTE 25

DE PARIS AUX PETITES-DALLES, A VEULETTES, A SAINT-VALERY-EN-CAUX ET A VEULES

DE PARIS AUX PETITES-DALLES

211 k. — Ch. de fer de Paris à Cany, en 4 h. 15 à 7 h.; 22 fr. 05, 14 fr. 90,

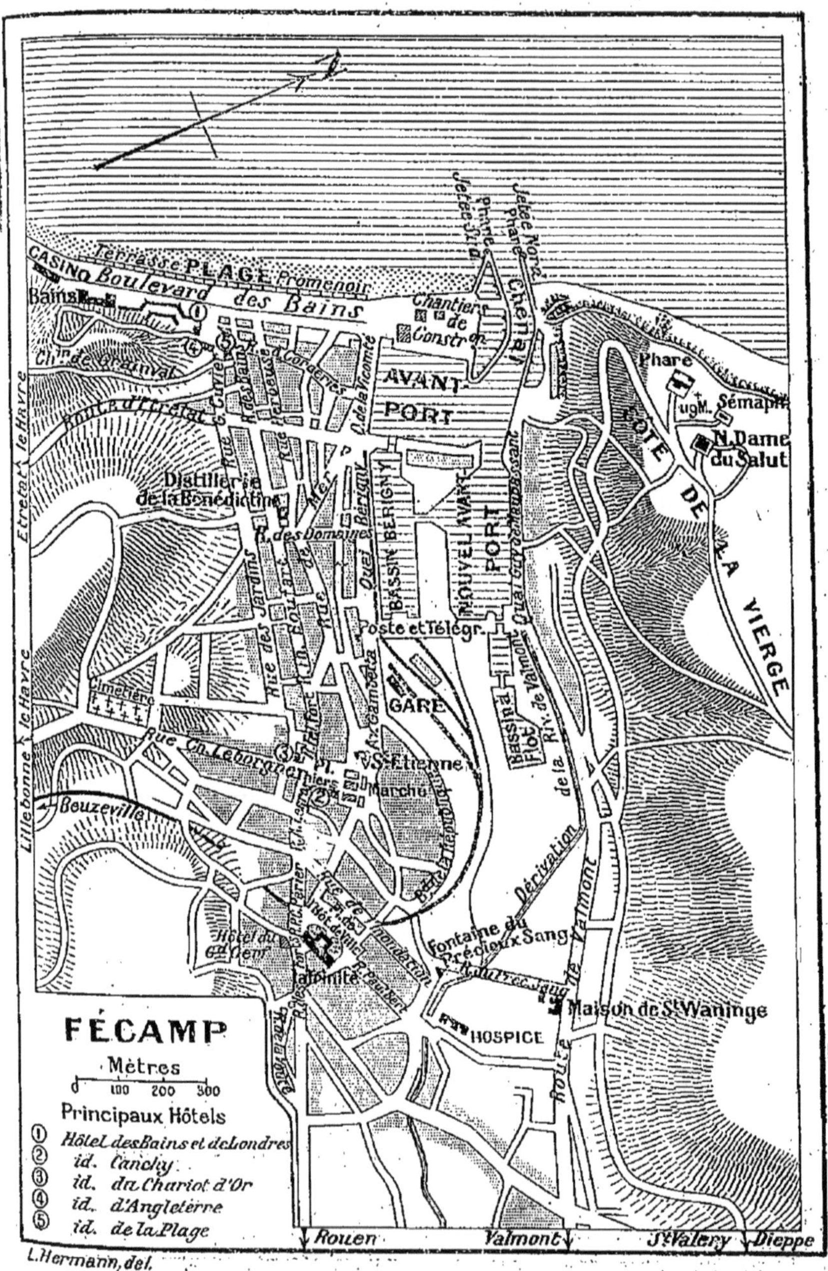
FÉCAMP
Mètres
0 100 200 300
Principaux Hôtels
① Hôtel des Bains et de Londres
② id. Canchy
③ id. du Chariot d'Or
④ id. d'Angleterre
⑤ id. de la Plage
L. Hermann, del.
CASINO
PLAGE
Boulevard des Bains
AVANT PORT
NOUVEL AVANT PORT
BASSIN BERIGNY
Poste et Télégr.
GARE
Distillerie de la Bénédictine
Cimetière
Phare
Sémaphore
N. Dame du Salut
CÔTE DE LA VIERGE
Fontaine du Précieux Sang
Maison de St Waninge
HOSPICE
Rouen
Valmont
St Valery
Dieppe

9 fr. 70. — Route de voit. de Cany aux Petites-Dalles; service public, 1 fr. 50.

170 k. de Paris à Motteville (R. 21). — 176 k. *Gremonville* (château du temps de Henri IV). — 182 k. *Doudeville*, 2,645 hab. (château bâti par le maréchal de Villars, dont le cœur est conservé dans un caveau de l'église; fabr. de rouenneries, toiles, etc.).

190 k. *Saint-Vaast-Bosville*, stat. au croisement des lignes de Motteville à Saint-Valery (*V.* ci-dessous) et du Havre à Dieppe (R. 22).

197 k. *Cany* *, V. industrielle de 1,786 hab., dans la vallée de la Durdent (église du XVIe s.; *buste* du poète *Louis Bouilhet*; à 3 k. S., *château*, construit par Mansart, avec parc magnifique). — On s'élève à 111 m. d'altit.

201 k. *Ouainville.* — 205 k. *Anneville.* — 206 k. 5. *Briquedalles.*

208 k. *Sassetot-le-Mauconduit*, v. situé à 90 m. d'alt., entre deux vallons connus sous le nom de Grandes-Dalles et de Petites-Dalles qui vont déboucher dans la mer. — Près de l'*église* (baptistère du XIIIe s.), *croix* de 1555. — *Château* (1823) entouré d'un beau parc partagé en deux par la route et ouvert aux baigneurs des Petites-Dalles.

On descend aux Petites-Dalles par une superbe avenue de grands ormes. A dr., jolie vue sur le vallon où serpente la route de Saint-Martin-aux-Buneaux.

211 k. **Les Petites-Dalles** * forment une charmante station balnéaire agréablement située au débouché d'un frais vallon (villas et beaux chalets). A g. de la plage, resserrée entre des falaises, sont le casino et un établ. de bains chauds; à dr., l'hôtel des Bains ou Vezier (poste et télégraphe). — A 20 min. O., vallon des *Grandes-Dalles*, fréquenté par des baigneurs d'habitudes simples.

DE PARIS A VEULETTES

206 k. — Chemin de fer de Paris à Cany. — Route de voit. de Cany à Veulettes; service public, 1 fr. 25.

197 k. de Paris à Cany (*V.* ci-dessus).

On descend la vallée de la Durdent. — 201 k. *Vittefleur* (à l'église, stalles anciennes; hôtel de la Baronnie, XVIe s.). — 202 k. 5. *Paluel* (truites saumonées). — A dr., sur une hauteur, chapelle *N.-D. de Janville* (XVIe s.) et château de Janville (XVIIe s.).

206 k. **Veulettes** *, charmante stat. balnéaire située au pied d'une falaise et dans un vallon parallèle à la vallée de la Durdent. — *Église* des XIIe et XIIIe s. — *Casino* (bains chauds; jeu de petits chevaux). — *Champ de courses* (réunion le dim. après le 15 août).

DE PARIS A SAINT-VALERY

202 k. — Ch. de fer, en 4 h. 15 à 7 h. 20. — 22 fr. 60; 15 fr. 25; 9 fr. 95.

190 k. de Paris à Saint-Vast-Bosville (*V.* ci-dessus). — 195 k. *Ocqueville.*

197 k. *Néville* (église du XVIe s., avec tour de 1677 et buffet d'orgue Renaissance). — On descend dans le vallon de St-Valery.

202 k. **Saint-Valery-en-Caux** *, 3,553 hab., station de bains de mer et *port*, entre deux hautes

falaises, dans un vallon. La gare se trouve au S. du port, à l'extrémité du vaste bassin de la Retenue, bordé d'allées d'arbres par lesquelles on arrive au centre de Saint-Valery, à la *place de l'Hôtel-de-Ville*. De cette place à l'extrémité du pont (sur le quai d'Aval, *maison de Henri IV*, XVIe s.), près duquel est le bel *hôtel de la Paix*, on peut gagner à g. la *place du Marché*, puis la *place de la Chapelle*, au milieu de laquelle est *Notre-Dame de Bon-Port* (XVIe ou XVIIe s.). Derrière cette chapelle, la *rue des Bains* va aboutir au *casino* (entrée, 1 fr.) : bals, fêtes, jeu de petits chevaux, bains chauds et établiss. hydrothérapique, restaurant, café, etc. L'*église* paroissiale, située à 1,500 m. de la plage, date du XVe s. et de 1535.

DE PARIS A VEULES

210 k. — Ch. de fer (202 k.) de Paris à Saint-Valery. — Route de voit. (tram en projet) de Saint-Valery à Veules; service public, 1 fr.

202 k. de Paris à Saint-Valery-en-Caux (*V.* ci-dessus). — La voit. publique qui fait le service de la corresp. du ch. de fer entre Saint-Valery et Veules suit, à g. de la gare, une route qui passe à *Manneville* (à côté de l'église, petit *château* de 1460). Mais la route directe, celle que choisissent la voit. publique de Dieppe et les voit. particulières, s'ouvre sur la place de l'Hôtel-de-Ville, en face de l'hôt. de la Paix. A g., près d'un calvaire, on laisse à g. le chemin d'*Ectot*, que peuvent suivre les piétons pour gagner Veules par le sentier des falaises (c'est le trajet le plus court). Après avoir parcouru en ligne droite un plateau, on rejoint à dr. la route de Manneville. En descendant dans le vallon de Veules, on domine à g. les cressonnières.

210 k. **Veules** *, 760 hab., station de bains de mer, est situé entre deux falaises, dans une vallée arrosée par un ruisseau dont les *cressonnières* sont célèbres et à l'embouchure duquel l'ancien moulin de la Mer a été transformé en établissement de bains de mer chauds. — Petit *casino*. — *Eglise Saint-Martin*, du XVIe s. (clocher du XIIIe s.; à l'int., curieuses statues de saints). — A l'ancien cimetière, restes (XVIe s.) de l'*église Saint-Nicolas* et *croix* en pierre. — Dans la Grande-Rue, *maisons* du XVIe s.

[De Veules, on peut se rendre à (28 k.) Dieppe par une route (service public) qui passe au (7 k.) *Bourg-Dun*, dans la jolie vallée du Dun (*église* de plusieurs époques où l'on remarque surtout la chapelle du Saint-Sépulcre, chef-d'œuvre du style ogival flamboyant), et à (13 k.) Ouville-la-Rivière (où l'on peut prendre le ch. de fer).]

ROUTE 26

DE PARIS A DIEPPE

A. Par Rouen.

201 k. — Ch. de fer, en 3 h. 15 à 6 h. 20. — 18 fr. 80; 12 fr. 70; 8 fr. 30. — Wagon-restaurant aux trains de 8 h. matin et 7 h. soir.

140 k. de Paris à Rouen (R. 19). — 9 k. de Rouen à Malaunay (R. 21). — Au delà du viaduc de Malaunay (V. p. 144), le ch. de fer de Dieppe se sépare à dr. de la ligne du Havre et remonte la vallée du Cailly.

155 k. (de Paris). *Monville*. *Eglise* des XIIe et XVIe s. (verrières du XVIe s.).

161 k. *Clères*, 770 hab., à la source de la Clérette.

Au Havre et à Amiens, R. 21, p. 152.

A g., ligne de Motteville. — On s'élève sur le plateau de *Frichemesnil*. — A dr., ligne de Montérollier-Buchy.

171 k. *Saint-Victor-l'Abbaye* (salle capitulaire du XIIIe s., reste d'une abbaye fondée en 1051; au chevet extérieur de l'église, statue, XIIIe s., en pierre peinte de Guillaume le Conquérant). — Le ch. de fer descend la vallée de la Scie.

175 k. *Auffay* (église des XIIIe et XIVe s.).

184 k. *Longueville*, 657 hab. (restes d'un château fort). — 189 k. *Anneville-sur-Scie*.

194 k. *Saint-Aubin-sur-Scie*, v. près duquel est le *Gouffre*, source des fontaines qui alimentent Dieppe d'eau potable, est dominé par le *château de Miromesnil* (XVIe-XVIIe s.). — Après avoir dépassé la station du Petit-Appeville, où se raccorde le ch. de fer du Havre à Dieppe, on s'engage dans le tunnel d'*Appeville* (1,643 m.), au sortir duquel on aperçoit Dieppe et la falaise du Pollet.

201 k. de Paris (61 k. de Rouen). Dieppe (buffet; V. ci-dessous, *B*).

B. Par Pontoise, Gisors, Forges-les-Eaux et Neufchâtel.

170 k. — Ch. de fer, en 3 h. 40 à 5 h. 30. — 18 fr. 80; 12 fr. 70; 8 fr. 30.

22 k. de Paris à Achères (R. 19). — A g., ligne de Rouen. — 23 k. *Village-d'Achères*. — On traverse en partie la forêt de Saint-Germain. — Pont sur la Seine près du confluent de l'Oise.

25 k. *Conflans-Fin-d'Oise*.

29 k. *Eragny-Neuville*. — On joint la ligne de Paris à Pontoise par Ermont avant de traverser l'Oise. — 31 k. *Saint-Ouen-l'Aumône*.

32 k. **Pontoise***, 8,180 hab. en amphithéâtre sur la rive dr. de l'Oise. — *Eglise Saint-Maclou*, des XIIe, XIIIe, XVe et XVIe s. (rond-point très curieux; vitraux anciens; saint-sépulcre de la Renaissance; *Descente de croix*, par Jouvenet). — *Eglise Notre-Dame* (tombeau de saint Gautier, 1154). — *Musée* dans un hôtel bâti au XVe s. par le cardinal Guillaume d'Estouteville, archevêque de Rouen. — Dans la chapelle de l'*Hôtel-Dieu*, tableau de Ph. de Champaigne (la Guérison du Paralytique). — *Statue du général Leclerc*, par Lemot. — *Jardin public* (belle vue).

De Pontoise à Ermont et à Creil, V. le Réseau du *Nord*.

35 k. *Osny*. — Trois ponts sur la Viosne. — Tunnel. — 38 k. *Boissy-l'Aillerie*. — 40 k. *Montgeroult-Courcelles*. — 42 k. *Us-Marines* (dolmen de *Dampont*). — 44 k. *Santeuil*.

50 k. *Chars* (*église*, XIIe et XVIe s.).

[DE CHARS A MAGNY (13 k.; ch. de fer, 30 min.; 1 fr. 45, 1 fr. 15, 80 c.). — 5 k. *Bouconvillers*. — Vallée de l'Aubette. — 13 k. *Magny**, 1,961 hab. *Eglise* du XVe s. : 3 statues en marbre, qui faisaient partie du mausolée du duc de Villeroy; fonts baptismaux de 1534; monument funéraire (1788) du curé Dubuisson (médaillon par Dejoux, épitaphe par Condorcet).]

Tunnel. — 53 k. *La Villetertre*. — 57 k. *Liancourt-Saint-Pierre*. — Vallée de la Troësne.

63 k. *Chaumont-en-Vexin* *, 1,496 hab., au pied d'une colline (vaste panorama). — Belle *église* du XVIe s., avec vitraux de la même époque.

68 k. *Trie-Château*, également desservi par le ch. de fer de Gisors à Beauvais. — *Porte*, tour et autres restes d'une forteresse du XVe s. — A l'*église*, portail roman sculpté.

Pont sur la Troësne.

71 k. **Gisors*** (buffet), 4,861 hab., dans une plaine fertile, arrosée par l'Epte, la Troësne et le Réveillon. — **Eglise** des XIIIe et XVIe s., à cinq nefs; portail O. flanqué de tours et très orné; portail N., magnifique spécimen du style fleuri de la Renaissance avec vantaux en chêne, chefs-d'œuvre de sculpture où se déroule la Vie de la Vierge.

A l'int. : *tribune* en pierre de la Renaissance; curieux *pilier des Marchands* (bas-côté dr.), orné de sculptures; beaux vitraux; *statue* funéraire attribuée à Jean Goujon (cadavre décharné dans un cercueil); dans la chapelle des fonts, Arbre de Jessé gigantesque; dans le déambulatoire, médaillons peints du XVIe s. (légende des Sts Gervais et Protais); à la sacristie, curieux registre (XVe s.) d'une confrérie.

Ruines considérables d'un **château fort**, offrant un des plus beaux spécimens de l'architecture militaire des XIe et XIIe s., couvrant une surface de 4 hect., transformée en une magnifique promenade; *donjon* polygonal du XIIe s., avec tourelle du XVe s. et restes d'une chapelle romane (dans la *tour du Prisonnier*, curieuses sculptures, œuvre d'un prisonnier). Couvent des Carmélites (XVIIe s.), servant d'*hôtel de ville* (*bibliothèque* et *musée*). — *Hospice-hôpital* dont la chapelle a des verrières par Claudius Lavergne et des peintures par Denuelle. — *Statue* en marbre *du général de Blanmont*, par Desbœufs. — *Maisons* en bois, de la Renaissance.

De Gisors à Vernon et à Pont-de-l'Arche, R. 19, p. 127 et 128; — à Beauvais, V. le Réseau du *Nord*.

75 k. *Eragny-Bazincourt*. — 79 k. *Sérifontaine* (*usine* à cuivre et à zinc). — Pont sur l'Epte. — 85 k. *Amécourt-Talmontiers*.

88 k. *Neufmarché* (église de transition; ruines d'une forteresse du XIIe s.). — Pont sur l'Epte. — On entre dans le *pays de Bray*, vallée aux magnifiques herbages, longue de 70 k., large de 15 à 16 k.

96 k. **Gournay***, 4,209 hab. — *Boulevards* sur l'emplacement des anciens remparts, dont il reste une *porte* (XVIIIe s.) et plusieurs *tours*. — *Eglise Saint-Hildevert*, des XIe-XIIe s. (chapiteaux; boiseries du buffet d'orgues). — Sur la place du Marché, *fontaine*

monumentale (1780). — *Maisons* en bois de la Renaissance. — Beurre et fromages renommés.

De Gournay à Beauvais, *V.* le Réseau du *Nord.*

103 k. *Gancourt-Saint-Etienne.*

111 k. *Saumont-la-Poterie.* — On croise l'Epte.

116 k. **Forges-les-Eaux*** (on peut s'y rendre aussi de la gare de Serqueux; omnibus), 1,956 hab., station balnéaire d'eaux minérales, est entouré de charmants paysages et de délicieuses promenades (forêts de Bray et de l'Epinay). — Sur une place, *buste* en bronze du dessinateur *Brévière.* — A l'*hôtel du Mouton,* salle à manger ornée de peintures. — *Etablissement thermal,* à 10 min. du b., d'une installation très complète (hydrothérapie) et qu'avoisine le bel *hôtel du Parc*; 3 *sources* froides, ferrugineuses; saison du 1er juin au 30 septembre. L'établissement est entouré d'un *parc* de 10 hect., traversé par l'Andelle, et où l'on remarque le *chêne séculaire de Mme de Sévigné.* — *Casino.*

121 k. *Serqueux.*

A Rouen et à Amiens, R. 19; — au Havre, R. 21.

On suit la vallée de la Béthune. — 130 k. *Nesle-Saint-Saire.*

136 k. **Neufchâtel-en-Bray***, 4,179 hab., sur la rive dr. de la Béthune, est célèbre par ses fromages de « bondons ». — **Eglise Notre-Dame,** du XIIe au XVIe s. (portail du XVe s., chœur du XIIIe s.; saint-sépulcre de 1491, verrières de Didron). — Hôtel de ville renfermant le *musée* d'antiquités et la *bibliothèque* (10,000 vol.). — Dans la Grande-Rue-Notre-Dame, *maison* ancienne. — Au cimetière, *monument,* œuvre de MM. Constant Martin et Monlon, consacré à la mémoire des enfants du pays morts sous les drapeaux.

141 k. *Mesnières* (**château** de la Renaissance, converti en institution ecclésiastique).

145 k. *Bures-Londinières.* A 500 m., *Bures* (église des XIIe-XIIIe s., modifiée au XVe s., avec clocher du XIIe s. surmonté d'une flèche de 60 m., et tombeau remarquable du XVe s.). — 147 k. *Osmoy.*

152 k. *Saint-Vaast-d'Equiqueville.* — 159 k. *Dampierre.*

164 k. **Arques***, b. de 1,171 hab., dans une charmante vallée, sur la rivière d'Arques, près du confluent de l'Eaulne et de la Béthune, est célèbre par la bataille que Henri IV remporta sur le duc de Mayenne, le 21 sept. 1589, et par son **château** (XIe s.), dont on aperçoit les ruines à g., sur un promontoire crayeux. Les ruines de cette forteresse, bâtie par Guillaume d'Arques, oncle de Guillaume le Conquérant, appartiennent à l'Etat. Un gardien guide les visiteurs. — *Eglise* du XVIe s. (*jubé* de 1540; dans la chapelle de la Vierge, piscine, sculptures de l'autel; boiserie de 1613). — Deux *maisons* du XVIe s., dont l'une a vu naître en 1777 le naturaliste Ducrotay de Blainville. — La *forêt d'Arques* (972 hect.), bien percée, occupe le plateau dominant les vallées de l'Eaulne et de la Béthune.

168 k. *Rouxmesnil,* où se détache à dr. la ligne du Tréport; on rejoint celle de Rouen.

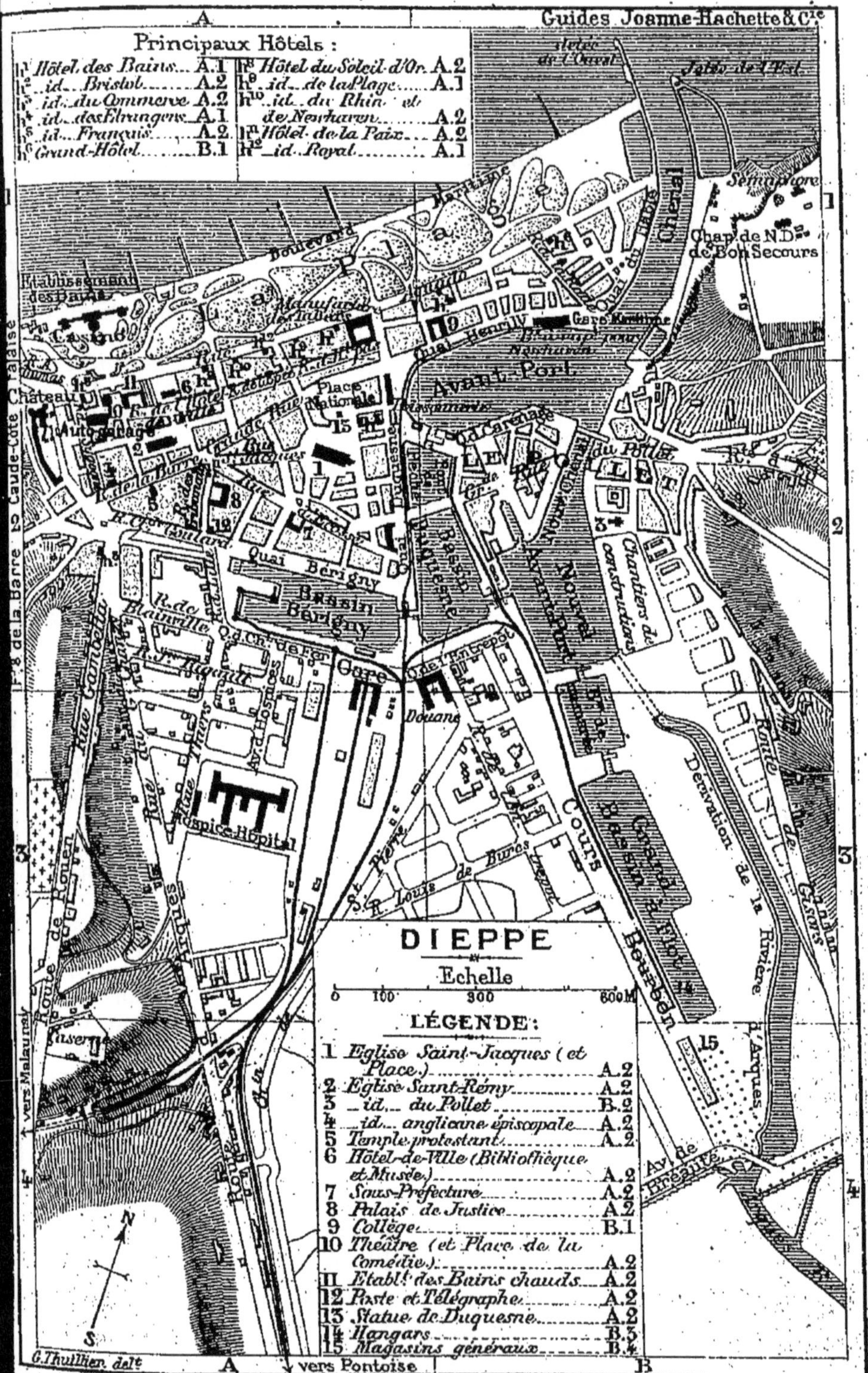

Guides Joanne-Hachette & Cie
Principaux Hôtels :
Hôtel des Bains ... A.1
id. Bristol ... A.2
id. du Commerce A.2
id. des Etrangers A.1
id. Français ... A.2
Grand-Hôtel ... B.1
Hôtel du Soleil d'Or A.2
id. de la Plage ... A.1
id. du Rhin et de Newhaven ... A.2
Hôtel de la Paix ... A.2
id. Royal ... A.1
Boulevard Maritime
Plage
Casino
Château
Quai Henri IV
Avant Port
Place Nationale
Quai Bérigny
Bassin Bérigny
Bassin Duquesne
Gare
Douane
Hospice-Hôpital
Rue Gambetta
Route de Rouen
Caserne
Cours Bourbon
Grand Bassin à flot
Dérivation de la Rivière
Route de Gisors
Chantiers de constructions
Nouvel Avant-Port
Chenal
Semaphore
Chap. de N.D. de Bon Secours
LE POLLET
Gare Maritime
R. Louis de Bures
Rue d'Arques
vers Pontoise
DIEPPE
Echelle
0 100 300 600M
LÉGENDE :
1 Eglise Saint-Jacques (et Place.) ... A.2
2 Eglise Saint-Rémy ... A.2
3 id. du Pollet ... B.2
4 id. anglicane épiscopale ... A.2
5 Temple protestant ... A.2
6 Hôtel-de-Ville (Bibliothèque et Musée) ... A.2
7 Sous-Préfecture ... A.2
8 Palais de Justice ... A.2
9 Collège ... B.1
10 Théâtre (et Place de la Comédie.) ... A.2
11 Etablt des Bains chauds ... A.2
12 Poste et Télégraphe ... A.2
13 Statue de Duquesne ... A.2
14 Hangars ... B.3
15 Magasins généraux ... B.4
G. Thuillier delt
3-05
Imp. Dufrénoy _ Paris.

170 k. **Dieppe*** (buffet), V. de 22,839 hab., port important, est située sur la Manche, à l'embouchure de la rivière d'Arques, entre deux rangs de hautes falaises blanches. Elle comprend deux parties distinctes : d'une part, le port et le faubourg du *Pollet*; d'autre part, la ville proprement dite, agglomérée entre les bassins, les hauteurs du château et la rue Aguado. En dehors de ces limites s'étendent le *faubourg de la Barre* et les quartiers où sont situés le cimetière, l'*hospice-hôpital* (chapelle, style du XIIIe s.), la gare, etc.

Au sortir de la gare, à dr., on passe un pont tournant entre le *bassin Bérigny* et le *bassin Duquesne*, pour suivre le *quai Duquesne*, allant aboutir à la *Poissonnerie* (auprès, voit. de place), qui fait face aux *arcades de la Bourse*. A l'extrémité de la Poissonnerie, on voit en face la *rue Duquesne* (*manufacture des tabacs*), menant à la *rue Aguado* (beaux hôtels), qui borde la plage, à g. la Grande-Rue, à dr. le *quai Henri IV*, conduisant à la jetée de l'ouest et sur lequel se trouvent la *gare maritime* (bateau pour Newhaven), ainsi que le *collège* (école de marine), rebâti en 1700 sur l'emplacement de la maison du célèbre armateur Ango (dans la chapelle, tableau de Parrocel).

Ce qu'on appelle la **plage** comprend non seulement la bordure de galet et de sable que la mer laisse à découvert deux fois par jour, mais aussi tout l'espace gazonné (1,200 m. de long. sur 200 m. de larg.), compris entre la rue Aguado, la jetée de l'O. et le pied de la falaise qui porte le château et qui domine le casino. Tout le long de la plage court le *boulevard Maritime* (belle vue).

A l'extrémité dr. de la plage, s'avance la *jetée de l'Ouest*; à l'extrémité g. le **Casino** est un vaste édifice en brique et en fer avec ornementation de plaques de fonte émaillées et profusion de vitrages (café, restaurant, etc.), précédé, du côté de la mer, d'une terrasse d'où l'on descend sur la plage des bains.

Sur la falaise dominant le casino se dresse **le Château**, auj. caserne, bâti en 1435, mais défiguré par des remaniements. Une des tours est le clocher (XIVe s.) de l'église primitive de Saint-Remi. — En face du casino, dans la rue Aguado, s'ouvre la *porte du Port-d'Ouest*, reste des anciennes fortifications, donnant accès sur la place du *Théâtre* et dans la *rue de l'Hôtel-de-Ville*, dans laquelle se trouvent un établissement de bains chauds d'eau de mer et d'eau douce (hydrothérapie et piscine) et l'*hôtel de ville*, à g. duquel est le *musée* (antiquités, peinture et sculpture; industrie et histoire de Dieppe, hydrographie, hist. naturelle; salle consacrée au compositeur Saint-Saëns), ouvert en été t. l. j., le lundi excepté, de 11 h. à 5 h.

Traversant la rue de l'Hôtel-de-Ville, on gagne à dr. la *place* et l'*église Saint-Remi* de 1522-1640 (curieux chapiteaux; dans la chap. de la Vierge, tombeaux de gouverneurs de Dieppe; trésor orné des statues des 9 Muses; buffet d'orgues en chêne sculpté). L'église est reliée par la *rue Saint-Remi* à la *rue de Sygogne* (maison de 1629).

En se dirigeant à dr. derrière l'église Saint-Remi, on atteint la *Grande-Rue* (jolis magasins, notamment d'ivoirerie, industrie d'art spéciale à Dieppe), sur laquelle s'ouvre la *place Nationale*, où s'élève la *statue* en bronze *de Duquesne*, par Dantan aîné.

Au S. de la place, **l'église Saint-Jacques**, du XIIIe au XVIe s. (la tour, haute de 47 m., date de cette dernière époque), offre un portail O. du XIVe s., avec charmante galerie du XVIe et rose magnifique.

A l'int. : chœur avec splendide balustrade et clôtures sculptées des chapelles; dans le bas du bas-côté dr., chapelle du Saint-Sépulcre, avec admirable balustrade de clôture; à l'abside, chapelle de la Vierge ou du Rosaire, six niches avec dais sculptés, plaque de marbre à la mémoire de l'armateur Ango; dans le bas-côté g., monument consacré au *trésor*, richement orné à l'extérieur.

Le port de Dieppe est le plus sûr et le plus profond de la Manche. Les Dieppois se livrent surtout à la pêche de la morue, du hareng et du maquereau. Les principales industries sont la dentellerie, l'*ivoirerie* et des scieries (bois de Norvège).

[ENVIRONS. — A. l'O. : par les *falaises* (91 m. d'alt.), (4 k.) *Pourville**, station de bains de mer, dans la vallée de la Scie (casino; sur la place, *croix* du XVIe s.), qui se jette dans la mer par une buse, appareil ingénieux qui s'ouvre de lui-même à la marée basse pour laisser s'écouler les eaux de la rivière, et qui, fermé par la marée montante, empêche alors les eaux de se répandre dans la vallée; (6 k.) **Varengeville**, un des plus charmants villages du pays de Caux, dans une plaine bien cultivée, percée de rues bordées de haies vives en guise de murailles (restes du **manoir d'Ango**, XVIe s.; villas; vieille *église* sur le bord d'une falaise à pic, beau panorama); (8 k.) *phare d'Ailly* (1775; 93 m. d'altit.); (9 k. 5) *Sainte-Marguerite*, ancienne cité gallo-romaine (église du XIIe s.; château de la Tour, XVIe s.), dans la vallée de la Saâne, à l'embouchure de laquelle sont les bains de mer de *Quiberville** (parc aux huîtres). — A l'E. : (3 k. 700; omnibus), par la chapelle de *N.-D. de Bon-Secours* (pèlerinage), située sur la falaise, près du sémaphore, **Puys*** (2 k. de Dieppe par la plage), station de bains de mer (belles *villas*; *hôtel* monumental; plage favorable pour les enfants; « goves » ou souterrains creusés dans le roc, utilisés comme caves par les habitants), est dominé par la *Cité de Limes*, camp retranché (50 hect.) antérieur aux Mérovingiens et peut-être aux Romains, et encore habité pendant tout le moyen âge; (6 k. de Puys) *Berneval* (église du XIIIe s.), station balnéaire.

DE DIEPPE AU TRÉPORT (45 k.; chem. de fer, 1 h. 15 à 1 h. 25; 5 fr. 05, 3 fr. 40, 2 fr. 20). — 4 k. *Rouxmesnil*. — A dr., ligne de Neufchâtel. Vallée de l'Eaulne. — 7 k. *Martin-Eglise* (église, XIIe et XIIIe s.). — 15 k. *Envermeu*, 1,490 hab. *Eglise* ogivale, XVIe s. — Vallée de l'Yères. — 31 k. *Touffreville-Criel*. *Criel*, 3 k. N.-O. (*église* des XIVe et XVe s.), est relié par deux chemins à (2 k.) la plage ou *Criel-Plage* (services de voit. pour la gare de Touffreville et le Tréport), dominée par le *mont Criel* ou *Jolibois* (104 m.) et près de laquelle sont un hôtel, un casino et une trentaine de villas ou chalets. La mer, en rongeant la base de la falaise, a causé des éboulements formant sur la plage un amas de roches pittoresques. — On franchit sur un beau viaduc la jolie rivière d'Yères, pour descendre ensuite vers la Bresle, que l'on croise après avoir passé sur le ch. de fer d'Abancourt et avant de joindre cette ligne. — 41 k. Eu, et 4 k. d'Eu au (45 k.) Tréport (*V.* le Réseau du *Nord*).]

De Dieppe à Fécamp et au Havre, R. 22.

ROUTE 27

DE PARIS A VERSAILLES

A. Par le ch. de fer de la Rive Droite.

23 k. — Gare Saint-Lazare. — Traj. en 35 min. à 52 min. — 1 fr. 50 et 1 fr. 15 (pas de 3e cl.). — Les billets d'aller et ret. (3 fr. et 2 fr. 30) délivrés à la gare Saint-Lazare permettent de revenir par la rive g. et Montparnasse.

Tunnel sous la place de l'Europe et sous les Batignolles. — A g., ch. de fer de Ceinture. — 3 k. 5. *Clichy-Levallois.* — Pont sur la Seine.

4 k. 5. *Asnières*, 31,336 hab., sur la rive g. de la Seine (*école Ozanam*, dans un anc. château, XVIIIe s., de la famille Voyer d'Argenson, décoré de peintures de Boucher et de sculptures de Coustou).

A Saint-Germain, R. 28.

6 k. *Becon-les-Bruyères.* — A dr., ligne de Saint-Germain; on remonte la Seine, en longeant à distance la rive g.

8 k. *Courbevoie*, 20,105 hab., sur la rive g. de la Seine (*casernes* du XVIIIe s.; au rond-point, *groupe de la Défense Nationale*, par Barrias).

10 k. *Puteaux*, 24,341 hab. (manuf. d'armes de l'Etat), sur la rive g. de la Seine, en face de l'*île de Puteaux*. — A g., belle vue sur la Seine et le bois de Boulogne; à dr., le Mont-Valérien.

12 k. *Suresnes*, sur la rive g. de la Seine, est connu par son « petit vin ». La station est dominée à l'O. par le (25 min.) *Mont-Valérien* et sa forteresse (161 m.; vue magnifique de Paris et des environs).

15 k. **Saint-Cloud** *, V. de 7,195 hab., pittoresquement étagé sur le penchant des coteaux de rive g. de la Seine, et relié par un *pont* à Boulogne, a l'aspect d'une ville neuve, d'où émerge la belle flèche en pierre de son *église* moderne (style du XIIe s.; à l'int., peintures par Duval Le Camus, figurant la *Vie du Christ*). Le château, anc. résidence impériale, a disparu; mais il reste le **Parc** (392 hect.), comprenant le bas-parc, le long de la Seine, et le haut-parc sur le plateau; c'est dans le premier que se trouvent la *grande cascade* et le *grand jet d'eau* (42 m.); c'est là aussi que se tient, au mois de septembre, la célèbre *fête des Mirlitons*. — Du côté de Sèvres, à l'extrémité du bas parc, **Manufacture nationale de porcelaines**, dite *de Sèvres* (galeries de vente et *musée céramique*).

On passe dans un tunnel sous le parc de Montretout, avant de laisser à dr. la ligne de Marly-le-Roi et l'Etang-la-Ville (R. 28, *B*), à l'entrée du parc de Saint-Cloud que la voie traverse dans un tunnel de 494 m.

17 k. *Sèvres-Ville-d'Avray* (*église* de Ville-d'Avray renfermant diverses œuvres d'art par Pradier, Corot, Richomme, etc.; *villa des Jardies*, créée par Balzac et où mourut Gambetta, à qui a été érigé un monument, œuvre de Bartholdi; au bord des

étangs de Ville-d'Avray, monument du peintre Corot). — 19 k. *Chaville*. A g., raccordement (beau viaduc) entre les lignes de la rive dr. et de la rive g. — 21 k. *Viroflay*. — 23 k. Versailles-Rive-Droite, gare située dans la *rue Duplessis* (tram électrique), aboutissant à l'*avenue de Saint-Cloud*, d'où l'on voit le château.

B. Par le ch. de fer de la Rive Gauche.

18 k. — Gare Montparnasse. — Traj. en 38 min.; 1 fr. 35; 90 c. (pas de 3e cl.). — Les billets d'aller et ret. (2 fr. 70 et 1 fr. 80) délivrés à la gare Montparnasse ne permettent pas de revenir par la Rive Droite et la gare Saint-Lazare.

2 k. *Ouest-Ceinture*. — 4 k. *Vanves-Malakoff*. A g., Montrouge, le *fort de Vanves*, les hauteurs de Bagneux, de Châtillon et le *fort de Châtillon*; à dr., *Vanves* (*lycée Michelet* dans un château bâti en 1698 sur les dessins de Mansart, beau parc).

6 k. *Clamart* (église du XVe s.), à 1,500 m. de la station, que domine le *fort d'Issy*. — A g., vaste *hospice Ferrari*, fondé par Mme la duchesse de Galliera. — Viaduc du *Val-Fleury* (belle vue), haut de 36 m., sous lequel passe le ch. de fer des Invalides à Versailles.

8 k. **Meudon**. — *Château* incendié par les Allemands en 1871, et transformé en observatoire d'astronomie physique. De la **terrasse** (dolmen), vue magnifique sur la vallée de la Seine. — Maison de retraite et orphelinat connus sous le nom de *Fondations Galliera*. — Le *bois de Meudon* (1,085 hect.) offre de belles promenades.

Au sortir d'une tranchée on laisse à dr. la *chapelle de Notre-Dame des Flammes*, érigée après la catastrophe du 8 mai 1842.

9 k. *Bellevue* (villas) communique avec le *Bas-Meudon* par un funiculaire (10 c.), dont la gare est située près du *Pavillon de Bellevue*, restaurant de 1er ordre précédé d'une gracieuse fontaine.

10 k. **Sèvres**, 8,246 hab. — Pour la manufacture, *V.* ci-dessus, *A*.

13 k. *Chaville*. — 14 k. *Viroflay*. — A dr., raccordement des lignes de la rive g. et de la rive dr. — A g., ligne de Brest.

18 k. Versailles-Rive-Gauche, gare, d'où, tournant à g., l'*avenue de Sceaux* va, à dr., au château.

[On peut aller aussi de Paris à Versailles : — *C*, *par Issy*, 17 k., gare de l'Esplanade des Invalides; on arrive à la gare de *Versailles-Chantiers* (grandes lignes et Grande-Ceinture), distante du château de 20 min. (prendre le tram électrique); — *D*, *par les lignes de Sceaux et de Limours*, gare de Paris-Luxembourg; trains directs sans arrêt jusqu'à Massy-Palaiseau et sans changement de voit. jusqu'à Versailles; consulter l'*Indicateur*; traj. très pittoresque; 3 fr. 60, 2 fr. 45, 1 fr. 60; — *E*, *par le tramway* : dép. quai du Louvre, à l'h. 35; de Versailles, avenue de Saint-Cloud, près du Château, à l'h. 15; 1 fr. et 85 c.]

Versailles *, 54,982 hab., ch.-l. du départ. et du diocèse de Seine-et-Oise, sur un plateau. De la gare, on prend à g. la *rue Duplessis*, qui aboutit à l'*avenue de Saint-Cloud*, d'où l'on gagne la *place d'Armes*.

Le **Château**, dont la partie centrale fut élevée sous Louis XIII et que Louis XIV agrandit dans des proportions immenses (quelques parties sont dues à Louis XV, quelques-unes même à Louis-Philippe), comprend trois corps de bâtiments principaux : une partie centrale et deux ailes. Du côté du jardin, le corps central fait saillie sur les ailes; du côté de la place d'Armes, il est en retraite, et l'ensemble des bâtiments circonscrit la cour Royale, au fond de laquelle s'ouvrent la cour de Marbre, la cour des Princes et la cour de la Chapelle, séparées de la cour Royale par deux pavillons qui prolongent les ailes de l'ancien château. La partie centrale, celle de Louis XIII, est construite en pierre de taille et en briques; le reste du palais présente une suite de façades et de pavillons d'un ensemble grandiose. Devant le palais est la vaste *cour des Statues*, séparée de la place d'Armes par une grille dorée et décorée de quatre groupes, de seize statues colossales en marbre et de la *statue* en bronze *de Louis XIV*. La chapelle, dernière œuvre de Mansart, s'élève à dr. de la cour à laquelle elle donne son nom. Du côté des jardins, une magnifique terrasse s'étend entre le château et les parterres; au S., un escalier grandiose descend à l'*Orangerie* et à la *pièce d'eau des Suisses*.

Le château de Versailles, abandonné depuis 1789, a été restauré sous Louis-Philippe et converti en un **musée historique** (sculptures, armoiries, tableaux), consacré « *A toutes les gloires de la France* ». Une des cours a été transformée en salle du Congrès pour les assemblées extraordinaires du Sénat et de la Chambre des Députés.

A l'intérieur (ouvert t. l. j., excepté le lundi, du 1er avril au 30 sept., de 10 h. du mat. à 5 h. du s.; du 31 oct. au 31 mars, de 11 h. du mat. à 4 h. du s.) : *chapelle* richement décorée et ornée de statues et de bas-reliefs; *salle de spectacle*, bâtie par Gabriel (1750-1770), et qui, profondément transformée, a servi, de 1876 à 1879, de salle de réunion au Sénat; *appartements royaux*, *chambre à coucher* de Louis XIV; *salle du Conseil*; *salle de l'Œil-de-Bœuf*, sorte d'antichambre qui doit son nom à la forme d'une de ses fenêtres; *salon*, *grand Couvert* et *salle des Gardes de la reine*; *petits appartements du roi*, *de Mme de Maintenon* et *de Marie-Antoinette*; magnifiques *salons d'Hercule*, *de l'Abondance*, *de Vénus*, *de Diane*, *de Mars*, *de Mercure*, *d'Apollon*, *de la Guerre et de la Paix*; enfin *grande galerie des Glaces*, longue de 75 m., peinte en 1679 par Le Brun.

Les **jardins**, chef-d'œuvre de Le Nôtre, contiennent un grand nombre de statues, de constructions monumentales et de groupes de sculptures disposés pour l'ornement des parterres et pour le jeu des eaux. Les plus remarquables sont la *Colonnade circulaire* de Mansart, les *bassins de Neptune*, *d'Apollon*, *de Latone*, et le *Bosquet d'Apollon*.

Au palais de Versailles se rattachent ceux du *Grand* et du *Petit-Trianon*. Le premier date de 1687; il se compose d'un rez-de-chaussée avec deux ailes en retour d'équerre encadrant la cour. Dans un bâtiment isolé dépendant du Grand-Trianon sont conservés d'anciens carrosses ayant servi aux grandes cérémonies royales ou impériales. Le Petit-Trianon est un simple pavillon construit par Gabriel en 1766; ses beaux jardins contiennent des arbres remarquables.

Pour visiter les principales curiosités de la ville, il faut, de la gare de la rive dr., prendre à g. la *rue Duplessis* (à l'extrémité, *statue* du sculpteur *Houdon*, né à Versailles, 1741-1828), qui croise le *boulevard de la Reine* et conduit au *Marché-Neuf*. A dr., *rue de la Paroisse*, est l'*église Notre-Dame* (XVIIe s.; tableau de Restout, etc.). La *rue Hoche* mène à la *place* du même nom, sur laquelle s'élève la *statue* en bronze *de Hoche*, puis aboutit sur la *place d'Armes*, à l'entrée de l'*avenue de Saint-Cloud*. Traversant la place d'Armes, on prend, à l'entrée de l'*avenue de Sceaux*, à dr., la *rue du Vieux-Colombier*, où se trouve la célèbre **salle du Jeu de Paume**, transformée en musée de la Révolution (*statue* de Bailly; bustes, peintures, inscriptions, etc.). — Par la *rue du Vieux-Versailles*, on gagne la *rue Satory* et la *place Saint-Louis* (*statue de l'abbé de l'Epée*). *Saint-Louis*, cathédrale, de 1743 (tableaux de Jouvenet, Le Moyne, Boucher, etc.). De la place on se rend à la gare de la rive g., située près du nouvel *hôtel de ville*.

[Trams pour (5 k.) Saint-Cyr (*V.* p. 1; 35 c. et 25 c.) et (26 k., en 1 h. 30 à 1 h. 40; 1 fr. 95) *Maule*, 1,369 hab. (*église* de 1070-1118, avec tour de 1547; château du temps de Louis XIII). De Maule à Plaisir-Grignon et à Epône-Mézières, R. 19, p. 125.]

De Versailles à Rambouillet, Chartres, le Mans et Angers, R. 1; — à Dreux, Laigle, Argentan, Vire et Granville, R. 11; — Grande-Ceinture, R. 29.

ROUTE 28

DE PARIS A SAINT-GERMAIN

A. Par le chemin de fer, ligne directe.

21 k. — Gare Saint-Lazare. — Traj. en 30 à 45 min. — 1 fr. 50 et 1 fr. 05 (pas de 3e cl.).

4 k. Asnières (R. 27, *A*). — A g., ligne de Versailles. — 9 k. *La Garenne-Bezons*. — A dr., ligne de Mantes par Poissy.

12 k. *Nanterre* (*puits* et *caveau* légendaires de Ste Geneviève, dans la cour d'une école, à g. de l'église).

14 k. *Rueil*, à 1 k. S. (à la gare, tram à vapeur pour la V.). Dans l'*église*, rebâtie en 1857, *tombeaux* ou monuments de l'impératrice Joséphine (statue), de la reine Hortense, etc.; beau *buffet d'orgues* de la Renaissance, par Baccio d'Agnolo, provenant d'Italie.

15 k. *Chatou* (église du XIIe s.; château de *la Seigneurie*, XVIIIe s.; curieux *restaurant Fournaise*, fréquenté par les peintres).

17 k. *Le Vésinet* (*asile* de femmes convalescentes; champ de courses).

18 k. *Le Pecq*, d'où un ascenseur (10 c.) monte les piétons et les cyclistes à la Terrasse de Saint-Germain. — On franchit la Seine sur un double pont, au delà duquel la ligne monte

rapidement par un viaduc courbe de 20 arches, puis par un tunnel.

21 k. Saint-Germain (*V.* ci-dessous).

B. Par le chemin de fer, ligne de Marly-le-Roi.

30 k. — Gare Saint-Lazare. — Traj. en 1 h. 20; 1 fr. 80 et 1 fr. 20 (pas de 3e cl.).

15 k. de Paris à Saint-Cloud (R. 27, *A*). — 17 k. *Garches*. — Parc du château de *Villeneuve-l'Etang*; court tunnel. — 20 k. *Vaucresson* (*hospice Brezin* pour d'anciens ouvriers).

23 k. *Bougival-la-Celle-Saint-Cloud*. Pour Bougival, *V.* ci-dessous, *C*. *La Celle-Saint-Cloud* (beau *château*) est entouré de bois magnifiques parmi lesquels l'ancien *parc* impérial *des Bruyères*.

24 k. *Louveciennes*, dans une charmante situation (*église* en partie du XIIIe s.; belles propriétés particulières), est dominé par l'*aqueduc de Marly*, construit sous Louis XIV pour porter à Versailles l'eau de la Seine. — Au delà d'un petit tunnel la voie franchit le vallon de Marly sur un viaduc métallique haut de 44 m. 80.

26 k. *Marly-le-Roi*, 1,568 hab., est entouré de charmantes maisons de campagne, parmi lesquelles la *villa Montmorency* (à M. Victorien Sardou), construite par Mansart. Louis XIV y avait fait construire un palais dont il reste le *parc* et l'*abreuvoir*, où s'écoulaient toutes ses eaux.

28 k. *L'Etang-la-Ville* (à l'église, voûte curieuse du XVe s.). — 30 k. *Saint-Nom-la-Bretèche*, halte à la jonction du ch. de fer de Grande-Ceinture et qui est le meilleur point de départ pour visiter la *forêt de Marly* (2,058 hect.). — 32 k. *L'Etang-la-Ville-Grande-Ceinture*. — 33 k. 5. *Mareil-Marly* (*église* des XIIe et XIIIe s.). — 34 k. *Fourqueux*. — Viaduc sur le vallon de Saint-Léger.

36 k. *Saint-Germain-Grande-Ceinture*, station à 2 k. O. de la place du Château. — 39 k. Saint-Germain (*V.* ci-dessous).

C. Par le tramway à vapeur.

19 k. — Départ de la place de l'Etoile toutes les demi-heures; traj. en 1 h. 20; 1 fr. 65 et 1 fr. 55.

Le tram suit constamment la route nationale de Paris à Cherbourg. Après avoir franchi la Seine au pont de Neuilly, il passe à *Courbevoie* et au (4 k. 5) Rond-Point où s'élève le groupe en bronze de la Défense de Paris, par Barrias, et descend vers Nanterre (*V.* p. 168); à g., Mont-Valérien. — 10 k. Rueil (*V.* ci-dessus, *A*).

11 k. *La Malmaison*, anc. résidence de Bonaparte, Premier Consul, où mourut l'impératrice Joséphine; restaurée par M. Osiris, qui l'a transformée en « musée Napoléonien ». — 12 k. *La Jonchère*. — 13 k. *La Chaussée*. — On longe la rive g. de la Seine, que traverse le pont de

Bougival, 2,584 hab., dont l'*église* moderne (style du XIIIe s.), sauf le clocher roman, renferme l'épitaphe de Rennequin-Sualem († 1708), constructeur de la machine de Marly, qui fut inhumé dans cette église.

14 k. *Marly-la-Machine* doit son surnom à la machine, éta-

blie primitivement sous Louis XIV, qui élève l'eau de la Seine à l'aqueduc de Marly. — 15 k. *Bas-Prunay*. — 16 k. *Port-Marly*, d'où un embranch. du tram remonte le vallon jusqu'à Marly-le-Roi (*V.* p. 169). — 17 k. *L'Ermitage*. — 19 k. Saint-Germain.

D. **Par la Seine.**

Bateau à vapeur « le Touriste ». — Dép. t. l. j. (s'informer) du Pont-Royal (aval; rive g.) à 10 h. 30 mat.; arrivée à 2 h. au Pecq (ascens. pour Saint-Germain); 3 fr., ret. 2 fr.; all. et ret. 4 fr. 50. — Café-rest. à bord : déj. à 4 fr. et 6 fr., dîn. à 5 et 7 fr., vin compris. — Le dép. du Pecq a lieu à 5 h. de mai à fin août, à 4 h. en sept.

Trajet charmant, avec deux points remarquables : 1° en quittant le Point-du-Jour, la perspective des coteaux de Meudon et de Saint-Cloud; 2° la vue des coteaux de Bougival, de Louveciennes et de Marly. On déjeune entre ces deux parties, dans la portion monotone du trajet.

Saint - Germain - en - Laye *, 17,297 hab., sur un coteau de la rive g. de la Seine. — En descendant de wagon, on gravit un escalier qui monte sur la *place du Château* (église du XVIIIe s., avec des fresques d'Amaury-Duval et le mausolée de Jacques II). Si l'on veut aller dans la ville, on laisse le château à g.; désire-t-on au contraire visiter d'abord la Terrasse et la forêt, il faut tourner le dos à la ville et laisser le château à dr.

Château fondé au XIIe s., rebâti aux XIVe et XVIe s. (d'un autre *château* bâti par Henri II et Henri IV, agrandi par Louis XIV, il ne reste que le *pavillon Henri IV*, où mourut Thiers, en 1877), en partie restauré et renfermant le **musée des antiquités nationales** (ouvert le dimanche, de 10 h. 30 à 4 h.; les mardi et jeudi, de 11 h. 30 à 5 h. en été, à 4 h. en hiver).

Machines de guerre antiques reconstituées; débris de monuments; moulages de l'arc de Constantin, de la colonne Trajane, de l'arc d'Orange et d'autres morceaux de sculpture; objets préhistoriques; habitations lacustres; ornements, ustensiles et armes antiques de la Gaule; collection de céramique romaine; enseignes gauloises; monnaies gauloises; armes et objets de l'âge du bronze; tombes gauloises; réduction du tumulus de Gavr'inis; plans en relief d'Alise-Sainte-Reine, etc.

Sur la *place Thiers*, au S. du château, *statue* en bronze *de Thiers*, par Mercié.

Parterre et *jardin anglais*. — Près de la Terrasse, *statue de Vercingétorix*, par Millet. — **Terrasse**, construite par Le Nôtre en 1672, longue de 2,500 m., large de 30 m.; vue admirable.

Forêt de Saint-Germain (4,400 hect.), percée de routes et d'allées régulières; chênes magnifiques. Une belle route conduit aux *Loges* (3 k. N. du château), succursale de la maison de la Légion-d'Honneur de St-Denis.

[Tram. DE SAINT-GERMAIN A POISSY (*V.* p. 114 : 1 dép. par heure, de Saint-Germain à l'h. 15, de Poissy à l'h. 44; traj. en 25 min.; 60 c. et 45 c.), par la forêt.]

Ch. de fer de Grande-Ceinture, R. 29.

ROUTE 29

CHEMIN DE FER DE GRANDE-CEINTURE

La ligne de Grande-Ceinture est en communication avec toutes les gares de Paris; mais si l'on veut faire le circuit complet sans arrêts ni changements de train, il faut partir de la gare de l'Est et prendre, à Noisy-le-Sec, le train de 10 h. 17 du matin. — Parcours complet : 138 k. en 5 h. environ. — 12 fr. 65; 8 fr. 55; 5 fr. 55.

9 k. *Noisy-le-Sec.* — 11 k. *Bobigny.* — 13 k. *Le Bourget.* — On croise la ligne de Soissons. — A g., cathédrale de Saint-Denis.

15 k. *La Cour-Neuve-Dugny.* — 18 k. *Stains-Pierrefitte.* Pierrefitte est dominé par la *butte Pinçon* (104 m. d'alt.), portant un fort important. — On croise le chemin de fer du Nord.

22 k. *Epinay*, à la jonction des lignes de Monsoult et de Pontoise. — Le ch. de fer domine la rive dr. de la Seine.

27 k. Argenteuil (p. 126), où l'on croise la ligne de Creil par Valmondois. — 34 k. Houilles (*V.* p. 125). — On joint la ligne de Dieppe par Pontoise. — Pont sur la Seine.

37 k. Maisons (p. 125). — Forêt de Saint-Germain.

41 k. Achères (p. 125). — A dr., embranch. de Pontoise par Conflans-Andrésy; à g., ligne de Mantes.

46 k. Poissy (p. 125). — Forêt de Saint-Germain.

50 k. *Saint-Germain* (R. 28), station reliée à la ville (2 k. S.) par un embranch. — *Viaduc* de 250 m. sur le vallon de Saint-Léger.

52 k. *Mareil-Marly* (*église*, XIIe-XIIIe s.). — Forêt de Marly. — 56 k. *Etang-la-Ville.* A g., embranchement de Saint-Cloud par l'Etang-la-Ville. — Tunnel. — 57 k. *Saint-Nom-la-Bretèche.*

58 k. *Noisy-le-Roi.* — A g., parc du palais de Versailles.

63 k. Saint-Cyr (p. 1). — On joint la ligne de Bretagne à la *gare des Matelots.*

69 k. Versailles (R. 27), gare des Chantiers. — A g., ligne du chemin de fer de l'Ouest. — 73 k. *Petit-Jouy-les-Loges.* — Vallée de la Bièvre.

75 k. *Jouy-en-Josas.* — 77 k. *Vauboyen.* — 79 k. *Bièvres.* — On passe sous le chemin de fer de Limours.

84 k. *Massy-Palaiseau.* — 87 k. *Champlan.*

89 k. *Longjumeau**, 2,343 hab. (*église* des XIIe et XVe s., dont une chapelle est surmontée d'une cheminée). — Pont sur l'Yvette. — On joint la ligne d'Orléans.

96 k. *Savigny-sur-Orge* (château des XVe et XVIIIe s.). — 98 k. Juvisy (*V.* le Réseau *P.-L.-M.*). — On suit la ligne de Montargis jusqu'au delà de Villeneuve-St-Georges. Pont sur la Seine.

102 k. *Draveil-Vigneux.* — Pont sur l'Yères. — On joint la ligne de Lyon.

105 k. Villeneuve-Saint-Georges (*V.* le Réseau *P.-L.-M.*). — Le chemin de Grande-Ceinture, laissant à g. le chemin de fer de Lyon, se relie à la voie stratégique qui, traversant la Seine à

g., va rejoindre la ligne de Limours à Massy-Palaiseau. — On atteint ensuite la ligne de Vincennes à Brie-Comte-Robert.

143 k. Sucy-Bonneuil; — 146 k. La Varenne-Chennevières; — 148 k. Champigny-sur-Marne (*V.* le Réseau de l'*Est*). — A g. se détache la ligne de Vincennes. — Pont sur la Marne.

149 k. *Plant-Champigny*. On suit la ligne de Belfort.

122 k. Nogent-sur-Marne. — 125 k. Rosny-sous-Bois. — 129 k. Noisy-le-Sec.

138 k. Paris.

FIN

AUTOMOBILES

PNEUS MICHELIN, pour voitures, voiturettes et vélos.
Clermont-Ferrand
Dépôt à Paris : *105, boulevard Pereire.* TÉLÉPHONE 502.08. (V. p. 132.)

BANQUES

Comptoir national d'escompte de Paris. (Voir p. 7.)

Crédit Lyonnais. (Voir p. 10.)

Société Générale. (Voir p. 8.)

BIJOUTERIE

Tranchant, *79, rue du Temple,* Paris. Bijouterie argent en tous genres. Hochets, Bracelets, Chaînes, Bourses, Ronds de serviettes, Timbales, Coquetiers, Tabatières, Petite orfèvrerie, Articles de bureaux et de fumeurs, Chapelets, Croix, Médailles. TÉLÉPHONE 283-12.

CALVITIE
CHUTE DES CHEVEUX

Cornioley, *1, rue de la Paix,* Paris. Produits hygiéniques. Spécialités pour la chevelure et le visage. *Prospectus gratis.* Diplôme de la Société de médecine de France.

CAOUTCHOUC DE VOYAGE
HYGIÈNE — CHIRURGIE

Maison Charbonnier
J. VECRIGNER, Succr
376, rue Saint-Honoré, 376

Caoutchouc manufacturé anglais, français et américain. Chaussures américaines et gants, bottes de marais.

Vêtements imperméables, toile-caoutchouc Tubs anglais ou bains portatifs, cuvettes pliantes, sacs à eau chaude, coussins et matelas à air et à eau pour malades et pour voyages. Urinaux. Bidets et bassins, etc. Atelier de réparation.

TÉLÉPHONE 241-67

CHOCOLAT

Chocolat Menier. (V. p. 131.)

Compagnie Coloniale. (Voir page de garde en tête du volume.)

CRISTAUX, FAÏENCES,
PORCELAINES

Maison Toy, *10, rue de la Paix,* Paris. (Voir p. 44.)

DENTIFRICES

Docteur Pierre. (Voir p. 43.)

EXERCISEUR

Appareil exerciseur Michelin. Dames, 8 fr.; hommes, 9 fr.; athlètes, 10 fr.; hercules, 12 fr. (Voir p. 132.)

GLACIÈRES

Glacière des Châteaux. — J. Schaller, *332, rue Saint-Honoré,* **Paris.** (Voir p. 44.)

HOTELS

Grand Hôtel de l'Amirauté, *5, rue Daunou* (rue de la Paix). Grands et petits appartements. Chambres depuis 4 fr. Pension, 12 fr. Cuisine et cave recommanmandées. TÉLÉPHONE 231-86.

Grand Hôtel de l'Athénée
15, rue Scribe, Paris

Grand Hôtel des Capucines, *37, boulevard des Capucines.* Maison recommandée. SANS SUCCURSALE. Table d'hôte. Excellente cuisine. Bains. Ascenseur. Eclairage électrique. TÉLÉPHONE 250-52.
Mme E. CHABANETTE, propriétaire

Hôtel du Chariot d'Or

Reconstruit en 1887, *39, rue de Turbigo*, près du boulevard de Sébastopol. Table d'hôte. Café-Restaurant. *English spoken.* Chambres confortables depuis 2 fr. 50. Ascenseur.

RABOURDIN, propriétaire

Hôtel Chatham

17 et 19, rue Daunou, Paris

Hôtel de la Cité Bergère

4, cité Bergère, 4 (Gds boulevards). Chambres, 2 fr. 50 à 8 fr., tout compris. Lumière électrique et téléphone dans les chambres. Bains Table d'hôte. On parle anglais, allemand, espagnol. TÉLÉPHONE 217-34.

Même Maison : **Hôtel de Belgique et Hollande,** 7, *rue Trévise.* TÉLÉPHONE 255.89.

Hôtel Corneille, *5, rue Corneille.* Chambres de 3 à 6 fr. Restaurant. Lumière électrique. Bains. Douches. Calorifère. TÉLÉPHONE 810-80. Agréé par le T. C. F.

Gd HOTEL DE DIEPPE, *22, rue d'Amsterdam*, en face de la sortie de la gare Saint-Lazare. **Chambres très confortables depuis 3 fr.** TÉLÉPHONE Paris-Province 164-15. Recommandé aux familles.

HOTEL DES ÉTRANGERS

Pierrefonds-les-Bains (Oise)

Chambres confortables, vue sur le lac Clientèle de famille

TÉLÉPHONE 18

Hôtel Fénelon, *11, rue Férou* (près de Saint-Sulpice). Chambres de 2 à 5 fr.; au mois de 25 à 80 fr. Repas, 2 fr. 25. Pension, 115 fr.

HOTELS (*suite*)

Hôtel du Jardin des Tuileries

206, rue de Rivoli, 206

Avec tout le confort moderne Chauffage central. TÉLÉPHONE 238-98

Même maison à **PARAMÉ**

GRAND HOTEL DE PARAMÉ

E. LAFOSSE, propriétaire

Hôtel Le Peletier, *27, rue Le Peletier* (boulevard des Italiens). Maison de famille. Prix modérés. Electricité. TÉLÉPHONE 279-16.

HOTEL LOUIS-LE-GRAND

2, rue Louis-le-Grand, Paris Près de la rue de la Paix. Chambres depuis 3 fr. Pension 10 fr. Electricité. Bains. TÉLÉPHONE 320-32

Grand Hôtel Louvois, *place Louvois*, situé sur un beau square, au centre de Paris. Appartements et chambres seules. Restaurant et table d'hôte. Ascenseur. Bains. Lumière électrique. TÉLÉPHONE 260-04.

L. Dhuit, propriétaire

Maison meublée, *58, rue Jacob*, près des Tuileries et de la nouvelle gare d'Orléans. Appartements et chambres meublés.

Teissèdre, propriétaire

HOTEL MIRABEAU

8, rue de la Paix. Hôtel et Restaurant. Chambres et appartements pour familles. TÉLÉPHONE 228-89. (Voir p. 46.)

Grand Hôtel de Normandie, *4, rue d'Amsterdam*, Paris (face gare Saint-Lazare). Restaurant à la carte et à prix fixe Chambres de 3 à 10 francs. *English spoken.* TÉLÉPHONE 279-05. **Victor Davène,** proprre.

Hôtel d'Ostende, *9, rue de la Michodière*, près de l'Opéra. Agencement moderne. Lumière électrique. TÉLÉPHONE 253-01. Prix modérés. Chambres depuis 2 fr. 50.

Hôtel d'Oxford et de Cambridge, *13, rue d'Alger*, près des Tuileries. Pension et service à la carte. Table d'hôte. Maison de famille, recommandée pour son confortable et ses prix modérés. *Salle de bains. Lumière électrique.* TÉLÉPHONE 217-26. Tarif franco sur demande.

PENSION BUNOUT

11, boulevard Montmartre, 11

Grand Hôtel de Rochefort, Restaurant à la carte, *6, rue Dupuytren*, près de l'École de médecine et boulevard Saint-Germain. Chambres depuis 1 fr. 50 par jour et 20 fr. par mois. Recommandé.

Hôtel de Seine, *52, rue de Seine* (boulevard Saint-Germain), Paris. Appartements et chambres confortables. Table d'hôte. Service à volonté. Prix modérés.

Dujardin, propriétaire

Hôtel Solférino, *91, rue de Lille* (gare d'Orsay). Bains. Salon. Restaurant. Electricité. TÉLÉPHONE 726-07. *English spoken. Man spricht deutsch.*

Hôtel Vignon, *23, rue Vignon* (gare Saint-Lazare, Madeleine). Chambres depuis 3 fr. 50. Pension depuis 8 fr. Installation moderne. TÉLÉPHONE 311-10

INSTITUTIONS

École professionnelle, industrielle, commerciale et agricole de VERSAILLES. — Directeur : M. CAVIALE, I., professeur honoraire de l'Université. Préparation aux Écoles pour l'Industrie, le Commerce et l'Agriculture. S'adresser à M. Caviale, à Versailles.

Institut Rudy, *53, avenue d'Antin*, Paris. 45e année. Cours et leçons. Langues, Lettres, Sciences, Musique, Chant, Peinture, Danse, Escrime, etc. 150 professeurs.

INSTITUTION DE DEMOISELLES

Institution de Mme Quihou, *7, avenue Victor-Hugo*, **St-Mandé** (Seine), à la porte de Paris et près du bois de Vincennes, à 3 minutes de la gare, et sur le passage du tramway Louvre-Vincennes. — *Éducation complète.*

LANTERNES D'AUTOMOBILES

DENICH (A.), *144, rue Saint-Maur*, Paris. (Voir p. 44.)

PARAPLUIES, CANNES

Dugas-Gérard, *82, rue Saint-Lazare*, Paris. Fabric. de cannes, cravaches, fouets, parapluies et ombrelles. Maison de confiance. Prix modérés.

PARFUMERIE (Fabricant de)

CORNIOLEY, *1, rue de la Paix*, Paris. Produits hygiéniques. Spécialités pour la chevelure et le visage. *Prospectus gratis*. Diplôme de la Société de médecine de France.

PÊCHE (Ustensiles de) PIÈGES

Maison Moriceau

Bourdon et Benoît, succrs

28, quai du Louvre, Paris

Ustensiles et filets de pêche en tous genres ; Pièges de tous systèmes. (Envoi *franco* du catalogue.)

PHARES D'AUTOMOBILES

DENICH (A.), *144, rue Saint-Maur*, Paris. (Voir p. 44.)

PNEUMATIQUES

Pneumatiques Michelin

CLERMONT-FERRAND

Pneus pour voitures, voiturettes et vélos

Dépôt à Paris : 105, boulev. Pereire

TÉLÉPHONE 502.08. (Voir p. 132.)

PRODUITS PHARMACEUTIQUES

Coaltar saponiné. (V. p. 130.)

Fer Bravais. (Voir p. 129.)

Lin Tarin ; Pommade Fontaine ; Savon Fontaine. (Voir p. 45.)

POMMADE MOULIN

Guérit Dartres, Boutons, Rougeurs, Démangeaisons, Eczémas, Hémorroïdes. Fait repousser les Cheveux et les Cils. 2 fr. 30 le pot, *franco*.

Pharmacie MOULIN

30, rue Louis-le-Grand, PARIS

VÉRITABLES GRAINS DE SANTÉ DU Dr FRANCK *contre la constipation*. (Voir page de garde en tête du volume.)

RESTAURANTS

LE BŒUF A LA MODE

Le plus vieux et le plus français des Restaurants parisiens

8, rue de Valois (Voir p. 45.)

Au Petit Riche, *25, rue Le Peletier.*— Plat du jour, de 0,60 à 1 fr.

VEILLEUSES

Veilleuses françaises. Maison Jeunet. (Voir p. 43.)

VOYAGES

Agence Lubin, *36, boulevard Haussmann*, Paris. (Voir p. 40.)

Compagnie des Messageries maritimes. (Voir p. 41.)

Compagnie générale transatlantique. (Voir p. 40.)

Compagnie de Navigation mixte. (Voir p. 42.)

Marmande.
* Marseille.
Maubeuge.
* Meaux.
* Melun.
* Menton.
Méru.
Meulan.
Meursault.
Millau.
Moissac.
* Montargis.
* Montauban.
Montbéliard.
*Mont-de-Marsan.
Montdidier.
* Monte-Carlo.
Montélimar.
* Montereau.
* Montluçon.
* Montpellier.
Montreuil-sur-Mer.
Montrichard.
Moret-s.-Loing.
Morez-du-Jura.
* Morlaix.
* Moulins.
* Nancy.
* Nantes.
Nantua.
* Narbonne.
Nemours.
* Nevers.
* Nice.
* Nîmes.
* Niort.
Nogent-le-Rotrou.
* Noyon.
Nuits - Saint - Georges.
Oloron-Sainte-Marie.
* Orléans.
Orthez.
Oyonnax.
* Pamiers.
Parthenay.
* Pau.
* Périgueux.
Péronne.
* Perpignan.
Pertuis.
* Pézenas.
Pithiviers.
* Poitiers.
Pons.
Pont-Audemer.
Pontivy.
Pont-l'Evêque.
* Pontoise.
* Provins.
* Puy (Le).
Quesnoy (Le).
* Quimper.
* Reims.
Remiremont.
* Rennes.
Rive-de-Gier.
* Roanne.
Rochefort-sur-Mer.
* Rochelle (La).
Roche-s.-Yon(La)
* Rodez.
* Romans.
* Romilly-sur-Seine.
* Roubaix.
* Rouen.
* Rueil.
Ruffec.
Saint-Affrique.
Saint-Amand.
* Saint-Brieuc.
Saint-Chamond.
* Saint-Claude.
* Saint-Dié.
* Saint-Etienne.
Sainte-Foy-la-Grande.
* Saintes.
* Saint-Gaudens.
* Saint-Germain-en-Laye.
* Saint-Jean-d'Angély.
* Saint-Lô.
Saint-Loup-sur-Semouse.
* Saint-Malo.
* Saint-Nazaire.
* Saint-Quentin.
Saint-Remy-de-Provence.
Saint-Servan.
Salins-du-Jura.
Sarlat.
* Saumur.
* Sedan.
Semur.
* Senlis.
* Sens.
Sèvres.
* Soissons.
* Tarare.
* Tarascon.
* Tarbes.
Terrasson.
* Thiers.
Thizy.
Thouars.
Tonnerre.
* Toul.
* Toulon.
* Toulouse.
Tourcoing.
Tournus.
* Tours.
* Troyes.
Tulle.
Uzès.
* Valence.
*Valence-d'Agen
* Valenciennes.
* Vannes.
* Vendôme.
Verneuil-s.-Avre
* Vernon.
* Versailles.
Vervins.
* Vesoul.
* Vichy.
* Vienne.
Vierzon.
* Villefranche-de-Rouergue.
*Villefranche-s.-Saône.
Villeneuve-sur-Lot.
Villeneuve-sur-Yonne.
* Villers-Cotterets.
Villeurbanne.
Vitré.
* Voiron.

Agence de Londres, Old Broad Street, 53.

La Société a, en outre, 72 Succursales, Agences et Bureaux à Paris et dans la Banlieue, et des Correspondants sur toutes les places de France et de l'Etranger.

OPÉRATIONS de la SOCIÉTÉ GÉNÉRALE :

Dépôts de fonds à intérêts en compte ou à échéance fixe (taux des dépôts de 3 a 5 ans : 3 1/2 0/0. net d'impôt et de timbre); — Ordres de Bourse (France et Etranger) : — Souscriptions sans frais; — Vente aux guichets de valeurs livrées immédiatement (obligations de chemins de fer, obligations à lots de la ville de Paris et du Crédit foncier, bons Panama, etc.); — Escompte et Encaissement de coupons français et étrangers; — Mise en règle de titres; — Avances sur titres; — Escompte et Encaissement d'effets de commerce; — Garde de titres; — Garantie contre le remboursement au pair et les risques de non-vérification des tirages; — Virements et chèques sur la France et l'Etranger; — Lettres de crédit et Billets de crédit circulaires; — Change de monnaies étrangères, etc.

LOCATION DE COFFRES-FORTS ET DE COMPARTIMENTS DE COFFRES-FORTS

au Siège social, dans les succursales, dans plusieurs bureaux et dans un grand nombre d'agences, depuis 5 fr. par mois; tarif décroissant en proportion de la durée et de la dimension.

(Demander les notices spéciales à tous les guichets de la Société.)

(*) Les agences marquées d'un astérisque sont pourvues d'un service de location de coffres-forts.

Type B*

CHEMINS DE FER PARIS-LYON-MÉDITERRANÉE (SUITE)

Billets d'aller et retour de PARIS à TURIN, MILAN, GÊNES, VENISE FLORENCE, ROME et NAPLES

(*Via* Dijon, Mâcon, Aix-les-Bains, Modane)

Prix des Billets			Validité
	Turin. 1re cl. **147** fr. »; 2e cl. **106** fr. **15**; 3e cl. **69** fr. **25**.		*Validité :* **30 jours**
	Milan. 1re cl. **164** fr. **80**; 2e cl.	**116** fr. **75**	
	Gênes. — **169** fr. **80**; —	**121** fr. **40**	
	Venise. — **216** fr. **35**; —	**153** fr. **75**	
	Florence. — **217** fr. **40**; —	**154** fr. **80**	
	Rome. — **266** fr. **90**; —	**189** fr. **50**	*Validité :* **45 jours**
	Naples. — **315** fr. **50**; —	**223** fr. **50**	

Ces billets sont délivrés toute l'année à la gare de Paris-Lyon et dans les bureaux-succursales. La durée de validité des billets valables 30 jours peut être prolongée de 15 jours et celle des billets valables 45 jours peut être prolongée de 22 jours, moyennant le payement d'un supplément égal à 10 0/0 du prix du billet. D'autre part, la validité des billets d'aller et retour **Paris-Turin** est portée gratuitement à 60 jours, lorsque les voyageurs justifient avoir pris, à Paris ou à Turin, un billet de voyage circulaire intérieur italien ou un billet d'abonnement **spécial italien.** *Arrêts facultatifs à toutes les gares du parcours.*

FRANCHISE DE 30 KILOGRAMMES DE BAGAGES SUR LE PARCOURS P.-L.-M.

BILLETS D'ALLER ET RETOUR DE PARIS A BERNE ET A INTERLAKEN

(*Via* **Dijon, Pontarlier, Les Verrières, Neuchâtel**) *ou réciproquement*

DE PARIS A ZERMATT (MONT ROSE)

(*Via* **Dijon, Pontarlier, Lausanne**) *sans réciprocité*

PRIX DES BILLETS

De Paris à				
Berne	. . . . 1re cl. **100** fr.;	2e cl. **75** fr.;	3e cl. **50** fr.
Interlaken	. . . . . — **112** fr.;	— **83** fr.;	— **56** fr.
Zermatt (Mt Rose).	— **140** fr.;	— **108** fr.;	— **71** fr.

Valables **60 jours**, avec arrêts facultatifs sur tout le parcours

Franchise de 30 kilogs de bagages sur le parcours P.-L.-M.

EN ÉTÉ, TRAJET RAPIDE DE PARIS A BERNE ET A INTERLAKEN

Les billets d'aller et retour de **Paris** à **Berne** et à **Interlaken** sont délivrés du 1er avril au 15 octobre; ceux de Zermatt, du 15 mai au 27 sept.

VOYAGES INTERNATIONAUX A ITINÉRAIRES FACULTATIFS

Il est délivré toute l'année, dans toutes les gares du réseau P.-L.-M., des Livrets de voyages internationaux avec itinéraires établis au gré des voyageurs sur les réseaux français de **P.-L.-M.**, de l'**Est**, de l'**Etat**, du **Midi**, du **Nord**, de l'**Orléans**, de l'**Ouest**, de l'Etat (lignes algériennes), P.-L.-M.-Algérien, Ouest-Algérien et Bône-Guelma, sur les lignes maritimes de la Méditerranée desservies par la Compagnie générale transatlantique, la Compagnie de navigation mixte (Cie Touache) ou par la Société générale des transports maritimes à vapeur, et sur les chemins de fer *allemands, austro-hongrois, belges, bosniaques et herzégoviniens, bulgares, danois, finlandais, italiens et siciliens, luxembourgeois, néerlandais, norvégiens, roumains, serbes, suédois, suisses et turcs.* Ces voyages, qui peuvent comprendre certains parcours par bateaux à vapeur ou par voitures, doivent, lorsqu'ils sont commencés en France, comporter obligatoirement des parcours étrangers. Parcours minimum : 600 kilomètres. La validité varie de **45 à 90** jours suivant le parcours. **Arrêts facultatifs.**

Les demandes de livrets internationaux sont satisfaites le jour même, aux gares de Paris et de Nice, lorsqu'elles arrivent à ces gares avant midi. Pour toutes les autres gares, les demandes doivent être faites quatre jours à l'avance.

CHEMINS DE FER PARIS-LYON-MÉDITERRANÉE (SUITE)

VILLES D'EAUX

DESSERVIES PAR LE RÉSEAU P.-L.-M.

1° Billets d'aller et retour collectifs de 1re, 2e et 3e classes

Il est délivré, du **1er mai au 15 octobre**, dans toutes les gares du réseau P.-L.-M., sous condition d'effectuer un parcours simple minimum de 150 kilomètres, aux familles d'au moins trois personnes voyageant ensemble, des billets d'aller et retour collectifs de 1re, 2e et 3e classes, *valables 33 jours*, pour les stations thermales du réseau et notamment pour : **Aix-les-Bains, Clermont-Ferrand (Royat), Vichy, Evian-les-Bains**, etc.

Le prix des billets s'obtient en ajoutant au prix de quatre billets simples ordinaires (pour les deux premières personnes) le prix d'un billet simple pour la troisième personne, la moitié de ce prix pour la quatrième et chacune des suivantes.

2° Billets d'aller et retour individuels de 1re, 2e et 3e classes

Il est délivré, du 1er mai au 31 octobre, dans toutes les gares du réseau, des billets d'aller et retour de 1re, 2e et 3e classes comportant une réduction de 25 0/0 en 1re classe, et de 20 0/0 en 2e et 3e classes, pour les stations dénommées ci-dessus.— Validité : **10 jours.**

3° Billets d'aller et retour collectifs de 2e et 3e classes

Il est délivré, du 1er septembre au 15 octobre, dans toutes les gares du réseau P.-L.-M., aux familles d'au moins deux personnes voyageant ensemble, des billets d'aller et retour collectifs de 2e et 3e classes pour les stations thermales ci-dessus désignées. Minimum de parcours simple : 150 kilomètres.

Le prix de ces billets collectifs s'obtient en ajoutant au prix de deux billets simples (pour la première personne) le prix d'un billet simple pour la deuxième personne, la moitié de ce prix pour la troisième et chacune des suivantes.

Arrêts facultatifs

Faire la demande de billets (collectifs ou individuels), quatre jours au moins à l'avance, à la gare où le voyage doit être commencé.

VOYAGES CIRCULAIRES A ITINÉRAIRES FACULTATIFS

Sur le réseau P.-L.-M.

Il est délivré, toute l'année, dans toutes les gares du réseau P.-L. M., des carnets individuels ou de famille, pour effectuer, sur ce réseau, en 1re, 2e et 3e classes, des voyages circulaires à itinéraire tracé par les voyageurs eux-mêmes avec parcours totaux d'au moins 300 kilomètres. Les prix de ces carnets comportent **des réductions très importantes** qui peuvent atteindre, pour les carnets de famille, **50 0/0** du Tarif général.

La **validité** de ces carnets est de **30 jours** jusqu'à 1 500 kilomètres, **45 jours** de 1 501 à 3 000 kilomètres, **60 jours** pour plus de 3 000 kilomètres.

Faculté de prolongation — **Arrêts facultatifs.**

Pour se procurer un carnet individuel ou de famille, il suffit de tracer sur une carte, qui est délivrée gratuitement dans les gares de P.-L.-M., bureaux de ville et agences de voyages, le voyage à effectuer, et d'envoyer cette carte, cinq jours avant le départ, à la gare où le voyage doit être commencé, en joignant à cet envoi une provision de 10 francs.

Le délai de demande est réduit à deux jours (dimanches et fêtes non compris) pour certaines grandes gares.

CHEMIN DE FER DU NORD

PARIS-NORD A LONDRES

Via Calais ou Boulogne

Cinq services rapides quotidiens dans chaque sens

Voie la plus rapide

SERVICES OFFICIELS DE LA POSTE

(*Via Calais*)

La gare de Paris-Nord, située au centre des affaires, est le point de départ de tous les grands express européens pour l'Angleterre, la Belgique, la Hollande, le Danemark, la Suède, la Norvège, l'Allemagne, la Russie, la Chine, le Japon, la Suisse, l'Italie, la Côte d'Azur, l'Égypte, les Indes et l'Australie.

SERVICES RAPIDES

ENTRE PARIS, LA BELGIQUE, LA HOLLANDE, L'ALLEMAGNE LA RUSSIE, LE DANEMARK, LA SUÈDE ET LA NORVÈGE

		Trajet en
6 express dans chaque sens entre	Paris et Bruxelles	3h.50
3 — —	Paris et Amsterdam.	8 30
5 — —	Paris et Cologne	8 »
4 — —	Paris et Francfort-sur-Mein	12 »
4 — —	Paris et Berlin.	18 »
2 — —	Paris et Saint-Pétersbourg.	51 »
Par le Nord-Express, bihebdomadaire.		46 »
1 express dans chaque sens entre	Paris et Moscou.	62 »
2 — —	Paris et Copenhague. . . .	28 »
2 — —	Paris et Stockholm.	43 »
2 — —	Paris et Christiania.	49 »

CHEMIN DE FER DU NORD

Saison des Bains de mer — Billets à prix réduits

Pendant la saison, de la veille de la fête des Rameaux au 31 octobre, *toutes les gares du Chemin de fer du Nord* délivrent des billets de bains de mer de 1re, 2e et 3e classes, à destination des stations balnéaires suivantes : BERCK (station du chemin de fer d'intérêt local), *via* Montreuil-sur-Mer ou *via* Rang-du-Fliers-Verton, BOULOGNE-VILLE ou TINTELLERIE (Le Portel), CALAIS-VILLE, CAYEUX (station du chemin de fer d'intérêt local), *via* Saint-Valery-sur-Somme, QUEND-FORT-MAHON (plages de Fort-Mahon et de Saint-Quentin), CONCHIL-LE-TEMPLE (Fort-Mahon), DANNES-CAMIERS (plages Sainte-Cécile et Saint-Gabriel), DUNKERQUE (plages de Malo-les-Bains et Rosendael), ETAPLES, PARIS-PLAGE (station du chemin de fer électrique), *via* Etaples, EU (plages du Bourg-d'Ault et d'Onival), GRAVELINES (Petit-Fort-Philippe), GHYVELDE (Bray-Dunes), LE CROTOY (station du chemin de fer d'intérêt local), *via* Noyelles, LEFFRINCKOUCKE (MALO-TERMINUS), LE TREPORT-MERS, LOON-PLAGE, MARQUISE-RINXENT (plage de Wissant), NOYELLES, SAINT-VALERY-SUR-SOMME, WIMILLE-WIMEREUX (plages de Wimereux, Audresselles et Ambleteuse), WOINCOURT (plages du Bourg-d'Ault et d'Onival), ZUYDCOOTE (Nord-Plage).

Il existe trois catégories de billets, savoir :

1° **Billets de saison** (1) de 1re, 2e et 3e classes, valables pendant 33 jours, non compris le jour de l'émission, avec facilité de prolongation pendant plusieurs périodes de 15 jours (2), sous condition d'effectuer un parcours minimum de 100 kilomètres aller et retour. Ces billets, créés pour les familles, sont *nominatifs* et *collectifs*. Il est accordé une *réduction de 50 0/0* à chaque membre de la famille en plus du troisième. Les billets dont il s'agit doivent être demandés au moins 4 jours à l'avance à la gare où le voyage doit être commencé.

2° **Billets hebdomadaires et carnets d'aller et retour** (1) de 1re, 2e et 3e classes. Les billets hebdomadaires sont valables pendant 5 jours, du vendredi au mardi et de l'avant-veille au surlendemain des fêtes légales. Ces billets et carnets sont individuels. Les prix varient selon la distance et présentent des *réductions de 25 à 40 0/0*. Les carnets contiennent 5 billets d'aller et retour et peuvent être utilisés à une date quelconque dans le délai de 33 jours, non compris le jour de distribution.

3° **Billets d'excursion** (1) de 2e et 3e classes, les dimanches et jours de fêtes légales, valables pendant une journée. Ces billets sont individuels ou de famille. — Les prix réduits des billets individuels sont indiqués dans le tableau ci-dessous. — Pour les *familles* (ascendants et descendants), il est accordé une nouvelle réduction sur le prix des billets individuels d'excursion, allant de 5 à 25 0/0, selon que la famille se compose de 2, 3, 4, 5 personnes et plus.

Les billets de saison et les billets hebdomadaires sont valables dans les mêmes trains et aux mêmes conditions que les billets ordinaires du service intérieur.

Les billets d'excursion ne sont valables que dans des **trains spéciaux** *ou dans des* **trains du service ordinaire** *désignés à cet effet par la Compagnie.*

4° **Cartes d'abonnement** (1) de 1re, 2e et 3e classes, valables pendant 33 jours, et comportant une réduction de 20 0/0 sur le prix des abonnements ordinaires d'un mois. Ces cartes ne sont délivrées qu'à toute personne qui prend deux billets ordinaires au moins ou un billet de saison pour les membres de sa famille ou domestiques, allant séjourner sous le même toit dans une station balnéaire désignée ci-dessus.

(1) Ces billets sont personnels et ne peuvent être vendus, sous peine de poursuites judiciaires.
(2) Cette prolongation est faite, au retour, par les soins de la gare de départ, avant l'expiration de la première période, moyennant le supplément de 10 0/0 du prix total des billets.

Les prix au départ de Paris, pour les trois catégories, sont les suivants :

Prix des billets (1) de saison, hebdomadaires et d'excursion

DE PARIS AUX STATIONS CI-DESSOUS	Billets de saison de famille valables pendant 33 jours — Prix pour 3 personnes			Prix pour chaque personne en plus			BILLETS HEBDOMADAIRES Prix (*) par personne			BILLETS d'excursion Prix (**) par personne	
	1re cl.	2^e^ cl.	3^e^ cl.	1re cl.	2^e^ cl.	3^e^ cl.	1re cl.	2^e^ cl.	3^e^ cl.	2^e^ cl.	3^e^ cl.
Berck	149 40	101 40	66 30	25 60	17 45	11 45	31 »	24 15	17 »	11 15	7 35
Boulogne (ville)	170 70	115 20	75 »	28 45	19 20	12 50	34 »	25 70	18 90	11 10	7 30
Calais (ville)	198 30	133 80	87 30	33 05	22 30	14 55	37 90	29 »	21 85	12 35	8 10
Cayeux	137 55	93 60	61 20	24 »	16 45	10 80	29 30	23 05	15 95	11 »	7 25
Conchil-le-Temple (Fort-Mahon)	140 40	94 80	61 80	23 40	15 80	10 30	28 80	22 50	15 75	9 75	6 35
Dannes-Camiers	157 20	106 20	69 30	26 20	17 70	11 55	31 70	24 40	17 50	10 50	6 85
Dunkerque	204 90	138 30	90 30	34 15	23 05	15 05	38 85	29 95	22 60	12 50	8 20
Etaples	152 40	102 90	67 20	25 40	17 15	11 20	30 90	23 95	17 »	10 35	6 75
Eu	120 90	81 60	53 10	20 15	13 60	8 85	25 40	20 10	13 70	8 85	5 75
Fort-Mahon (plage)	141 30	96 60	64 20	24 15	16 70	11 30	29 50	23 35	16 65	10 80	7 45
Ghyvelde (Bray-Dunes)	213 »	143 70	93 60	35 50	23 95	15 60	39 95	31 15	23 40	12 50	8 20
Gravelines (Petit-Fort-Philippe)	204 90	138 30	90 30	34 15	23 05	15 05	38 85	29 95	22 60	12 50	8 20
Le Crotoy	131 25	89 10	58 20	22 60	15 40	10 10	27 90	21 95	15 15	10 25	6 75
Leffrinckoucke (Malo-Terminus)	209 10	141 »	92 10	34 85	23 50	15 35	39 40	30 55	23 05	12 50	8 20
Le Tréport-Mers	123 »	83 10	54 »	20 50	13 85	9 »	25 75	20 35	13 90	9 »	5 85
Loon-Plage	204 30	138 »	90 »	34 05	23 »	15 »	38 75	29 90	22 50	12 50	8 20
Marquise-Rinxent	182 10	123 »	80 10	30 35	20 50	13 35	35 60	26 80	20 05	11 75	7 70
Noyelles	126 90	85 80	55 80	21 15	14 30	9 30	26 45	20 85	14 85	9 15	5 95
Paris-Plage (2)	156 »	105 90	70 20	26 60	18 15	12 20	32 10	24 95	18 »	11 35	7 75
Quend-Fort-Mahon	137 70	93 »	60 60	22 95	15 50	10 10	28 30	22 15	15 45	9 60	6 25
Quend-Plage	140 70	96 »	63 60	23 95	16 50	11 10	29 30	23 15	16 45	10 60	7 25
Rang-du-Fliers-Verton (Pl.-Merlimont)	145 20	98 10	63 90	24 20	16 35	10 65	29 60	23 05	16 20	10 05	6 55
Saint-Valery-sur-Somme	131 10	88 50	57 60	21 85	14 75	9 60	27 15	21 35	14 75	9 30	6 05
Wimille-Wimereux	174 60	117 90	76 80	29 10	19 65	12 80	34 55	26 10	19 30	11 25	7 40
Woincourt	126 90	85 80	55 80	21 15	14 30	9 30	26 45	20 85	14 35	9 15	5 95
Zuydcoote (Nord-Plage)	211 80	142 80	93 »	35 30	23 80	15 50	39 80	30 95	23 25	12 50	8 20

(*) Des carnets individuels, contenant 5 billets hebdomadaires d'aller et retour, peuvent être utilisés à une date quelconque dans le délai de 33 jours, non compris le jour de distribution.
(**) Sur les prix afférents au parcours de la Compagnie du Nord, une nouvelle réduction de 5 à 25 0/0 est faite sur les billets de famille, selon que la famille est composée de 2 à 5 personnes et au delà.
(1) Ces prix ne comprennent pas les 0 fr. 10 de droit de timbre pour les sommes supérieures à 10 francs.
(2) Les billets à destination de Paris-Plage ne sont délivrés que du 5 mai au 15 octobre, période pendant laquelle fonctionne le tramway électrique. Avant et après cette période, la distribution et la prolongation des billets seront limitées à Etaples.

CHEMINS DE FER DE L'ÉTAT

BILLETS DE BAINS DE MER

Valables 33 jours, non compris le jour du départ

Billets d'aller et retour, à validité prolongeable, délivrés du vendredi, avant-veille de la fête des Rameaux, au 31 octobre

1° — BILLETS DE BAINS DE MER

AU DÉPART DE PARIS

De **PARIS (Montparnasse)** ou de **PARIS (quai d'Orsay, pont Saint-Michel** ou **Austerlitz)** aux gares ci-après et retour.	PRIX ALLER ET RETOUR — SECTION I sans faculté d'arrêt aux gares intermédiaires.			SECTION II — § 1. Faculté d'arrêt entre CHARTRES ou TOURS et la station balnéaire.		
	1re cl.	2e cl.	3e cl.	1re cl.	2e cl.	3e cl.
Royan	71 30	52 40	38 10	80 65	61 20	43 50
La Tremblade (Ronce-les-Bains)	74 25	54 20	39 »	83 80	63 30	44 55
Le Chapus	67 20	49 10	35 »	77 05	58 20	40 »
Le Chateau-Quai (île d'Oléron)	68 70	50 60	36 20	78 55	59 70	41 20
Marennes	66 25	48 35	34 50	76 10	57 50	39 45
Fouras	63 90	46 50	33 20	73 75	55 75	37 90
Chatelaillon	62 35	46 10	32 40	71 95	55 25	37 05
Angoulins-sur-Mer	61 80	45 70	32 15	71 35	54 75	36 70
La Rochelle	61 10	45 10	31 80	70 50	54 20	36 30
La Pallice-Rochelle (île de Ré)	61 95	45 75	32 20	71 50	54 95	36 80
L'Aiguillon-Port. *Via* Chantonnay-Transit	59 40	45 60	31 75	67 60	54 50	35 75
L'Aiguillon-Port. *Via* Luçon-Transit	61 35	45 95	32 25	70 40	55 95	36 65
La Tranche. *Via* Chantonnay-Transit	61 90	48 10	34 25	70 10	57 »	38 25
La Tranche. *Via* Luçon-Transit	63 85	48 45	34 75	72 90	58 45	39 15
Les Sables-d'Olonne	62 60	46 30	32 55	72 25	56 95	37 20
Saint-Hilaire-de-Riez (Sion)	64 30	46 10	32 40	74 20	56 70	37 05
Saint-Gilles-Croix-de-Vie (Sion)	64 55	46 55	32 70	74 50	57 30	37 35

De **PARIS-MONTPARNASSE** ou **SAINT-LAZARE** aux gares ci-après et retour.	1re cl.	2e cl.	3e cl.	§ 2. Faculté d'arrêt entre Sainte-Pazanne incl. et la station balnéaire. 1re cl.	2e cl.	3e cl.
Challans (île de Noirmoutier, île d'Yeu, Saint-Jean-de-Monts)	63 35	44 65	31 35	71 35	50 65	35 35
Bourgneuf-en-Retz	58 50	42 90	30 10	66 50	48 90	34 10
Les Moutiers	58 50	43 30	30 40	66 50	49 30	34 40
La Bernerie	58 50	43 55	30 60	66 50	49 55	34 60
Pornic (île de Noirmoutier) (1)	58 80	44 30	31 15	66 80	50 30	35 15
Saint-Père-en-Retz (Saint-Brevin-l'Océan)	58 50	43 30	30 65	66 50	49 30	34 65
Paimbœuf (Saint-Brevin-l'Océan)	59 05	43 30	30 80	67 05	49 30	34 80

2° — BILLETS DE BAINS DE MER

AU DÉPART DES GARES AUTRES QUE PARIS, VALABLES 33 JOURS

non compris le jour du départ

Ces billets sont délivrés par toutes les gares, stations et haltes du réseau de l'Etat (**Paris excepté**), pour toutes les stations balnéaires désignées ci-dessus. Ils comportent les mêmes réductions de prix que les billets d'aller et retour ordinaires et donnent le droit de s'arrêter aux gares intermédiaires.

Dispositions spéciales au 1° et au 2°

Enfants. — Les enfants de 3 à 7 ans payent moitié du prix des billets de bains de mer.

Prolongation de la durée de validité. — La durée de validité peut être prolongée de 30 jours, moyennant un supplément égal à 10 0/0 du prix du billet. Cette prolongation peut être accordée deux fois au plus ; le supplément à payer pour chaque prolongation de 30 jours est de 10 0/0 du prix primitif.

3° — BILLETS DE BAINS DE MER

A VALIDITÉ RÉDUITE, SANS FACULTÉ DE PROLONGATION

A) **Billets de toutes classes valables pendant 5 jours, du vendredi de chaque semaine au mardi suivant, ou de l'avant-veille au surlendemain d'un jour férié.** — Leurs prix sont ceux des billets simples augmentés d'un dixième avec minimum de perception, par place, de 12 fr. en 1re classe, de 9 fr. en 2e classe et de 6 fr. en 3e classe.

B) **Billets de 2e et de 3e classes délivrés par toutes les gares du réseau de l'Etat situées au sud de la Loire, valables un jour seulement, le dimanche ou un jour férié.** — Leurs prix sont les deux tiers de ceux des billets de bains de mer de 33 jours, avec minimum de perception par place de 4 fr. en 2e classe et de 2 fr. 50 en 3e classe.

(*Pour les conditions d'utilisation des billets de bains de mer, voir les Tarifs G. V. nos 6 et 106.*)

(1) Un service régulier de bateaux à vapeur est organisé entre Pornic et Noirmoutier pendant la période du 1er juillet au 30 septembre.

ABONNEMENTS DE BAINS DE MER

Des cartes d'abonnement de Bains de mer valables un mois, trois mois ou six mois et comportant une réduction de 40 0/0 sur les prix des cartes ordinaires d'abonnement de même durée, sont délivrées chaque année, à partir du vendredi, avant-veille de la fête des Rameaux, jusqu'au 31 octobre pour les cartes d'un ou trois mois, et jusqu'au 31 juillet pour les cartes de six mois. Ces cartes ne sont délivrées qu'aux personnes qui prennent en même temps au moins trois billets ordinaires ou de bains de mer.

(*Pour les autres conditions, voir le Tarif spécial G. V. nº 3.*)

BILLETS D'ALLER ET RETOUR DE FAMILLE

POUR LES VACANCES

Valables 33 jours, non compris le jour du départ

Délivrés du vendredi, avant-veille de la fête des Rameaux, au lundi de Paques inclus (sans prolongation), et du 1er juillet au 1er octobre, avec prolongation facultative, moyennant surtaxe, aux familles d'au moins trois personnes payant place entière et voyageant ensemble :

a) Au départ de **PARIS**, pour les gares, stations et haltes du réseau de l'Etat situées à 125 kilomètres au moins de Paris, ou réciproquement ;

b) Au départ de toutes les gares, stations et haltes du réseau de l'Etat (Paris excepté), pour les gares, stations et haltes situées à 100 kilomètres au moins du point de départ.

Il peut être délivré à un ou plusieurs des voyageurs compris dans un billet collectif et en même temps que ce billet une carte d'identité sur la présentation de laquelle le titulaire sera admis à voyager isolément à moitié prix du tarif ordinaire des billets simples, pendant la durée de la villégiature de la famille, entre la gare de délivrance du billet collectif et le point de destination mentionné sur ce billet.

Enfants.— Les enfants de 3 à 7 ans payent la moitié du prix que paye un voyageur à place entière

(*Pour les autres conditions, voir les Tarifs spéciaux G. V. nos 2 bis et 9 bis.*)

VOYAGE CIRCULAIRE AU LITTORAL DE L'OCÉAN

ENTRE BORDEAUX ET NANTES

Billets individuels et de famille

délivrés du vendredi, avant-veille de la fête des Rameaux, au 31 octobre

Valables 33 jours (non compris le jour de la délivrance)

avec faculté de prolongation de trois fois 20 jours moyennant un supplément de 10 0/0 pour chaque prolongation

PRIX :

1º **Billets individuels** : 1re classe, **60** fr. — 2e classe, **45** fr. — 3e classe, **30** fr.

2º **Billets de famille** : Prix ci-dessus réduits de **10** 0/0 pour une famille de 3 personnes, jusqu'à 25 0/0 pour un nombre de 6 personnes ou plus.

Billets spéciaux de parcours complémentaires pour rejoindre ou quitter l'itinéraire du voyage d'excursion.

(*Pour les autres conditions, voir le Tarif spécial G. V. nº 5.*)

CARTES D'EXCURSION VALABLES 15 JOURS

Pendant la période du vendredi, avant-veille de la fête des Rameaux, au 31 octobre, il sera délivré par toutes les gares, stations et haltes du réseau de l'Etat, des cartes d'excursion valables pendant 15 jours et comportant la libre circulation, savoir :

Cartes A. — Sur l'ensemble du réseau de l'Etat.

Cartes B. — Sur toutes les lignes du réseau de l'Etat situées au sud de la Loire (y compris les gares de Nantes, Angers, La Possonnière, Saumur et Port-Boulet).

Ces cartes sont délivrées aux prix ci-après :

Cartes A (valables sur l'ensemble du réseau) : 1re classe, **135** fr.; 2e cl., **100** fr.; 3e cl., **75** fr.

Cartes B (valables sur le réseau sud seulement) : 1re classe, **100** fr.; 2e cl., **75** fr.; 3e cl., **50** fr.

Les demandes de cartes d'excursion pourront être adressées aux chefs de toutes les gares ou stations du réseau de l'Etat, ou au chef du contrôle de ce réseau (rue Saint-Lazare, nº 45, à Paris).

(*Pour les autres conditions, voir le Tarif spécial G. V. nº 5.*)

RELATIONS DIRECTES ENTRE PARIS ET VALPARAISO

Par **La Pallice-Rochelle** et la **Compagnie de navigation à vapeur du Pacifique**

Service tous les 15 jours

Train spécial (1re, 2e et 3e classes), entre Paris-Montparnasse et La Pallice-Rochelle

(Sans transbordement)

TRAJET DIRECT EN 9 HEURES

Départ de Paris habituellement le samedi soir. — Arrivée à La Pallice-Rochelle (Bassin à flot) le lendemain matin.

CHEMINS DE FER DE L'OUEST

VOYAGES A PRIX RÉDUITS

BAINS DE MER ET EAUX THERMALES

(AVRIL A OCTOBRE)

I. — Billets délivrés au départ de PARIS, valables, selon la distance, 3, 4, 10 et 33 jours.

II. — Billets délivrés au départ de la PROVINCE, valables, selon la distance, 3, 4, 10 et 33 jours.

III. — Billets délivrés au départ des gares des réseaux du NORD, de l'EST, d'ORLÉANS et de l'État, pour les stations balnéaires du réseau de l'Ouest, valables 33 jours.

IV. — Billets de famille pour 4 personnes au moins, délivrés au départ des gares du réseau de P.-L.-M., pour les stations balnéaires et thermales du réseau de l'Ouest, valables 33 jours.

EXCURSION AU MONT-SAINT-MICHEL (avril à octobre)

Billets délivrés par toutes les gares du réseau, valables, selon la distance, de 3 à 8 jours.

EXCURSION AU HAVRE (juin à septembre)

Billets délivrés au départ de PARIS et de ROUEN (R. D.), donnant droit au trajet en bateau dans un sens entre ROUEN et LE HAVRE.

EXCURSION A L'ILE DE JERSEY

Toute l'année, par GRANVILLE et SAINT-MALO.

Mai à octobre, par CARTERET.

Billets délivres au départ de Paris et de certaines gares de la province, VALABLES UN MOIS.

EXCURSIONS EN BRETAGNE

Facilités accordées par Cartes d'abonnement individuelles et de famille, valables 33 jours

ABONNEMENTS INDIVIDUELS

Il est délivré, à partir de la veille de la fête des Rameaux et jusqu'au 31 octobre, des cartes d'abonnement spéciales permettant de partir d'une gare quelconque (grandes lignes) du réseau de l'Ouest pour une gare au choix des lignes désignées aux alinéas I, II, III et IV ci-dessous, en s'arrêtant sur le parcours ; de circuler ensuite à son gré pendant un mois non seulement sur ces lignes, mais aussi sur tous leurs embranchements qui conduisent à la mer, et, enfin, une fois l'excursion terminée, de revenir au point de départ avec les mêmes facilités d'arrêt qu'à l'aller.

CARTE I. — **Sur la côte nord de Bretagne** (1re classe, 100 fr.; 2e classe, 75 fr.). — Parcours : gares de la ligne de **Granville** à **Brest** (par **Folligny, Dol** et **Lamballe**) et des embranchements de cette ligne conduisant à la mer.

CARTE II. — **Sur la côte sud de Bretagne** (1re classe, 100 fr.; 2e classe, 75 fr.). — Parcours : gares de la ligne du **Croisic** et de **Guérande** à **Châteaulin** et des embranchements de cette ligne conduisant a la mer.

CARTE III. — **Sur les côtes nord et sud de Bretagne** (1re classe, 130 fr.; 2e classe, 95 fr.). — Parcours : gares des lignes de **Granville** à **Brest** (par **Folligny, Dol** et **Lamballe**) et de **Brest** au **Croisic** et à **Guérande** et des lignes d'embranchement conduisant à la mer.

CARTE IV. — **Sur les côtes nord et sud de Bretagne et lignes intérieures situées à l'ouest de celle de Saint-Malo à Redon** (1re classe, 150 fr.; 2e classe, 110 fr.). — Parcours : gares des lignes de **Granville** à **Brest** (par **Folligny, Dol** et **Lamballe**), de **Brest au Croisic** et à **Guérande** et des lignes d'embranchement vers la mer, ainsi que celles des lignes de **Dol** à **Redon**, de **Messac** à **Ploërmel**, de **Lamballe** à **Rennes**, de **Dinan** à **Questembert**, de **Saint Brieuc** à **Aurav**, de **Loudéac** à **Carhaix**, de **Morlaix** et de **Guingamp** à **Rosporden**.

ABONNEMENTS DE FAMILLE

Toute personne qui souscrit, en même temps que l'abonnement qui lui est propre, un ou plusieurs autres abonnements de même nature, en faveur des membres de sa famille ou domestiques habitant avec elle, bénéficie, pour ces cartes supplémentaires, de réductions variant entre 10 et 50 p. 100, suivant le nombre de cartes délivrées.

CHEMINS DE FER DU MIDI

Les voyageurs peuvent effectuer des voyages sur le réseau du Midi (notamment dans les Pyrénées et aux gorges du Tarn), au moyen d'une des combinaisons suivantes, comportant de notables réductions sur les prix ordinaires des places :

1° Billets d'aller et retour individuels et de famille, de toutes classes

A destination des stations thermales et balnéaires situées sur le réseau du Midi.

Durée (1) : 33 jours, non compris les jours de départ et d'arrivée.

2° Billets de voyages circulaires : Paris, centre de la France, Pyrénées, Provence et gorges du Tarn (de 1re et 2e classes)

Durée (1) : 20 jours pour les voyages intérieurs du Midi (G. V., 5) et 30 jours pour les voyages communs avec l'Orléans et le P.-L.-M. (G. V., 105). — En outre, il est délivré, sur les réseaux du Midi et d'Orléans, des billets spéciaux d'aller et retour à prix réduits, pour permettre aux voyageurs porteurs de billets de voyages circulaires de visiter des points situés en dehors du voyage circulaire : les Eaux-Bonnes, les Eaux-Chaudes, Carcassonne, etc.

3° Billets d'aller et retour de famille pour les vacances

Durée (1) : 33 jours, non compris le jour du départ.

4° Cartes d'excursions de Paris dans le centre de la France et les Pyrénées

Ces cartes sont délivrées du 15 juin au 15 septembre.— Durée (1) : un mois. — Il existe cinq zones d'excursions sur lesquelles le voyageur a droit à la libre circulation (2).

Les prix totaux de la carte (y compris le trajet aller et retour de Paris à la zone choisie) sont ainsi fixés :

	1re classe	2e classe	3e classe
Zone A.	150 fr.	105 fr.	70 fr.
— B ou C.	190 fr.	140 fr.	95 fr.
— D ou E.	230 fr.	170 fr.	115 fr.

Sur ces prix, il est accordé pour les familles une réduction qui va de 10 p. 100 pour la deuxième personne, jusqu'à 50 p. 100 pour la sixième et les suivantes.

5° Billets spéciaux d'aller et retour, de toutes classes, pour Lourdes

Délivrés au départ de toutes les gares des réseaux de l'État, du Nord, de l'Ouest, de l'Est, de P.-L.-M., d'Orléans, et dans toutes les gares du Midi situées à plus de 150 kilomètres de Lourdes. — Durée de validité variable suivant la longueur du parcours : 4 à 12 jours, non compris le jour du départ.

AVIS. — *Un livret indiquant en détail les conditions dans lesquelles peuvent être effectués les divers voyages d'excursion, de famille, etc., sera envoyé gratuitement à toute personne qui fera parvenir au service commercial de la Compagnie, boulevard Haussmann, 54, à Paris (IXe arr.), le montant de l'affranchissement du livret, soit 25 centimes.*

(1) Faculté de prolongation moyennant supplément de 10 p. 100.
(2) Consulter, pour les détails, le Tarif commun G.V., n° 106.

CHEMINS DE FER DE L'EST

I. — RELATIONS DIRECTES DE LA COMPAGNIE DE L'EST

(SERVICES PERMANENTS)

a) Avec la Suisse, *via* Belfort-Bâle (trains rapides);
b) Avec l'Italie, *via* Belfort-Bale et le Saint-Gothard (trains rapides);
c) Avec Mayence, Wiesbaden, Ems et Hombourg-les-Bains, *via* Metz-Sarrebruck (trains rapides);
d) Avec Francfort-sur-Mein, *via* Metz-Sarrebruck (trains rapides), et *via* Avricourt-Strasbourg (train d'Orient), en correspondance à Carlsruhe avec des trains express pour Francfort;
e) Avec Coblence et Ems, *via* Pagny-sur-Moselle-Metz-Trèves et *via* Longwy-Luxembourg-Trèves (trains rapides);
f) Avec l'Autriche-Hongrie, la Roumanie, la Serbie, la Bulgarie et la Turquie : 1° *via* Avricourt-Strasbourg (train d'Orient); 2° *via* Belfort-Bale, la Suisse orientale et l'Arlberg (trains rapides);
g) Avec Luxembourg, *via* Charleville, Longuyon, Longwy, Dippach (trains rapides).

II. — VOYAGES CIRCULAIRES ET EXCURSIONS A PRIX RÉDUITS

(SAISON D'ÉTÉ)

A. — EN FRANCE

1° Billets d'aller et retour de famille pour les stations thermales situées sur le réseau de l'Est. — 2° Billets d'aller et retour collectifs délivrés par les gares du réseau P.-L.-M. pour les stations thermales situées sur le réseau de l'Est.

Voyages circulaires à prix réduits pour visiter les Vosges et Belfort avec arrêts facultatifs à toutes les stations du parcours

Billets individuels et billets collectifs valables 33 jours

1° De Paris à Paris; 2° de Laon à Laon; de Nancy à Nancy : *via* Blainville, Charmes et *via* Pagny sur-Meuse, Vaucouleurs.

Billets d'aller et retour individuels, valables 33 jours

Délivrés dans toutes les gares du réseau de l'Est conjointement avec les billets circulaires individuels et collectifs des Vosges au départ de Nancy.

B. — VOYAGES INTERNATIONAUX, à prix réduits, à itinéraires facultatifs

La Compagnie des chemins de fer de l'Est délivre toute l'année des Livrets internationaux a coupons combinables, a prix réduits, de l'Union de Chemins de fer européens, permettant aux voyageurs de composer à leur gré un voyage circulaire ou d'aller et retour à l'étranger, comprenant des parcours sur les grands réseaux français, sur les Chemins de fer algériens de l'État, algériens P.-L.-M., Ouest-Algérien, Bône-Guelma et sur certaines lignes maritimes desservies par la Compagnie générale transatlantique, la Compagnie de navigation mixte (Cie Touache), la Société de transports maritimes à vapeur, ainsi que dans les pays désignés ci-après . Allemagne, Autriche-Hongrie, Belgique, Bosnie-Herzégovine, Bulgarie, Danemark, Finlande, Italie, grand-duché de Luxembourg, Pays-Bas, Norvège, Roumanie, Serbie, Suede, Suisse et Turquie.

La réduction par rapport aux prix des billets simples atteint et depasse 20 0/0.

Les principales conditions d'émission de ces livrets sont les suivantes

L'itinéraire doit emprunter à la fois des lignes françaises et étrangères et ramener le voyageur à son point de départ initial.

Le parcours tarifé ne peut être inférieur a 600 kilometres; la durée de validité des livrets est de 45 jours lorsque le parcours ne dépasse pas 2000 kilometres; 60 jours pour les parcours de 2001 à 3000 kilomètres, et 90 jours pour les parcours supérieurs à 3000 kilomètres.

Les livrets doivent être demandés à l'avance; il n'est pas concédé de franchise de bagages.

Les enfants agés de 4 ans et moins sont transportés gratuitement, s'ils n'occupent pas une place distincte; au-dessus de 4 ans jusqu'à 10 ans, ils bénéficient d'une réduction de 50 0/0.

C. — VOYAGES CIRCULAIRES, à itinéraires fixes, NORD ET SUD DES ALPES

Via Saint-Gothard, Mont Cenis, Vintimille

Les voyageurs qui désirent se rendre en Italie peuvent se procurer, à Paris et dans toutes les gares du réseau de l'Est situées sur l'itinéraire, des billets circulaires à itinéraires fixes dits « **Au Nord et au Sud des Alpes** », qui permettent de faire des excursions variées en Italie dans des conditions économiques.

Les touristes ont le choix entre quatre excursions au **Nord des Alpes** (parcours en dehors de l'Italie) et un grand nombre d'excursions au **Sud des Alpes** (parcours italiens), qu'ils peuvent effectuer avec deux billets délivrés conjointement.

Durée de validité des billets circulaires : 60 jours

Nota. — Pour tous autres renseignements concernant les livrets à coupons combinables, consulter le Tarif international G. V. n° 203 déposé dans les gares, et, pour les billets circulaires à itinéraires fixes, le Livret des voyages circulaires et excursions de la Compagnie des chemins de fer de l'Est.

COMPAGNIE
DU
CHEMIN DE FER DU SAINT-GOTHARD

Le chemin de fer du Gothard, la ligne de montagne la plus pittoresque et la plus intéressante de l'Europe, traverse la Suisse primitive chantée par les poètes et glorifiée par l'histoire. Ses têtes de ligne au nord sont **Lucerne** et **Zoug**. Les tracés respectifs longent, de Lucerne à Kussnacht, le **lac des Quatre-Cantons**, et de Zoug à Arth-Goldau, le **lac de Zoug**. Des divers points de ces deux embranchements, on aperçoit le **Righi**, célèbre dans le monde entier par la vue incomparable dont on jouit de son sommet. **Arth-Goldau** est gare de soudure des tronçons de Lucerne et de Zoug, ainsi que des lignes du **Sud-Est** suisse et d'**Arth-Righi**. Plus loin, la ligne touche le lac de **Lowerz**, **Schwyz** et, pour la seconde fois, le lac **des Quatre-Cantons**, avec Brunnen, la route de l'Axen, le Rutli, la chapelle de Guillaume Tell, Fluelen et au delà Altdorf, Erstfeld, Wassen, **Goeschenen**, station de la tête nord du tunnel, où commence l'ancienne route du Saint-Gothard et d'où l'on atteint, en une demi-heure, le célèbre **Pont-du-Diable et la galerie dite Trou d'Uri, près d'Andermatt** (tous deux d'un accès facile), Bellinzona, Locarno, **le lac Majeur** (îles Borromées), **Lugano**, connue dans le monde entier et qui est devenue une station climatérique; elle est reliée au funiculaire du Monte-Salvatore, avec Luino, sur le lac Majeur, et avec Menaggio, sur le lac de Côme.

De là, la ligne franchit le lac de Lugano et, de la gare de Capolago où se raccorde le chemin de fer à crémaillère du **Monte-Generoso**, se dirige sur Chiasso, point terminus du Gothard, pour continuer sur Côme et Milan.

La ligne réunit ainsi, des deux côtés des Alpes, les bords des lacs les plus ravissants, émaillés de villas splendides.

Parmi les nombreux travaux d'art, œuvres gigantesques construites dans les flancs des Alpes et qui excitent l'étonnement du voyageur, il faut citer en première ligne le **grand tunnel du Gothard**, le plus long souterrain existant (14 998 mètres), lequel est ventilé artificiellement, de sorte que les voyageurs ne sont nullement incommodés par la fumée; viennent ensuite les tunnels hélicoïdaux au nombre de trois sur le côté nord et de quatre sur le côté sud, le pont du Kerstelenbach, près d'Amsteg, etc., etc.

Trois rapides et trois trains directs font journellement, en six à huit heures, le trajet dans chaque direction de **Lucerne à Milan**, point central pour tous les voyageurs allant en Italie. **Wagons-lits (sleeping-cars), wagons-restaurants, voitures directes entre Paris et Milan, éclairage électrique, freins continus.**

Prix de **Paris à Lucerne** :		Prix de **Paris à Milan** :	
1re classe	69 fr. 45	1re classe.	104 fr. 85
2e —	47 fr. 60	2e —	72 fr. 40

Le chemin de fer du Gothard est la voie de **communication la plus courte entre Paris et Milan** (*via* Belfort-Bâle). A Milan, correspondance directe de et pour **Venise, Bologne, Florence, Gênes Rome, Turin.** A **Lucerne**, correspondance directe de et pour **Paris' Calais, Londres, Ostende, Bruxelles, Cologne, Francfort, Strasbourg**, ainsi que de et pour toutes les **gares principales de la Suisse**.

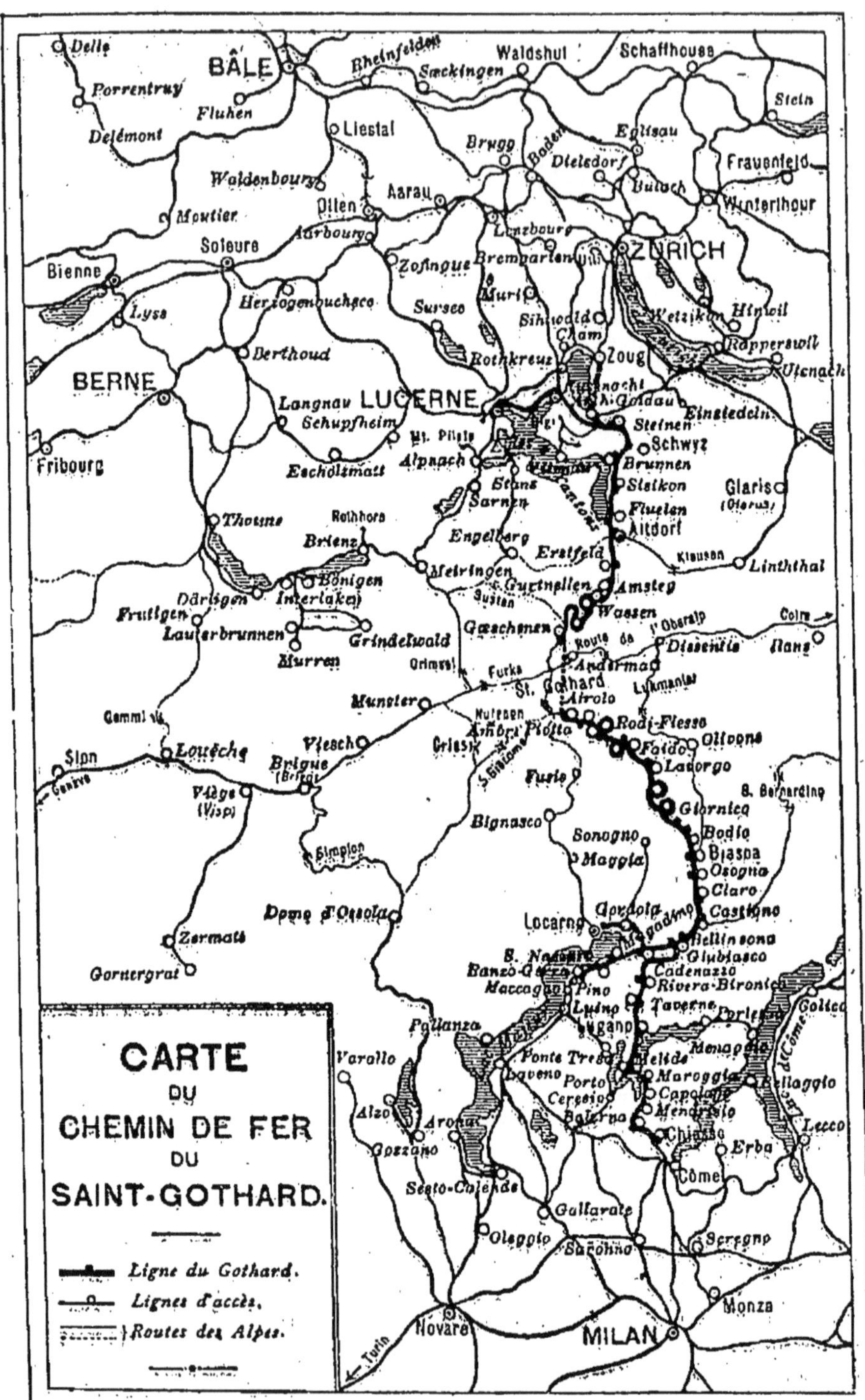
CARTE
DU
CHEMIN DE FER
DU
SAINT-GOTHARD.
Ligne du Gothard.
Lignes d'accès.
Routes des Alpes.
BÂLE
ZURICH
BERNE
LUCERNE
MILAN
Locarno
Lugano
Bellinzona
Airolo
Goeschenen
Altdorf
Fluelen
Brunnen
Schwyz
Zoug
Novare
Monza
Côme
Chiasso

R.F.

Le Bœuf à la Mode

RUE DE VALOIS, 8 (PALAIS-ROYAL)

Le plus ancien des Restaurants parisiens

ayant conservé

les traditions de la bonne cuisine française

A PROXIMITÉ

DES

THÉATRES FRANÇAIS ET PALAIS-ROYAL

PRIX MODÉRÉS

La boite **LIN-TARIN** 1 fr. 30

PRÉPARATION SPÉCIALE POUR COMBATTRE AVEC SUCCÈS

Constipations, Coliques, Echauffements, Maladies du Foie et de la Vessie. (Exiger la femme à 3 jambes)

Une cuillerée à soupe matin et soir dans un quart de verre d'eau ou de lait.

TOUT CYCLISTE DOIT FAIRE USAGE de LIN-TARIN

Marque de fabrique

POMMADE FONTAINE

Ses effets sont Merveilleux

contre les : *Dartres, Eczéma, Engelures, Hémorroïdes, Rougeurs de la Face, Inflammations des Paupières, Pellicules et Chute des Cheveux.*

FRICTIONS LÉGÈRES CHAQUE SOIR

LE POT : 2 FRANCS

Franco, 2 fr. 15 en timbres-poste.

SAVON FONTAINE

Excellent auxiliaire de la POMMADE FONTAINE

Le Savon, 2 fr. Franco 2 fr. 15 en timbres-poste

TARIN, Pharm. de 1re Classe, Ex-Interne des Hôpitaux

Place des Petits-Pères, 9, PARIS

SE TROUVENT DANS TOUTES LES PHARMACIES

Arcachon

DEUX HOTELS DE PREMIER ORDRE

(Les seuls avec ascenseurs)

1° Le **GRAND-HOTEL**, en façade sur la mer. — Restaurant, terrasses et promenoir.

2° L'**HOTEL DES PINS ET CONTINENTAL**, dans une des plus belles situations de la forêt. — Exposition unique.

B. FERRAS, Propriétaire-Directeur

Arcachon

GRAND HOTEL DE FRANCE

Sur la plage. — Vue splendide sur tout le bassin. — Recommandé aux familles. — **Prix modérés.**

ANCIENNE MAISON GRENIER PÈRE

GUSTAVE GRENIER Fils, Directeur

Arcachon

VICTORIA HOTEL ET RESTAURANT

L'établissement moderne d'Arcachon, unique par son installation modèle, par sa situation agréable et par sa cuisine soignée. — **Ouvert** toute l'année. — **M. et Mme OTTO KERN**, nouveaux Propriétaires.

Arcachon

HOTEL-RESTAURANT JAMPY

BOULEVARD DE LA PLAGE, 268

Terrasse de 200 couverts avec aperçu sur le bassin. — Salon de lecture et de correspondance. — **L. CURAN**, Directeur.

Arcachon

VILLA DÉIDAMIE

EN FORÊT, PLEIN MIDI, PEU ÉLOIGNÉE DE LA PLAGE

Avenue Victoria. — Chambre, pension, petit déjeuner du matin et vin compris, depuis 7 fr. 50 par jour. — Arrangements pour familles.

Mme DE BECHILLON et Mlle COUMEAU Sœurs, Propriétaires

Arcachon

VILLA CARLO

MAISON DE FAMILLE. — Place des Palmiers. — *La plus belle situation de la forêt, en face du kiosque de la musique, et la plus ensoleillée de la Ville d'hiver.* — Chambres confortables et pension depuis 7 fr. par jour. — *English spoken.* — **Mlle GANAUD**, Propriétaire.

Moulleau-Arcachon

GRAND-HOTEL

OUVERT TOUTE L'ANNÉE

Omnibus à tous les trains — Prix modérés

Bagnères-de-Luchon

Hôtel Pardeillan — Grand Parc Beau-Séjour

Allées d'Étigny, 7. — Magnifique et vaste parc. — Les plus beaux ombrages de Luchon. — Vue splendide sur le port de Vénasque. — Grand confortable comme chambres et appartements. — Table d'hôte et restaurant. — **Ouvert toute l'année.** — *Omnibus à tous les trains.*

Mme Vve PARDEILLAN, Propriétaire

Bagnères-de-Luchon

HOTEL DE BORDEAUX

Transformé et remis à neuf. — Très belle vue sur la montagne. — Grand confortable. — Jardin. — Depuis 8 fr. par jour, sauf le mois d'août. — *Omnibus à tous les trains.*

BOUBES, Propriétaire

Bagnères-de-Luchon

GRANDS HOTELS CAVÉ ET D'EUROPE

Allées d'Étigny, 12 et 30. — Ouverts toute l'année. — *Omnibus à tous les trains.* — Entièrement reconstruits. — Confortable moderne. — **Cuisine de famille.** — Jardin. — Garage pour autos. — **Restaurant:** déjeuner, 2 fr. 50; dîner, 3 fr.; pension depuis 7 fr.

B. CAVÉ, Propriétaire

Bagnères-de-Luchon

AGENCE DE LOCATION

LOCATION DE VILLAS ET D'APPARTEMENTS

Renseignements gratuits

PENSION DE FAMILLE — MAISON BONNETTE

Merveilleuse situation, place du Casino, en face du port de Vénasque. — **Cuisine très soignée.** — Pension depuis 8 fr., sauf août. — Arrangements pour familles. — Latitude d'amener son personnel.

Écrire ou télégraphier : **BONNETTE, Luchon.**

Luchon

Fabrique de Conserves alimentaires

EXTRA-FINES

BIGOURDAN Frères

Spécialité de pâtés de foie gras aux truffes du Périgord. — Plum pudding. — Civet d'isard à la parisienne, etc.

NOTA. — Toute commande de **25** francs est expédiée franco de port dans toute la France.

Sur demande envoi du prix courant

Barbazan-les-Eaux

(**HAUTE-GARONNE**), gare de Lourès-Barbazan, ligne de Montréjeau à Luchon

EAUX MINÉRALES NATURELLES

Purgatives, dépuratives et diurétiques. — Souveraines contre la dyspepsie, la jaunisse, les maladies du foie, la goutte, la constipation, la gravelle, les fièvres les plus invétérées, etc. — **Établissement ouvert toute l'année.** — Téléphone et Télégraphe dans l'hôtel. — Cuisine de premier ordre. — **Prix modérés : 7, 8 et 9 fr.** par jour. — **Pays merveilleux.** — *S'adresser au* **Directeur des Thermes de Barbazan**

Biarritz

HOTEL D'ANGLETERRE

De tout premier ordre

Confortable moderne — Situation incomparable sur la mer

GRANDS JARDINS AU MIDI

Au centre de la ville et des plages

ASCENSEUR — ÉLECTRICITÉ — *Bains à tous les étages*

M. CAMPAGNE, Propriétaire

Biarritz

HOTEL VICTORIA et de la GRANDE-PLAGE

DOMAINE IMPÉRIAL

De tout premier ordre. — Magnifique vue de mer. — La plus belle situation, près du **Grand Casino** et des **Thermes salins.** — Grand jardin. — Lawn-tennis. — Salle de bains. — Calorifère — Lumière électrique. — Ascenseur.

Omnibus et voitures de luxe.

J. FOURNEAU, Propriétaire

Biarritz

GRAND-HOTEL

INSTALLATION DE TOUT PREMIER ORDRE

200 chambres et salons. — Grand confort réunissant toutes les innovations modernes. — Lumière électrique dans toutes les pièces. — Calorifère. — Ascenseur. — Service quotidien de trois dépêches par jour. — Situation unique en face de la mer, au midi et à côté de la Grande Plage et du Casino. — **Saison d'été. — Saison d'hiver.** — Le Grand-Hôtel, qui est fréquenté par la haute société, est réputé comme la résidence la plus agréable de Biarritz, car il est le seul situé dans le quartier fashionable, au centre de la ville. — **Lawn-tennis couvert. — M.-Ch. MONTENAT.**

Biarritz

HOTEL SAINT-JAMES

Restaurant, rue Gambetta, 15. — Situation centrale et vue sur la mer. — Appartements et chambres confortables. — Terrasse ombragée. — Cuisine faite par le propriétaire. — Déjeuner, 2 fr. 50. — Dîner, 3 fr., vin compris.— Pension depuis 7 fr. par jour.— **L. BEAUXIS, Propre.**

Biarritz

PENSION DE FAMILLE

VILLA SAINT-JACQUES, *avenue Saint-Dominique*

De construction récente. — Très confortable. — Hygiène parfaite. — Situation centrale. — **Calorifère.** — *Eau et gaz à tous les étages.* — Prix depuis 7 fr. par jour, tout compris, même le petit déjeuner du matin.

Docteur TOUSSAINT, Propriétaire-Directeur

Biarritz

HOTEL BRISTOL

Ancienne Villa Piron.— **Sur la plage, à côté du Casino municipal.**— La plus belle vue de mer et à tous les étages.— Grand confortable.—Cuisine très soignée. — Pension, tout compris, même le vin et le petit déjeuner, depuis 8 fr., sauf août et septembre.—Lumière électrique.— Téléphone. —*English spoken.*—*Se habla español.*—**CAMGRAND, nouveau Propriétaire.**

Biarritz

HOTEL-CHATEAU DES FALAISES

Panorama unique et merveilleux sur l'Océan et les côtes d'Espagne. — Maison de premier ordre, située sur la falaise, entre la côte des Basques et le Port-Vieux. — Grands et petits appartements. — Chambres séparées. — Service par petites tables. — Confortable moderne. — Installation sanitaire. — Lumière électrique. — Bains. — *Téléphone.* — Arrangements pour familles. — Prix modérés.

BERTHOUD, Propriétaire

Biarritz

PAVILLON HENRI IV

Hôtel de premier ordre

CONFORT MODERNE — VUE SUR LA MER

M. SENERS, Propriétaire

Biarritz

VILLA MARIA

RUE DE FRANCE. — **Pension de famille.** — Au centre de la ville, près de la Grande Plage et des Casinos.— Lumière électrique. — Jardin ombragé. — Chambres et appartements confortables. — Cuisine et service soignés. — Pension depuis 8 fr. — Arrangements pour familles. — *English spoken.* — **GERMAIN HÉGUILLOR**, Propriétaire.

Biarritz

MAISON NARTUS (Atalaye)

Au-dessus du port des Pêcheurs.— La plus belle exposition, en face de la mer.— Magnifique vue.—Grands et petits appartements très confortables. — Cuisine soignée.— Pension depuis 8 fr. et arrangements pour familles.— Salle de bains. — Téléphone. — PAVILLON NARTUS. — Appartements confortables, avec cuisine. — Lumière électrique. — J. NARTUS, Propre.

Biarritz

MAISON BROQUEDIS (Pension Persillon)

9, place Sainte-Eugénie, 9

Recommandée pour sa situation. — Près de l'église Sainte-Eugénie. — Vue splendide sur la mer. — Appartements et chambres confortables. — Cuisine très soignée. — Pension depuis 8 fr. — Téléphone. — *English spoken*. — **PERSILLON, Propriétaire.**

Biarritz

HOTEL BEAU-SÉJOUR

Rue Cité-Broquedis, 1

Bien situé au centre de la ville, près de la poste. — Recommandé. — Déjeuner, 2 fr. 25 ; dîner, 2 fr. 75, vin compris. — Pension : l'été, depuis 7 fr.; l'hiver, depuis 6 fr. — *Se habla espanol.* — *Si parla italiano.*
P. ABBO, Propriétaire

Biarritz

THERMES SALINS DE BIARRITZ

Ouverts toute l'année — Chauffés pendant l'hiver

Traitement bromo-chloruré-sodique par les eaux salées des sources naturelles de Briscous, les plus richement bromurées des eaux connues

EAUX MÈRES ET SELS D'EAUX MÈRES POUR BAINS ET COMPRESSES
Installation complète d'hydrothérapie par l'eau douce — Piscine à eau salée courante

INDICATIONS THÉRAPEUTIQUES

L'anémie, la chlorose, le lymphatisme, les maladies osseuses, les maladies de croissance ; les maladies des femmes dans leurs modalités les plus variées. — L'épuisement nerveux, les conséquences du surmenage intellectuel, physique et mondain, la **neurasthénie**. — La convalescence des maladies graves et des grandes opérations chirurgicales.

Eaux mères en flacons, bonbonnes et fûts, et sels d'eaux mères pour bains chez soi. Ces bains sont stimulants et reconstituants à un très haut degré.

Eaux mères pour compresses d'une grande puissance résolutive dans tous les engorgements.

DÉPÔTS A PARIS : Chez M. Broise, *boulevard des Italiens, 31* ;
A la Cie de Vichy, *boulevard Montmartre, 8.*

EN PROVINCE : *Chez les principaux Pharmaciens et Marchands d'eaux minérales, et dans les Succursales et Entrepôts de la* Cie de Vichy.

Pour tous renseignements, s'adresser au Directeur des Thermes.

Biarritz

HOTEL BIARRITZ-SALINS ET DES THERMES

Ce splendide établissement communique avec les Thermes salins par une passerelle couverte. Il est installé avec tout le confort moderne. — Restaurant. — Billard. — Ascenseur. — Chauffage central et dans les chambres. — Lawn-tennis. — Deux jardins bien ombragés. — *Station du tramway en face de l'hôtel.* — A 5 minutes de la Grande Plage. — *Prix modérés.* — **A. MOUSSIÈRE, Propriétaire.**

ASCENSEUR **Bordeaux** TÉLÉPHONE

HOTEL DES 4 SOEURS

Place de la Comédie (Grand centre)

Situation splendide et unique. — Vue sur l'Opéra. — A proximité des Messageries maritimes. — Chambres depuis 2 fr. 50. — Restaurant à la carte et à prix fixe.— *Eclairage électrique.*— **G. SIMION, Propriétaire.**

Bordeaux

MAISON GOBINEAU

Grands HOTEL-CAFÉ-RESTAURANT

Allées de Tourny, 1; place de la Comédie, 1; cours du 30-Juillet, 1, 3, 5, et rue Gobineau, 2. — DE TOUT PREMIER ORDRE. — Installation moderne.— Beaux appartements pour familles. — Chambres depuis 3 fr., service compris. — Toutes les pièces en façade, au centre de la ville. — Vue et situation uniques. — **Restaurant : déjeuner, 2 fr. 50 ; dîner, 3 fr.** – Service spécial à la carte. — Cuisine et cave renommées. — Spécialité de vieilles fines champagnes authentiques. — ELECTRICITÉ. — Chauffage à la vapeur. — *Téléphone.*

H. DESPAGNET, Directeur

Bordeaux

GRAND HOTEL DE NICE

Place du Chapelet. — Magnifique situation, au centre des plus beaux quartiers. — Chambres et appartements très confortables au rez-de-chaussée et à tous les étages. — *Service du petit déjeuner.* — Bains. — Calorifère. — Téléphone. — Electricité. — *Se habla espanol.*

PHILIP et Cie, Propriétaires

Bordeaux

GRAND HOTEL FRANÇAIS

Rue du Temple, 12 (Intendance)

Maison de famille, de construction récente. — **80 chambres très confortables** depuis 2 fr. — Magnifique hall. — **Restaurant.** — **Pension** depuis 6 fr. par jour.— *Bains à tous les étages.*— **Téléphone.**— Eclairage électrique. — *Interprète.* — **AUPIN, Propriétaire-Directeur.**

Bordeaux

HOTEL DU PRINTEMPS

Restaurant.— En face de la cour d'arrivée de la gare Saint-Jean.— Entièrement transformé.— Electricité partout.— Chambres très confortables depuis 2 fr.—Salle de bains.— Déjeuner, 2 fr. 50; dîner, 3 fr. — Service à la carte et à toute heure.— Vins fins des meilleurs crus.— Salon de musique.—A proximité des lignes de tramways.—Transport des bagages gratuit à l'aller et au retour. — Téléphone. — **A. SAUVANT, Propriétaire.**

Bordeaux

HOTEL DU FAISAN

Restaurant. — En face de la cour d'arrivée de la gare Saint-Jean. — *Entièrement transformé.* — Chambres très confortables depuis 2 fr. — Déjeuner, 2 fr. 50; dîner, 3 fr. — Service à la carte et à toute heure. — Arrangements pour séjour. — Eclairage électrique. — Transport des bagages gratuit à l'aller et au retour.— Téléphone pour toute la France.

MAX HAU-GUILHEM, Propriétaire

Cannes

HOTEL-PENSION SAINT-NICOLAS

QUARTIER SAINT-NICOLAS

Plein midi. — Vaste jardin. — Jeux de lawn-tennis. — Bains dans la maison. — Pension depuis 8 fr. par jour, tout compris. — Saison d'été : **Hôtel de Torenc** (Alpes-Maritimes). — Altitude : 1200 mètres.

Mme JOURTAU, Propriétaire

Cannes

TERMINUS HOTEL

Ouvert toute l'année. — Situé (en ville) à 50 mètres de la gare et au midi. — Chambres confortables. — Journée depuis 7 fr. 50. — Cuisine spécialement soignée. — Electricité. — Calorifère. — Salon de lecture. — Salle de bains. — Pas de frais d'omnibus. — GILLES, Propriétaire, *parle anglais et allemand.* — **Annexe à l'hôtel : AMERICAN BAR 1er ordre.** — En été : **Hôtel Terminus**, Le Fayet-Saint-Gervais.

Cannes

HOTEL VICTORIA

Ouvert toute l'année. — Plein midi. — Grand jardin. — **Très confortable.** — Pension depuis 7 fr. par jour. — Eté : **Hôtel Victoria**, Saint-Martin-Vésubie (Alpes-Maritimes), centre d'excursion pour les Alpes.

A. BERTRAND, Propriétaire

Cannes

HOTEL SUISSE

Entièrement meublé à neuf. — Situation centrale. — **Plein midi.** — Beau jardin abrité. — **Ascenseur.** — **Lumière électrique.** — **Chauffage central.** — Grandes chambres bien aérées. — Arrangements sanitaires. — Pension depuis 9 fr.

A. KELLER (Suisse), Propriétaire

Cannes

HOTEL DE FRANCE

Boulevard du Cannet. — Près de la gare et à 5 minutes de la mer. — *Plein midi.* — Grand jardin. — Arrangements sanitaires. — Ascenseur perfectionné. — Pension depuis 8 fr. — **Cuisine très recommandée.**

J. OBERRANZMEIR, nouveau Propriétaire

Cannes

HOTEL DU LUXEMBOURG

Situation centrale. — **Plein midi.** — Confort moderne. — Jardin. — **Cuisine et service soignés.** — Pension depuis 8 fr. — Arrangements pour familles.

WICKENHAGEN CRETTON, nouveau Propriétaire

Cannes

HOTEL DU HELDER

Route de Fréjus. — **Ouvert toute l'année.** — *Plein midi.* — **Magnifique vue de mer et de l'Esterel.** — **Arrangements sanitaires.** — **Grand confortable.** — **Billard.** — **Bains.** — **Téléphone.** — **Pension depuis 7 fr., le petit déjeuner compris.** — **On parle anglais et allemand.** — **Tramway.**

F. IMBERT, ex-Propriétaire de la Pension des Orangers

Chamonix

HOTEL ROYAL ET DE SAUSSURE

Sur la place du monument de Saussure. — Maison de premier ordre, entièrement restaurée et remontée. — Appartements très confortables. — Restaurant. — Cuisine et cave soignées. — *Prix modérés.* — Arrangements depuis 9 fr. — Bains. — Lumière électrique. — Grand jardin. — Parc. — Observatoire. — Vue superbe sur le mont Blanc et sa chaîne. — Saison d'hiver. — COUTTET Frères, Propriétaires.

Chamonix

GRAND HOTEL COUTTET ET DU PARC

HOTEL-PENSION COUTTET, ouvert toute l'année. — De premier ordre. — Magnifique situation en face du mont Blanc et entouré d'un grand jardin. — *Lumière électrique.* — Ascenseur. — Chauffage central. — Bains. — *Téléphone.* — Chambre noire. — Garage pour autos. — Saison d'hiver : Patinage appartenant à l'hôtel.
COUTTET Frères, Propriétaires

Chamonix

HOTEL DE LA POSTE

Considérablement agrandi en 1902 et meublé avec tout le confort moderne. — Ascenseur. — Lumière électrique partout. — Téléphone à l'hôtel. — Bains, douches. — Grand garage pour automobiles et vélos. — Chambres hygiéniques Touring-Club. — Salons, fumoirs. — *Omnibus à tous les trains.* — Déjeuner à la fourchette, 2 fr. 50; dîner table d'hôte, 3 fr. 50. — 100 lits de 2 fr. 50 à 5 fr. — A.-V. SIMOND, Prop^re.

Chamonix

HOTEL CROIX-BLANCHE ET SIMOND

Ouvert toute l'année. — Confort moderne. — Lumière électrique. — Chauffage central. — *Arrangements pour familles.* — Chambres depuis 2 fr. — Pension depuis 7 fr. — Ed. SIMOND, Propriétaire.

Chamonix

CENTRAL HOTEL

De construction récente. — Très belle vue sur la chaîne du Mont-Blanc. — Confort moderne. — Lumière électrique. — Bains. — *Téléphone.* — Arrangements depuis 7 fr. — Saison d'hiver : Hôtel Néva, Cannes. — J. COUTTET, Propriétaire.

Chamonix

HOTEL DE L'EUROPE

PENSION COUTTET

En face de la Poste. — Vue merveilleuse sur la chaîne du Mont-Blanc. — Grand confort. — Service soigné. — Bains. — Lumière électrique. — Garage pour autos. — Pension depuis 7 fr. — *On parle anglais et allemand.* — FRANÇOIS COUTTET, Propriétaire.

Chamonix

HOTEL BRISTOL

Vue splendide sur toute la chaîne du Mont-Blanc. — Chambres et appartements très confortables pour familles et touristes. — Jardin. — Electricité partout. — Cuisine recommandée. — Pension : chambre, petit déjeuner, déjeuner, dîner, vin compris, depuis 7 fr. par jour. — Arrangements pour familles. — *English spoken.* — *Man spricht deutsch.*
JOSEPH CLARET-TOURNIER, Propriétaire

Clermont-Ferrand

Pâtes d'Abricots, Fruits confits d'Auvergne

Maison GAILLARD — **NOËL PRUNIERE**

Médailles d'or, Diplôme d'honneur, Hors concours. — **Brevets d'invention.**— Pralines Salneuve de Randan.— *Expéditions pour tous pays.*

Le Crotoy

GRAND HOTEL DELANT

Résidence seigneuriale. — Admirablement situé sur la mer. — Magnifique vue. — Séjour calme et pittoresque.— Grand confortable.— Cuisine très soignée et *recommandée.*— Pension depuis 8 fr. — Jardin anglais. — *Chasse aux oiseaux de mer permise toute l'année.* — **DELANT, Propriétaire.**

(LANDES) ***Dax*** (LANDES)

Station thermale et salins d'hiver et d'été

Voir la page de garde au commencement du volume.

GRAND HOTEL DE LA PAIX ET THERMES ROMAINS

Au centre de la ville, près de la Fontaine-Chaude, des Thermes salins et du Casino. — Chambres et appartements confortables pour familles et touristes. — Cuisine très soignée. — Pension, petit déjeuner du matin, vin, service, tout compris, depuis 8 fr. par jour. — Arrangements pour familles. — Vve BARBE, Propriétaire.

Eaux-Bonnes

MAISON TOURNÉ (et Grand Hôtel des Thermes)

Premier ordre, en face de l'Établissement thermal, à côté du jardin Darralde et de l'église. — Grands et petits appartements avec cuisine particulière pour chacun d'eux. — Beaux salons. — Restaurant. — *Eclairage électrique*. — Pension depuis 8 fr. par jour. — TOURNÉ, Pharmacien, Propr.

Etretat

GRAND HOTEL HAUVILLE

Sur la plage, à côté du Casino. — Hôtel de premier ordre. — Grande façade sur la mer. — Chambres magnifiques avec cabinets de toilette. — Salons. — Appartements pour familles. — Table d'hôte. — Splendide restaurant avec vue sur la mer. — Grand garage pour automobiles. — Prix modérés. — Arrangements pour long séjour. — *Omnibus à tous les trains*. — Téléphone. — English spoken. — Gaston BALANT, Pr.

Fontainebleau

HOTEL LAUNOY

Maison de famille de premier ordre, très en réputation et très recommandée. — Clientèle d'élite. — Vue sur la façade principale du château. — Appartements très confortables. — Vastes salons. — Billard. — Grand jardin. — Voitures pour la forêt. — Service particulier. — Garage pour bicyclettes et automobiles. — Chambre noire pour photographie. — Omnibus à la gare. — Prix modérés. — LAUNOY, Propriétaire.

Gavarnie (HAUTES-PYRÉNÉES)

1350 mètres d'altitude

HOTEL DES VOYAGEURS

40 chambres et salons. — Electricité. — Télégraphe et téléphone. — Aménagé pour familles à demeure. — Avec jardins attenants. — Prix de pension : du 10 septembre au 20 juillet, 8 à 10 fr., tout compris; du 20 juillet au 10 septembre, 10 à 12 fr. — Ouvert toute l'année.

HOTEL DU POINT DE VUE DE LA CASCADE

1 360 mètres d'altitude. — Le plus merveilleux des sites pyrénéens. — Salle de restaurant et terrasse de 200 couverts, faisant face au cirque et à la grande cascade. — Installation absolument moderne et confortable, basée sur la méthode recommandée par le T. C. F.

PIERRE VERGEZ-BELLOU, Propriétaire des deux hôtels

Granville

GRAND HOTEL DU NORD

De tout premier ordre. — Entièrement remis à neuf. — Restaurant à la carte. — La meilleure situation au centre de la ville, près de la Poste et des bateaux de Jersey. — *Annexe avec vue sur la mer*. — *Splendide salle à manger*. — Arrangements pour familles et pour séjour. — Prix modérés. — COSTE, Propriétaire.

Grasse

GRAND HOTEL VICTORIA

Entièrement neuf. — Premier ordre. — Plein midi. — Vue splendide. — Grand jardin. — Hydrothérapie complète. — Calorifère. — Garage pour autos. — Cuisine française très soignée. — Pension depuis 8 francs. — Arrangements pour familles. — Téléphone. — *Omnibus à tous les trains*. — MARENCO-SICARD, Propriétaire.

Lourdes

BUFFET DANS LA GARE MÊME

Grand confortable. — Paniers et provisions de voyage. — Table d'hôte : déjeuner, 3 fr.; dîner, 3 fr. 50.— Tables particulières : déjeuner, 3 fr. 50; dîner, 4 fr., vin toujours compris.

CLAVERIE, Directeur

Lourdes

GRAND HOTEL D'ANGLETERRE

Premier ordre. — Maison très en réputation et très recommandée par sa situation, comme étant la plus près de la grotte et la plus confortable. — Se méfier des pisteurs payés par certains hôtels pour déprécier l'**Hôtel d'Angleterre**, afin d'attirer les clients dans les hôtels par lesquels ils sont payés. — Eclairage électrique.

Omnibus à tous les trains — **J. FOURNEAU, Propriétaire**

Lourdes

GRAND HOTEL DE LA GROTTE

DE TOUT PREMIER ORDRE

Ouvert toute l'année. — Eclairage électrique. — **Bains.** — Douches. — Garage pour autos. — Vue des processions.

VOGEL, Propriétaire

Lourdes

GRAND HOTEL HEINS

VILLA SOLITUDE ET GRAND HOTEL DU BOULEVARD. — Maisons de premier ordre. — Grand confortable. — 150 chambres, 5 salons. — Bains. — *Lumière électrique.* — Spécialement recommandées au clergé et aux familles. — Pension. — **Prix modérés.** — *Omnibus à tous les trains.* — *Se habla espanol.* — *English spoken* — *Man spricht deutsch.* — Garage et fosse pour autos. — **FRANÇOIS HEINS, Propriétaire.**

Lourdes

GRANDS HOTELS DES AMBASSADEURS

ET DE TOULOUSE RÉUNIS

Le plus beau de Lourdes. — **Confort et service de tout premier ordre.**—Vue splendide.—**Le plus près de la grotte.—En face de la basilique** — **Très recommandé.**— Lumière electrique. — Laboratoire pour photographie. — *English spoken.* — *Man spricht deutsch.* — *Se habla español.* — Omnibus **à** la gare.

MARIUS ROMAIN, Propriétaire

Lourdes

Villa Béthanie

PENSION DE PREMIER ORDRE OUVERTE TOUTE L'ANNÉE

Magnifique situation à 5 minutes de la grotte

Prix de 8 à 10 fr par jour — Arrangements pour séjour et pour familles

M. et Mme BENOUET, Propriétaires

Lourdes

GRAND HOTEL BELGE ET DE MADRID

Boulevard de la Grotte.— A une minute de la grotte.— Chambres et appartements confortables.— Cuisine de famille très soignée.— Pension depuis 7 fr. 50, tout compris.— On parle les langues étrangères. — Se méfier des pisteurs qui offrent des hôtels dans les trains et dans les gares. — Omnibus à tous les trains. — R. MONTEAGUDO, Propre.

Lourdes

La plus ancienne maison de France

FONDÉE EN 1729

CHOCOLATS PAILHASSON

SPÉCIALITÉ DE CHOCOLATS DE QUALITÉS SUPÉRIEURES

Boîtes pour Cadeaux et Etrennes

Demander le Prix courant au Directeur de la Maison.

Luz-Saint-Sauveur

GRAND HOTEL DE LONDRES

Correspondant du T. C F. — Le plus près de la gare et du bureau des voitures de correspondance pour Gavarnie — Déjeuner, 2 fr. 50 ; dîner, 3 fr. 50. — Chambres depuis 2 fr — Succursale à Gavarnie : Hôtel du Point de vue du Marboré. — Dominique POUEY, Propre.

Lyon

GRAND-HOTEL

EN FACE DE LA BOURSE — LE PLUS IMPORTANT DE LYON

Nouvelle direction J. DUFOUR

Précédemment, *Hôtel Bernascon (Aix-les-Bains)*

Téléphone 16-33 — Télégrammes : Grand-Hôtel, Lyon

Lyon

GRAND NOUVEL HOTEL

Rue Grolée, 11

Maison de premier ordre, avec vue sur le Rhône. — Ascenseur. — *Téléphone.* **— Electricité. — Chauffage central. — Arrangements sanitaires.**

Lyon

GRAND HOTEL DU GLOBE

Rue Gasparin, 21 (Place Bellecour)

Ancienne réputation. — Complètement remis à neuf et pourvu de tout le confort moderne.— Ascenseur. — *Lumière électrique et chauffage d eau chaude dans toutes les chambres.* **— Journées depuis 8 fr. 50 et arrangements pour familles. — Téléphone 1-52. —** *English spoken. — Man spricht deutsch.* **— O. GIRARD, Propriétaire.**

Lyon

GRAND HOTEL DES BEAUX-ARTS

Rue de l'Hôtel-de-Ville, 75

Ascenseur.— *Téléphone 4-75.* **— Salle de bains et douches.— Chauffage central à vapeur. —** *Maison restaurée avec tout le confort moderne.*

Mâcon

HOTEL DES CHAMPS-ÉLYSÉES

AU CENTRE DE LA VILLE

Près de la gare, de la poste, du télégraphe et de la préfecture. — Fréquenté par les familles et le commerce. — Table d'hôte. — Service à la carte. — *Cuisine et cave renommées.* — Omnibus à tous les trains. — *Téléphone. — Garage et fosse pour automobiles. — English spoken, Man spricht deutsch.* — PHILIBERT BUCHALET, CORMILLOT, Successeur.

Mâcon

GRAND HOTEL DE FRANCE

ET DES ÉTRANGERS

Hôtel de premier ordre, à la sortie de la gare, le plus fréquenté par les familles et les touristes. — *Garçon de l'hôtel à tous les trains, pour les bagages.* — Garage et essence pour automobiles. — Salon de lecture. — Café. — ***Excellente cuisine.*** — **M. DUPANLOUP, Propriétaire.**

Marseille

GRAND HOTEL NOAILLES & MÉTROPOLE

RUE NOAILLES-CANNEBIÈRE

De premier ordre. — Réputation européenne. — Meilleure situation, près de la gare, des ports et des promenades.—Omnibus pour tous les trains et bateaux. — Salle de bains à chaque étage. — *Ascenseur.* — *Lumière électrique.* — Chambre à partir de 3 fr. 50. — Arrangement pour familles et séjour prolongé.

E. BILMAIER, Propriétaire-Directeur

Marseille

Grand HOTEL DU LOUVRE et DE LA PAIX

TÉLÉPHONE 56. — **Réputation universelle.** — *Telegram :* LOUVRE-PAIX.— Près de la gare et du port (plein midi). — **250 chambres et appartements avec salle de bains, toilette, W.-C.** — Grand restaurant. — Cuisine et caves renommées. — Table d'hôte : déjeuner, 4 fr.; dîner, 6 fr. — Chambres depuis 4 fr., service et éclairage compris. — Billets de chemin de fer. — *Omnibus.* — Interprète. — Ascenseurs. — Arrangement depuis 13 fr. — *Maison suisse :* Propr[rs] **L. ECHENARD-NEUSCHWANDER (Next door to the P. et O. office).**

ANNEXE :

Palace Hôtel et Restaurant LA RÉSERVE

Site merveilleur, Panorama unique (bord de la mer, CORNICHE) ou le **PALAIS DE LA BOUILLABAISSE** et de toutes les **Spécialités provençales.** — Grand parc aux coquillages. — Déjeuners et dîners sur commandes. — Five o'clock tea. — Appartements avec salle de bains, toilette, W.-C. et chambre depuis 6 fr. — Villas pour familles. — Grand jardin et vaste terrasse dominant la mer. — Grandes salles pour mariages et salons de réceptions — Bains de mer chauds et froids à proximité.— Tramways tous les quarts d'heure. — Propriétaire : **L. ECHENARD (du Carlton Hostel London).** — *Téléphone* **201.** — *Telegram :* **PALAIS-BOUILLABAISSE.**

Marseille

LE GRAND-HOTEL

EX-GRAND HOTEL DE MARSEILLE

Rue de Noailles, 26-28, et Cannebière prolongée

Hôtel de luxe le plus important de Marseille, installé avec le confort le plus moderne. — **Grand hall.** — *Chauffage central.* — Bains à tous les étages. — Installations sanitaires parfaites. — *Lumière électrique toute la nuit.* — **Caves et cuisines renommées.** — **Service par petites tables.** — **Prix modérés.** — Arrangements pour familles et séjour prolongé.

Nouveau Propriétaire : H. GRISARD — *Ascenseurs*

Marseille

GRAND HOTEL DE PROVENCE

Cours Belzunce, 12. — **Restaurant de premier ordre, le plus central, le mieux situé.** — **Prix : 8 fr. par jour.** — **Chambre, 2 fr. 50.** — **Déjeuner, 2 fr. 50; dîner, 3 fr., vin compris.** — **Service à la carte.** — **Prix modérés.** — *Grill Room.* — *Real english confort.* — *English waiters.*

P. GARDANNE, Propriétaire

Marseille

GRAND HOTEL DES COLONIES

ET RESTAURANT

Au centre de la ville.— Entièrement remis à neuf. — *Cuisine renommée.* — Electricité dans toutes les chambres. — Arrangements pour séjour prolongé. — Grand jardin. — Bains dans l'hôtel. — *Téléphone.* — *Omnibus à tous les trains.* — **Prix modérés.**

BLANC, Propriétaire — J. HABERL, Directeur

Marseille

GRAND HOTEL DES PRINCES

ANNEXES DU ROSBIF — SPÉCIALITÉ DE METS DE PROVENCE

Square de la Bourse, 12. — Appartements et chambres confortables depuis 2 fr. 50. — Sans table d'hôte ni restaurant. — *Maison recommandée aux touristes et aux familles.* — **J. GUEYRARD Fils.**

Marseille

GRAND HOTEL BEAUVAU

Rue Beauvau, rue Cannebière, quai de la Fraternité. — Seul hôtel de premier ordre, **ayant façade sur la mer**, au centre de la ville et au midi.— Entièrement remis à neuf. — **Ascenseur.** — *Bains.* — *Téléphone* 849. — Chambre noire. — Pension depuis 8 fr. par jour.— Arrangements pour familles. — *Omnibus à tous les trains.*

H. TEISSIER, Propriétaire

Marseille

GRAND HOTEL DE RUSSIE

Boulevard d'Athènes, 81.— Hôtel-villa de premier ordre, le plus coquet de Marseille et le plus près de la gare. — A 2 minutes de la Cannebière. — Correspondant du T. C. français et anglais. — Bains. — Téléphone. — Garage. — Ascenseur. — Electricité. — Interprètes. — Pension depuis 8 fr. — *Omnibus.*

L. PINET, Propriétaire

Marseille

Grand Hôtel-Restaurant Californie et Colonial

Cours Belzunce, 42 et 44. — 110 chambres depuis 2 fr. — Complètement remis à neuf.— Le plus ancien et le plus central de Marseille.— Déjeuner, 2 fr. 50 ; dîner, 2 fr. — Cuisine de premier ordre et au beurre. — *Arrangement à la journée* à partir de 6 fr. 50 et 7 fr., tout compris. — *Téléphone* 739. — Bains dans l'hôtel. — Omnibus à tous les trains. — Grandes terrasses et balcons en plein air.

A. ALBERT, Propriétaire

Marseille

HOTEL DU XXe SIÈCLE

Sur la Cannebière et cours Saint-Louis — Hôtel **meublé** de *tout premier ordre* et entièrement neuf. — Luxueusement installé. — Arrangements sanitaires. — Eau courante froide et chaude. — Bains. — Calorifère. — Eclairage électrique. — Ascenseur. — Interprètes. — **L. MOLLARET, Propriétaire.**

Monte-Carlo

GRAND HOTEL VICTORIA

Premier ordre. — Entièrement remis à neuf, avec tout le confort moderne. — **Plein midi.** — Grand hall. — Appartements particuliers avec salle de bains. — **Veuve E. REY, Propriétaire.**

Monte-Carlo

SUN PALACE

Situation exceptionnelle en plein midi.— **Premier ordre.** — Dernier confort. — Vue merveilleuse sur la mer, les jardins du Casino, le cap Martin et les côtes d'Italie.— Salles de bains. — Chauffage à vapeur. — Arrangements sanitaires perfectionnés. — **Lumière électrique.**— Ascenseur. — Saison d'été : **Hôtel des Ambassadeurs,** La Bourboule-les-Bains (Puy-de-Dôme). — **DUPEYRIX, Propriétaire.**

Monte-Carlo

Alexandra Hôtel

Vue splendide, à proximité du Casino. — Hôtel meublé avec tout le confort moderne. — Electricité. — Ascenseur. — Bains. — **Téléphone.** — Pension au gré des clients. — Cuisine de premier ordre. — **E. FLEURY, Propriétaire.**

En été, directeur du **Nouvel Hôtel**, à Vichy

Monte-Carlo

GRAND HOTEL DU PRINCE DE GALLES

Maison de premier ordre, réunissant tout le confort moderne, située à 2 minutes du Casino, en plein midi et dominant Monte-Carlo, La Condamine, Monaco et la mer. — Ascenseurs.— Lumière électrique. — Appartements avec salle de bains. — **Vve D. REY, Propriétaire.**

Monte-Carlo

NOUVEL HOTEL DU LOUVRE

Près du Casino. — Inauguré en 1903. — Maison spécialement construite pour hôtel, avec tout le confort moderne. — Electricité. — Chauffage central. — Bains. — **Téléphone.** — Ascenseur. — Prix modérés. — *Moderate charges.* — *Massige Preise.*

L'été : à Vichy, **Hôtel Molière** — **J. BOURBONNAIS**, Propriétaire

---

Monte-Carlo

Grand Hôtel HARTER et MÉDITERRANÉE

Hôtel de premier ordre, près de la gare, du Casino et des jardins publics. — Vue superbe sur la mer et les montagnes. — Chauffage central. — Ascenseur. — Bains. — Lumière électrique. — Prix modérés.

C. HARTER, Propriétaire

NICE CIMIEZ

EXCELSIOR HOTEL REGINA

Inauguré par S. M. la Reine d'Angleterre

Tramways électriques très fréquents pour centre de Nice.

De tout premier ordre. — Plein midi. — Situation hygiénique parfaite. — Vue splendide. — Lumière électrique dans tout l'hôtel. — **Chauffage à la vapeur.** — **4 Ascenseurs électriques.** — *Table d'hôte par petites tables.* — **Grand Restaurant à la carte.** — Nourriture *saine et soignée.* — *Concerts tous les jours de 3 heures à 5 heures et de 7 h. 1/2 à 9 h. 1/2.* — Arrangements pour long séjour.

Nice

LE GRAND-HOTEL

600 chambres et salons — Situation centrale

AVENUE FÉLIX FAURE

Nice

HOTEL BEAU-RIVAGE

QUAI DU MIDI, EN FACE DE LA MER

Prix modérés. — Ascenseurs. — Électricité dans toutes les chambres — Arrangements pour séjour.

Nice

PALACE HOTEL

Ci-devant MILLIET

Premier ordre. — Dernier confort. — Plein midi. — Le plus central. — Magnifique hall. — Arrangements sanitaires perfectionnés. — *Lumière électrique.* — Chauffage à basse pression. — Grand jardin. — Ascenseur. — Prix modérés.

W. MEYER, Propriétaire.

Nice

HOTEL-RESTAURANT HELDER-ARMENONVILLE

PLACE MASSÉNA

MAISON D'ÉTÉ

Hôtel de Paris, à TROUVILLE-SUR-MER

Nice

HOTEL WESTMINSTER

Promenade des Anglais

Premier ordre. — 150 chambres et salons. — Éclairage électrique. — Service à tables séparées. — Cuisine française. — Plein midi. — Confort moderne. — Bains. — Jardin d'hiver chauffé. — Ascenseurs. — Grand auto-garage. — Chambre noire, etc., etc. — Arrangements depuis 12 fr. par jour. — Maison très fréquentée.

François REBETEZ, Propriétaire

Rennes

HOTEL CONTINENTAL

Quai Lamartine et rue d'Orléans. — De premier ordre. — Central, et dans le plus beau quartier. — Garage pour autos. — Chambre noire. — Grand confortable. — Grand estaminet. — *Omnibus à la gare.*

Pierre DIOTEL, Propriétaire

Rouen

GRAND HOTEL D'ALBION

16, quai de la Bourse, 16

Cet hôtel est situé dans le quartier le plus sain du quai, *en face de la station des bateaux du Havre.*— **Très belle vue sur la vallée de la Seine.**

Les touristes trouveront dans cet établissement, dont la réputation et la respectabilité sont depuis longtemps établies, tout le confortable et toutes les attentions que l'on peut désirer. — **Bonne cuisine française et anglaise.** — *Excellente table d'hôte à 6 heures et demie.*— Restaurant à la carte. — Service français et anglais.— *Pour un séjour d'une certaine durée, on prend des pensionnaires.*

Nota. — M. BOUTEILLER tient également le *Restaurant des Paquebots de la Basse-Seine*, entre Rouen et Le Havre.

Rouen

GRAND HOTEL DE FRANCE

Rue des Carmes, 97, 99, 101, 103

Téléphone n° 615

P. BEUNARDEAU, Propriétaire

Situé au centre de la ville et des monuments. — Très confortable et prix modérés. — 114 chambres éclairées à l'électricité. — Restaurant. — Table d'hôte. — Déjeuner, 3 fr. ; dîner, 3 fr., vin compris. — Salons particuliers. — Salle de café. — Chambre noire pour photographie. — Garage pour bicyclettes et automobiles. — *English spoken.*

Rouen

GRAND HOTEL DU DAUPHIN ET D'ESPAGNE

Place de la République, 4 et 6

Situation centrale. — Service par petites tables. — Petit déjeuner, 50 cent. et 1 fr.; déjeuner, 2 fr. et 2 fr. 50. — Chambres, 2 fr. 50 et 3 fr. — Pension depuis 6 fr. 50. — Bains et douches. — Chambre noire. — Grand garage pour autos. — Electricité. — Téléphone n° 972.

GUIARD-MEYRANO, Propriétaire

Saint-Sébastien

GRAND HOTEL CONTINENTAL

LE SEUL AVEC VUE SUR LA MER

Ouvert toute l'année. — Premier ordre. — La plus belle situation sur la plage, entre le Palais-Royal et le Casino. — *Cuisine française très soignée.*—On parle français, anglais, portugais et italien.— Bains.— *Téléphone.*— Ascenseur.— Garage.— Eclairage électrique. — **François ESTRADE**, Propriétaire.

Saint-Sébastien

HOTEL DU PALAIS

AVENUE DE LA LIBERTÉ

Ouvert toute l'année.—De tout premier ordre.—Appartements avec salle de bains. — Chauffage central. — *English sanitary arrangements.* — Cuisine française très soignée. — Electricité. — *Ascenseur.*— **F. JOURNEAU, Propriétaire,** ex-Directeur de l'*Hôtel du Palais*, à Biarritz.

Saint-Sébastien

GRAND-HOTEL

PASEO DE LA ZURRIOLA

De premier ordre. — Bains et douches. — Lumière électrique. — *Téléphone.* — *Ascenseur.* — Arrangements pour familles. — Voitures pour excursions. — **VIUDA DE EZCURRA y Hijas.**

Saint-Sébastien

HOTEL DE FRANCE

Camino, 3

Très confortable. — Bien situé. — Lumière électrique dans toutes les chambres. — Cuisine recommandée. — Pension depuis 9 pesetas. — *Téléphone.* — **ALBERT BONNEHON, Propriétaire.**

Saint-Sébastien

HOTEL DE PARIS

RESTAURANT.— Calle Fuenterrabia et Principe.— Position centrale. — Installation moderne. — Cuisine française renommée. — Déjeuner, 4 pesetas ; dîner, 5 pesetas, vin compris. — Appartements complets pour familles. — Chambres depuis 4 pesetas.

J. SESMA, Propriétaire

SAINT-VALERY-SUR-SOMME

La plus pittoresque, la plus boisée des stations balnéaires du Nord. — Chasse maritime très recherchée et permise toute l'année. — *Casino Grand-Hôtel.* — Grand confortable. — Chambres chauffées l'hiver. — Pension depuis 8 fr.

TÉLÉPHONE

Tours

GRAND HOTEL DE L'UNIVERS

Réputation européenne. — Central, près de la gare. — Lumière électrique. — Téléphone. — Salles de bains. — Ascenseur. — Garage. — Conditions particulières pour familles. — Saison d'hiver.

MAURICE ROBLIN, Directeur

Tours

GRAND HOTEL DE BORDEAUX

Sur le boulevard, en face de la gare

PREMIER ORDRE. — Renommée universelle. — Service à la carte et dans les salons. — Prix réduit pour séjour. — Omnibus à tous les trains. — Téléphone.

DELIGNOU, Propriétaire

Tours

GRAND HOTEL DE LA BOULE D'OR

29, rue Nationale, la plus belle rue de la ville. — Grand confortable. — Excellente cuisine. — Pension depuis 9 fr., tout compris, même le vin et le petit déjeuner du matin. — **Garage gratuit pour autos.** — Omnibus à tous les trains. — Téléphone 3-20. — **RAYON, Propriétaire**

Tours

HOTEL DU CROISSANT

Rue Gambetta, en face de la Poste. — Chambres et appartements confortables et **réservés pour familles et touristes.** — Cave et cuisine renommées. — Arrangements pour séjour et pour familles avec enfants. — Omnibus à tous les trains. — **Téléphone.** — **MAURICE MARIE,** Propriétaire.

Le Trayas (*Var*)

A LA RÉSERVE — HOTEL ET PENSION

Installation moderne. — Magnifique véranda servant de salle à manger. — Panorama splendide. — Point de départ de magnifiques excursions. — Garage et fosses.

Hôtel T. C. F. — Télégrammes : Sube Trayas gare

Mme **SUBE, Propriétaire**

Le Tréport

HOTEL DE FRANCE

Ouvert du 15 juin au 1er octobre. — En face de la mer. — Premier ordre. — **Cuisine très renommée.** — Arrangements sanitaires parfaits. — Chambre noire. — Garage et fosse pour automobiles. — *Omnibus à tous les trains.* — Eclairage électrique. — Charge d'accumulateurs et de voitures électriques. — Téléphone n° 40.

RENÉ CHIMOT, Propriétaire

Trouville

HOTEL DE PARIS

Électricité. — **Ascenseur.** — Salle de bains et de douches. — **Téléphone** avec Paris. — Salon de coiffure. — Remises et écuries. — Garage d'automobiles. — L'hiver : *Hôtel-Restaurant* **Helder-Armenonville,** place Masséna, 4, Nice. — Vue sur la mer et les jardins.

Uriage

HOTEL DU MIDI

DE PREMIER ORDRE. — Situation exceptionnelle. — Grand jardin. — Cuisine soignée. — Confort. — Attentions. — Lumière électrique. — Pension depuis 7 francs.

Omnibus à tous les trains

***En hiver :* Hôtel Chateaubriand, Hyères**

URIAGE-LES-BAINS

(ISÈRE)

ALTITUDE : 414 MÈTRES

SAISON DU 25 MAI AU 5 OCTOBRE

EAU SULFUREUSE ET SALINE PURGATIVE

Traitement des maladies de la peau, de l'anémie, du lymphatisme, du rhumatisme, de la scrofule, etc.

CURE D'AIR — STATION PRIVILÉGIÉE POUR ENFANTS

PARC — CASINO — CERCLE

Vélodrome — Lawn-tennis — Guignol — Tir

Hôtels, villas et appartements meublés sous la direction de l'Établissement thermal.

ÉCLAIRAGE ÉLECTRIQUE — AUTO-GARAGE — TÉLÉPHONE

Uriage est desservi par un train électrique partant de la gare de Grenoble P.-L.-M. (correspondance à tous les trains).

De Grenoble à Uriage : durée du trajet : 45 minutes

Pour tous renseignements, s'adresser à l'Administrateur de l'Établissement.

LA FAVORITE DE VALS

Mauvaises digestions, aigreurs, perte d'appétit, ballonnements et renvois après les repas, inflammations d'intestins, maladies du foie, du rein et de l'appareil biliaire, gravelle, diabète et affections des voies urinaires sont rapidement et sûrement guéris par **La Favorite de Vals.**

Efficacité certaine dans les diarrhées estivales des jeunes enfants.

Recommandée par les sommités médicales du monde entier.

EN VENTE

Pharmacies, Drogueries, Marchands d'Eaux minérales

ADMINISTRATION : 10, rue Terme, LYON

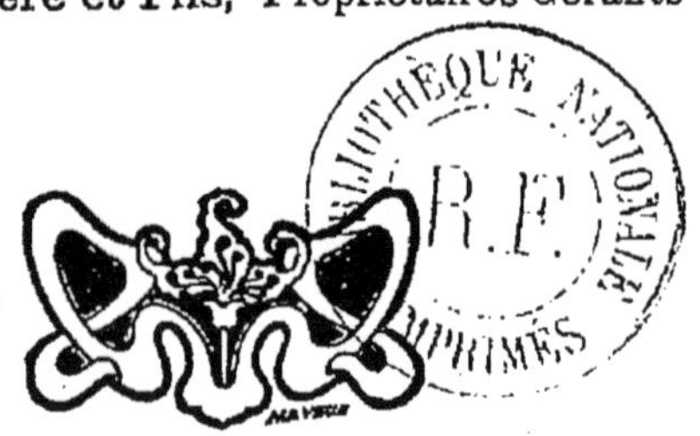

IV. — PAYS ÉTRANGERS

BELGIQUE — GRANDE-BRETAGNE — ESPAGNE

ALGÉRIE — SUISSE — ITALIE

BRUXELLES

(HAUTE VILLE ET PARC)

HOTEL DE FLANDRE

Place Royale

Logement, y compris service et éclairage, à partir de 5 francs par jour. — Premier déjeuner, 1 fr. 50 ; Déjeuner à la fourchette, 4 fr. ; Dîner à table d'hôte, 5 fr.

Pension pour séjour prolongé, comprenant : chambre, service, éclairage et trois repas par jour, à partir de 13 fr. 50.

ASCENSEUR — BAINS

Billets de chemins de fer, Enregistrement des bagages

POSTE — TÉLÉGRAPHE — TÉLÉPHONE

Agence générale des Wagons-Lits

Toutes les chambres sont éclairées à l'électricité.

HOTEL DE BELLE-VUE

Place Royale, *en face du parc*

ÉCLAIRAGE ÉLECTRIQUE

ASCENSEUR — BAINS

Billets de chemins de fer, Enregistrement des bagages

POSTE — TÉLÉGRAPHE — TÉLÉPHONE

Agence générale des Wagons-Lits

Bruxelles

LE GRAND-HOTEL

Société anonyme au capital de 1 500 000 francs

J. CURTET-HUGON

ADMINISTRATEUR-DIRECTEUR

Premier ordre. — 250 chambres et salons. — Superbe restaurant. — Grill-room. — Bar américain. — Grand café glacier. — Bureaux de poste-télégraphe. — *Chemins de fer, wagons-lits.* — Enregistrement des bagages. — Le Grand-Hôtel est entièrement chauffé à la vapeur.

Adresse télégraphique : GRANHOTEL, BRUXELLES

Eaux ferrugineuses et Bains de SPA (Belgique)

GRAND HOTEL DE L'EUROPE

HENRARD-RICHARD, Propriétaire

Maison de premier ordre. — Situation exceptionnelle. — *Eclairage électrique.* — Arrangements pour familles. — Salons d'agrément. — Vaste garage pour autos avec remises fermées, éclairées à l'électricité, offerts gratuitement. — *Fosse à réparations.* — Essences. — Seul correspondant des sociétés automobiles de Belgique et de l'A. C. de France. — *Téléphone* n° 28.

Spa

GRAND HOTEL DE BELLEVUE

MAGNIFIQUE SITUATION

Près de la Résidence royale et des Bains

JARDIN COMMUNIQUANT AU PARC

ROUMA, Propriétaire

GRANDE-BRETAGNE

JERSEY — (Iles de la Manche) — **JERSEY**

HOTEL DU PALAIS DE CRISTAL

Reconstruction nouvelle et situation unique dans King Street, rue principale de Saint-Hélier. — **Seul hôtel français ayant réellement prix fixe** et n'employant aucun pisteur sur les paquebots. — PRIX FIXE : **7 fr. 50 par jour et par personne**, comprenant chambre, service, éclairage, petit dejeuner, déjeuner et dîner, cidre compris. — Recommandé des Touring-Club de France et de Belgique pour son grand confortable et la modicité de ses prix. — Appartements et chambres pour familles. — Salon de lecture et de musique. — Chambre noire. — Garage. — *Omnibus aux bateaux.* — Le **GRAND CAFÉ PARISIEN**, attenant à l'hôtel, le plus vaste et le plus moderne de l'île.

JULES PARISON, Propriétaire-Directeur

V. SUPPLÉMENT

Spécialités pharmaceutiques

Chocolat Menier

Venise. Exposition internationale des Beaux-Arts

VIe Exposition internationale des Beaux-Arts

DE LA

VILLE DE VENISE

22 avril-31 octobre 1905

Cette Exposition aura une importance exceptionnelle. Elle sera ainsi partagée : **Salles nationales étrangères** (Allemagne, Angleterre, France, Hongrie, Suède); — **Salles internationales** (artistes américains, belges, hollandais, russes, écossais, espagnols, etc.); — **Salles régionales italiennes.**

Les Salles nationales étrangères et les Salles régionales italiennes sont organisées de façon que leur décoration et leur ameublement forment des **ensembles harmoniques** avec les œuvres exposées.

L'Exposition est installée au Jardin Public, tout à côté de la lagune, dans l'emplacement le plus délicieux de la ville.

Régates, Sérénades, Concerts extraordinaires

Les billets spéciaux, à prix très réduits, délivrés des gares de l'intérieur et de la frontière, donnent le droit de fréquenter **gratis** l'Exposition pendant la période pour laquelle ils sont valables (5, 8, 10, 15, 20 jours).

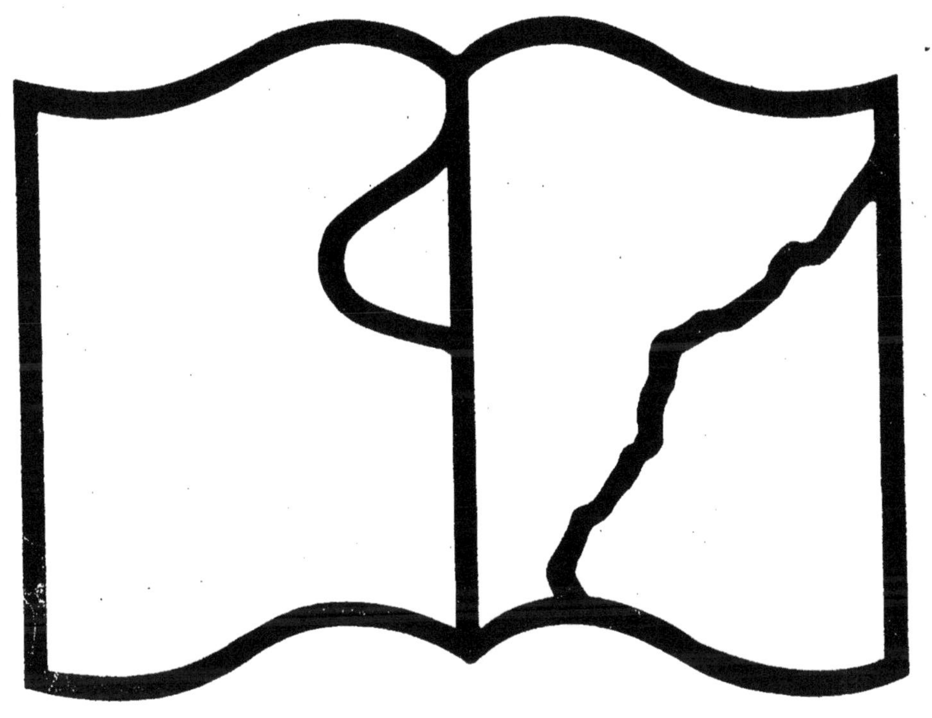

Texte détérioré — reliure défectueuse

NF Z 43-120-11

A
B

Reliure serrée

www.ingramcontent.com/pod-product-compliance
Ingram Content Group UK Ltd.
Pitfield, Milton Keynes, MK11 3LW, UK
UKHW021054270726
13967UKWH00012B/1023